猪病诊治图谱

刘富来　白挨泉　主编

廣東省出版集團
广东科技出版社
·广州·

图书在版编目（CIP）数据

猪病诊治图谱 / 刘富来，白挨泉主编. —广州：广东科技出版社，2009.4（2023.3重印）
ISBN 978-7-5359-4642-3

Ⅰ. 猪…　Ⅱ. ①刘…　②白…　Ⅲ. 猪病—诊疗—图谱
Ⅳ. S858.28-64

中国版本图书馆CIP数据核字（2008）第090422号

出 版 人：朱文清
责任编辑：区燕宜　曾依翎
装帧设计：友间设计
责任校对：陈素华
责任印制：彭海波
出版发行：广东科技出版社
（广州市环市东路水荫路11号　邮政编码：510075）
销售热线：020-37607413
http：//www.gdstp.com.cn
E-mail：gdkjbw@nfcb.com.cn
经　　销：广东新华发行集团股份有限公司
印　　刷：广州市盛和印刷有限公司
（广州市黄埔区百合三街8号　邮政编码：510700）
规　　格：787mm × 1 092mm　1/16　印张14　字数280千
版　　次：2009年4月第1版
2023年3月第6次印刷
定　　价：76.00元

作者名单

主　编　刘富来　白挨泉

副主编　魏文康　冯翠兰　李衡良　黄良宗

编写者（按姓氏笔画）

白挨泉　龙建勇　冯翠兰　江宏文　刘富来　李衡良　杨傲冰　冼琼珍

陈武活　魏文康

刘富来　佛山科学技术学院，高级兽医师、兽医硕士

白挨泉　佛山科学技术学院，副教授

魏文康　广东省农业科学院，副研究员

冯翠兰　佛山科学技术学院，高级兽医师

李衡良　广东省中山市腾骏动物药业有限公司，农业推广硕士

黄良宗　佛山科学技术学院，硕士、讲师

前 言

当前，随着全球经济一体化的趋势不断发展，国际畜禽及其产品的贸易日益频繁，使猪病更加复杂、多样，给养猪业带来严峻的挑战。特别是近年来流行的猪圆环病毒感染、猪流感、猪繁殖与呼吸综合征等疾病，给养猪业带来很大的损失。究其原因，主要是临床生产的管理水平不高，疫病防治人员的技术水平参差不齐，高水平的专家又没办法照顾大部分猪场，造成许多新旧疾病在各猪场之间蔓延，使患病猪无法及时得到科学治疗。编写本书，就是希望能帮助基层兽医工作者提高技术水平，更科学、合理地开展猪病诊疗工作。

作者以长期在教学、科研、临床生产实践中积累的有关猪病方面的彩色图谱以及临床诊断和疾病防治实践中总结出来的第一手资料为基础，从严重危害养猪业的传染性疾病入手介绍了近年来常见和新出现的猪病。全书分为9章，收录45种猪病病原特征、临床症状、病理特征和实验室检测结果的彩色图谱620余幅，从病原、流行特点、临床症状、病理特征、诊断要点、类症鉴别、治疗方法和免疫预防与饲养管理等八方面作了简要介绍。并较为详尽地阐述了用药方法、剂量和免疫接种等内容。力求重点突出、深入浅出、简明扼要、通俗易懂、图文并茂，希望以图文结合的方式来加深读者的印象。读者可以通过观察临床实际的症状和病理变化，对照本书所提供的病理图谱和临床特征症状，对猪病作出诊断并及时制定科学合理的治疗方案。在编写过程中参阅了国内外有关的文献资料，并选取了部分图谱，特别是佛山科学技术学院传染病室多年来收集的图谱，丰富了本书的内容。借此成书之际，谨向本书原始材料所属的众多作者、编者、出版者致以衷心的感谢。

本书对养猪户及广大基层兽医工作者在诊断、治疗猪病时制订合理的用药方案，减少药物残留和防止耐药菌株的出现具有实际的指导意义，对兽药、饲料营销人员有较高的参考价值，也可以作为高等院校师生的教学参考书。

本书在编写过程中，虽然经过反复修正、讨论，多次审查、校稿，希望能以最完尽翔实的内容呈现给读者，但由于编者水平有限，加上时间仓促，书中难免存在错漏和不足，敬请读者和同行批评指正。

目 录

目 录

第一章
猪病信息采集

兽医诊病的过程不外乎是先进行“四诊”和对病猪进行剖检、实验室诊断，然后将所得到的信息进行分析、综合，从而判断猪群的疾病发生情况。疾病信息采集是准确诊断猪病的一个关键环节，否则就不可能正确诊断猪病，更谈不上科学合理用药。本章通过图谱展示的方式对“四诊”和病猪剖检每一个步骤进行分解介绍，有助于基层兽医轻松掌握猪病的诊断方法和剖检以及病理图片制作技术。

兽医诊断活动物疾病的基本方法，就是望、闻、问、切，简称四诊。通过四诊，可全面了解和掌握病情，然后综合分析、归纳。经过判断，确定病证是寒是热，是虚是实，在表在里，最后进行辨证论治。

临床上，虽然四诊各有特点，但又相互联系，不可分割，不可单独应用某一方法进行诊断。

一 望诊

望诊要在适当的距离内进行，有时需要接触猪只，故应注意安全，尤其是接触凶猛的公、母猪时要慢慢接近，并作适当的保定，以防万一。望诊顺序：先形态，后形体；先整体，后局部；由前向后先头颈，次胸腹，再次臀部、四肢。具体包括观外形和察口色两部分。

（一）观外形

在诊断疾病时，作适当保定后（图1–1–1），首先要确定是公猪还是母猪（图1–1–2），是老还是幼，再观察肥瘦、精神（图1–1–3，图1–1–4）、皮毛（图1–1–5至图1–1–11）、呼吸（图1–1–12）、腹围、二便（图1–1–13，图1–1–14）、步伐、形态、排泄物、分泌物等的异常变化，现概述如下。

1. 精神与皮毛

猪只健康时精力充沛，皮毛有光泽；患病时表现精神委靡、低头纳闷、双目无神、被毛粗乱（图1–1–15，图1–1–16）等。脏腑有病也可反映到皮毛上来，如病猪身体前部被毛竖立，耳根和鼻镜发凉，多属风寒感冒；身体后部被毛竖立，多数情况下可能是肾或膀胱有热；全

图1–1–1　猪简易保定方法

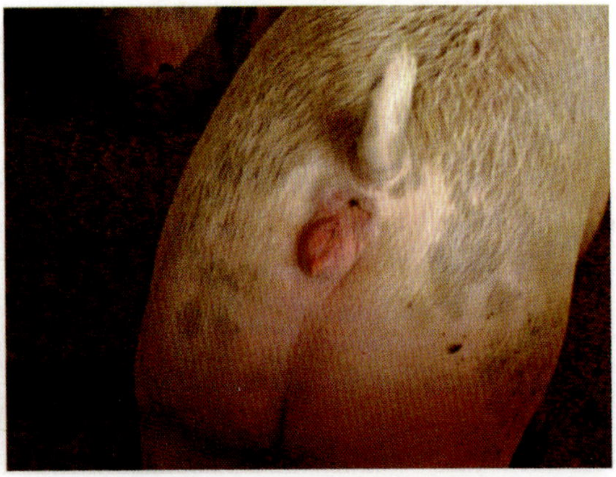

图1–1–2　确定是公猪还是母猪

图1–1–3　观察猪只的精神

图1–1–4　观察猪群肥瘦情况

图 1-1-5 观察猪只头部

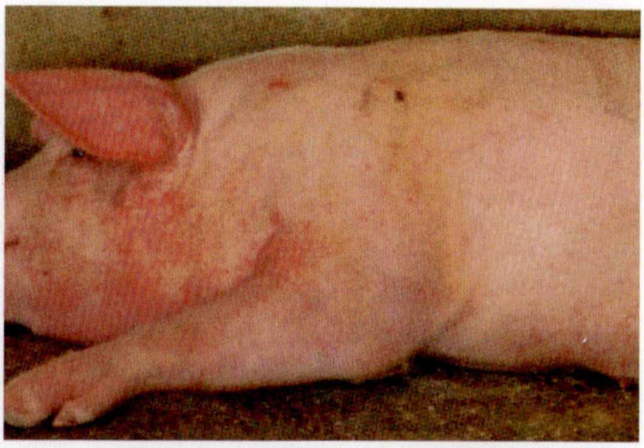
图 1-1-6 观察猪只身体前部皮肤

图 1-1-7 观察猪只颈部

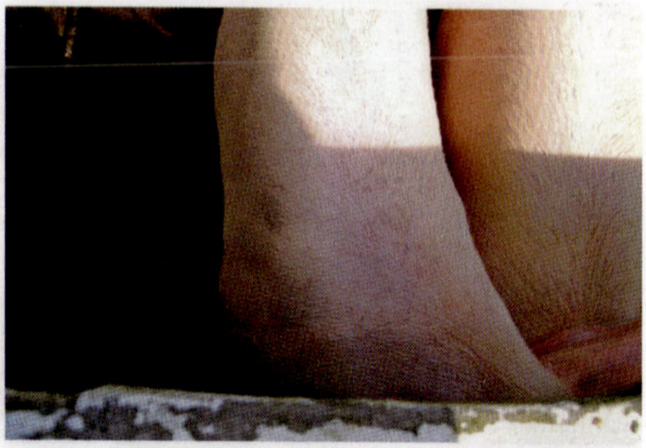
图 1-1-8 观察猪只背部皮肤

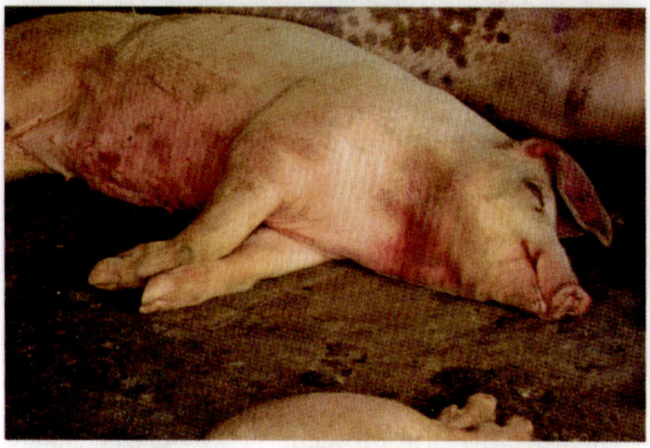
图 1-1-9 观察猪只腹部皮肤

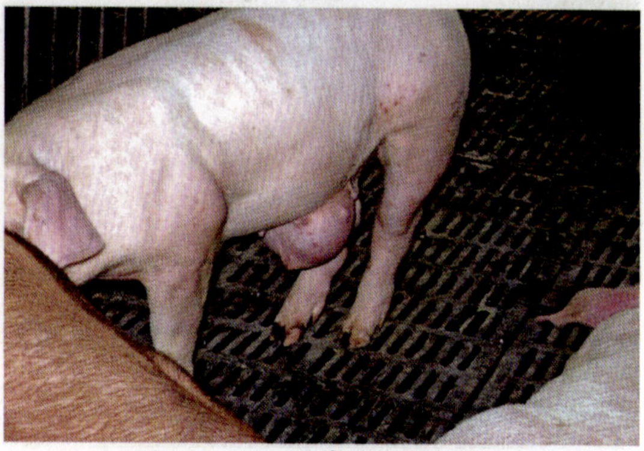
图 1-1-10 观察猪只腹部脐疝

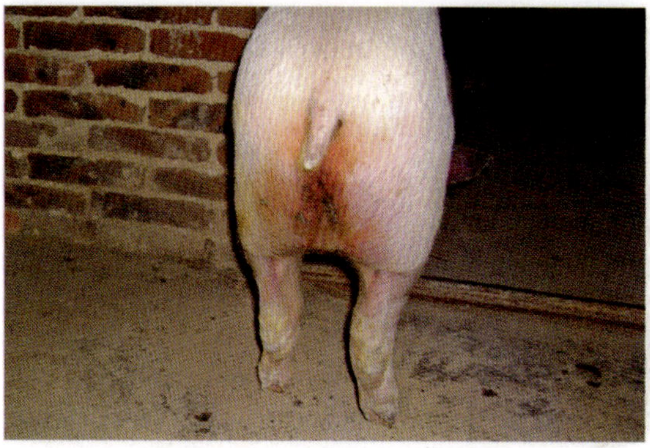
图 1-1-11 观察猪只后部皮肤

图 1-1-12 观察猪只呼吸情况

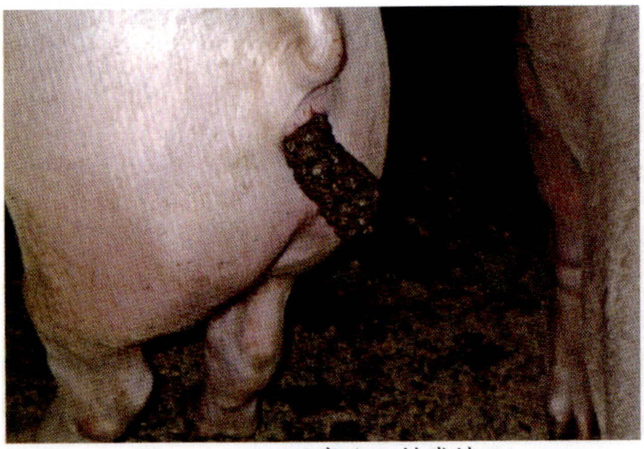

图 1-1-13　观察猪只排粪情况

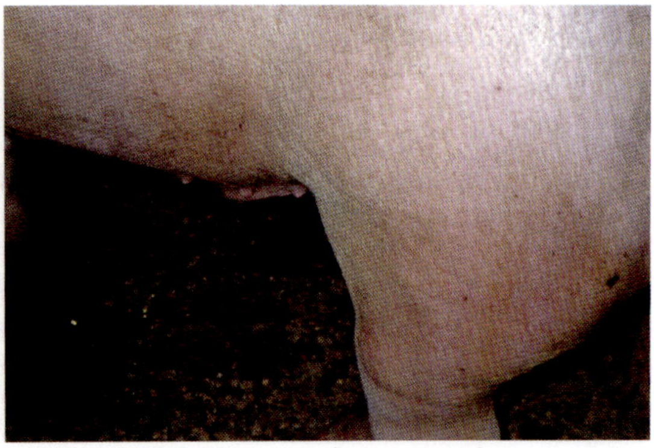

图 1-1-14　观察猪只排尿情况

图 1-1-15　病猪低头纳闷、双目无神

图 1-1-16　病猪被毛粗乱

身被毛枯燥发痒多是疥癣或肺风毛燥；全身被毛粗乱，加之身瘦，喂食后时不时发出呻吟声，多数情况是体内有寄生虫。此外，观察被毛时还应注意有无疮或出血斑点等情况。

2. 形态与步伐

健康猪喜饱食闷睡。患病时则体肢困倦，精神不佳，行步艰难，姿态异常（图 1-1-17 至图 1-1-20），如患猪气喘病时呈犬坐式呼吸；患风寒湿痹，则呈现四肢强硬疼痛等。通过这些形态步样的表现就可以初步判断猪只有病无病，疾病的大概部位所在。

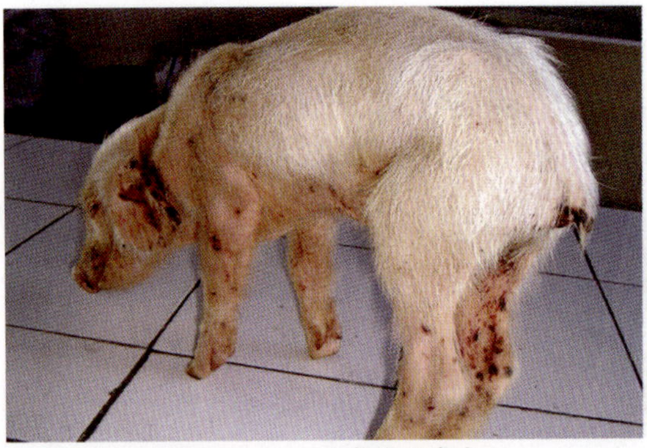

图 1-1-17　观察猪只步态

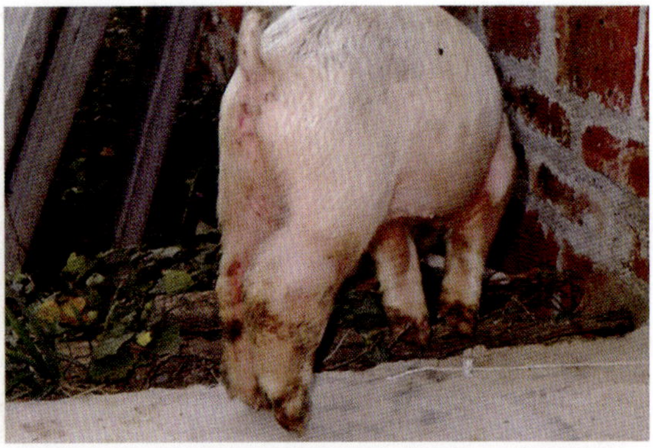

图 1-1-18　猪链球菌后肢关节肿胀，步态异常

图 1-1-19　伪狂犬猪只有神经症状

图 1-1-20　猪只神经症状，后肢瘫痪

3. 分泌物与排泄物

（1）眼眵　眼为肝之外窍，肝脏有病多从眼上表现出来。如双目流泪多属风热，眼角有多量眼屎多属热证（图 1-1-21，图 1-1-22）；目赤肿痛为肝热传眼，结膜赤紫属于热盛；眼结膜赤黄如橘，多为肝热黄疸，苍白是贫血的表现。正如《灵枢 · 大惑论》中说："五脏六腑之精气，皆上注于目而为之精。"故眼的异常变化不仅关系到肝，也反映到其他脏腑的病变，如两眦发红多属心火上炎；瞳孔散大、浑暗多属肾阴不足，精气衰竭，肝虚（肝冷）泪似水铃珠等。

（2）口涎检查　常用于猪口炎、胃肠炎、中毒或某些传染病的诊断。口涎检查（图 1-1-23，图 1-1-24），要看颜色、数量和闻气味等。健康猪口内温和湿润，若口干舌燥多为热证，口流清涎多为寒证。故有"口吐清涎必是胃寒，口流白沫多是风热"的说法。如猪只口舌生疮流涎多为心火上炎；口涎黏稠，有酸臭多是胃有实热；口涎清凉量多，为阴寒。此外，如粗硬禾秆或尖物刺伤口腔引起糜烂，以及误食农药或舐食石灰，吃了腐烂发霉的谷料引起中毒、口流涎沫等在临床上也应注意。

图 1-1-21　观察眼结膜情况

图 1-1-22　传染性萎缩性鼻炎病猪眼角泪斑、流鼻血

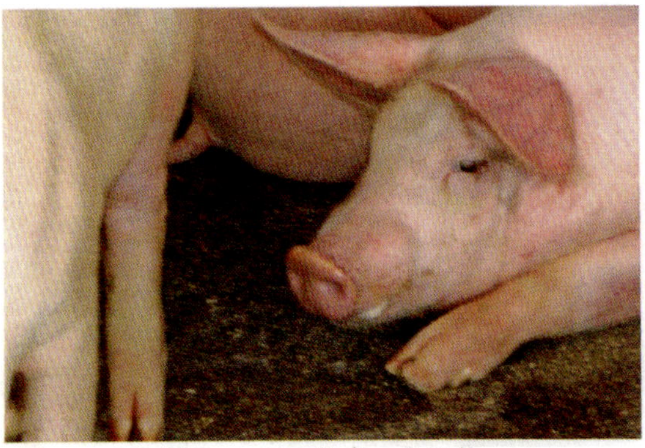

图 1-1-23 检查口分泌物

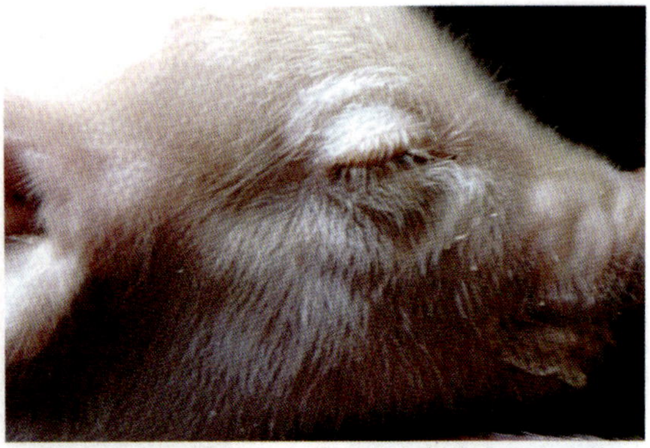

图 1-1-24 猪伪狂犬病口流白色泡沫状分泌物

（3）鼻液检查 鼻为肺之外窍，鼻液检查要看颜色、数量和闻气味等，健康猪鼻孔湿润，无鼻液流出。如流清涕，多为外感风寒（图 1-1-25）；鼻液黏稠多属肺胃有热；色黄热盛，黄而恶臭属鼻窦炎；黄而黏稠腥臭多为肺脓肿等。

观察猪鼻镜有无汗，是判断病理变化的重要环节。若鼻镜湿润，汗珠时流是健康的表现；鼻镜汗液时有时无多为感冒；鼻镜干燥无汗，多是肺受热邪；鼻镜干燥龟裂，多是胃肠湿热（胃肠炎）或菌痢。

（4）粪便、尿液 察看猪粪的形状、颜色及闻气味，对疾病的辨证，尤其是胃肠疾病具有重要意义。若大便稀薄色深黄，多是胃肠湿热；粪便稀薄如水样，且混有草谷不化，多为胃肠虚寒（脾虚作泄）；粪便稀薄色赤黄，混有黏液，味臭，多为热痢（肠炎）；带血丝者（里急后重），多为菌痢；粪便干燥多为实热证；排粪难下多为结证；老弱残畜大便燥结多属津液亏损等虚热证。

健康的猪尿液清亮透明（图 1-1-14），若尿量短少，色黄，多为热证实证；小便频数而清长，多为虚证寒证；尿液红赤，多为心热移于小肠；色黄而稠如菜子油，多为肾与膀胱湿热；尿血者多是热伤脉络（如猪尿血多为膀胱积热）；排尿点滴不畅，且有疼痛者，多为膀胱结热。

4. 呼吸

健康猪呼吸平顺，协调自如，每分钟呼吸的次数为 10 ~ 20 次（图 1-1-26）。患病时，呼吸次数、鼻翼、胸部、腹部的呼吸形式都有变化，若呼气长吸气短，多属实热证（实喘）；吸气长呼气短，多属虚寒证（虚喘）。猪喘气病，呼吸次数增加，呈腹式或犬坐势。

图 1-1-25 感冒患猪鼻流清涕

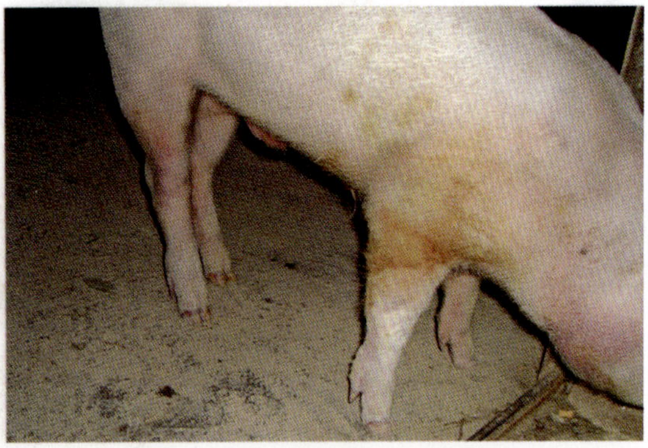

图 1-1-26 观察猪只呼吸情况

5. 食欲

健康猪食欲旺盛，饱吃闷睡。所以食欲和精神状态是病情轻重与消化机能强弱的具体反映。爱吃干料，不喜饮水多为脾胃虚寒；爱吃多汁饲料，喜饮水多为胃肠实热。另外，猪饱食或误食毒物易发生呕吐。

（二）察口色

察口色主要是以舌体为主，其他如唇、排齿、扁桃体、下颌为辅，观察包括舌体上面的浮垢（舌苔）和舌体下面的颜色与光泽（统称为“口色”）。这种方法对于诊断疾病和预后安危有着重要意义。但单纯依靠察口色来诊断疾病也有局限性，必须结合闻、问、切三诊全面考虑，才能得出正确的结论。中兽医对诊察口色十分重视。它是望诊的重要组成部分，也是中兽医诊断病证的重要依据之一。

望舌色，是望舌体下面部位的肌肉组织和脉络纹等的颜色与光泽。由于舌是通过经络直接或间接地联系于各个脏腑，所以五脏、六腑等若有病变，都可以从舌体的色泽上反映出来。一般而言，如病猪舌色鲜明而有润泽，说明病证较轻浅，气血未衰，其病易治，且预后良好；而舌色晦暗枯槁失润的，说明病证较深重，精气已伤，预后欠佳。

古代医家在长期的临床实践过程中，不但发现舌体的一定部位与一定的脏腑相联系，而且还掌握了舌下的脉络体态，有病时可从相关的脏腑上反映出病理变化。从而把舌划分为舌尖、舌中、舌根、舌左边、舌右边五个部分。常有青、赤、黄、白、黑、紫六种病色。病色，既代表不同脏腑的病变，又代表不同性质的异常病色，所以口色，特别是舌色，它与各个脏腑的病理变化有着密切关系，并在临床诊断和拟定治疗方案时，具有一定的参考价值。

此外，浮垢（即舌苔，是舌面上覆盖的一层浊而滑腻的苔垢），多表示脾胃湿浊或食滞积聚，是由于胃腑阳热有余，蒸腾胃液腐浊邪气上升所致。

临床上，观察病色不是单一的一种，一般常有两种色泽致病。以青色为例，如口色青红多为风火；口色青白多为风寒；口色青黑多为风湿；口色青黄多为风热；口色青紫多为风兼血热气滞。其他病色，依此类推。

观察口色是中兽医诊断疾病、判断生死的有效方法，但口色并非一成不变，随着疾病的发展变化而变化。所以诊疗时要随时掌握口色与疾病的发展变化，采取有效的方法，使病猪转危为安，达到治愈目的。

二 闻诊

闻诊包括耳听声音和鼻嗅气味两个方面。

听声音，主要是用耳听病猪声音强弱缓急来辨别疾病的轻重和寒热虚实。如肺气充实，则呼吸喘粗；肺气虚弱，则呼吸息微；咳嗽有声无痰，必是肺脏风寒；咳嗽有痰无声，必是气火停胸。又如古人总结依声音强弱判断猪病的特征是：阳证多狂，叫声不止，阴证多沉，叫声音平，若声音高昂，多为热积心脏。猪作呻吟声，腹内有虫叮。这是用听声音的办法来分辨疾病轻重缓急和寒热虚实的简易方法。

闻气味，主要是用鼻闻其气味来辨别疾病的一种方法。如鼻液腥臭，多是鼻斗蓄脓或肺败；口气酸臭，多是胃热积食；粪便稀臭，多是肠黄或热痢；尿液腥臭，多为膀胱湿热。

三 问诊

兽医诊病决不能因为病畜不会叙述病情而忽视问诊，应该以十分认真的态度，向畜主详细询问以下几个方面。

（1）发病时间　问发病已有几天时间，以便了解病在初期或末期，急性或慢性，以及发病前的气候等情况。

（2）饮喂情况　问清喂什么饲料，是否发霉或青、干、生、熟以及饮水的冷热、多少或是否暴饮等情况。

（3）病后出现的症状　初期如何，以后如何，包括食欲、饮欲、二便等。

（4）猪群状况　在同群或附近是否有同样的病猪，头数多少，有无死亡等情况，以便判断是普通病还是传染病。

（5）病猪以往病史　病猪以前患过什么病，是否治疗过，投服过什么药，譬如说寒者必灌温药，热者必灌凉药，这是大概之理。详细的还要考虑前药与前病、前病与现症是否相同或轻重如何。

（6）猪的性别　若是种公猪，应当了解配种次数和配种后是否饮过冷水或被雨淋，母畜是否怀孕及怀胎时间和产前产后等情况。

歌诀（十问歌）

一问吃喝二问便，三问行动四问汗，
五问发病何时间，六问全身热寒战，
七咳八渴查其因，九问旧病当需辨，
十问母畜有无孕。饲养管理详细问，
结合气候灵机变，药病相符见效验。

四 切诊

切诊包括脉诊和触诊两个方面。通过对病猪特定部位的切按和触摸，用以了解机体的内在变化和外部反映，再结合望、闻、问三诊及其他途径所获得的资料，加以综合分析，最后作出正确的诊断。

1. 诊脉

诊脉又称切脉，是兽医用手指按压猪体表浅动脉，了解病情和判断预后的一种诊病方法（图1-4-1）。

图1-4-1　猪股动脉诊法

（1）脉搏的产生　脉搏是由于心肌的收缩和舒张所形成的（俗称“心跳”），每当心脏收缩一次，便有节奏地喷射出血液、迫使动脉搏动一次。把一定量血液射向主动脉的时候，就产生了很大的压力，因为主动脉管壁本身有弹性，受到这股压力后向外扩张，当心脏舒张的时候，压力消失，主动脉恢复原状。这种一起一伏的血管扩张与恢复，不但发生于主动脉，同时也向全身各个部位的动脉传递，这就产生了脉搏。要知道心脏每分钟跳动次数，只要按着动脉血管，就可以数出心跳的次数多少。所以“脉象”，就是由于心脏跳动，动脉随主动脉搏动而显现出的脉搏深浅、快慢、有力无力、整齐与否、有无歇止等脉象。一般在病理情况下，脉象表现出不同于正常的脉搏（简称病脉），不同的病证往往出现不同的病脉。如热病中的“洪脉”形成，就是由于心搏排血量增加，血管扩张，收缩压高，舒张压低，脉搏增大（洪），血流速度变快的一种例证。

正因为脉搏的产生是由于心肌的收缩与舒张而形成，所以心脏活动（即心搏）是和全身机能有着密切的关系。如心脏发生疾病时，往往会引起全身机能紊乱和其他各系统疾病，也常常会影响心脏机能。因此，心有主管全身血液循环的功能，血脉包括动脉、静脉、毛细血管。心和血管连接，推动血液不停地循环运行，并分布到组织、器官及全身各部，使之进行正常的生理活动。

中兽医切脉诊病，常由于家畜的好动、皮厚等种种因素或医者暂时经验不足，尚不易掌握和运用，可用听诊器直接听取“心脏搏动”，以中西医结合的方法进行诊病，既准确又简便，这不仅对诊断心脏疾病的情况，而且对了解全身机能活动状态以及判定病情和预后等，都有着很重要的意义。

（2）切脉的部位和方法　切脉的部位在猪股内动脉。诊前先让病猪站稳，安静，休息片刻再诊。诊脉时依医者本身一呼一吸为“一息”，脉跳三次即一息，为健康的正常脉象。脉跳动一次叫“一至”。脉跳一息三四次为主寒证（为寒极气凝，窍不通）；脉跳一息五六次为主热证，叫“数脉”，数而有力为实热，数而无力为虚热，数而洪大为高热，这些常见于各种传染性或热性病。脉跳一息一至当日死，中兽医称为绝症脉。

此外，诊脉时必须结合观察畜体。如膘肥之畜气敛于中，六脉常带沉数，体瘦之畜气居于表，六脉常带浮洪，性急之畜脉来数，性缓之畜脉来迟，少壮之畜脉来大，老衰之畜脉来微，远行之畜脉来紧，饱后之畜脉来洪，久饥之畜脉来必空。此为六脉常度（指正常脉象而言）。猪正常的心跳（脉搏）数为每分钟 60 ~ 80 次。

（3）病脉与主证　脉搏的跳动分为浮、沉、迟、数、弦、洪、滑、涩等八种脉象，用以判断病症的整个情况。也可用触诊，即站在病畜的左侧，用左手按放在肘关节后的胸壁上，即可感到心的搏动快、慢、有无节律等，以心脏和血液循环的强弱缓急来判断疾病的寒热、虚实和表里等，进而确定治疗措施。

①浮脉：主风证，其病在表，脉来“浮如羽毛”，轻按即现，重按不见。多因病畜外感风邪，汗出、恶风、身热、咳嗽、毛焦。浮而无力为表虚，浮而有力为表实，浮的为风，浮数的为风热，浮缓的为表虚风湿等所反映出的主要病证。

②沉脉：主里证，其病在里，脉来“如水投石”，按之有余，举之不足。为病畜寒邪内陷，影响消化，病猪胃肠积滞，谷料不化，周身困倦，行步艰难。脉沉而无力为里虚，沉而有力为里实，沉迟为寒湿，沉数为内热，沉紧为冷痛，沉滑为痰饮，沉涩为血滞等所反映出的主要病变。

③迟脉：主寒证，为病猪外感寒邪，脉象迟细，“短而缓慢”，则脾胃虚冷。迟而有力为积食证，迟而无力为虚寒证。故多见于寒证等所反映出的主要病证。

④数脉：主腑为阳，其病多热，脉端直快而长，按之不移，“搏动加速”，数而有力为实热，数而无力为虚热，浮数为表热，沉数为里热等所反映出的主要病证。

⑤弦脉多属肝病，脉搏“跳如弹弦”，按之不移，其病变化多端，为外感风淫横行，气血凝滞，身热汗出，目赤结屎的为肝病疾患等所反映出的主要病证。

⑥洪脉为阳，主气分热盛，为阳气盛而出现高热病，脉来按之有力而洪大，如水之汹涌，来盛去衰。为病猪热气积于胸肺，“洪为实满”，肃降无能，病猪腹痛，二便不通，均为实热证等所反映出的主要病证。

⑦滑脉主痰，多为痰湿、宿食证。脉象按之有力，如“盘中滚珠”往来流利，多见于气血盛则热火生痰，病猪宿食内滞等反映出的主要病证。

⑧涩脉主血凝、气滞、淤血等。脉搏按之来往艰涩，“如刀刮竹”。这是劳伤兼郁，气血运行不畅所反映出脉象涩迟的主要病证。

上述八种常见脉象，是中兽医在诊疗实践中的经验总结。为了便于掌握和运用，达到执简驭繁的目的，可按照寒、热、虚、实、表、里六证来研究脉的主病。大体上可以这样认识：浮脉主表证，沉脉主里证，迟脉主寒证，数脉主热证，弦脉主肝病（两胁疼痛），洪脉主热盛，滑脉主痰饮，涩脉主血凝气滞，脉强有力主实证，脉弱无力主虚证等。通过分辨这八种脉象与疾病的密切关系，就可以了解正邪双方的情况。所以“有什么样的病证，就出现什么样的脉象”。正如《灵枢·本神篇》中说：“心藏脉，脉舍神。”因此脉搏在临床诊断上极其重要。

2. 触诊

（1）耳温　健康猪的耳和耳根部温和（图1-4-2）。若病猪耳尖、耳根部均热则为热证，如猪瘟、猪丹毒等；耳尖和耳根均冷为寒证，常见于各种家畜的冷痛或寒泻；耳尖时冷时热的为风寒在半表半里之间，常发生于伤风感冒；耳尖冷、耳根热者为病势减轻；耳尖和耳根均冰冷者，则为气血败绝，预后不良。

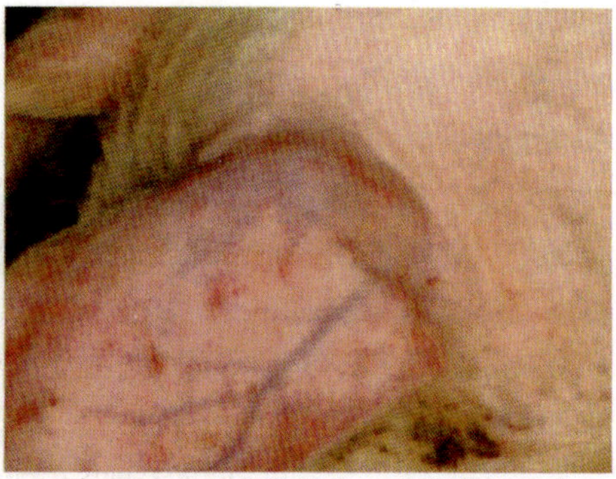

图1-4-2　用手触摸猪只耳根感知温度

（2）鼻温　健康猪的鼻端和呼出的气是温和的，如鼻端及呼出的气发凉，则为阴证（寒）；呼出的气发热者，多为阳证（热）；呼出的气有烫手感，多为肺中积热。

（3）口温　健康猪口内温和而湿润，若口温偏低，多为寒证；口内偏冷而滑利，多为虚证；口温增高，多为热证。口热而干燥，为里热化火，阴虚火盛，常见于久病不愈的家畜，表示病势严重。

（4）躯体和四肢　躯体和四肢发热，热至蹄部，触之烫手，表示里热炽盛；躯体四肢冷热不均，多为阴虚或风湿病；四肢下部冷，常见于风湿初期，若冷至前肢腕后肢关节的上部，则为该病的后期表现，病势比较严重；四肢关节肿胀，多为淤血性炎症。

触诊体温时，应以舌温为标准，结合病因及其他症状，判断较为正确。临床上所见风邪引起的发热，病猪多皮紧、肢僵、畏风、有汗；寒邪引起的发热，体表多寒颤，恶寒无汗；热邪引起的发热，体表不寒不热，口干发渴；湿邪引起的发热，体表无汗而觉身重；燥邪引起的发热，病猪鼻干唇裂，皮毛枯燥。

五 病猪的剖检

现代兽医对疾病诊断的另一个重要方法是研究疾病发生发展过程中形态结构方面的变化，通过观察某些疾病在发生发展过程中机体器官、组织、细胞的形态结构的特异性变化而对某些疾病作出诊断。有许多疾病在临床上不显示任何典型症状，而剖检时却有一定的特征性病变，尤其是对猪传染病的诊断更是不可缺少的重要方法。在许多情况下，通过流行病学、临床诊断和病理解剖诊断仍然不能准确诊断时，还需要在剖检时采取某些器官材料进行实验室诊断。通过剖检死猪，对各个器官、组织的病理变化以及各种病理变化之间的相互关系进行认真的分析和加以综合判断，以确定各个器官、组织的病症和疾病的发展阶段，从而为制定综合治疗疾病的方案提供参考依据。

(一)选西瓜与看猪病

在日常生活中，许多时候都是透过事物外表现象来推测事物的本质，最常见的例子就是怎样去买一个好西瓜。要看一个西瓜是否成熟、清甜、水分多，便涉及西瓜内部的本质问题，它决定于这个西瓜的品种(遗传基因)、水分、阳光、肥料、土壤等因素，是客观存在的问题。确定西瓜好与坏，本来用刀一切就可以清清楚楚地知道了，但西瓜的买卖不允许。一个选西瓜的能手往往不用刀子，而只是根据西瓜外部的颜色、瓜蒂的情况，再把西瓜敲敲打打，就可以判断这是不是一个好西瓜。这应该说是主观的判断，只有当你主观的判断与西瓜的客观实际相符合时，你才能买到一个好西瓜。一个富有经验的选西瓜能手，可以有90%以上的成功率，相反，一个没有经验的新手，可能挑选到的是一些不太好的西瓜。传统中兽医诊断疾病就像选西瓜，最能原始反映中兽医利用望、闻、问、切的情况判断病例，当这些主观的判断符合病例的客观情况时，便能正确地诊断和治疗好疾病。兽医也如此，要在实际生产中经过无数次实践，才能对患畜疾病作出诊断。如果尚无把握，则像买西瓜一样，需要用刀将病死的家畜或家禽进行解剖，通过观察病死畜禽的器官、组织、细胞的形态结构的特异性变化从而对疾病作出诊断。通过剖检进行病理辨证，是传统中兽医“望、闻、问、切”基本诊断方法的补充，已成为兽医诊断疾病的一个重要手段。有的疾病，尽管于死后以尸体剖检的方法可能还不能做出确切诊断，但因每一种疾病都有一定的病理变化，总可以提供怀疑疾病的方向。因此，尸体剖检在疾病的诊断中起很大的作用，是兽医临床实践中很常用的疾病诊断方法之一，也是猪场每个兽医技术人员应掌握的基本操作技能。

(二)病猪剖检前的准备

(1)剖检场地 为方便消毒和防止病原扩散，剖检场地最好选在室内。若因条件所限需在室外剖检时，应选择距猪舍、道路和水源较远的，且处于猪场下风的地方进行。

(2)剖检器械和药物 剖检常用的器械、用品有剥皮刀、大小手术剪、镊子、骨锯、凿子、斧子、量尺、量杯、天平、搪瓷盘、桶、酒精灯、注射器、载玻片、广口瓶、工作服、胶手套、胶鞋等。常用的消毒药有3%来苏儿、0.1%新洁尔灭、百毒杀及含氯消毒剂等。固定液有10%福尔马林、95%酒精。

（3）剖检对象 剖检对象最好选择临床症状比较典型的病猪或病死猪。但有的病死猪，特别是最急性死亡病例，特征性病变尚未出现，为了全面、客观、准确地了解病理变化，可多选择几头疫病流行期间不同时期出现的病猪或病死猪进行解剖检查。如怀疑炭疽时取颌下淋巴结涂片染色镜检，确诊患炭疽的尸体禁止剖检。

（4）剖检时间 剖检应在病猪濒死或死后尽早进行，死后时间过长（夏天超过12小时）的尸体可发生自溶和腐败，难于观察到原有病变，失去剖检意义。剖检最好在白天且避免在灯光下进行，否则很难把握病变组织的颜色（如黄疸、变性等）。

（5）正确认识尸体的变化 动物死后，受体内酶和细菌的作用，以及外界环境的影响，会逐渐发生一系列的变化。包括尸冷、尸僵、尸斑、血液凝固、溶血、尸体自溶和腐败等。因此应正确地辨认尸体的变化，避免把某些死后变化误认为生前的病理变化。

（6）剖检人员的防护 剖检人员操作时，特别是剖检人畜共患传染病猪尸体时，应穿工作服、戴胶手套、工作帽，还要戴上口罩和眼镜，以预防感染。在剖检中如不慎造成皮肤损伤，应立即消毒并包扎伤口。剖检后，双手用肥皂洗涤，再用消毒液浸泡、冲洗。为除去腐败臭味，可先用0.2%高锰酸钾溶液浸洗，再用2%～3%草酸溶液洗涤退色，再用清水清洗。

（7）尸体消毒和处理 为了防止病原扩散和保障人与动物健康，剖检前应在尸体体表喷洒消毒液，且在整个尸体剖检过程中保持清洁并注意严格消毒。剖检时，对可疑传染病的尸体，用高浓度消毒液喷洒或浸泡，如需搬动或运输时，应将尸体的天然孔用消毒液浸泡后的棉球堵塞，放入不漏水的运输工具，可备有专用运尸车，亦可用塑料薄膜多层包裹后进行运输。剖检完毕后，根据疾病的种类应妥善处理，基本原则是防止疾病扩散、蔓延和尸体成为疾病的传染源，最理想的是按《中华人民共和国国家标准——畜禽病害肉尸及其产品无害化处理规程》处理。结合我国实际，目前主要有以下几种处理方法，可根据实际情况选择。

焚化法：一般用焚尸炉，无此设备时可用木材和煤油、柴油焚烧尸体。

掩埋法：在剖检前最好在剖检地点附近，先挖深2 m左右的坑（或利用废土坑），坑内撒一些石灰，以免搬动尸体而污染环境。剖检结束后，把尸体及其污染物掩埋在坑内，并撒上生石灰或洒入10%石灰水消毒，然后填埋坑穴，周围再做彻底消毒。

生物热法：可在剖检室附近或畜禽墓地建生物热窖，用水泥、砖建成深9～12 m、宽3～4 m的窖，上有双层盖。尸体剖检后直接投入窖内。若盖的周围被污染，应进行消毒，然后锁好。尸体在窖内腐败后产生生物热，使尸体内病原微生物死亡而变为无害。

（8）综合分析判断 有些疾病特征性病变明显，通过剖检可以确诊，但大多数疾病不出现特征病变。另外原发病的病变常受混合感染、继发感染、药物治疗等多种因素的影响，无特征表现。因此在尸体剖检时要正确认识剖检诊断的局限性，结合流行病学、临床症状、病理组织学变化、血清学检验及病原分离鉴定，综合分析判断。

（9）采集病理图片 选择病变明显的组织、器官拍照。用500万以上像素的数码相机，在微距的状态下拍照。用颜色较深、不反光的木板或纸板等作为背景。尽量在白天拍照，晚上拍照要用强光照射所拍组织器官，并用干纱布吸干组织器官表面的水分，不要用闪光灯，以防止组织器官表面反光而降低照片质量。

（10）做好剖检记录 尸体剖检记录是尸体剖检报告的原始资料，也是进行综合分析判断的重要依据。记录的内容要力求完整、详细，能如实反映尸体的各种病理变化。记录病变时要客观地描述病变，对无眼观变化的器官，不能记录为“正常”或“无变化”，可用“无眼观可见变化”或“未发现异常”来表述。

（11）写出剖检报告 依据尸体剖检记录作病理解剖学诊断，写出剖检报告。其中病理解剖学诊断是根据剖检发现的各器官、组织病理变化和它们的相互关系，以及其他诊断检查所获得的材料，经过详细分析而作出的，是对疾病的疑似诊断，甚至是诊断。

（三）剖检方法

1. 濒死病猪的放血

先用手术刀切开颈部皮肤（图 1-5-1），再用力切断颈动脉（图 1-5-2），注意头朝下，使血流完。

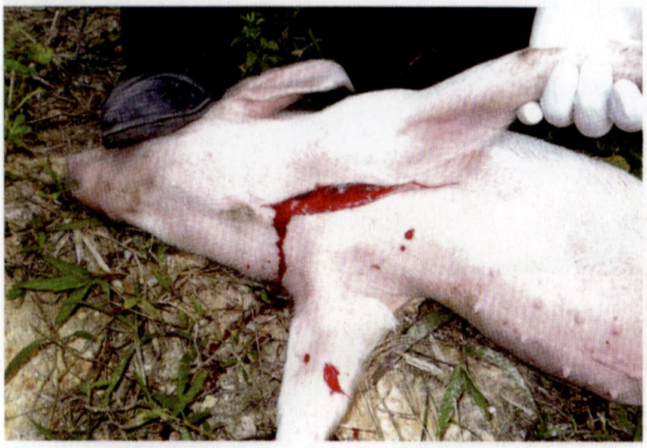

图 1-5-1 濒死猪放血位置

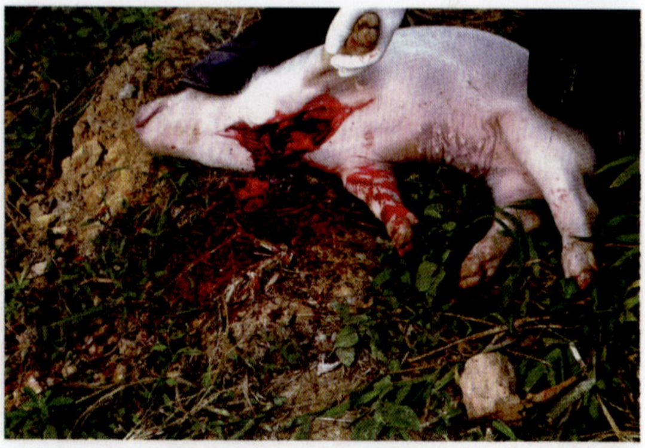

图 1-5-2 濒死病猪放血

2. 体表检查

在进行尸体解剖前，先仔细了解病死猪病史，尤其是比较明显的临床症状，以缩小诊断范围，使剖检有一定的导向性。

体表检查首先注意品种、性别、年龄、毛色、体重及营养状况，然后再进行死后征象、天然孔、皮肤和体表淋巴结检查（图 1-5-3 至图 1-5-12）。

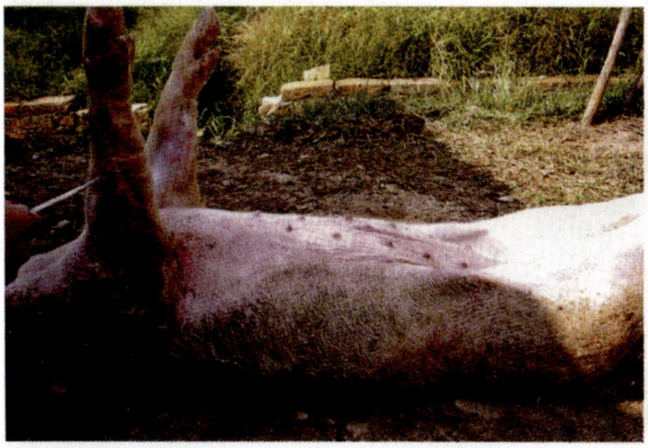

图 1-5-3 病猪尸体外表检查

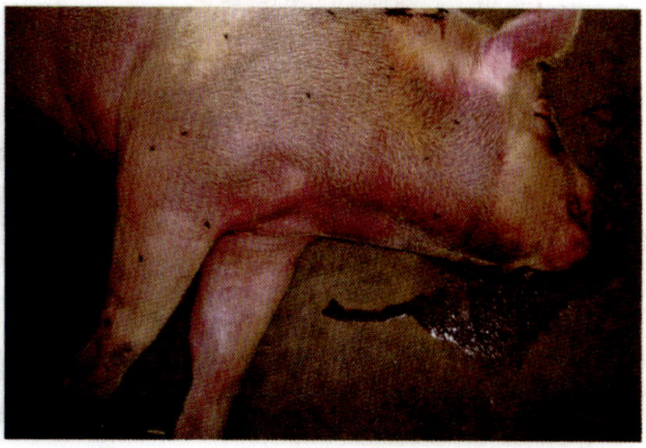

图 1-5-4 猪发生伪狂犬病时大量流涎

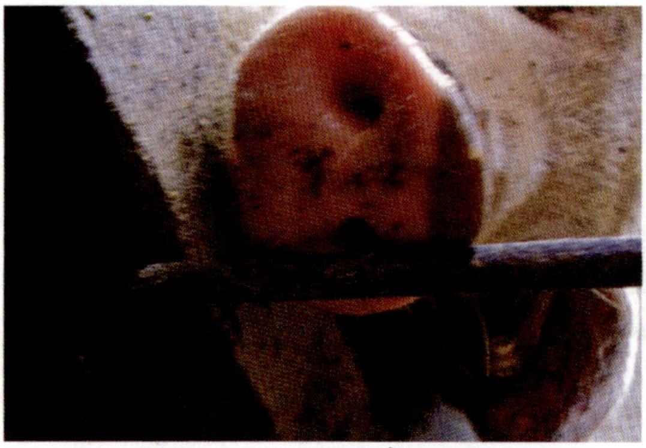

图 1-5-5　吻突和鼻孔检查

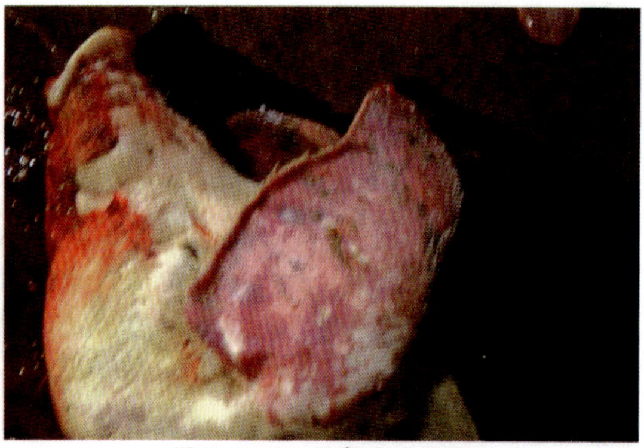

图 1-5-6　头部皮肤检查

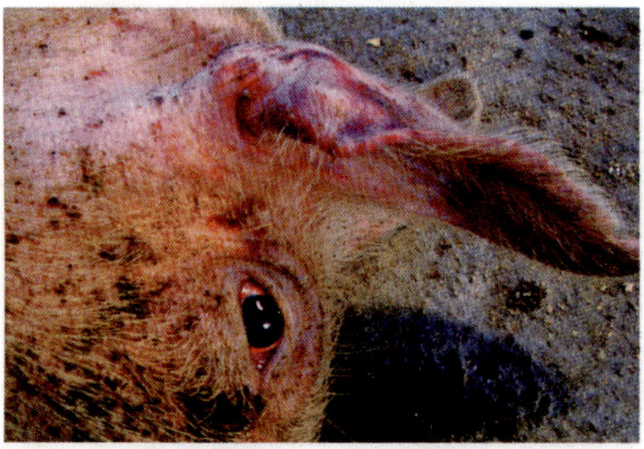

图 1-5-7　眼部检查

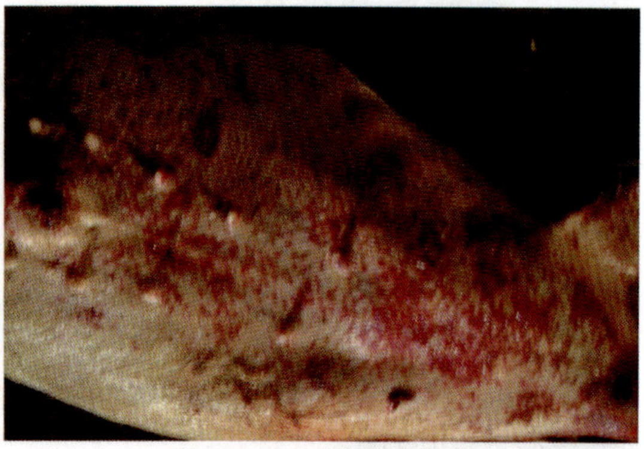

图 1-5-8　腹部皮肤检查

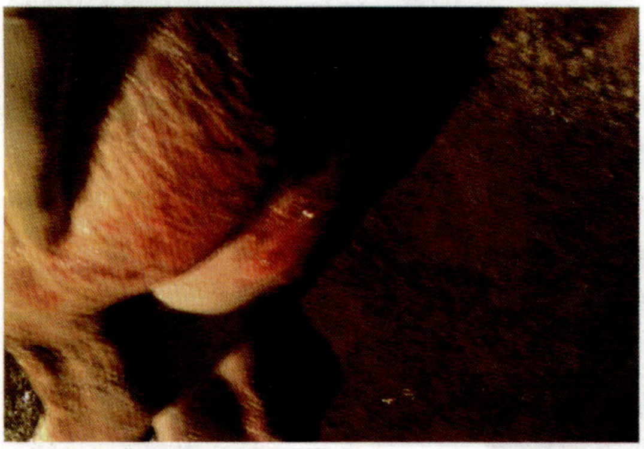

图 1-5-9　臀部皮肤检查

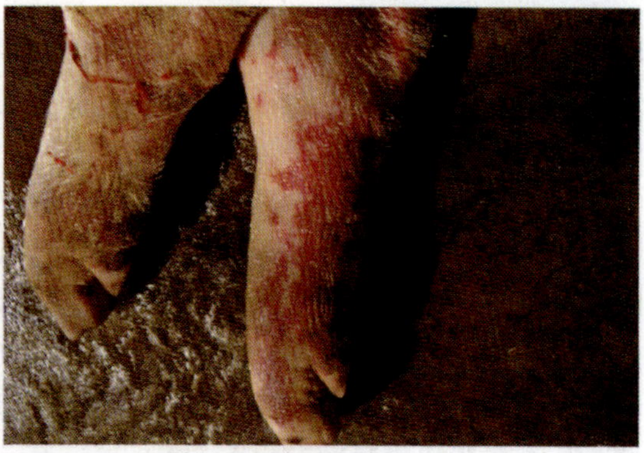

图 1-5-10　后肢皮肤检查

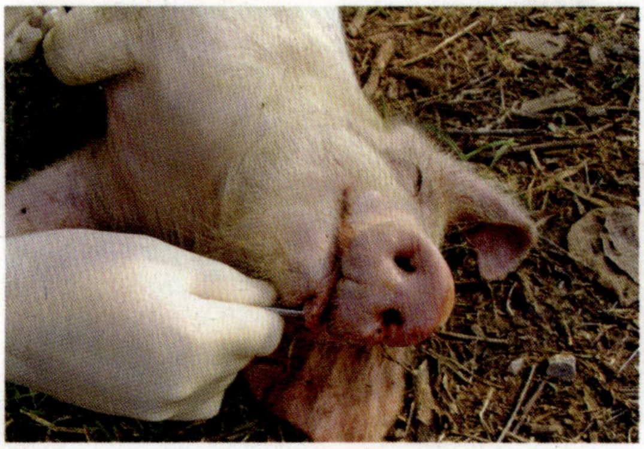

图 1-5-11　口、鼻、舌检查

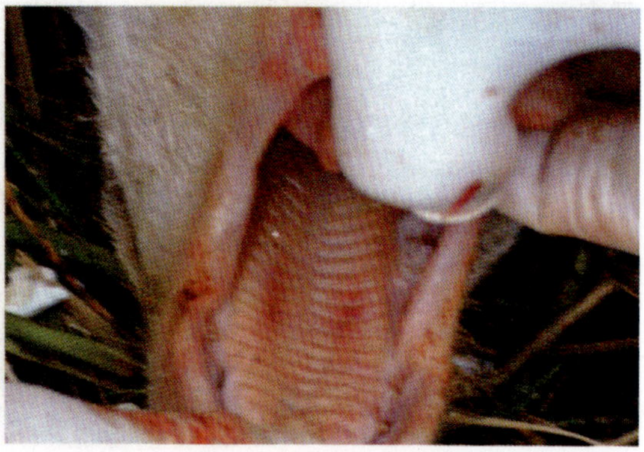

图 1-5-12　口腔检查

（1）死后征象　猪死亡之后，血液循环停止，机体组织器官的功能和代谢过程先后停止，由于体细胞内酶和肠道内的细菌作用和外界环境的影响，可逐渐发生一系列的死后变化，即尸体变化，包括尸冷、尸僵、尸斑、血液凝固、尸体自溶和腐败。在进行尸体剖检时要注意辨认哪些是属于死后的正常变化，避免把某些死后的变化误认为生前的病理变化，才能避免误诊。

①尸冷：指动物死亡后温度逐渐降低至与外界环境的温度相同的现象。尸冷的发生是因为动物死亡后，机体代谢停止，不产热，而散热仍继续进行。温度下降的速度通常在死后最初几小时较快，以后逐渐变慢。室温条件下，平均每小时下降1℃。尸体的降温速度受季节的影响较大，寒冷季节可加速尸冷的过程，炎热季节可延缓尸冷过程。尸温的检查对判定死亡的时间有一定参考价值。

②尸僵：动物死亡后，最初由于神经系统的麻痹，肌肉失去紧张力而首先出现暂时性的弛缓，肌肉变松弛柔软，但短时间后，肢体的肌肉即开始收缩，变为僵硬，四肢各关节不能屈伸，使尸体固定于一定的姿势，这种现象被称为尸僵。尸僵一般于死后1～6小时开始出现。尸僵发生的次序，先从头部开始，依次发展到颈部、前肢、躯干至后肢。尸僵一般经24～48小时，按发生顺序开始缓解。尸僵的特点如果是人为破坏，不能再出现。心肌、平滑肌也可发生尸僵，心肌在死后数小时左右发生僵硬，尸僵时心肌的收缩可将心脏内的血液驱出，左心室最为明显，心肌僵硬大约可持续24小时，以后就逐渐缓解。心肌变性时，通常心肌僵硬不明显，表现心脏质地柔软，充满血液，心腔扩张。其他富有平滑肌的器官，如血管、胃肠、子宫和脾等由于平滑肌僵硬收缩，可使管状器官缩小，组织质地变硬，当这些平滑肌变性时，尸僵亦不明显，如败血症的脾脏，因平滑肌变性而变软。尸僵的检查，可以推断动物死亡时的姿势，另外对判断死亡时间以及死亡原因也有一定参考价值。

③尸斑：当动物死亡后，心脏活动停止，心血管内的血液，由于心脏和大动脉血管的临终收缩与尸僵的发生，而将血液排挤到静脉系统内，在血液凝固之前，血液因重力作用，流到尸体接触地面一侧部位的血管中，使血管内充盈血液，这种现象称为血液坠积。此时在卧侧皮肤可见到暗红色区域，这就是尸斑。外观上坠积部位组织呈暗红色，指压该部位可以消散，随着时间的推移，下沉的红细胞在血浆内，经血管壁向组织浸润。出现时间为死亡后24小时左右。尸斑浸润的变化在改变尸体位置时也不会消失。尸斑出现的部位颜色比对侧部位深，但有些动物的体表往往因有被毛的遮盖而难以观察，只有剖检时，在皮下组织中才可明显看出，内脏器官尤其是成对器官（肺、肾）对比度明显，卧侧器官比对侧的颜色要深，呈暗紫红色，在剖检时应与淤血、炎性充血、出血鉴别。

（2）可视黏膜和天然孔的检查　可视黏膜包括眼、鼻、口、肛门、阴唇、阴茎及包皮的黏膜。黏膜的颜色变化通常可反映机体某些器官系统的变化，黏膜黄染，可能是黄疸。应提示在内部检查时，要注意肝、胆囊、胆管、十二指肠以及血液寄生虫的检查，有时可因免疫反应而引起黄疸。黏膜苍白是内脏出血以及贫血的标志之一。黏膜蓝紫色或发钳，为缺氧、血管系统和呼吸系统功能不全引起的。鼻黏膜有溃疡、小疱，有口蹄疫的可能。此外应注意黏膜有无出血、溃疡、溃烂、水疱、瘢痕。对天然孔的检查，注意有无分泌物，根据排泄物的性状和颜色可确定其性质，与此同时应注意天然孔的开闭情况，特别是口腔的开闭情况、舌位置、牙齿情况、齿龈及各部黏膜情况等。猪死亡后，瞳孔散大，不久可见角膜混浊，眼球失去紧张力。要检查颈、胸、腹、脊椎、四肢、尾等情况，四肢有无骨折、骨瘤等病变。此外应注意检查蹄底及角壁有无针伤、刺伤等病变，死亡于破伤风的猪应特别注意检查创伤部位。

（3）皮肤的检查 首先观察皮肤有无脱毛、创伤、湿疹、疱疹、充血、淤血、出血以及外寄生虫等，然后检查皮肤的厚度、硬度、弹性以及被毛有无光泽，皮下有无气肿、水肿。气肿时用力触压则有碎裂音或捻发音，但应弄清是生前变化还是死后变化；皮下水肿时触摸皮肤可有捏粉样硬感以及波动感，患部往往隆起皮肤表面。

3. 剥皮和皮下检查

（1）切线 一条纵切线，四条横切线。

（2）剥皮顺序 首先使尸体仰卧，第一条纵切线是猪腹侧正中线，从下颌间隙开始沿气管、胸骨，再沿腹壁白线侧方直至尾根部作一切线切开皮肤（图1-5-13）。切线在脐部、生殖器、乳房、肛门等时，应反切线在其前方左右分为两切线绕其周围切开，然后又会合为一线，尾部一般不剥皮，仅在尾根部切开腹侧皮肤，于3～4尾椎部分切断椎间软骨，使尾部连于皮肤上。四条横线，即每肢一条横切线，在四肢内侧与纵切线成直角切开皮肤，止于球节作环状切线。头部剥皮，从口角后方和眼睑周围作环状切开，然后沿下颌间隙正中线向两侧剥开皮肤，切断耳壳，外耳部连在皮肤上一并剥离，以后沿上述各切线逐渐把全身皮肤剥下。

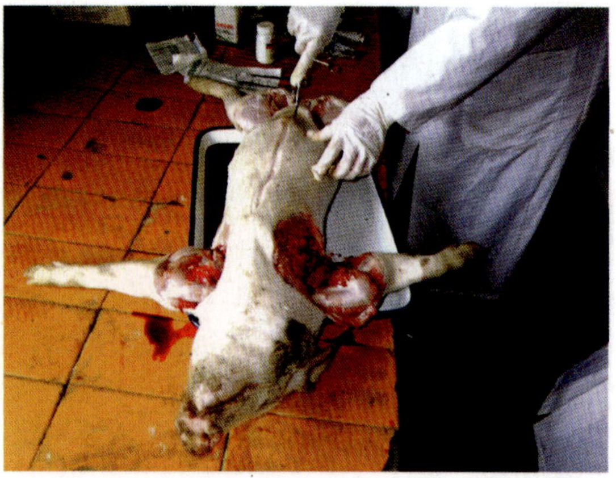

图1-5-13　沿腹中线切开腹部皮肤

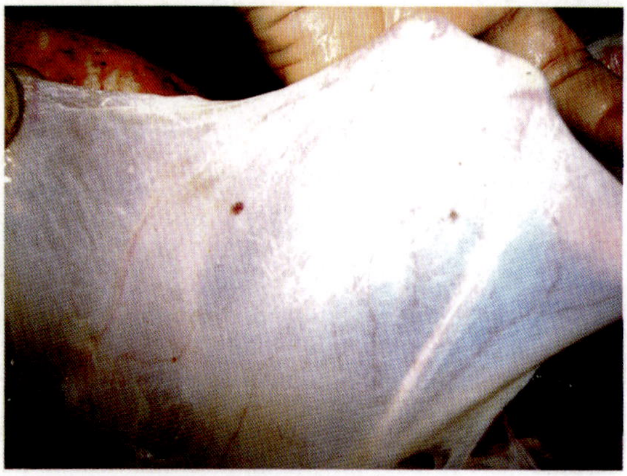

图1-5-14　剥下皮肤检查

（3）剥皮方法 剥皮时要拉紧皮肤，刀刃切向皮肤与皮下组织结合处，只切离皮下组织，切忌使过多的皮肌、脂肪残留在皮肤上，也不应割破皮肤，而降低利用价值（图1-5-14）。有剖检室设备的场地，可设有活动吊车电动剥皮机，省力省时。剥皮过程中应注意检查皮组织的含水程度，皮下血管的充盈量，血管断端流出血液的颜色、性状、黏稠度，有无水肿、气肿和出血、胶样浸润等。此外，要检查皮下有无肠管及溃疡、肿瘤、炎症、出血等病变，同时要检查皮下脂肪沉积量、色泽和性状。

（4）体表淋巴结 先检查其体积大小，被膜血管状态，外观颜色，然后纵切或横切，观察切面的变化等可初步确定淋巴结变化的性质，检查腮腺淋巴结、咽后外侧淋巴结、肩前淋巴结、颈前腹侧淋巴结、下颌副淋巴结、下颌淋巴结、股前淋巴结、腘淋巴结、荐外侧淋巴结、腹股沟淋巴结（图1-5-15至图1-5-18）。

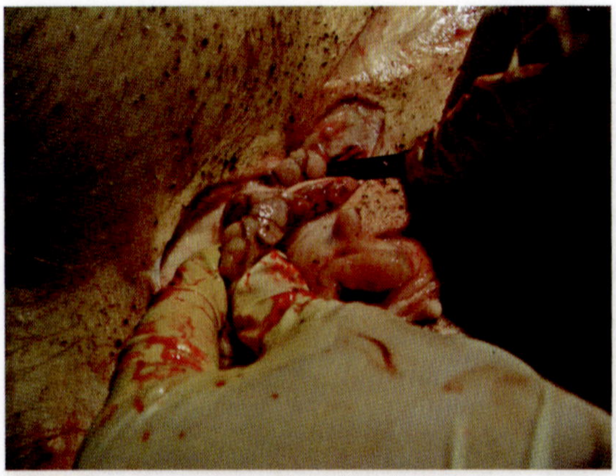

图 1-5-15　检查腹股沟淋巴结

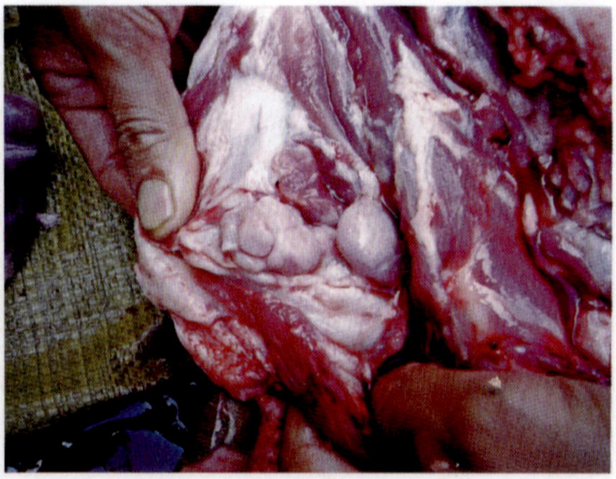

图 1-5-16　检查下颌淋巴结

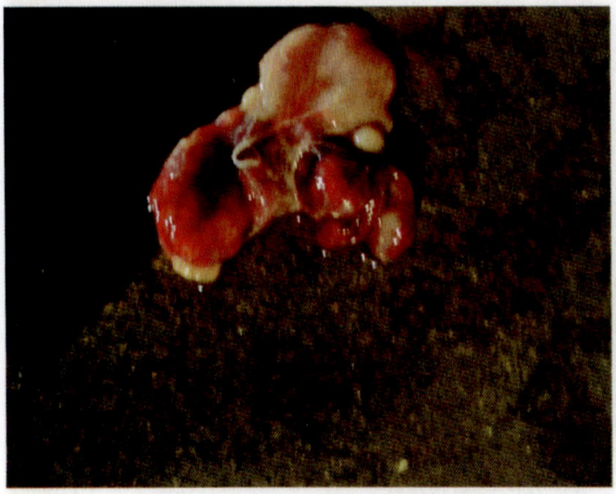

图 1-5-17　剥离淋巴结检查

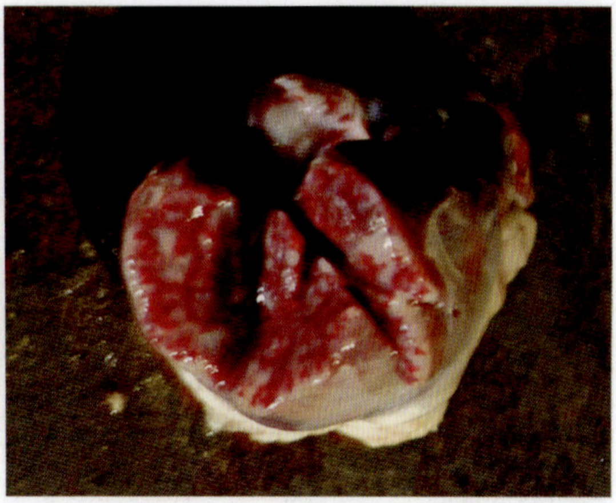

图 1-5-18　淋巴结横切面检查

4. 内部检查

猪的剖检一般采取背位姿势。为了使尸体保持背位，需切断四肢内侧的所有肌肉和髋关节的圆韧带，使四肢平摊在地上或解剖台上，借以抵住躯体，保持不倒（图 1-5-19）。然后再从颈、胸、腹的正中切开皮肤，腹侧剥皮。如果是大猪，又不是传染病，皮肤可以加以利用时，建议仍按常规方法剥皮，然后再切断四肢内侧肌肉，使尸体保持背位。

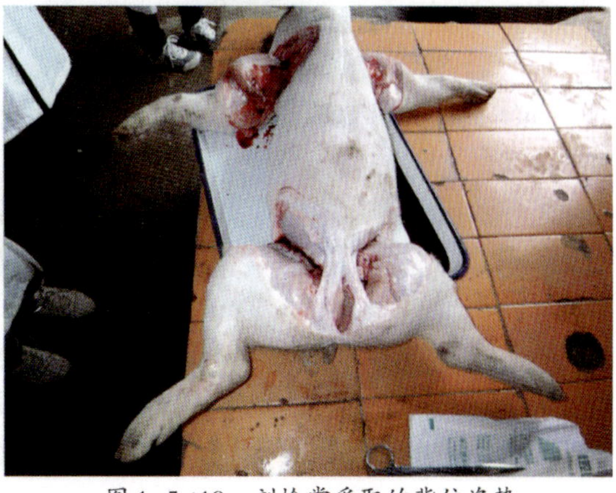

图 1-5-19　剖检常采取的背位姿势

（1）卧位　卧位的确定主要根据猪的腹腔中消化道的特殊结构而定，目的是方便操作，便于腹腔器官的摘出。一般有三种：侧卧位，尸体的左侧或右侧卧位；半卧位，尸体背部向左侧或向右侧倾斜45°；背侧卧位（仰卧位），尸体的背脊部与地面呈垂直状态。常采用的是背侧卧位。

（2）切离 前后肢与关节、肌腱、蹄甲等检查。切离四肢时，注意检查四肢骨骼、关节腔、关节面、肌肉、肌腱、韧带、蹄甲等有无异常变化。

①前肢的切离：首先沿肩胛骨前缘切断臂头肌和颈斜方肌，然后再在肩胛软骨后缘切断胸背阔肌以及腋下血管、神经、下肌、菱形肌等，即可取下前肢。

②后肢的切离：在股骨大转子处圆切臀部肌肉群的臀肌及股后肌群，助手将后肢向背侧牵引，由内侧切断股内收缩肌，从髋关节处切臀圆韧带及副韧带，即可取下后肢。

（3）胸腔的剖开和胸腔脏器的视检 胸腔剖开之前，首先应检查胸腔是否真空，在胸壁5～6肋间处，用刀尖刺一小口，此时若听到空气冲入胸腔时发生的摩擦音，同时膈后退，即证明正常，用刀刺膈肌的方法亦可。通常剖开胸腔是沿肋软骨切开胸壁，再切断与胸壁相连的膈肌，然后用骨锯锯断与胸骨相连的肋软骨，最后在距脊椎7～9cm处自后向前依次将肋骨锯断。然后将锯断的胸壁取下，从而暴露出胸腔（图1–5–20至图1–5–22）。另外，用分离肋骨的方法亦可。

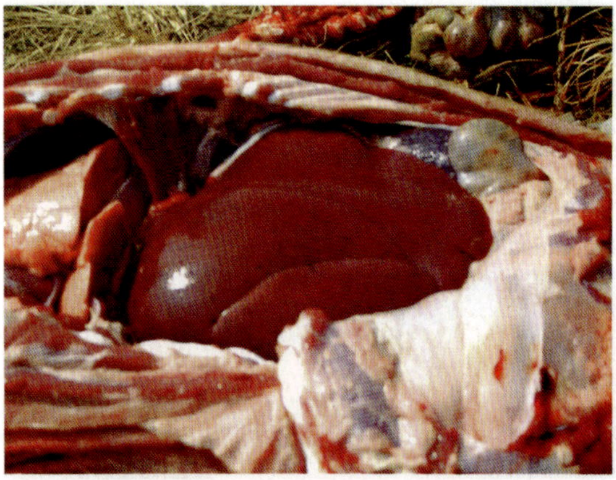

图 1–5–20 沿肋软骨剖开胸腔和腹腔

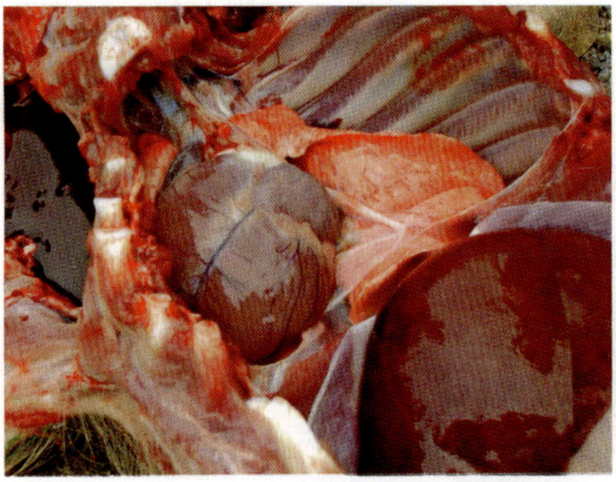

图 1–5–21 剖开胸腔暴露心、肺和肝

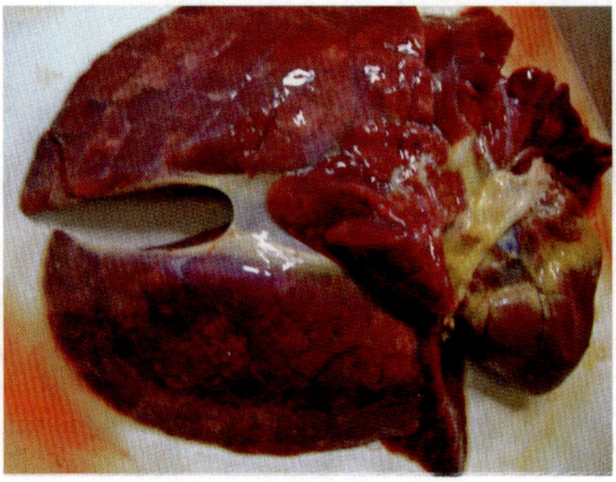

图 1–5–22 心冠脂肪沟检查

胸腔的视检内容包括：检查胸腔是否真空；骨的质地和脆性，用手屈曲肋骨或用刀刺胸骨来确定；注意正常的胸腔内含有少量琥珀色透明液体，打开胸腔检查胸腔液体的数量、色泽、性状，同时还应检查有无异常内容物，如血液、脓汁、肿瘤、腐败坏死物、寄生虫等；胸膜的性状，注意检查胸膜有无充血、出血、炎症、肥厚、机化、粘连等病变（图1–5–23，图1–5–24）。

（4）腹腔的剖开和腹腔脏器的检查 根据尸体卧位可采用下列两种剖开方法。

①侧卧位（左右侧）或半侧卧位：切开腹壁的方法是第一条切线，先从肷窝沿肋骨弓切开腹壁至胸骨的剑状软骨处。第二切线，从肷窝沿髂骨体前缘至耻骨前缘切开腹壁，然后将切开的三角形腹壁放于尸体下方（图1–5–25，图1–5–26）。

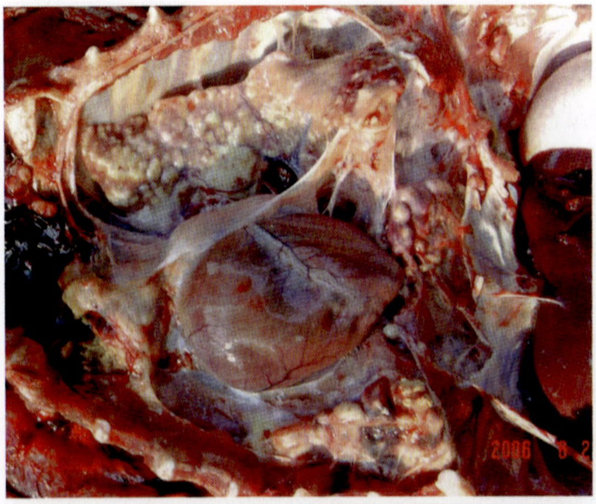

图 1-5-23　心外膜发生粘连

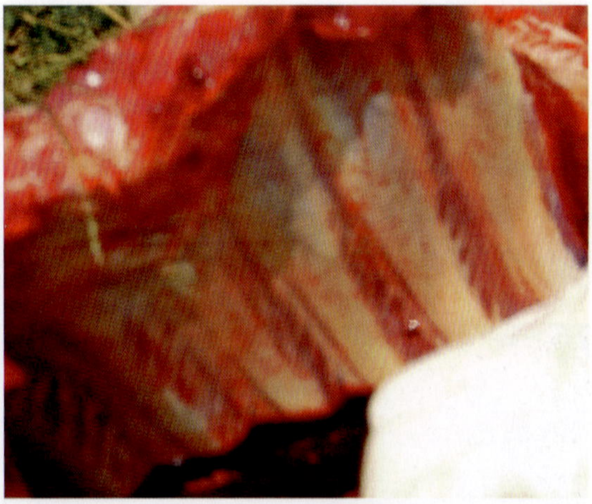
图 1-5-24　肋骨检查

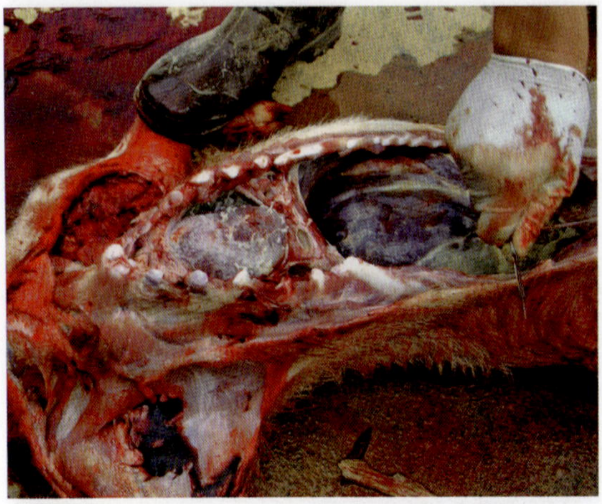
图 1-5-25　切开腹壁

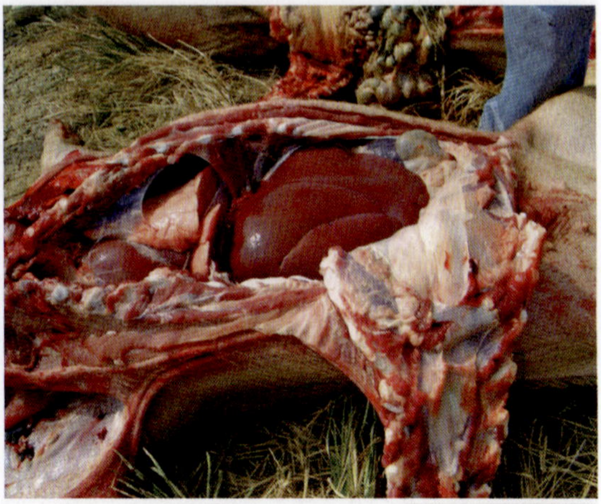
图 1-5-26　将切开的腹壁放于尸体侧下方

②仰卧位：第一切线，从胸骨的剑状软骨距白线 2cm 处切开腹壁肌层 10 ~ 15cm，然后用刀尖将腹膜切一小口，此时左手的食指和中指伸入腹壁的切口中，用手指的背面抵住肠管，同时两手指张开，刀尖夹于两手指之间，刀刃向上，由剑状软骨切口的末端沿腹壁的线切至耻骨联合处。第二切线，由耻骨联合切口处分别向左右两侧沿髂骨体前缘切开腹壁。第三切线，由剑状软骨处的切口分别向左右两侧沿肋骨弓切开腹壁，根据腹腔内脏器官和内容物情况逐步切至腰椎横突处。腹腔内常蓄有气体，做腹壁切线时，切第一个切口即有气体冲出，注意其气味，剖开腹腔时有无异物，如饲料、粪便、脓汁，并应确定异物的数量、种类、性状，必要时做涂片或细菌培养，同时注意腹腔内各器官外观以及它们之间的关系有何变化，如出血、寄生虫结节、胃肠破裂、肝脾破裂出血等。对腹腔液体首先观察色泽、性状、透明度、有无纤维素、血液、脓汁、寄生虫等，最后确定其数量。检查腹腔器官的位置之后，用手移动肠管观察肠管的各部状态，肠管内容物数量，肠系膜的光泽度，有无出血、纤维素附着，肠系膜的厚度，肠系膜脂肪蓄积量，血管淋巴管充盈程度，肠系膜淋巴结及其他器官所属淋巴结的变化。待腹腔器官全部摘出后，检查腹膜的光泽度、颜色，有无出血、纤维素粘连等。

（5）胸腔器官的摘出

①心脏的摘出：用剪刀或刀纵切心包中央线，同时测量心包液的数量，观察其性状，然后将心脏提至心包外，再切断心包和心脏附着的心基部的大血管，可取出心脏（图 1-5-27）。

②肺脏的摘出：在后主动脉的下部切断上纵隔膜，观察右侧的胸腔液，其次从横膈膜上切断后纵隔膜及食管末端，最后切断靠近胸腔入口处的食管及气管，将手指插进在气管断端已切好的小孔和气管腔，即可将肺从胸腔取出来检查（图 1-5-28 至图 1-5-32）。

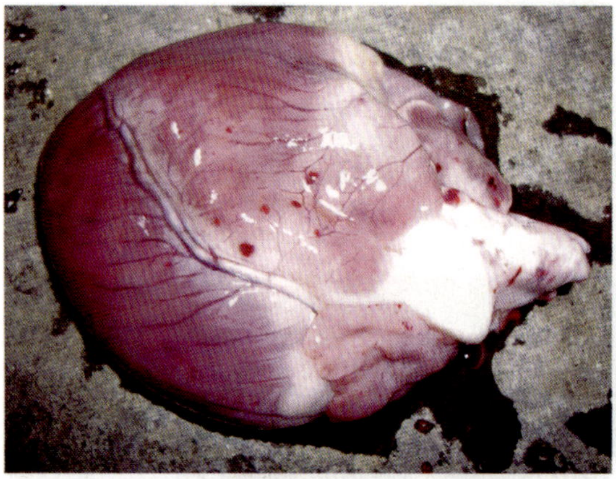

图 1-5-27　猪患伪狂犬时心肌点状出血

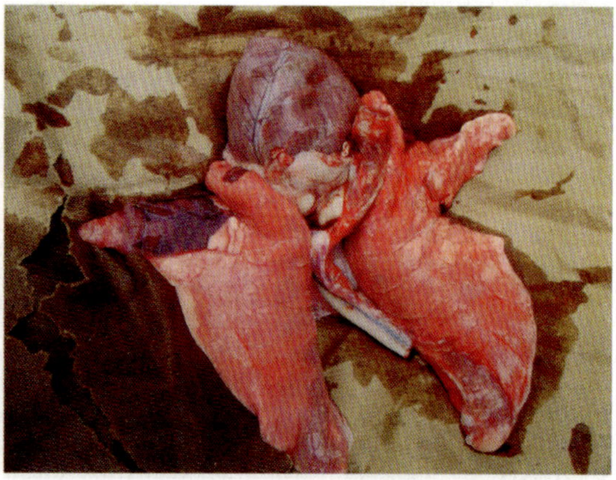

图 1-5-28　摘出肺脏

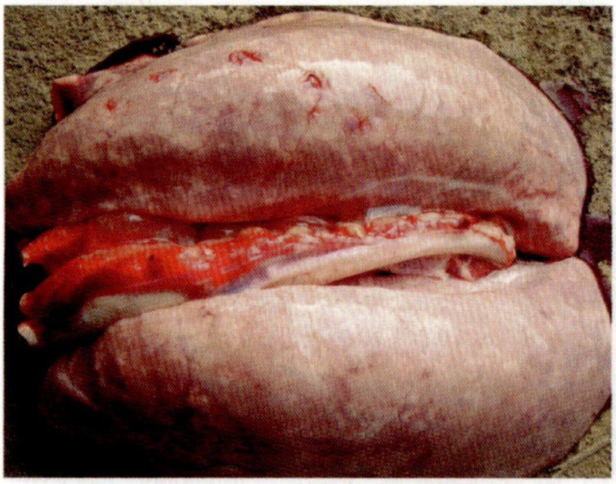

图 1-5-29　肺表面检查

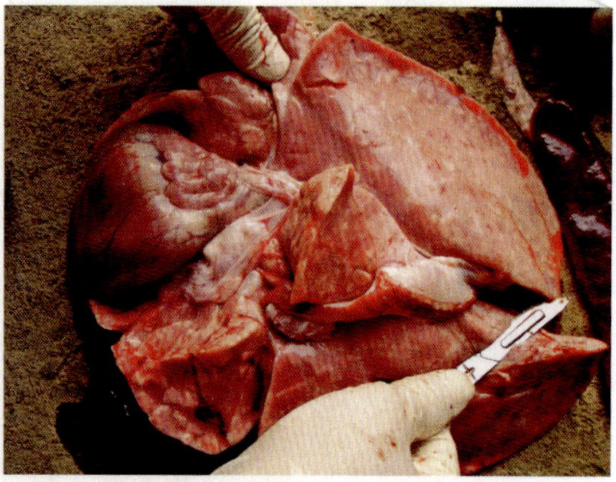

图 1-5-30　检查肺的质地

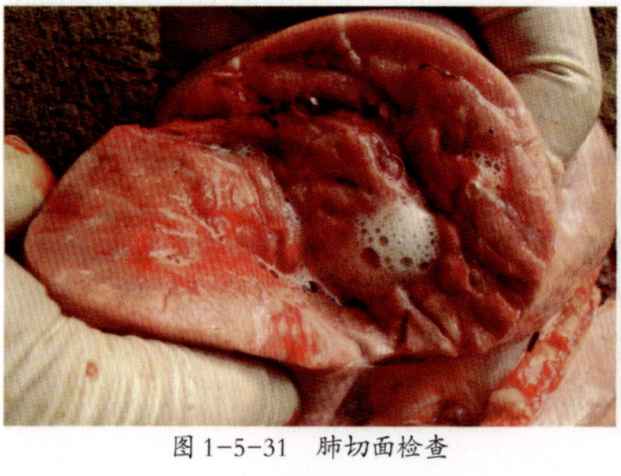

图 1-5-31　肺切面检查

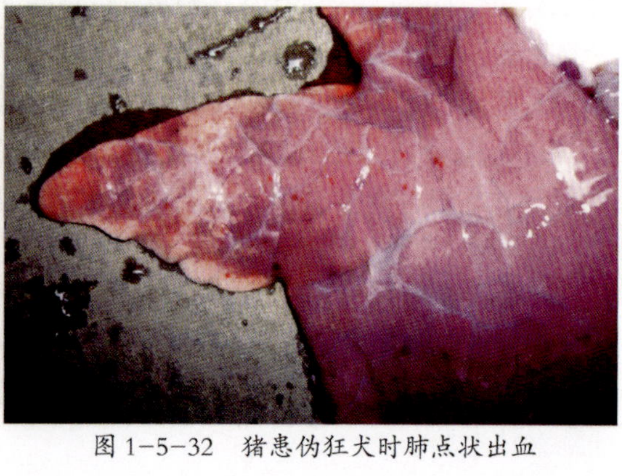

图 1-5-32　猪患伪狂犬时肺点状出血

（6）腹腔器官的摘出

①脾、胃和十二指肠的摘出：提起脾的基部切断胃脾韧带，注意勿将脾门淋巴结切掉，使其附在脾脏上以供检查，即可摘出脾脏（图 1-5-33 至图 1-5-36）。切断胃膈韧带、胃肝韧带、肝十二指肠韧带以及韧带左侧的胆管，用手向后牵引胃，将食管切断，即可将胃和十二指肠一起摘出。

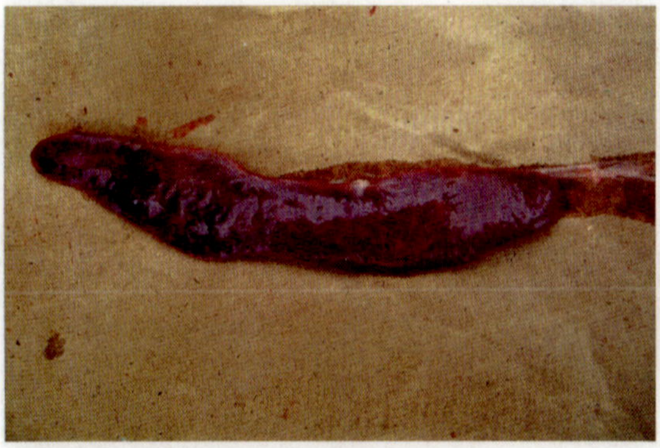
图 1-5-33　脾脏表面检查

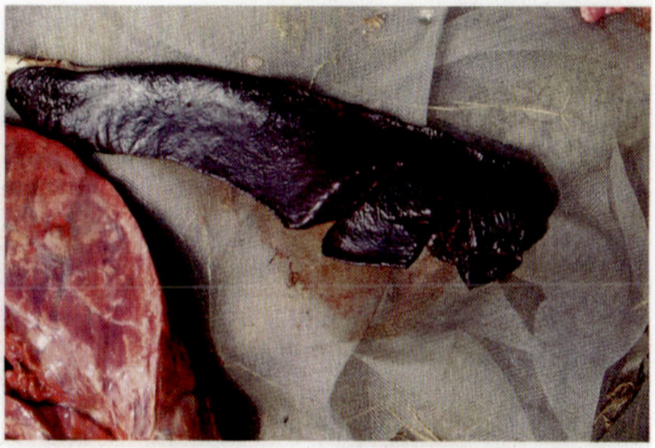
图 1-5-34　脾脏横切检查

图 1-5-35　脾脏边缘检查

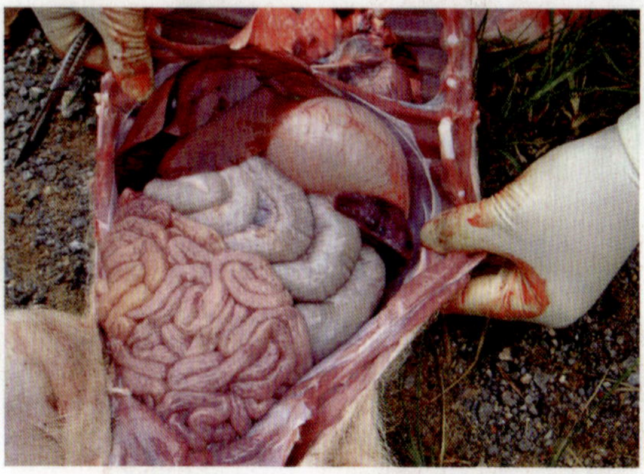
图 1-5-36　脾脏梗死

②肝脏及胰脏的摘出：从肠管外壁将胰脏剥离下来，然后切断肝左三角韧带、圆韧带、镰状韧带、后腔静脉，再切左右冠状韧带，最后切断右三角韧带及肝肾韧带，则可将肝脏摘出检查（图 1-5-37 至图 1-5-42）。

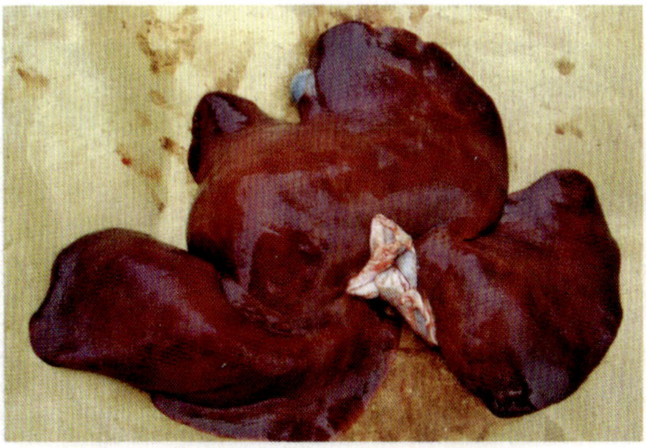
图 1-5-37　摘出肝脏

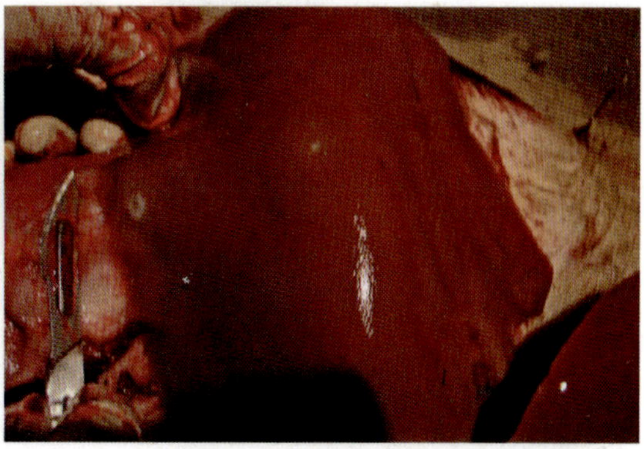
图 1-5-38　肝脏表面检查

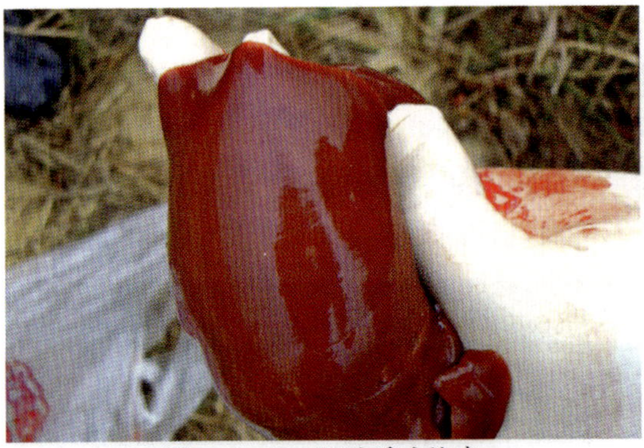
图 1-5-39　肝脏质地检查

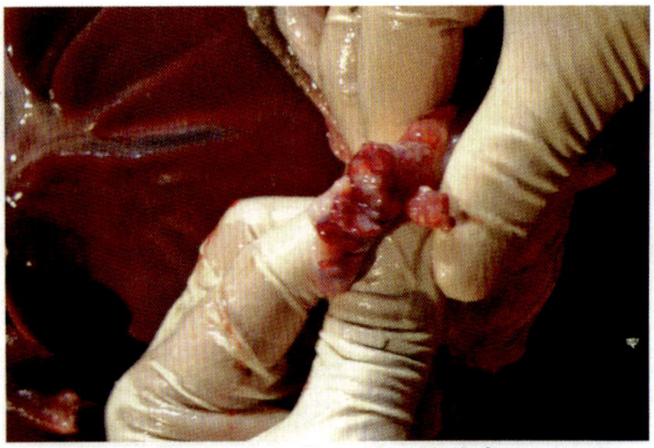
图 1-5-40　肝门淋巴结检查

图 1-5-41　胆囊检查

图 1-5-42　胆汁检查

③肾和肾上腺的摘出：首先分离肾周围结缔组织，切断肾门部的血管和输尿管，可取出左右两肾及肾上腺进行检查（图 1-5-43 至图 1-5-50）。

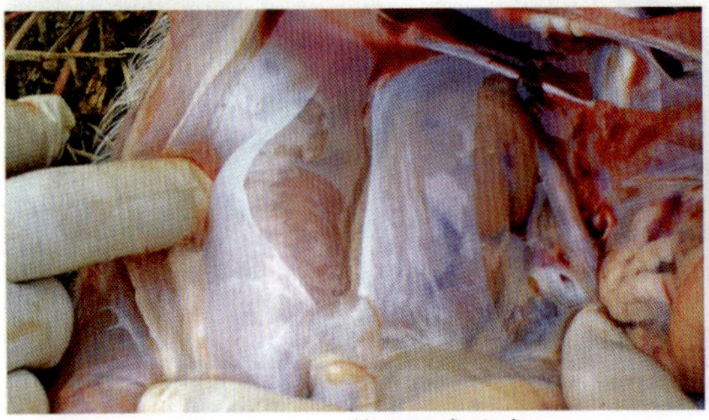
图 1-5-43　肾脂肪囊检查

图 1-5-44　剥离肾脂肪囊

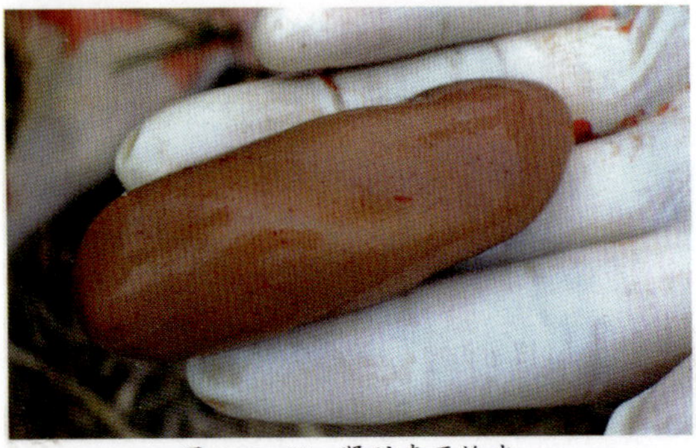
图 1-5-45　肾脏表面检查

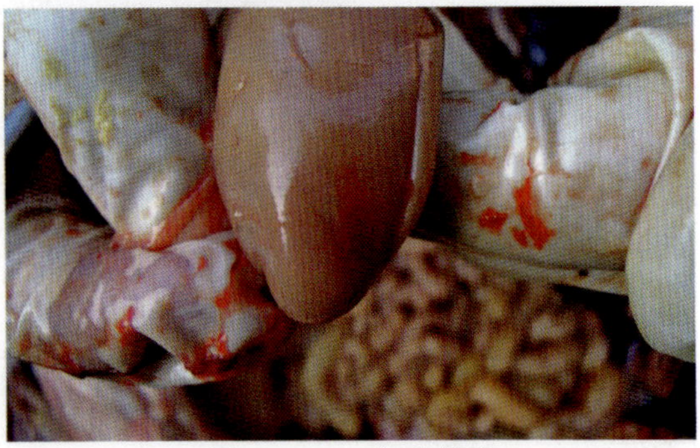
图 1-5-46　切开肾脏

图 1-5-47 肾脏皮质检查

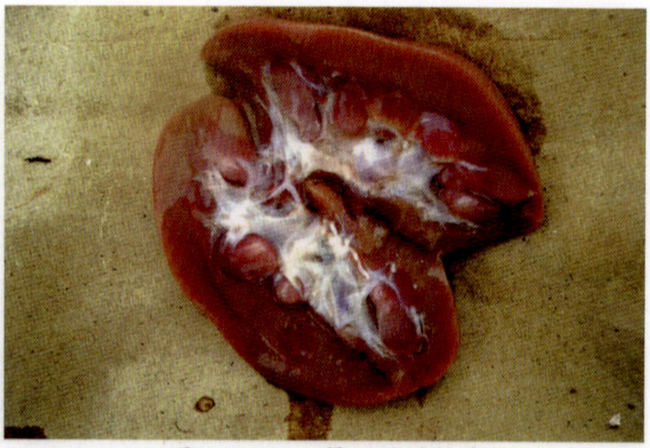

图 1-5-48 肾脏髓质检查

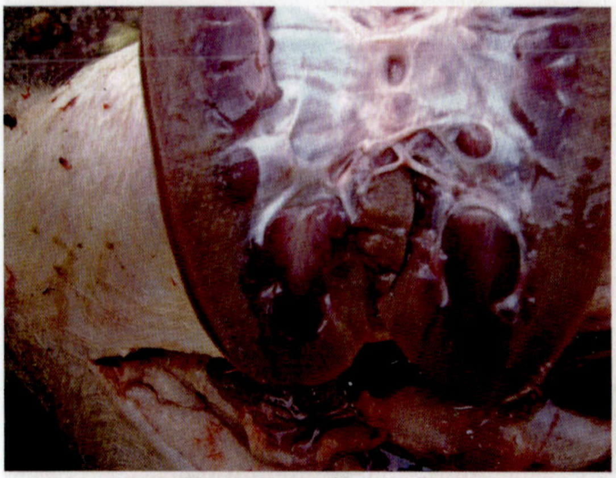

图 1-5-49 肾盂检查

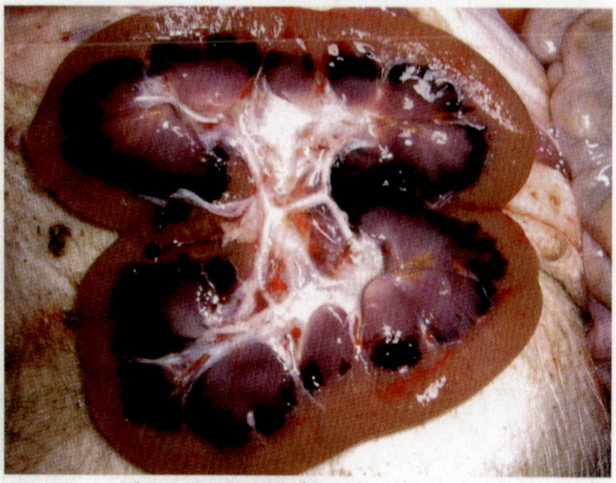

图 1-5-50 猪患猪瘟时肾盂出血

（7）骨盆腔器官的摘出 骨盆腔器官的摘出通常有两种方法：第一种方法，锯断左侧髂骨体、耻骨和坐骨的髋臼，取出锯断的骨体，即可露出骨盆腔，然后用刀切断直肠与骨盆腔上壁的联系，母猪还需切离子宫与卵巢，再由骨盆腔下壁切断与膀胱、阴道及生殖器官的联系，最后将骨盆腔器官一起取出。如公猪将外生殖器与骨盆腔器官一同取出时，应先切开阴囊和鼠蹊孔，把睾丸、附睾、输精管由阴囊取出并纳入骨盆腔内，其次切开阴茎皮肤，将阴茎引向后方，于坐骨部切断阴茎脚、坐骨海绵体肌，再切开肛门周围皮肤，将外生殖器与骨盆腔器官一并取出。第二种方法，从骨盆入口处切离周围软组织，可将骨盆腔器官摘出。

（8）头颈部器官和脑的摘出

①头颈部器官的摘出：首先将头部仰卧固定使下颌向上，用锐刀在下颌间隙紧靠下颌骨内侧切入口腔，切断所有附着于下颌骨的肌肉至下颌骨角，然后再切离另一侧，同时切断舌骨之间的连接部，将手自下颌骨角切口伸入口腔，抓住舌尖向外牵引，用刀切开软腭，再切断一切与喉连接的组织，连同气管、食管一直切离至胸腔入口处，用手向左右分切纵隔，切断锁骨下动脉和静脉及臂神经丛，此时用手握住颈部器官，边拉边分离附着于脊椎部的软组织，在膈部切断食管、后腔静脉和动脉，即可将颈部器官全部摘出。

②颅腔的剖开和脑的摘出：先把头从第一颈椎分离下来，去掉头顶部所有肌肉，在眶上突后缘2～3cm的额骨上锯一横线，再在锯线的两端沿颞骨到枕骨大孔中线各锯一线，用斧头

和骨凿除去颅顶骨，露出大脑进行检查（图 1–5–51 至图 1–5–53）。用外科刀断离硬脑膜，将脑轻轻向上提起，同时切断脑底部的神经和各脑的神经根，即可将大脑、小脑一同摘出，最后从蝶鞍部取出脑下垂体。

（9）鼻腔的剖开 先用锯在两眼前缘横断鼻骨，然后在第一臼齿前缘锯断上颌骨，最后沿鼻骨缝的左侧或右侧0.5cm处，纵向锯开鼻骨和硬腭，打开鼻腔取出鼻中隔，检查中隔黏膜的变化（图 1–5–54）。

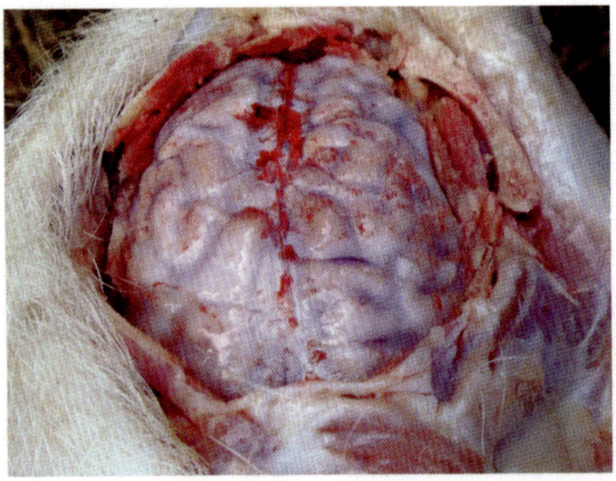

图 1–5–51 打开颅腔

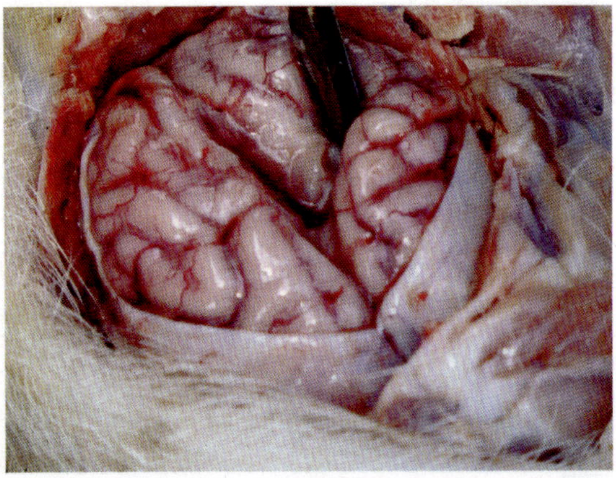

图 1–5–52 检查脑沟和脑回状态

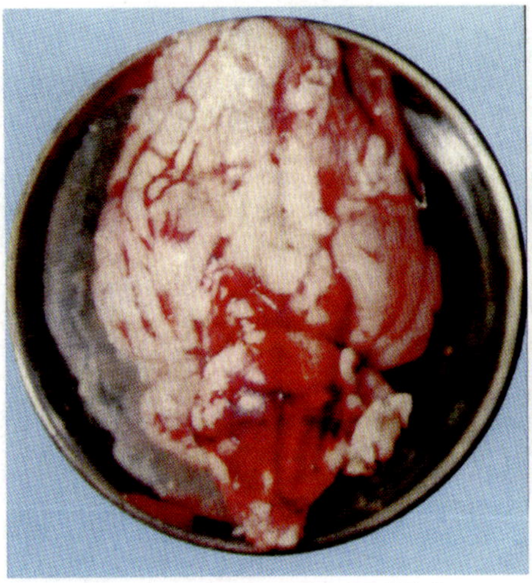

图 1–5–53 取下整个大脑检查

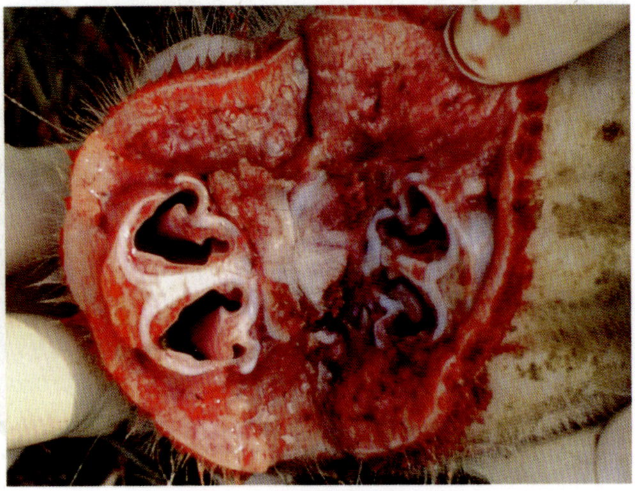

图 1–5–54 锯开鼻腔检查

（10）脊椎管的剖开和脊髓的摘出 先锯下一段胸椎 10cm 左右，然后用磨刀棒或肋软骨插入椎管可顶出脊髓。也可沿椎弓的两侧与椎管平行锯开椎管即可观察脊髓膜，用手术刀剥离周围的组织即可摘出脊髓。

上述各体腔的打开和内脏的采出，是进行系统检查的程序，但程序的规定和选择，首先应服从于检查的目的，应该按照实际情况适当地改变某些剖检程序。

5. 器官的检查

把器官放在备好的检查台（桌）上。除特殊情况外，检查顺序一般先检查颈部和胸腔器官，再依次检查腹腔、骨盆腔器官，胃肠通常最后进行，以防弄脏器械、手和剖检台等，影响检查效果。器官的检查应遵循一定的规范，对器官的位置、体积、容积、外观、色泽、形态、质地、光泽度以及被膜状态进行检查，才能发现其病变。

（1）头颈部

①舌黏膜：外观状态，特别是舌下黏膜是否有出血、疱疹、溃疡等变化，然后沿舌体正中线做一纵切口和数个横切口，检查肌层黏膜色泽、质地等，看是否有变性、坏死等变化。白肌病时，舌肌层常有变化。

②咽和喉头及扁桃体：对黏膜、色泽进行一般检查，重点检查扁桃体黏膜有否肿胀、化脓、坏死等变化（图 1–5–55）。

③食管：用剪刀剪开食管，并观察食管黏膜状态，有无损伤、扩张、憩室、异物或狭窄等变化。

④甲状腺、甲状旁腺、唾液腺、胸腺：观察它们的体积大小、形状、颜色和质地，然后切开，从切面上可观察实质与间质有无异常变化。

⑤喉、气管及支气管：首先对喉、气管外部进行一般检查，然后用剪刀剖开喉部后角。继续沿气管背侧剪开主气管及两侧基础支气管干，然后观察喉、气管及支气管干黏膜，有无充血、出血、肿胀、伪膜、溃疡、瘢痕、寄生虫、异物等变化，与此同时要检查黏膜色泽，管腔内容物的数量、性状、色泽以及有无泡沫（图 1–5–56），同时要注意检查支气管纵隔淋巴结的变化。

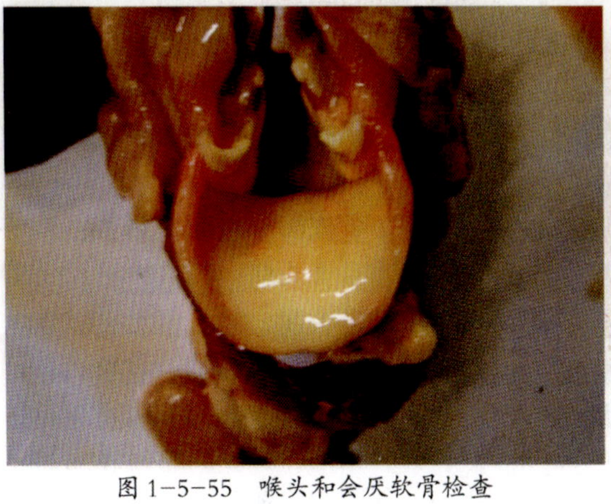
图 1–5–55 喉头和会厌软骨检查

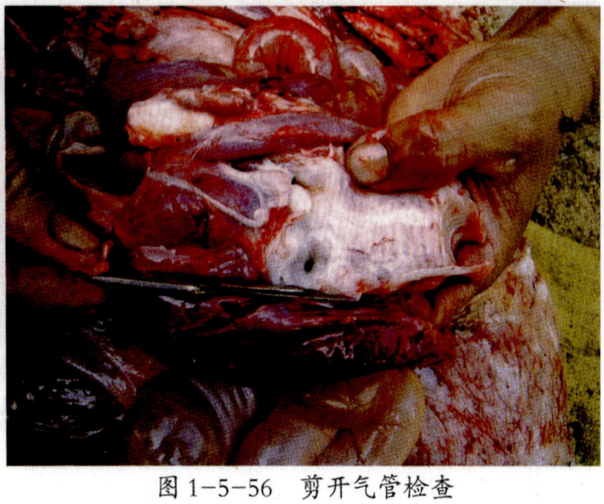
图 1–5–56 剪开气管检查

⑥脑：打开颅腔后，检查硬脑膜和软脑膜的状态，脑膜的血管充盈状态，有无充血、出血等变化，取出脑后先称重，然后将脑底向上放在方盘内，视检脑底，注意观察视神经交叉、嗅神经、脑底血管状态以及各部分的形态。正常时脑膜透明湿润、平滑而有光泽。除此之外，还应检查脑回和脑沟的状态。病理情况下常见脑膜充血、出血，脑膜混浊等病理变化。若有脑水肿、积水、脑肿瘤等病变时，脑沟内有渗出物蓄积，脑沟变浅，脑回变平。

脑的内部检查，剖开脑时所用的脑刀，每切一次都要用酒精或水冲洗刀面，以免脑质黏着刀面致切面不平滑。脑切开方法有多种，现介绍如下方法，即用脑刀纵切脑成为相等的两半，切口必须经过穹隆松果体、四叠体、小脑蚓突、延脑。将脑切成两半，即可检查第三脑室、导水管、第四脑室的状态以及脉络丛的性状和侧脑室有无积水。再横切脑组织，每相隔

2～3cm 切一刀，注意检查脑质的湿度、灰质和白质的色泽和质地，有无出血、血肿、坏死、包囊、脓肿、肿瘤等病变。最后检查垂体，先称重，然后观察大小，再行中线纵切，检查切面的色泽、质地、光泽度和湿润度。

⑦脊髓：取出脊髓后，沿脊髓前后正中线剪开硬脊膜，在脊髓上做多处横切，观察有无出血、寄生虫等病变。

⑧鼻腔和鼻旁窦：首先检查鼻中隔，注意血液充满程度、黏膜状态，再检查鼻道、筛骨、迷路、蝶窦、齿龈、牙齿及鼻甲骨等各部的形态、内容物的量和性状等。

（2）胸腔器官

①心包：心包是一个浆膜囊，由内外两层构成，包在心脏和大血管的基部，内层附着在心脏分出血管的基部，称心外膜；由心脏及血管的基部向外侧翻转的在心脏外面的另外一包膜，称外层，即通常所谓的心包。内外两层之间称为心包腔，内有少量淋巴液，用手或镊子提起心尖部心包，用剪刀剪开一切口，观察其心包液的数量、性状、色泽、透明度以及有无纤绒毛、机化灶、粘连、肿瘤等。纤维素性心包炎时，应仔细观察记录。再检查心脏的外形，确定心冠纵沟脂肪量和性状，许多病例可见数量不一的出血点，亦有条纹状的出血斑；检查心肌表面可见白色条纹状的变性坏死灶。此外，常见有纤维素呈膜状或绒毛状附着在心外膜上，严重的纤维素性心包炎可致心外膜与心包外层相互粘连，有时难以剥离。测量心脏的方法是由大动脉起始部到心尖测长度，宽度按心冠状沟部测量，必要时要确定心脏左室和右室的长度和宽度，称心脏的重量。心脏内部检查，心脏的切开一般顺血流方向先从后腔静脉将右心房剪开，然后用肠剪沿右心室右缘剪至心尖部，再从心尖部，距心室中隔约 1cm 将右心室前壁及肺动脉剪开，检查右心各部分；左心从左右心肺静脉之间剪开左心房，检查二尖瓣口有无狭窄，再沿左心室左缘剪至心尖部，从心尖部沿心室中隔左缘向上剪开左心室，直至靠近肺动脉根部时，尽量避免剪断左冠状动脉回旋支，在左冠状动脉主干左缘，即在肺动脉干与左心房间剪开动脉。

另一种方法，按右心室→右心房→左心房→左心室的顺序。首先沿前纵沟左侧 2cm 处与前纵沟平行做切口，切至肺动脉半月瓣、左心房及右心室的内膜和乳头肌，其次再沿前纵沟右侧平行切开至主动脉的起始部，检查主动脉半月瓣、心内膜及乳头肌，然后再沿另一侧纵沟的左侧与右侧切开，与前两切口相连，再检查左心与右心的房室瓣与心内膜。心腔切开过程应检查心脏内血液数量性状以及心内膜光泽度，有无出血，同时要注意观察心瓣膜有无肥厚或缺损，瓣孔有无狭窄或扩张，有无血栓形成等，检查腱索的粗细，有无断裂情况。对心肌的检查，根据要求可测定心室壁的厚度，室壁厚度正常时，左室壁厚度为右室壁的 3 倍（3∶1），同时观察心肌质地、色泽和肌僵程度，有无变性、坏死、出血和瘢痕。检查心肌变化时，可沿室中隔横切开心脏，然后进行观察。心血管检查：首先视检冠状血管，冠状动脉在主动脉出口处开始，用眼科剪刀，剪开冠状动脉及其分支，观察有无血栓形成等。对大动脉要检查其动脉内膜有无异常斑点、粗糙、肥厚、钙化灶等。此外还应检查胸主动脉、腹主动脉的外膜有无出血等变化，内膜主要观察色泽、性状有无变化。

②肺：先切断基础支气管干，将肺脏的背面向上放置，然后检查肺的体积形态，以及肺胸膜颜色、光泽度，肺表面是否平坦，有无气肿、萎陷、出血、纤维素、结节、炎症灶等，同时检查肺小叶硬度和含气量，以及确定是否有结节、坏死、钙化、炎症等病灶。外部检查之后对已发现的异常部分，要确定其体积、形态、色泽、质地，然后对病灶做切面检查，判定

其病变的性质。外部检查之后，检查肺内部变化。切割肺时要用锐利刀，避免压缩组织，支气管和血管用剪刀剪开。检查肺时，最好用纵切口，因横切口往往损伤血栓、栓塞所在部位，而使观察发生困难。检查肺时，将左右两肺叶分别各做纵切和横切，观察肺组织的血液含量、色泽、温度、质量，间质的宽度、色泽以及血管充盈程度和有无血栓等，再检查支气管内的状态，腔内有无内容物，如食物、药物、寄生虫、脓性分泌物、干酪样物，同时观察支气管黏膜的颜色，有无充血、出血、结节。还要用手触摸各切面肺组织，遇有异常病灶，应切开病灶，详细观察发生的部位、形态、性状。可将病灶切成方形小块投入清水中，如含气体则浮于水面上，若沉入水底，则为肺炎或无气肿。肺常见病变为肺淤血、水肿、气肿，其次为肺炎、肺膨胀不全、肺纤维化、肺脓肿、肺坏疽。

（3）腹腔、骨盆腔器官

①脾脏：首先将网膜剥离，检查脾门血管和所属淋巴结，称重，然后将脾脏向上膈面放置好，测量脾的长、宽、厚，再观察其形态、被膜的色泽、出血、瘢痕及结节等变化，此外还应检查脾头、脾尾、边缘有无坏死或梗死、出血等。再用手触摸以判断其质地（坚硬、柔软或脆弱）及有无病灶。脾脏实质的检查，于最突处向脾门部位做一纵切口，再于脾头、脾尾做数个横切口，观察脾脏切面的色泽、血量、质地，检查脾髓滤泡和小梁的状态和比例关系，观察白髓的大小、数量和辨认的易难程度，必要时可用放大镜进行观察，同时注意脾脏切面变化，可出现切面外翻、呈暗红色颗粒状突起、平坦、干燥、结节和模糊不清等。再用刀背轻轻刮切面，检查刮取物的数量（所谓擦过量），以验证脾髓的质和量。正常时可刮下少量脾组织和血液，脾萎缩时擦过量极少，当脾髓增生和充血时擦过量多而浓稠。脾白髓，如针尖大小不易辨清，应仔细观察。脾脏萎缩时，小梁的纹理粗大明显，被膜肥厚而皱缩，还应注意切面颜色变化，有无结核、脓肿、梗死灶等。败血症脾脏，常见显著肿大，脾髓软化，呈泥状，切面流出凝固不良的血液。脾脏淤血时，也可显著肿大变软。增生性炎，充血和渗出不显著时，质地坚实。此时，外形虽肿大，但切面平坦湿润，滤泡显著增生，可见滤泡轮廓明显。

②肝脏：正常的肝脏是酱紫色，色调均匀而有光泽，肝小叶的纹理鲜明，触摸时有弹性，不易破碎。肝脏的检查，首先称重，然后放置于解剖台检查肝脏的形态、大小、颜色、包膜紧张情况；再用尺测量肝脏的长、宽、厚以及肝脏的叶数，然后再在肝门处检查肝动脉、静脉、胆管和肝门淋巴结，用刀横切或纵切肝左叶、右叶，观察自血管断端流出的血液数量、颜色、性状以及血管内膜、胆管内膜状态，有无血栓、结石和寄生虫及其他异物。根据肝的颜色和质地可以判定肝出血、淤血、颗粒变性、脂肪变性、坏死、肝硬化等。急性营养不良时，肝表面、切面肝小叶混浊不清，质地柔软脆弱，颜色变黄色，肝肿胀。肝组织发生坏死时，上述病变更为严重，坏死灶与周边界线明显，黄白色、干燥，肝质地如泥状，指压即碎裂，可出现菊花样、点状、斑状等形态不一的坏死灶，也可能有出血。肝淤血可分急性与慢性，前者静脉怒张，肝组织含血量多，呈暗紫红色，肝小叶中央静脉明显呈现暗红色；后者是槟榔肝景象。肝还可出现脂肪浸润，胆汁色素沉着，含铁血黄色沉着症，肝组织结缔组织增多时，质地坚硬呈橡皮样，肝表面凸凹不平，呈大小不等的颗粒状、岛屿状，严重时肝的整个形态发生改变。寄生虫结节和结核以及其他损伤，常转变为机化、钙化灶，切割肝脏时，有砂石声。肝脓肿、肝破裂、肝肿瘤时应注意检查形态大小分布。

③胆囊与胆管：检查胆囊和胆管的大小、颜色，充盈程度可测量胆汁数量，用剪刀剪开

胆囊，再观察胆汁颜色、黏稠度以及胆囊有无出血、溃疡、结石等，对输出胆管应注意检查胆管内有无结石、寄生虫等。

④胰脏：检查形态、颜色、质量、重量，然后做切面检查，必要时用探针插入胰管，并沿之切开，检查管腔内膜状态和管壁的性状及管腔内容物有无异常变化。胰脏最早出现死后变化，此时胰呈红褐色、绿色或墨色，质地极度柔软，甚至呈泥状。

⑤肾上腺：首先确定外形、大小、重量，然后纵切，检查皮质与髓质的厚度比例关系，再检查有无出血变化。正常时，仔猪肾上腺皮质呈灰蔷薇色，而成年猪呈混浊黄色、赭黄色。

⑥肾：一般先检查左肾，检查肾脂肪囊的脂肪沉积量，有无出血和脂肪坏死（呈白色的白垩状物），然后将脂肪囊剥离，称重量，测量体积，再将肾门朝向检查者平放于桌上或盘上，用左手固定，以长锐刀沿肾的外缘将肾切割成两等份，位于肾门外应保留部分组织相连。用镊子夹住切口部的纤维膜进行剥离，此时要注意剥离的难易程度，肾组织是否有在剥离被膜时易被撕裂现象，并注意肾表面的微细病变。正常时肾被膜易剥离，表面光滑湿润，纹理清晰，淡暗红色。肾皮质因损伤有结缔组织增生机化时，则不易剥离。同时要检查肾表面的光泽、质地、形状等及有无出血、坏死（梗死）、脓肿、瘢痕等病变。检查切面时，首先观察皮质、髓质和中间带边界是否清楚，各层的色泽和比例，特别要注意皮质部的厚度，是增宽还是变薄，边界部血管断端情况和组织结构的纹理。正常时皮质部呈红色，肾小球在日光下呈灰色球形小体，病变情况下，淤血呈紫红色，小球充血、出血，呈现较大的红点，发炎时小球肿大，视炎症充血程度，可呈现灰色或红色颗粒状。有脂肪变性时呈黄色，有光泽，颗粒变性的呈污灰色，组织似煮熟肉样。髓质要检查其色泽、质地、组织景象和肾锥体的形状、乳头大小以及有无盐类（白垩质、尿酸盐）沉着。最后用剪刀剪开肾盂，检查其内容物的性状、数量和黏膜的状态。

（4）骨盆腔器官

①膀胱：首先检查膀胱体积大小、内容物数量以及膀胱浆膜有无出血等变化。然后自膀胱基部剪开至尿道口上端，检查膀胱内尿液数量、色泽、性状、有无结石，再翻开膀胱内腔，检查黏膜的状态，看有无出血、溃疡等变化（图 1–5–57，图 1–5–58），最后剪开输尿管检查黏膜和内容物性状。

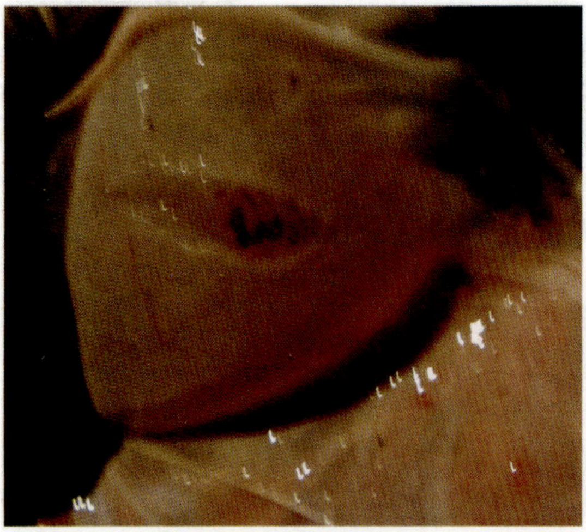

图 1–5–57　膀胱浆膜检查

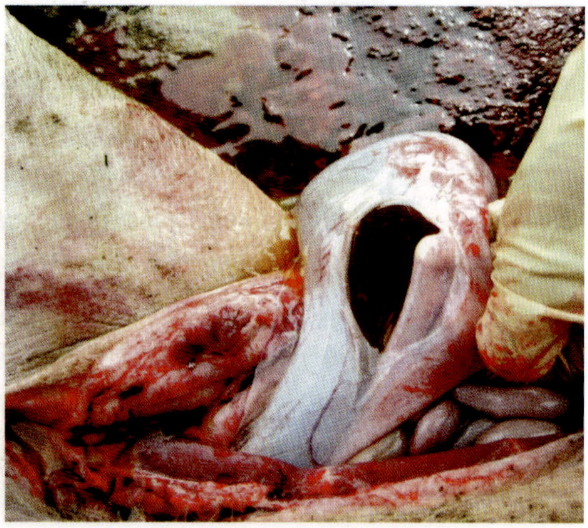

图 1–5–58　膀胱黏膜检查

②阴道和子宫：用肠剪沿阴道上部正中线剪开阴道，依次再沿正中线剪开子宫颈和子宫体的大部分，然后斜向两侧剪开子宫角部。依次检查各部内腔的容积和内容物的性状，黏膜色泽，硬度，湿润还是干燥，有无出血、溃疡、破裂、瘢痕等。妊娠期流产，应注意检查胎儿状态是否发育正常，同时检查羊水数量、胎膜、包衣、脐带等，必要时剖检胎儿进行检查。

③输卵管和卵巢：输卵管的检查，先触摸，然后切开，检查有无阻塞，管壁厚度，黏膜状态。然后再检查卵巢形状、大小等，最后纵切，检查黄体和卵泡的状态。

④公猪生殖器：对外部形态做一次检查，再检查包皮有无肿胀、溃疡、瘢痕，用剪刀由尿道口沿阴茎腹侧中线剪至尿道骨盆部，剪开后观察尿道黏膜性状，有无出血等异常变化，可做整个横切口检查阴茎海绵体，最后检查前列腺、精囊和尿道球腺，确定其外形、大小和质地，切开后检查切面状态和内容物性状。

（5）胃肠

①胃和十二指肠：首先观察胃的容积、形态、胃壁的硬度和浆膜有无出血变化（图1-5-59）。然后用肠剪从贲门到幽门沿大弯剪开，并断续沿肠系膜附着处对侧剪开十二指肠，观察胃内容物的数量，鉴别食物种类、性状（液状、半流动状、干涸状），注意其中有无血液、胆汁、药物及其他异物，必要时可称量内容物和测定胃内容物酸度。同时检查胃黏膜色泽、充血程度、性状，注意有无出血、溃疡等，特别是应检查黏膜上所附黏液的质和量，鉴别是浆液性、黏液性、脓性、纤维素性、出血性等（图1-5-59至图1-5-63）。十二指肠应检查内容物的数量、性状，黏膜是否肿胀、充血、出血程度，以识别变化性质。

②空肠和回肠：首先检查肠管浆膜及肠系膜有无出血、水肿以及肠系膜淋巴结的状态（图1-5-64至图1-5- 66），然后拉直肠管，自空肠开始沿肠系膜附着部剪开，至回肠末端（图1-5-67，图1-5-68）。在剪开肠管过程中，注意肠各段内容物的数量、性状、黏膜状态，遇有病理变化，即暂停剪开进行检查。然后自小结肠结扎端插入肠剪，并沿肠管系膜附着部

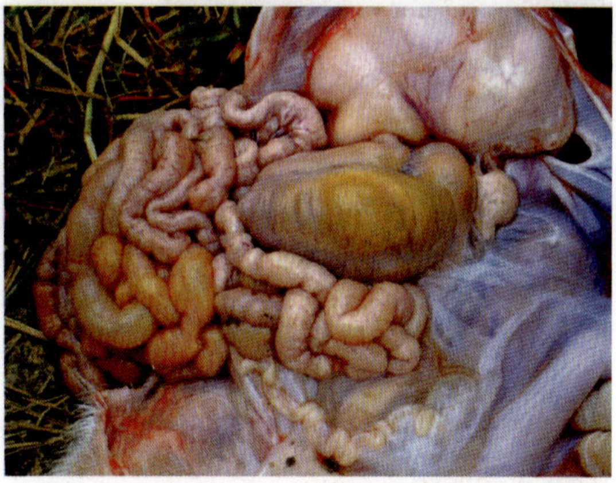

图1-5-59　胃肠浆膜检查

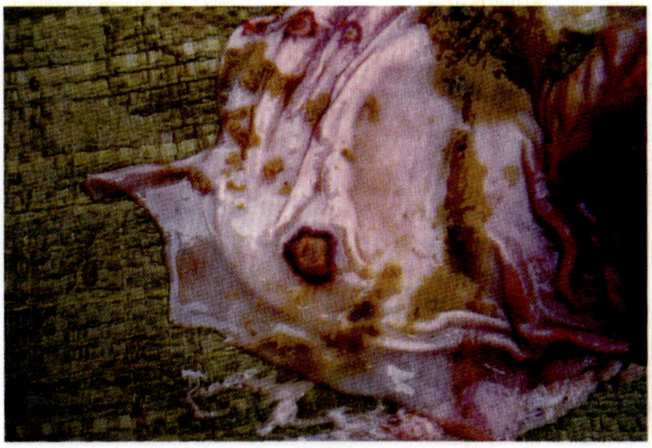

图1-5-60　胃黏膜形成溃疡灶

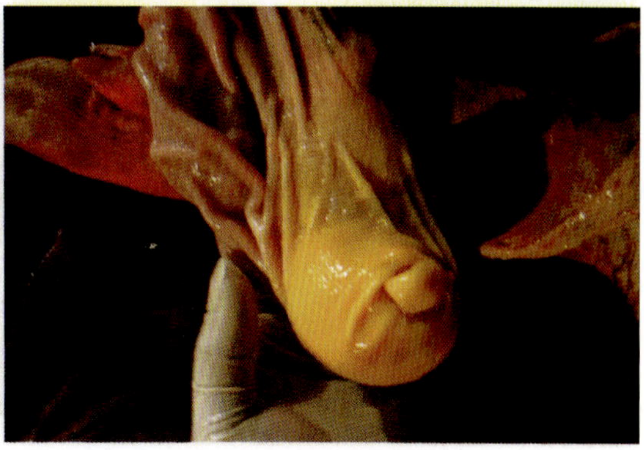

图1-5-61　胃黏膜检查

剪开大结肠，继续剪开盲肠直至直肠（图1-5-69，图1-5-70）。检查肠内容物数量、性状、干湿度、硬度，黏膜有无肿胀、出血、肥厚或变薄、有无纤维素渗出、溃疡。同时注意检查集合淋巴滤泡和孤立淋巴滤泡的状态。猪的大结肠剪开之前，首先切开肠襟与肠系膜的联系，并检查肠系膜和淋巴结的状态，然后牵拉直肠管进行剖开检查，用同样的方法剖检小结肠和直肠。

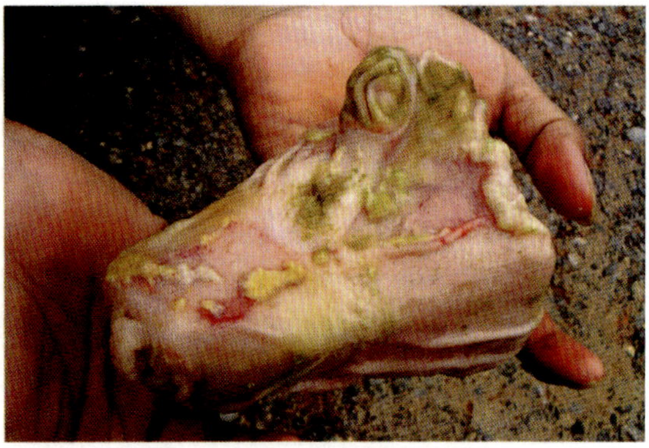
图 1-5-62　胃黏膜出血溃疡

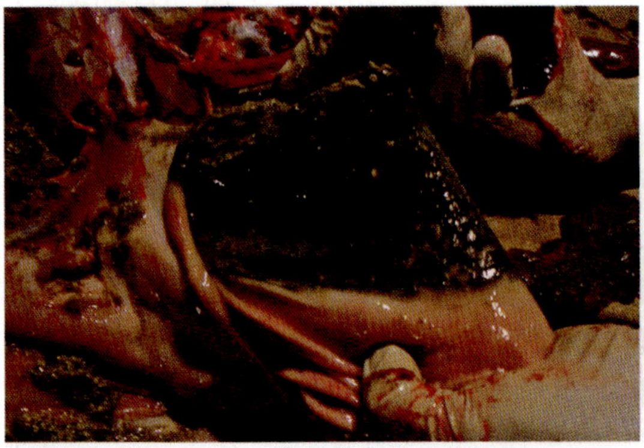
图 1-5-63　胃黏膜表层形成假膜

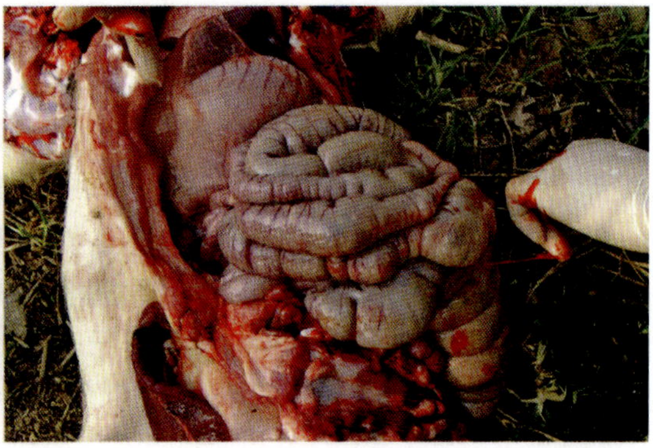
图 1-5-64　肠浆膜检查

图 1-5-65　肠浆膜检查

图 1-5-66　肠系膜淋巴结检查

图 1-5-67　切开肠管检查

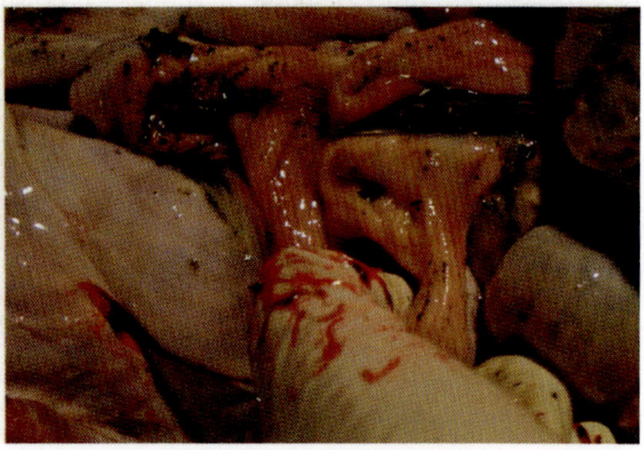
图 1-5-68　肠黏膜检查

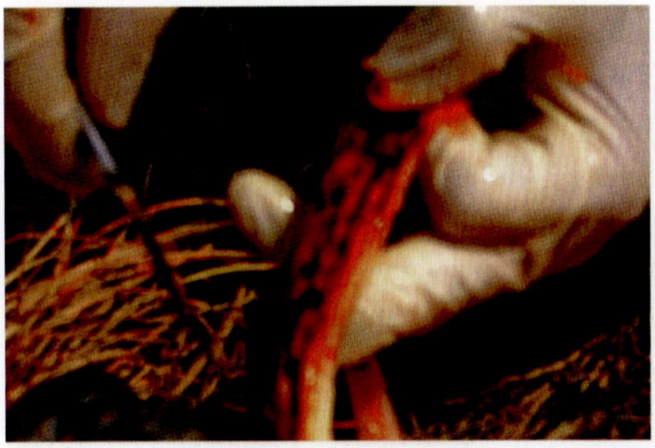

图 1-5-69　肠黏膜出血

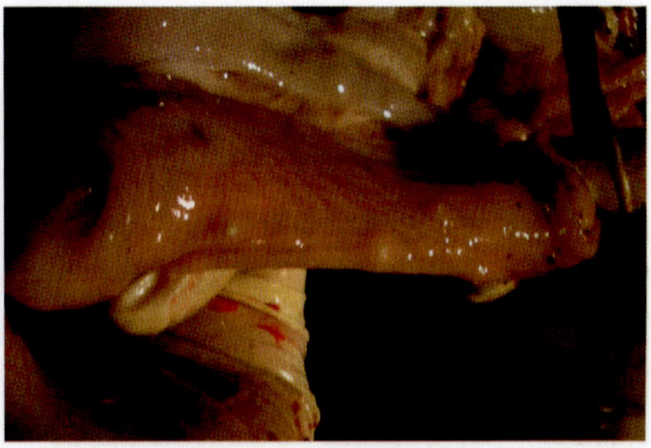

图 1-5-70　回盲口检查

③腹腔和骨盆腔淋巴结：除应注意肠系膜淋巴结和腹腔、骨盆腔各内脏局部淋巴结检查外，不可忽略腰荐部各淋巴结的病理变化，因为这些淋巴结的变化常可反映出腰部、腹壁、后肢、腹腔与骨盆腔器官的情况。在一些急性传染病时，它们出现一致的较明显的变化。

（6）其他

①肌肉、关节、腱鞘和腱索：纵切或横切各部肌肉，注意外观颜色，光泽度，有无出血、血肿、脓肿、肿瘤等病变，应注意检查旋毛虫和住肉孢子虫；关节着重检查关节液量和性状，关节囊、关节有无病变和脓性渗出物，关节面有无增生和机化物等；腱鞘和腱索应注意观察其色泽、质地、有无断裂或机化灶等变化。

②骨和骨髓：在外部检查和剖检过程中，对骨骼的局部损伤和全身性变化有所了解。对损伤局部，除去肌肉进一步观察骨质病变的程度，必要时可锯开，观察切面情况。除对全身性骨质变化、骨的外形和骨质做一般检查外，必要时取一小块做组织学检查。通常取四肢的长管状骨髓，除去附着在骨上的肌肉，切断关节后，沿骨正中线轴剪开，检查色泽、性状，特别是红色骨髓与黄色骨髓的分布比例、性状、色泽，必要时采一小块骨髓做组织学检查。

③乳腺：先做外形检查，然后检查所属淋巴结有无病变，用手触摸乳房硬度，注意有无硬节、脓肿等，将乳房原结构分开。

（四）尸体剖检文件

尸体剖检文件是宝贵的档案材料，包括剖检记录、剖检报告和剖检诊断书等。尸体剖检文件是疾病综合诊断的组成部分之一，是进行诊断疾病、病理学科学研究、法兽医学判定的文献资料，以及作为行政业务上的重要材料和法律依据资料，在学术上通称文献资料，而文件可具有法律效应。因此，尸体剖检记录实为兽医管理干部和兽医人员的重要科技档案。目前，在不少单位，这方面的工作还是一个薄弱环节，应尽快建立、充实并加以提高。

1. 尸体剖检记录

可分文字记录和图像记录。前者是人们通过视、听、触觉器官所获得的各种异常现象全面如实的反映，可以用语言形象叙述，采用文字记录下来。后者是用录像机或照相机摄制病变的动或静的图像，比文字的记录更加逼真、客观、精确、可靠、一目了然。二者均属剖检文件的原始记录，是剖检报告的重要依据。剖检记录的原则与要求：记录的内容要如实地反映尸体病理变化，要真实可靠，不得弄虚作假，要求内容力求完整详细，重点详写，次点简写，文字记录简练并应在剖检当时进行，不可在事后凭记忆追记，记录的顺序与剖检的顺序相同。

(1)剖检记录的叙述 指将在剖检过程中主检者所观察到的一切异常现象真实地以口述的方式叙述，记录员用文字记录下来的部分，一般包括畜主，动物种类、品种、编号、年龄、性别、毛色、特征、用途、营养，发病时期，死亡日期，剖检日期，剖检人员（含主检人、助检人、记录者），现场人员等。临床摘要：包括主诉、病史摘要、发病经过、主要症状、临床诊断、治疗经过、流行病学情况和实验室各项检查结果。

(2)病理变化记录 包括外部视检和内部剖检以及各器官的检查。实验室检查结果包括细菌学、免疫学、寄生虫学、病理组织学和毒物学检查结果。

病理变化的记录既应记载眼观病变位置、大小、重量、体积或容积、形状、表面性状、颜色、湿度、透明度、切面状况、质地和结构、气味等，又要详细记录光学显微镜与电子显微镜下，病理组织学、病理组织化学和病理免疫组织化学的观察结果。

(3)尸体剖检记录的写作 尸体剖检工作是一项专业性很强的技术工作，要求从事剖检工作者除应具有较高的兽医专业理论基础外，还要有一定的临床工作经验，特别是通晓病理学科基本理论和基本技能，对基本病理过程和常见病理变化应熟练地掌握和运用。此外，还应具有一定的文学素养。病变的描述，尽量以客观的方式，切忌用病理学术语或学术名词来代替病变的描述。对每例剖检尸体病变的描述，关键是揭露其每一器官病变的特殊性，因此剖检者不应简单从事，急于求成。主要病变用文字难以描述时，可用绘图方法、录像机或照相机进行摄影的记录方式。此外，对所有病变的发生、蔓延的途径及结局，都应在记录上反映出来。对成对的器官可做一般描述然后对其中的特殊变化加以描述。对皮肤、消化道、肌肉等器官组织的病变描述，要指明其病变的位置所在，例如颈部、头部的皮肤或皮下部位，再如贲门部、幽门部、有腺部、无腺部，十二指肠的初段、中段、末段，对淋巴结，说明哪个部位的淋巴结，如颈下颌淋巴、颈前淋巴结等。总之，具体、详细地说明病变所在的位置。为了节省时间和不必要的繁琐，同样病变在一个器官的不同部位时，可用“同前记”的字样。对无肉眼可见变化的器官一般用“无肉眼可见变化”等名词，因无肉眼变化，不一定就说明该器官无病变。一般剖检记录与剖检同时进行，即随剖检者检查中的口述进行记录，所以正确系统的剖检程序和方法是写好剖检记录的条件之一，这样可以不发生漏检，确保尸体剖检记录的全面性和真实可靠性。

2. 尸体剖检报告

尸体剖检报告的主要内容应包括以下四部分。

(1)概述 记录畜主，送检人员，患病猪品种、性别、特征、病例编号、年龄、毛色、用途、营养、发病时期、死亡日期、剖检单位，剖检日期，剖检人员（含主检人、助检人、记录者），畜主地址，畜主或送检人员联系电话，剖检单位或剖检人员联系电话、现场人员等。

临床摘要及临床诊断的内容，包括主诉、病史摘要、发病经过、主要症状、临床诊断、流行病学情况、治疗经过、实验室各项检查结果。

(2)剖检所见 以尸体剖检记录为依据，按尸体所呈现病理变化的主次顺序进行详细、客观的记载，此项可包括眼观检查和组织学检查，剖检时所做的关于微生物学、寄生虫、化学、生物化学、免疫学等检查材料也要记载。

（3）病理解剖学诊断　病理解剖学诊断通常是剖检工作结束后，在现场主检者根据剖检所见的各器官病理变化进行综合分析，用学术术语对病变作出的诊断。应按病变的主次及互相关系排列其顺序，即找出剖检所见病变中什么是主要的，什么是次要的，什么是原发的，什么是继发的，然后按照主次、原发、继发将病变的性质做出初步结论，即确定什么是本病例的主要病变，再将由此主要病变所引起的一系列病变按先后排列，其次将与主要疾病无关的其他病变排列在后面，这样就得出了眼观病理解剖学诊断。

讨论和总结通常包括三方面，首先初步确定所剖检病例的主要病变，其次分析各种病变的相互关系，最后初步确定所剖检病例的死亡原因。上述工作完成后，如果对剖检的病例是以诊断为目的，并确定疾病的诊断时，可作出正式的尸体剖检报告。但在许多情况下，通过剖检不能作出诊断，主检者应根据剖检结果，结合临床流行病学、微生物学、免疫学、病理组织学以及物理化学的检验结果，作出初步诊断，并对所剖检病例提出防治措施的建议。

（4）结论　在对猪进行系统尸体剖检的基础上，根据病理变化，结合临床症状及其他各种有关资料，对观察的病理变化进行分析判断，找出各病变之间的内在联系以及病变与临床症状之间的关系，作出判断。阐明病猪发病和致死的原因，并针对病例提出防治建议。

尸体剖检报告是向上级行政业务主管部门上报或向畜主提交的材料，应为正式呈报文件，主检验人和检验单位主管领导都要签名，并盖单位公章。

3. 病理检查报告

兽医病理检查报告是根据上下级业务部门、外单位、企业、畜主或个人的目的要求，对其送检的动物材料进行病理学检查后所作出的总结汇报。病理检查报告是向畜主或委托人提交的材料，应为正式呈报文件，主检验人和单位主管领导都要签名，并盖单位公章。病理检查报告的书写应客观、简洁，不予以评述。

（五）病理变化的描述

病理变化的描述是尸体剖检工作的关键之一，是一项专业性很强的工作，即使一般专业人员，若缺乏病理学理论知识，也很难做好这项工作。病变描述的基础，首先是观察病变，发现病变，识别病变，然后是描述病变，即使是同一病变，不同人的描述也不可能完全相同，但客观存在的病变只有一个标准，同一病变用词可有程度的不同，但在病理解剖诊断上结论应相同，病变的描述具有一定的规范、技巧，需剖检者在剖检过程中积累，应善于综合分析、总结，才能不断提高。器官病变的描述：对器官位置、体积、重量、色泽、外观形态、纹理、湿度、光洁度、切面状态质地，内容物的数量、性状、颜色、臭味等进行观察描述。

病灶可认为是病变的基本单位，在一些器官组织内和表面都可出现，虽然不同疾病中可出现各种各样的病灶，其形状、大小、颜色等都有所不同，但也有一定规律可循。

病变的描述参考如下：

（1）计量标准　用国家公布的计量标准计算度量。

重量：克（g）、毫克（mg）、千克（kg）。

长度：毫米（mm）、厘米（cm）、米（m）。

面积：平方毫米（mm^2）、平方厘米（cm^2）、平方米（m^2）。

容积：毫升（mL）、升（L）。

（2）重量、大小和容积 凡可称量的器官，首先称量，然后用尺量其大小，对病变一是可用尺测量大小，二亦可用常见的实物比喻，如：鹅卵大、鸡卵大、鸽卵大、麻雀卵大、小米大、高粱米大、粟粒大、黄豆大、绿豆大、蚕豆大。

（3）颜色 器官不同，颜色不一，肝、肾、脾、心等以红色为主色，只是色调不一。消化器官主要为灰白色；淋巴结灰白色（各种动物稍有差异）。单色用鲜红色、淡红色、粉红色、白色或苍白描述，复杂色用暗红色、棕红色、黑红色、灰黄色、土黄色、黄绿色等表示，通常前者表示次色，后者表示主色。

（4）表面和切面 指器官的表面被膜、浆膜的异常变化，可用光滑、粗糙、突出、凹陷、棉絮状、绒毛样、网状、条纹状、斑状、点状、花斑样、虎斑样等表示。切面常用平坦、稍实、颗粒状、砂粒状、粉尘样、肉样、脑髓样、固有结构不清、纹理不清、景象模糊、凝固不全、血样物流出等文字描述。

（5）形状 器官都有固定的形状，病变或病灶多为圆形、椭圆形、球形、菜花状、结节状、粟粒状、乳头状。

（6）干湿度 多汁、湿润、干燥。

（7）透明度 透明、半透明、混浊、清亮、不透明。

（8）质地和结构 弹性、脆弱、坚硬、柔软、纹理不清、固有结构不清。

（9）气味 恶臭、腥味、腐败味等。

（10）黏膜器官 黏膜易剥离、不易剥离、肿胀。

（11）管状器官 扩张、狭窄、闭塞、弯曲。

（12）位置 指各器官的正常位置是否有异常变化和肠变位等，肠扭转用180° 和360°来表示。

（13）病变和颜色分布情况 局部性、弥散性、点状、条纹状等。

（14）正常与否 对于无眼观变化的组织器官，一般不用“正常”、“无变化”等名词。因为无眼观变化时，不一定就说明无组织细胞变化，通常可用“无眼观可见变化”或“未发现异常”等词来概括。

（六）病料采取、保存和送检

尸体剖检的目的是对疾病作出正确的诊断，但有许多病例往往剖检后，仅仅根据眼观所见难以确诊，需要实验室做进一步的检查，如进行病理组织学、细菌学、病毒学、血清学、毒物学等方面的检查。送检材料的选取方法恰当与否直接影响诊断的正确性，因此剖检人员必须正确掌握病料的选取、保存和寄送方法。

1. 病料采取的基本原则

（1）病料的采取要有明确的目的 根据疾病的种类有目的地采取病料。如怀疑为传染病，不同传染病的病原在病猪体内各组织器官的分布是不同的，同一种传染病在不同阶段其病原分布也常有差异，因此，在采取病料时要根据怀疑的病种和病情有重点地采取病料，对难以弄清是什么病的可根据临床症状及病理变化采取病料或全面采取病料。

（2）所取病料应有代表性和全面性 采取病料应在不同地区、病程的不同阶段、生前和死后广泛采取病料，同时也应选择临床症状典型的病猪，在病理变化明显的组织上采取病料。

（3）必须采取新鲜病料　最好是动物的心脏还在跳动时取材，立即投入固定液内。如猪已死亡，采取病料应在猪死后立即进行。否则，尸体腐败、溶解，肠道内的细菌侵入内脏而造成污染，影响检验效果。尤其是炎热夏天，采取病料不应超过6小时。脏器的上皮组织易变质，应争取在死后0.5小时内处理完毕。

（4）必须遵循无菌操作要求　微生物学检验的材料需无菌采取。所用的器械、容器等均应经过消毒灭菌。在采病料前先将尸体体表用消毒液消毒，再剖开体腔，以无菌操作采取所需要的组织，放在预先消毒好的容器内。各种脏器分别装入不同的容器内，避免几种不同的病料放在一起。用于病理组织学检查的病料可放在一个容器内并尽早固定。每种病料应使用一套器械，如器械不足，可清洗并用酒精火焰消毒后再使用。

（5）严禁解剖急性死亡怀疑患有炭疽的病猪　应先取末梢或剪取一块耳尖或者局部采取淋巴结涂片镜检，只有确定不是炭疽后方可进行剖检。

（6）组织块力求小而薄　脱水组织块厚度不超过3mm。勿使组织块受挤压，切取组织块用的刀、剪要锋利，切割时不可来回挫动。夹取组织时，切勿猛压，以免挤压损伤组织。取材时，组织块可稍大一点，以便在固定后，将组织块的不平整部分修去。选好组织块的切面，应熟悉器官组织的组成并据此决定其切面的走向。纵切或横切根据观察目的而定。

（7）尽量保持组织的原有形态　新鲜组织经固定后，或多或少会产生收缩现象，有时甚至完全变形。为此，可将组织展平，以尽可能维持原形。对神经、肌肉、皮肤组织等，则可将其两端用线扎在木片上或硬纸片上固定。

（8）保持材料的清洁　组织块上如有血液、污物、黏液、食物、粪便等，先用生理盐水冲洗，然后再加入固定液。切除（清除）不需要的部分，特别是组织周围的脂肪等，应尽可能清除掉，以免影响以后的程序和观察。

2. 病料采取的方法

（1）微生物学检验材料　细菌检查材料的基本要求是，防止被检材料的细菌污染和病原的扩散，因此采集时要无菌操作。

①无菌操作法：采取微生物检验病料所用的刀、剪、镊子等应预先煮沸消毒；也可在临用前于酒精灯火焰上灭菌。对一些已被污染的器官，采病料时刀片或蜡铲可在火焰上烧红后烧灼采病料部被膜0.5～1秒，再用灭菌剪除去烧灼过的表层组织，然后从脏器深层采取病料，并迅速放入无菌瓶中。

②涂片：对心血、心包液、脑脊液、脓汁、尿采集的同时应涂片2～3张，标明编号。

③培养物的采取：如心血、病灶的内容物等，以无菌注射器经无菌的心房处刺入心脏内吸取血液，然后取出立即注入灭菌试管内，塞紧试管并用蜡封闭。

④器官：一般采取心肌、胃、肝、肺、淋巴结和脑，根据需要可采取有关器官，但必须采取脾脏和淋巴结。

（2）病理组织学检查材料　首先，采取病料的工具要锋锐，切割时应采取拉切法，避免组织受压造成人为的损伤，组织块固定前勿沾水。其次，任何疾病在采取病料时，各种器官都应具有代表性，因此，要采取生命重要器官，例如：心、肝、肾、脑、脾、淋巴结、胃肠、胰、肺，但病变器官要重点采集，一个器官不同部位应采取多块，取病变典型部位、可疑部位，取样应具有代表性，最好能反映出疾病发展过程的不同时期形成的病变。每个组织块应含有病变组织与正常组织，同时应该含有该器官的主要部分，例如：肾要有皮质部、髓质、肾盂；脾和淋巴结要有淋巴小结部分；黏膜器官应含有从浆膜到黏膜的各部；肠应有淋巴滤泡；心脏应有房室、瓣膜各部。大的病变组织不同部位可分段采取多块。

尸体剖检组织取材应根据尸体剖检的实际需要进行，各组织器官的取材部位和数量一般为：

右心室 1 块，左心室 1 块，主动脉 1 块，采取部位可在距主动脉瓣 5cm 之处。

右肺下叶 1 块，切成正方形；左肺下叶 1 块，可切成长方形；胸腺 1 块。

肝脏，右叶 1 块，切成正方形；左叶 1 块，切成长方形。脾脏 1 ~ 2 块；胰腺 1 ~ 2 块。

两侧肾各切 1 块，包括皮质、髓质和肾盂；右肾 1 块，切成正方形，左肾 1 块，切成长方形；肾上腺左、右各取 1 块。

膀胱，如无肉眼变化时，取 1 块即可。

食管 1 块，胃窦部 1 块，小肠 1 块，淋巴（小肠淋巴结）1 块，直肠 1 块，脊椎骨 1 块。

子宫颈和宫体数块；睾丸或卵巢各 1 块。

脑左侧运动区 1 块，左侧豆状核 1 块，小脑 1 块；脑下垂体 1 块，前叶或包括前后叶。

上述各种组织的取材块数，适合一般情况的要求，有较严重或复杂病变以及医疗纠纷时，应该适当增加，以便彻底检查及复查作出诊断。

组织块大小，长、宽 1 ~ 3cm，厚度 0.5cm 左右，有时可采取稍大的病料块，待固定几小时后再切，并切薄。

胃肠、胆囊在固定时易发生弯曲，扭转的可将组织块浆膜面向下平放在硬质泡沫板或硬纸上，两端结扎放入固定液中，肺组织块常漂浮于固定液面上，可盖上薄片，用脱脂棉或纱布包好，内放入标签，再放入固定液的容器中。

固定液为 10% 福尔马林水溶液（市售甲醛，用常水稀释 1∶9），其他固定液亦应备齐。

（3）病毒检查材料的采取 需作组织检查的材料，最好用 Bouin 液和 Zenker 液固定。

① Bouin 液：冰醋酸 5mL，甲醛（原液）25mL，苦味酸饱和液 75mL。

② Zenker 液：重铬酸钾 25g，氯化高汞 5g，硫酸钠 1g，蒸馏水 100mL，冰醋酸 5mL。

中枢神经系统的病毒性疾病，如海马角、大脑皮层、中脑、丘脑、脑桥、延脑、小脑、颈段脊髓，各数块分别用纱布包好，并标记各部名称，固定在 Bouin 液和 Zenker 液中。同时灭菌，采取有关部分放入灭菌的盛有 50% 甘油盐水试管中，密封瓶口。

病料也应在冷藏条件下送出，并附上详细记录（包括临床资料、尸检记录和组织采取部分等），供检验单位诊断时参考。

（4）血清反应材料 无菌采血 10 ~ 15mL，放室温待血清释出移入灭菌试管内，并加入 0.5% 碳酸防腐密封瓶口，放冰箱保存，做中和试验的血清不加防腐剂。

（5）毒物及反应鉴定材料 剖检有毒物中毒可疑的尸体时，因毒物的种类、投入途径不同，材料的采取亦各有不同，经消化道引起的中毒，可提前检查，剖检用的器材、手套，先用清水洗净晾干，不得被酚、酒精、甲醛等常用的化学物质污染，以免影响毒物定性、定量分析。通常做毒物检验的应采集下列材料：

①胃肠内容物：中毒后病程短，急性死亡病例取胃内容物 500 ~ 1 000mL；肠内容物 200g。

②血液：200mL。

③尿液：全部采取。

④肝：500～1 000g，应有胆囊。

⑤肾：取两侧。

经皮肤、肌内注射的毒物，取注射部位皮肤肌肉以及血液、肝、肾、脾等送检。采集的每一种材料，应分别放入清洗过的瓶皿内，外贴标签，记好材料名称和编号。

3. 病料的寄送

①包装：病理组织学送检病料固定好后，将组织块用脱脂纱布包裹好，放入塑料袋，再结扎备用。微生物送检材料要密封，且防止容器破裂，尤其是危险的传染病病料，可将盛放材料的容器口用蜡密封，装入木盒、金属盒或较大的玻璃器皿中，中间填以纸屑、棉花等物防撞震。

②编号：组织块固定时，应将尸检病例号用铅笔写在小纸片上，蘸70%酒精固定后投入瓶内，也可将所用固定液、病料种类器官名称、块数编号、采取时间写在瓶签上。

③送检：目前多派专人送检，送检应将整理过的尸体剖检记录及临床流行病学材料，送检目的要求，组织块名称、数量等一并呈上。此外，送检的病料本单位应保存一套，以备必要时复查用。

④送检单：包括送检单位，检验单位，发病时间，死亡时间，剖检时间，送检日期，送检目的，猪的性别、品种、年龄，送检人名，联系电话，临床诊断等内容。

送检单一式3份，1份本单位存查，2份送往检验单位，检验完毕退回1份。

第二章

猪的重大疫病

一旦发病，传播快速，发病率高，短期内可造成较大范围的流行，导致较大经济损失，是重大疫病的主要特征。某一地区一旦传入重大疫病的病原，从少数动物发病开始，疫情可迅速传开，短短几天内，就可以在该地区养殖场、农户中同时出现易感动物大量发病，疫情好像野火烧山，一个火种很快就向四周燃烧、蔓延开来，这就是流行性暴发；疫情迅速扩散、蔓延，在短期内传至其他县、市、省，乃至全国，引起易感动物大批发病，这就是流行性大暴发。

以往，口蹄疫的大流行存在着周期性，每一个周期大约是10年，但是从1999年至今口蹄疫在全世界的流行间隔时间越来越短，从每5年到3年大流行1次，又从每3年到每年流行1次，甚至1年流行几次，流行周期大大缩短，流行规律相对无序。从周期性流行转向频繁的大流行。

猪瘟对养猪业的危害还是相当严重的，特别是温和型猪瘟造成的繁殖障碍给养猪业造成重大损失。在新的猪病不断增多和古典猪瘟有所减少的情况下，人们对猪瘟的防制有所放松，应该重新提高对猪瘟危害性认识。

感染猪的流感病毒具有感染人的能力，猪发生流感能在人—猪之间互相感染。猪是人流感病毒与禽流感病毒基因重组的主要牲畜，在新的流感大流行毒株传给人的过程中起着重要作用。因此，猪流感是重大传染病，在公共卫生中有重要意义，必须引起高度重视。

一 猪瘟

猪瘟（swine fever，SF）又称“烂肠瘟”，因其有烂肠、腹泻、粪恶臭而得名，是由黄病毒科瘟病毒属的猪瘟病毒（Hog cholera virus，HCV）引起的一种急性、热性、接触性传染病。在我国，猪瘟被列为一类动物传染病，是严重危害养猪业的一种烈性传染病。

（一）病原

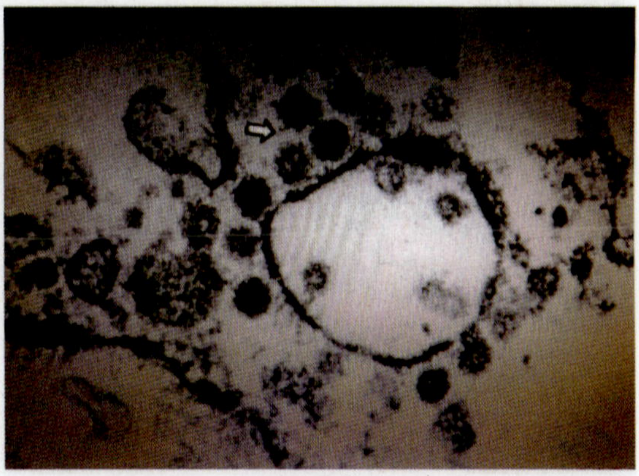
图 2-1-1 猪瘟病毒（HCV）粒子

病原体是黄病毒科瘟病毒属的猪瘟病毒（HCV），HCV含有单股RNA，病毒粒子多为圆形，直径40～50nm，具有脂蛋白囊膜，在胞浆中复制，通过芽生的方式复制成熟而释出（图2-1-1）。HCV有不少变异型毒株，但目前认为只有1个血清型，因此，HCV有毒力强弱之分。HCV野毒株的毒力差异很大，所引起的病变和症状有明显的不同。强毒株可引起典型的猪瘟病变，发病率与死亡率高；中等毒力毒株一般是引起亚急性或慢性感染；而弱毒株只引起轻微的症状和病变，或不出现症状，给临床诊断造成一定的困难；但无毒力型病毒可引起病毒血症，导致持续感染。应该强调指出，HCV所具有的毒力是不稳定的，通过猪体一代或多代后可使毒力增强。HCV对外界环境的抵抗力随所处的环境不同而有较大的差异。HCV在没有污染或加0.5%石炭酸防腐的血液中，于室温下可生存1个月以上；在普通冰箱内10个月仍有毒力；在冻肉中可生存几个月，甚至数年，并能抵抗盐渍和烟熏；在猪肉和猪肉制品中几个月后仍然有传染性。HCV对干燥、脂溶剂和常用防腐消毒药的抵抗力不强，在粪便中于20℃可存活6周左右，4℃可存活6周以上；在乙醚、氯仿和去氧胆酸盐等脂溶剂中很快灭活；在2%氢氧化钠和3%来苏儿等溶液中也能迅速灭活。HCV对2%NaOH、氯制剂、复合醛等消毒药敏感。

（二）流行特点

猪是本病唯一的自然宿主，不同年龄和品种的猪均可感染发病，而其他动物则有较强的抵抗力。病猪和带毒猪是主要的传染源，通过口、鼻、泪腺分泌物、尿液、粪便排毒，并可延续整个病程。慢性感染猪可不断排毒或间歇排毒，如HCV低毒性感染妊娠母猪时，造成产死胎或产弱仔。感染母猪在分娩过程中排出大量的HCV。易感猪与病猪的直接接触是本病传播的主要方式，采食了被病毒污染的饲料和饮水或吸入含病毒的飞沫和尘埃，也可引起发病，所以病猪尸体处理不当，肉品卫生检疫不彻底，运输、管理用具消毒不严格，执行防疫措施不认真，都可能是传播本病的因素。本病一年四季均可发生，一般在春、秋季较为严重。出现明显症状时，病死率很高，可达60%～80%。

（三）临床症状

患病猪体温高达41～42℃，病猪弓背垂尾（图2-1-2）。进食减少甚至废绝，挤堆明显（图

2–1–3）。初便秘后腹泻，排出黄绿色水样稀粪（图2–1–4，图2–1–5）。眼红，眼屎多，眼睑粘连（图2–1–6，图2–1–7）。腹下、鼻端、耳根、四肢内侧形成出血斑（图2–1–8至图2–1–12）。随着病程的延长往往形成后肢麻痹。公猪包皮发炎，有尿潴留（图2–1–9）。妊娠母猪感染可导致流产，产死胎、木乃伊胎、弱仔，如产下正常仔猪也会产生免疫耐受现象。经过急性过程未死者，则转为慢性病猪，体温时高时低，食欲时好时坏，便秘与腹泻交替发生。病猪明显消瘦，毛焦膁吊，精神委靡，行走不稳或不能站立。一般病程可达20天以上，最后衰竭死亡者居多，也有耐过者，但成为僵猪。若病程较长，在发病后期常继发感染猪沙门氏菌或猪巴氏杆菌等，使病症和病理变化复杂化。

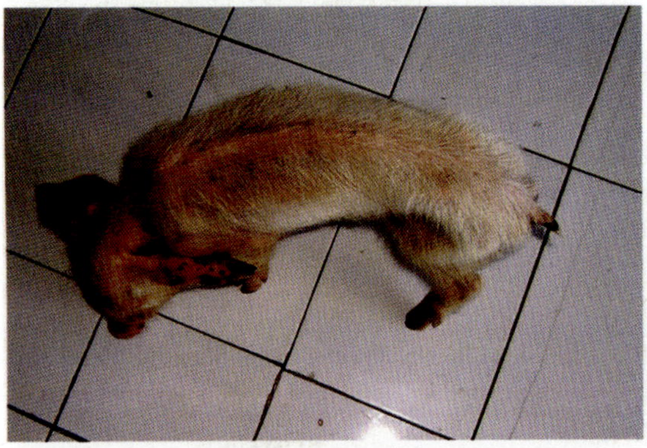
图2–1–2　慢性猪瘟病猪消瘦，被毛粗乱

图2–1–3　病猪发烧、挤堆

图2–1–4　病猪腹泻

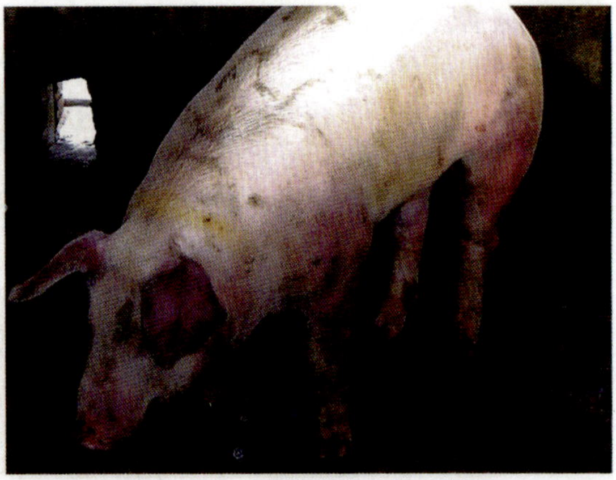
图2–1–5　病猪耳朵发绀，便秘

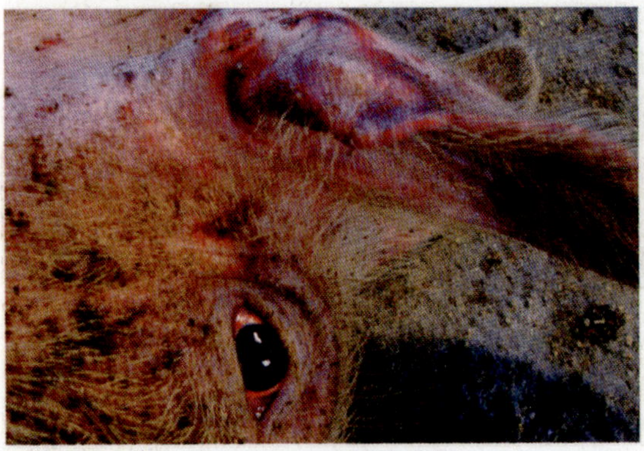
图2–1–6　病猪眼发红

图2–1–7　病猪眼发红，眼分泌物增多

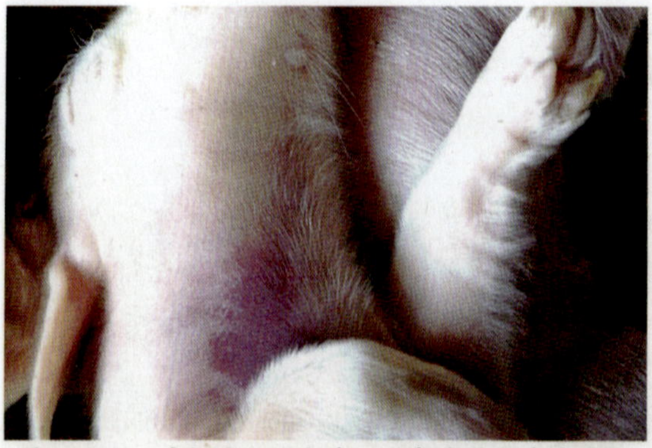
图 2-1-8　病仔猪口吐白沫，颈部皮肤形成出血斑

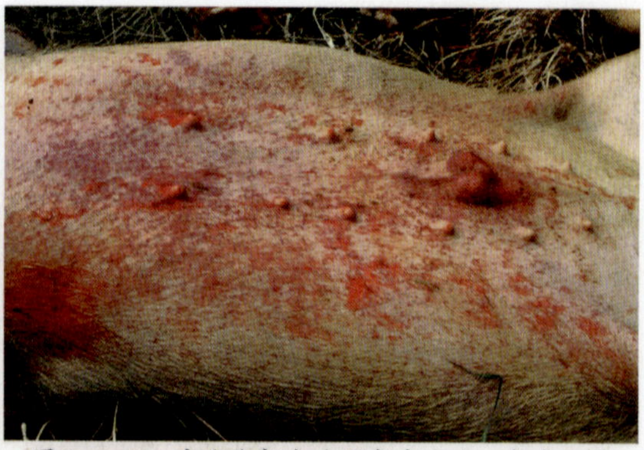
图 2-1-9　病猪腹部皮肤形成出血斑，包皮积尿

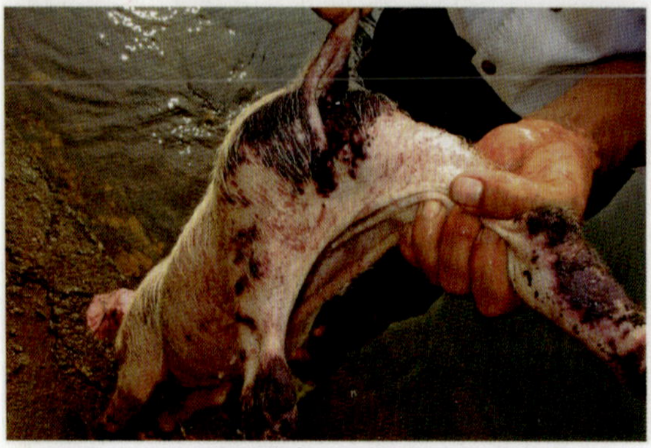
图 2-1-10　病猪臀部和四肢皮肤的出血斑点

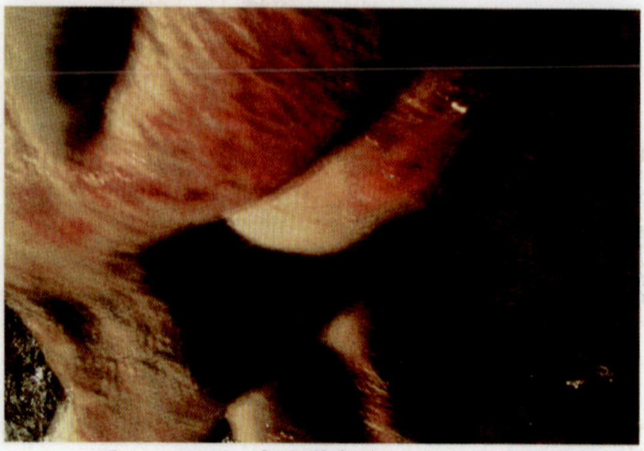
图 2-1-11　病猪臀部皮肤形成出血斑

（四）病理特征

HCV主要损伤小血管内皮细胞，引起各组织器官出血，以出血性败血症变化为病变特征。皮肤的出血多见于颈部、腹部、腹股沟部和四肢（图2-1-8至图2-1-12）。全身性淋巴结炎的变化表现得非常突出，颌下、腹股沟、肺门、肝门和肠系膜等淋巴结炎不仅出现得早而且明显（图2-1-13至图2-1-19）。眼观淋巴结，体积肿大呈暗红色，切面湿润多汁，隆突，边缘髓质呈暗红色，围绕淋巴结中央的皮质并向皮质内伸展以致出血髓质与未出血的髓质相嵌，呈大理石样外观。

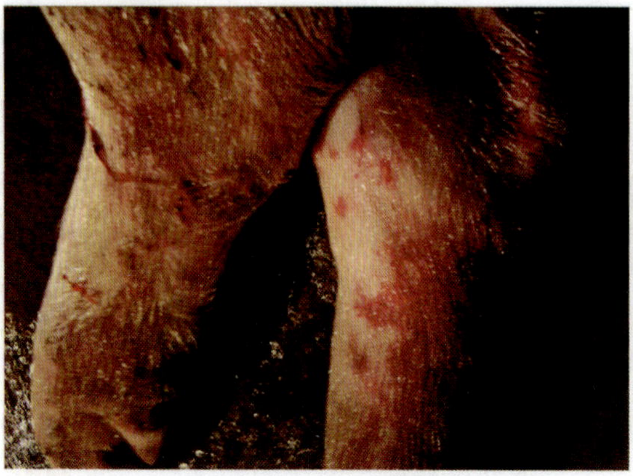
图 2-1-12　病猪后肢皮肤形成出血斑点

图 2-1-13　病猪肠系膜淋巴结肿大、出血

图 2-1-14 病猪淋巴结肿大、出血

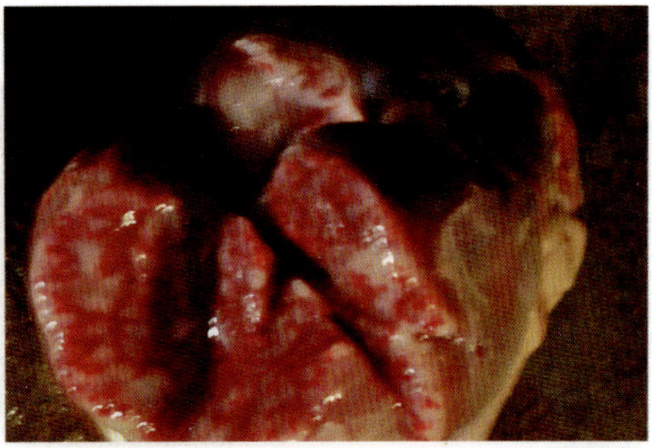

图 2-1-15 病猪淋巴结肿大、出血，呈大理石样

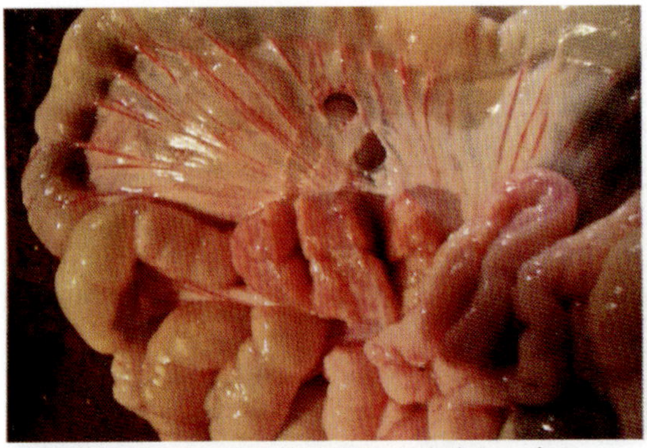

图 2-1-16 病猪肠系膜淋巴结肿大、出血

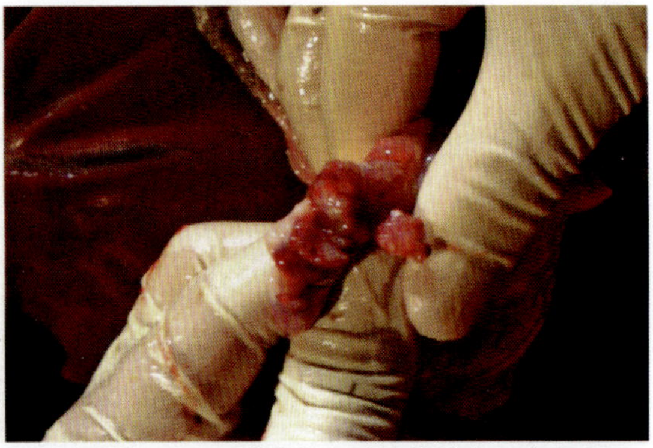

图 2-1-17 病猪肝门淋巴结肿大、出血

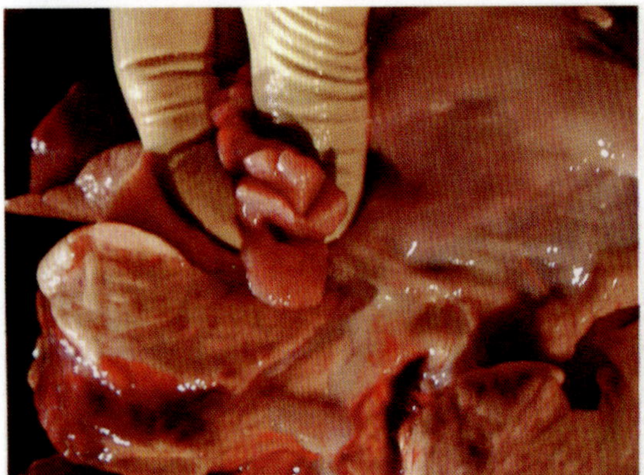

图 2-1-18 病猪肺门淋巴结肿大、出血

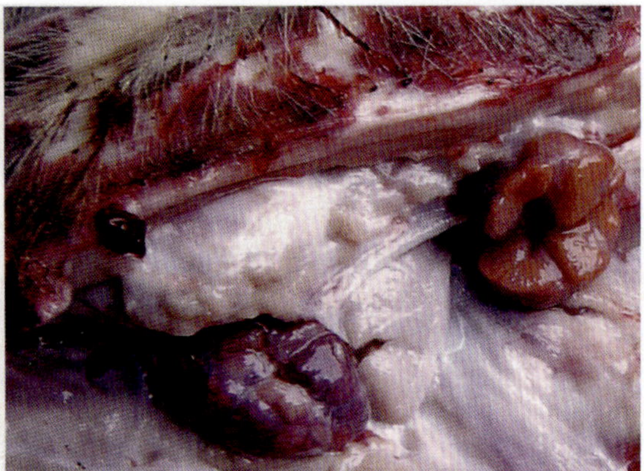

图 2-1-19 病猪颌下淋巴结肿大、出血

肾脏肿大，色泽变淡，表面散布数量不等的点状出血点，呈雀斑肾，切面不论皮质还是髓质均可见到针尖大至粟粒大的出血点（图 2-1-20 至图 2-1-22）。肾锥体和肾盂也常见多量出血（图 2-1-23，图 2-1-24）。镜检，主要病变是肾小管上皮变性、坏死，小管间有大量红细胞，呈局灶性出血性变化，形成渗出性急性肾小球肾炎或急性出血性肾小体肾炎（图 2-1-25 至图 2-1-26）。

脾脏通常不肿大或轻度肿大，有 1/3 ~ 2/3 病例在脾的边缘有数量不等、粟粒大至黄豆大或蚕豆大、暗红色不正圆形的出血性梗死灶，这是猪瘟的特征性病变（图 2-1-27）。镜检，梗死灶的发生是由于脾小动脉变性、坏死，使管腔内出现血栓所致（图 2-1-28）。

此外，各黏膜、浆膜和器官的出血也很明显（图2-1-29至图2-1-44），胆囊、扁桃体发生出血、梗死。口腔黏膜、心脏、肺脏、膀胱有出血点或出血斑。盲肠、结肠及回盲口有钮扣状溃疡灶。肋软骨联合处到肋骨近端形成明显的骨髓线。脑水肿，脑积液增多（图2-1-45）。镜检可见弥漫性非化脓性脑炎（图2-1-46）。

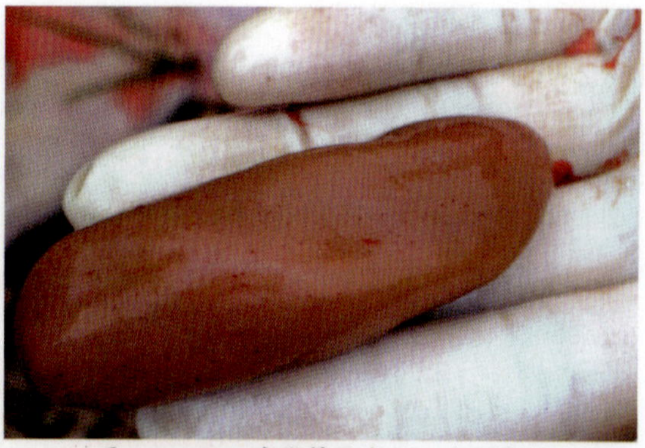
图2-1-20 病猪肾脏变形，点状出血

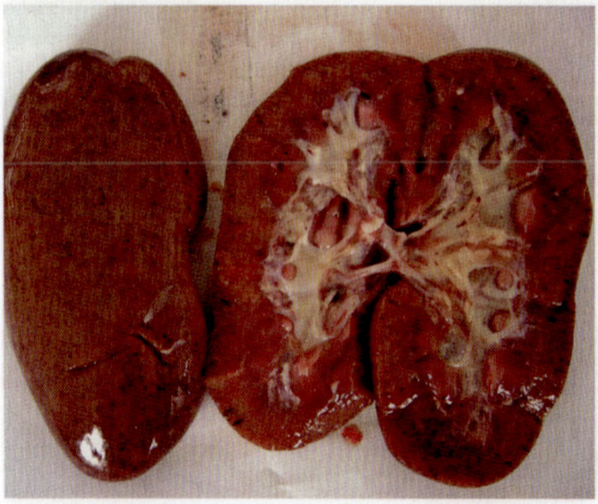
图2-1-21 病猪肾脏肿大，点状出血

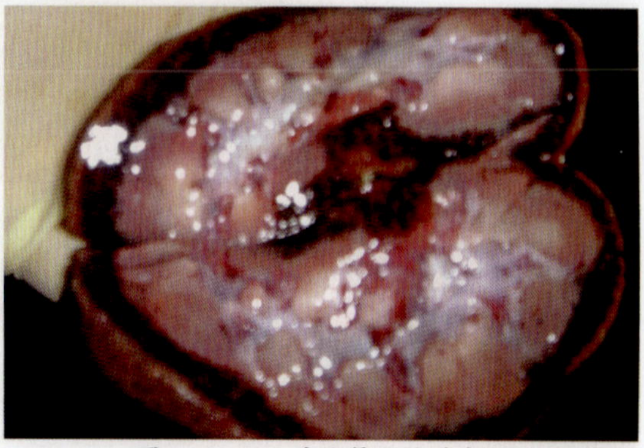
图2-1-22 病猪肾脏髓质出血

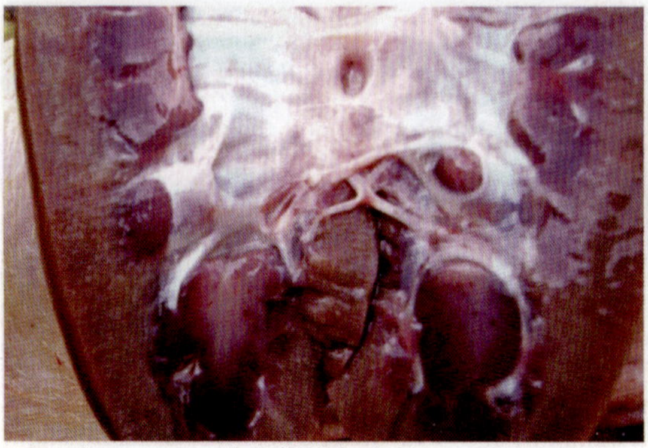
图2-1-23 病猪肾脏皮质出血，髓质水肿

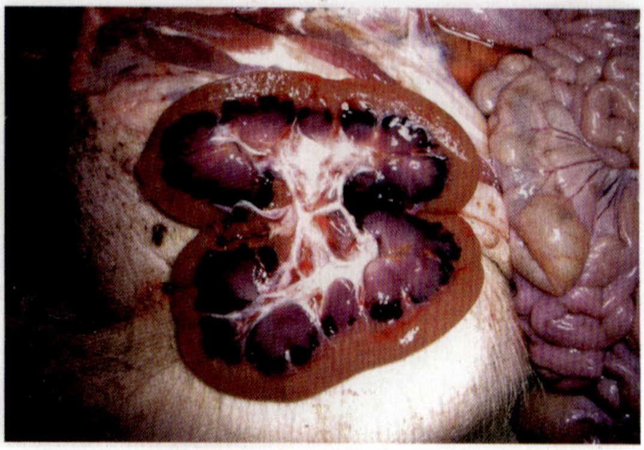
图2-1-24 病猪肾盂出血

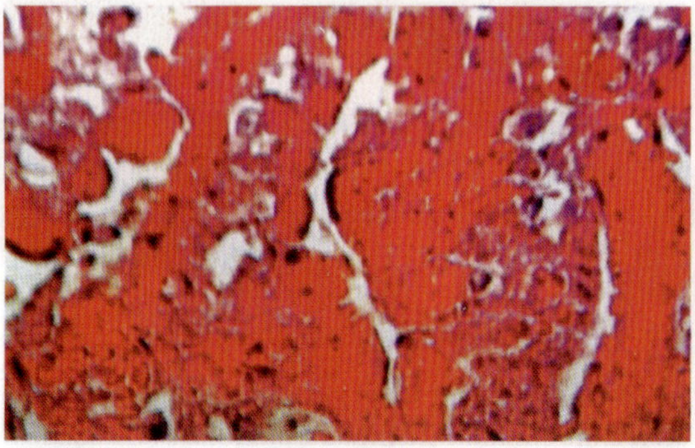
图2-1-25 病猪肾小球的通透性增大，肾小囊充满浆液和纤维蛋白（HE 400 ×）

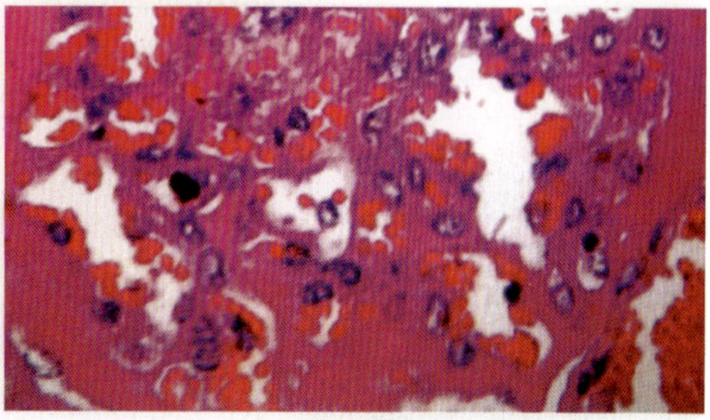
图2-1-26 病猪肾小球极度肿大，充满肾小囊，大量红细胞和纤维蛋白渗出（HE 400 ×）

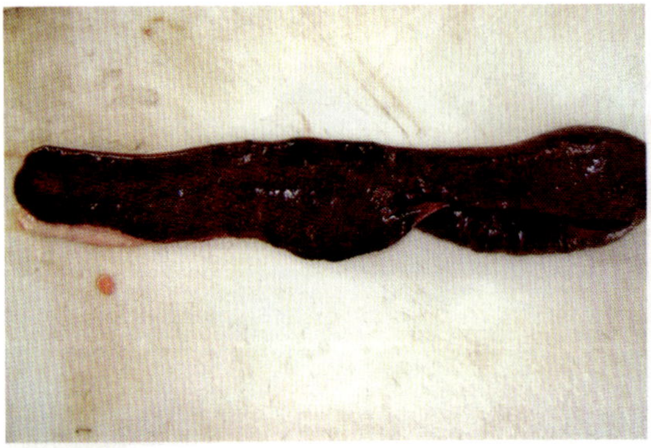

图 2-1-27 病猪脾脏边缘梗死

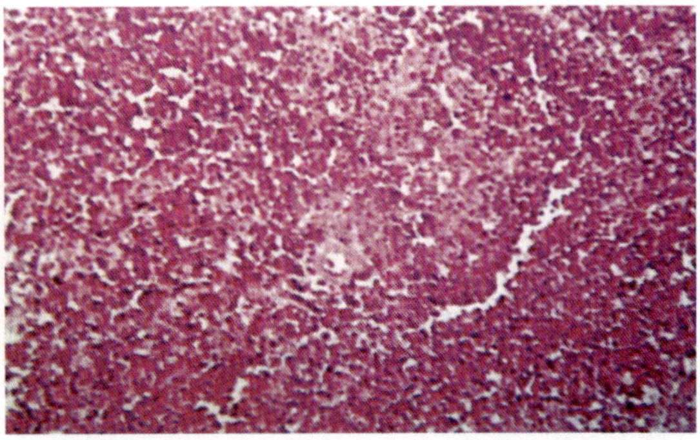

图2-1-28 病猪脾组织坏死，与渗出的纤维蛋白和红细胞一起形成梗死灶（HE 400 ×）

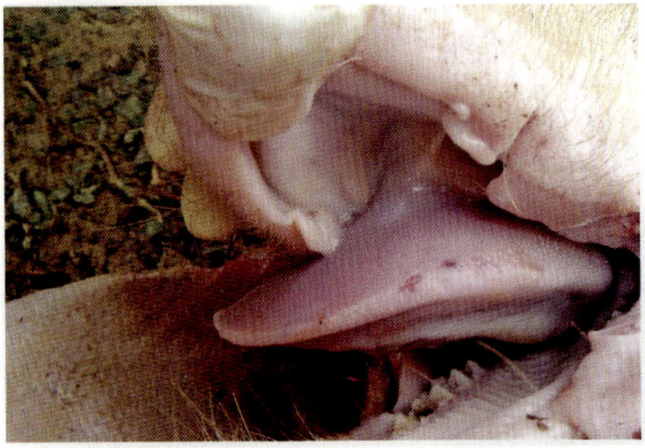

图 2-1-29 病猪舌部出血、溃疡

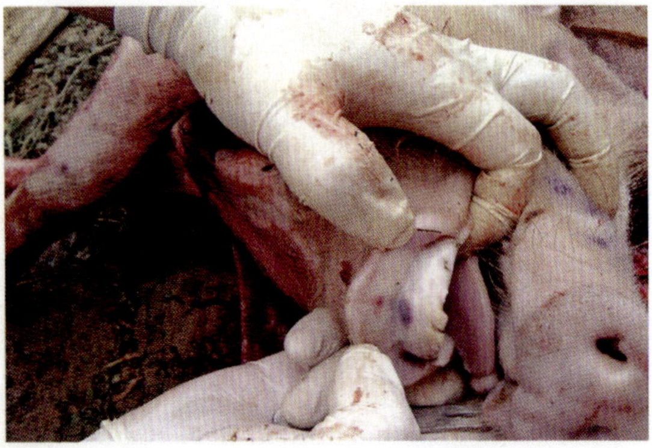

图 2-1-30 病猪下唇面和牙龈出血

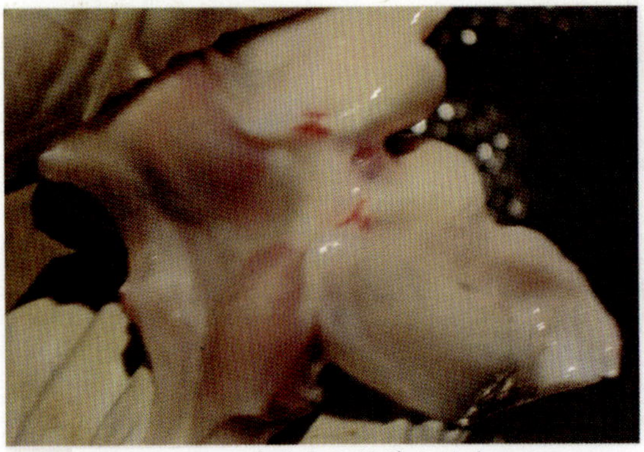

图 2-1-31 病猪会厌软骨上的出血斑

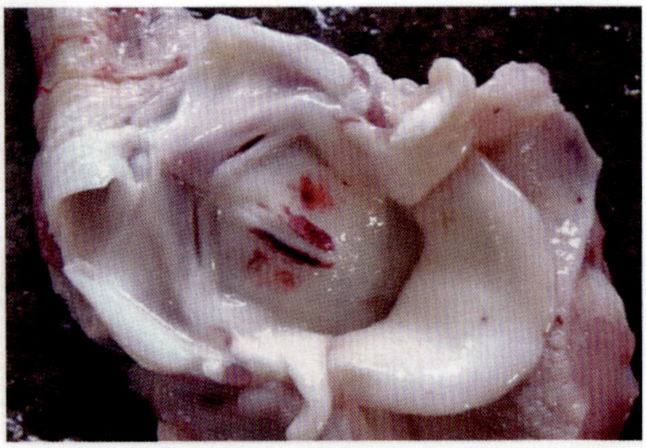

图 2-1-32 病猪喉头出血斑

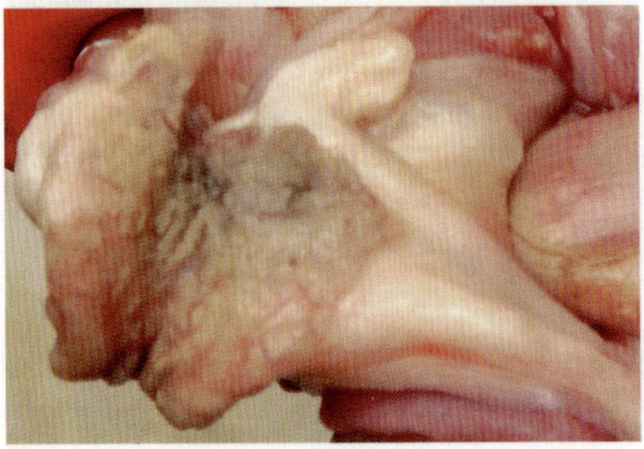

图 2-1-33 病猪喉头坏死

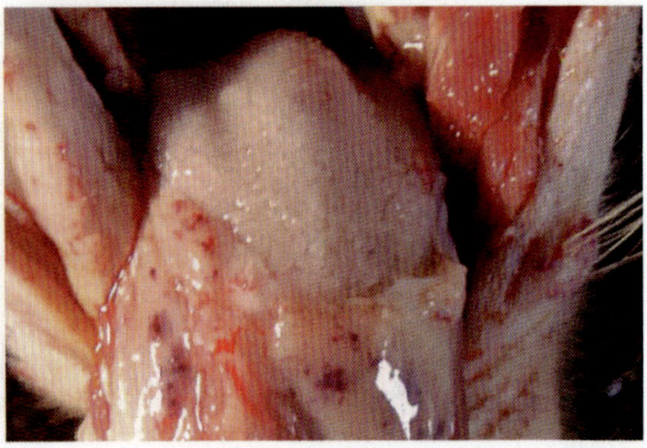

图 2-1-34 病猪扁桃体出血

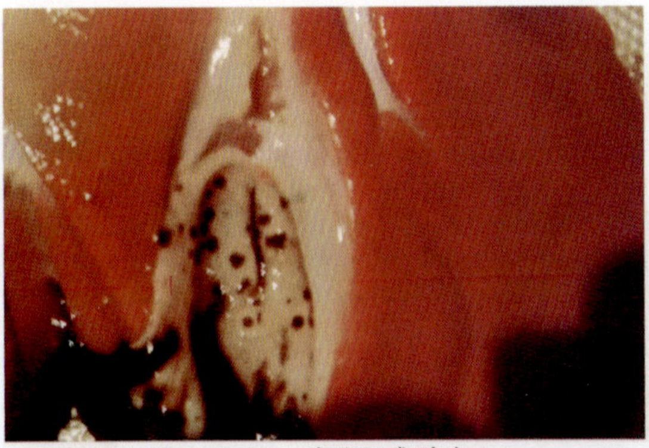

图 2-1-35　病猪胆囊壁出血

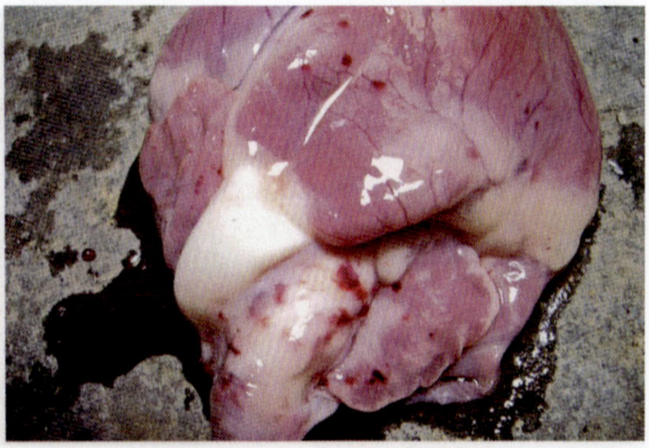

图 2-1-36　病猪心外膜出血

图 2-1-37　病猪肺脏点状出血

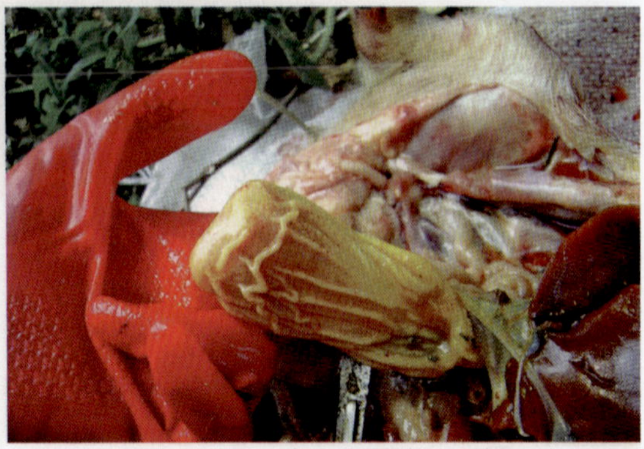

图 2-1-38　病猪胃黏膜点状出血

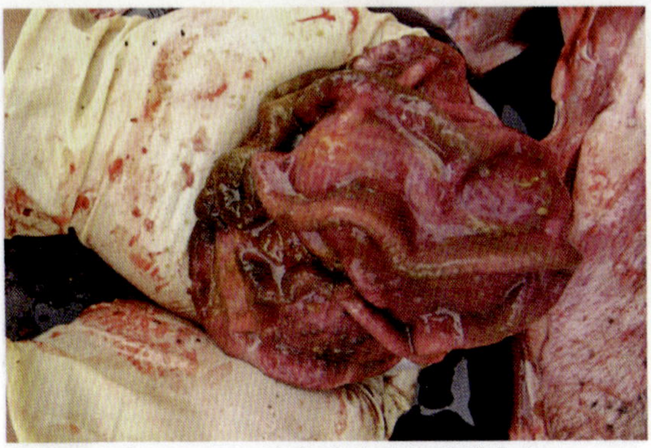

图 2-1-39　病猪胃黏膜弥漫性出血

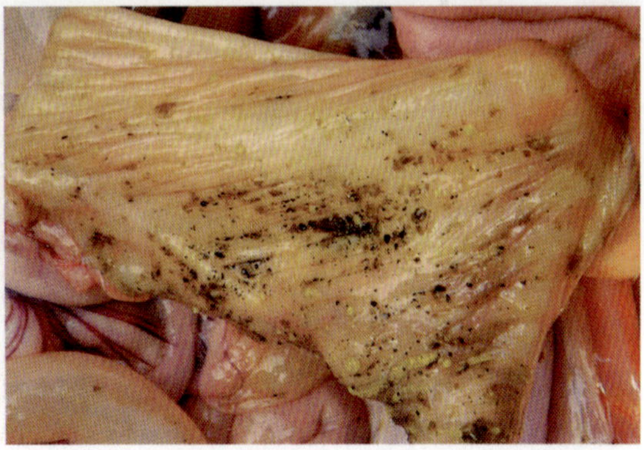

图 2-1-40　病猪回肠、盲肠口钮扣状溃疡

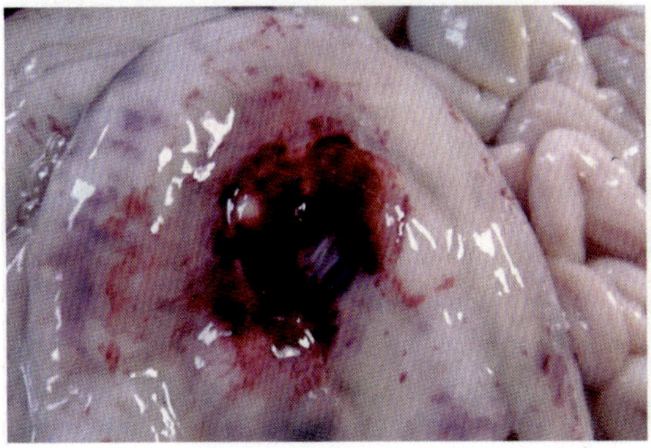

图 2-1-41　病猪结肠浆膜斑点状出血和胶样渗出

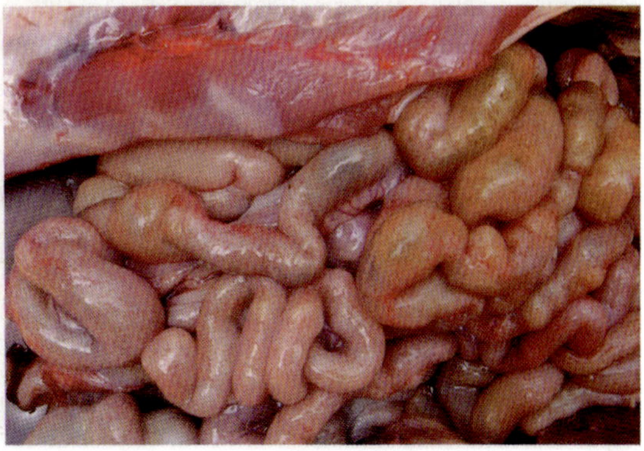

图 2-1-42　病猪肠浆膜点状出血

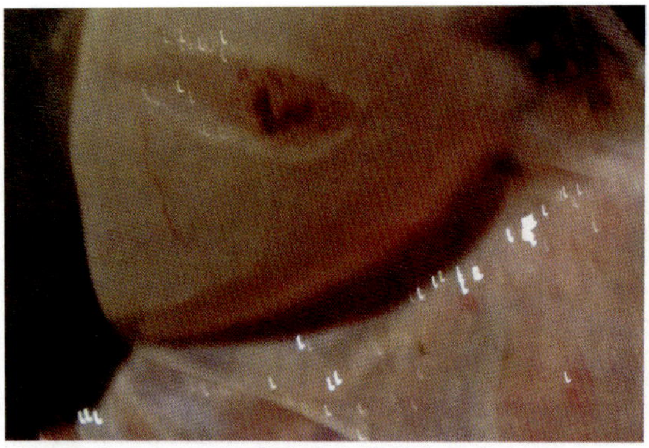

图 2-1-43　病猪膀胱浆膜上的出血斑

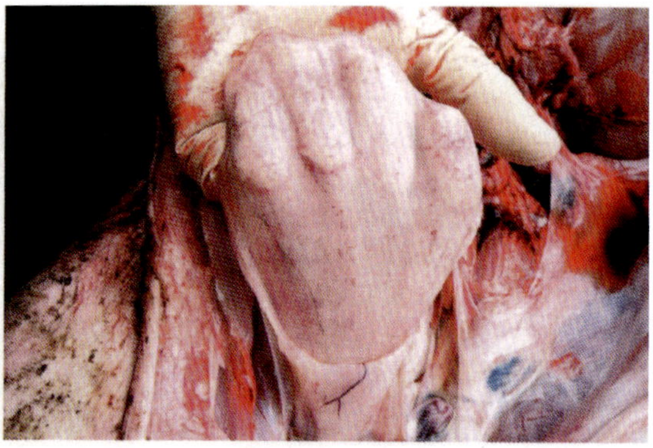

图 2-1-44　病猪膀胱黏膜上的出血点

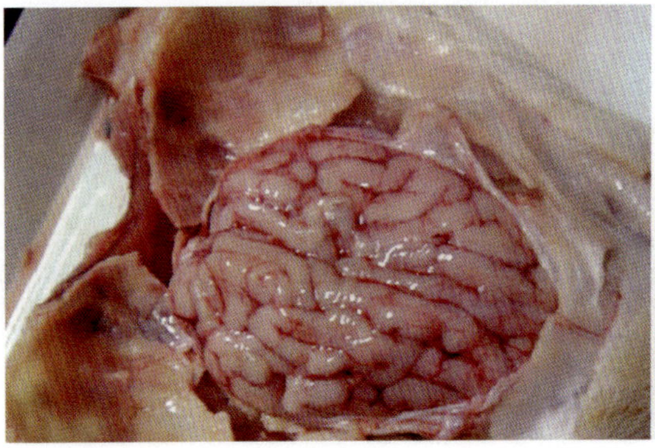

图 2-1-45　病猪脑水肿，脑积液增多

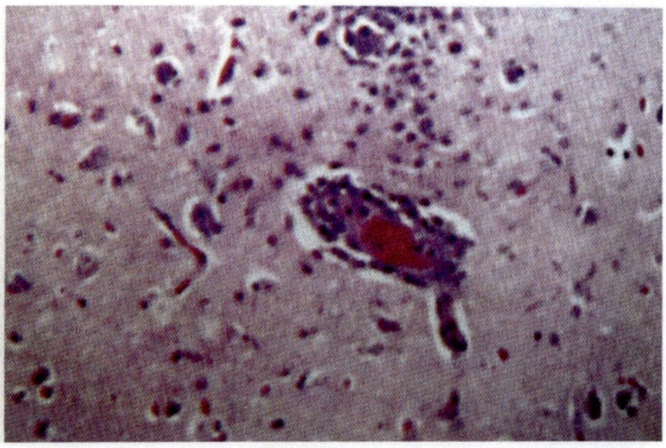

图 2-1-46　非化脓性脑炎的特征病变（HE 400 ×）

（五）诊断要点

猪瘟是一种毁灭性疾病，要求迅速确诊，及时采取有效防制措施，才能减少经济损失。根据流行病学、临床症状和病理变化作出初步诊断。实验室诊断可分为病毒分离和特异性抗体检测，常用的方法有直接荧光抗体（FA）和ELISA试验，其中活体取扁桃体组织，再用荧光抗体检查病原是临床上常用的一种诊断方法。此法可在扁桃体的上皮细胞和腺管上皮中发现大量阳性反应物（图 2-1-47）。

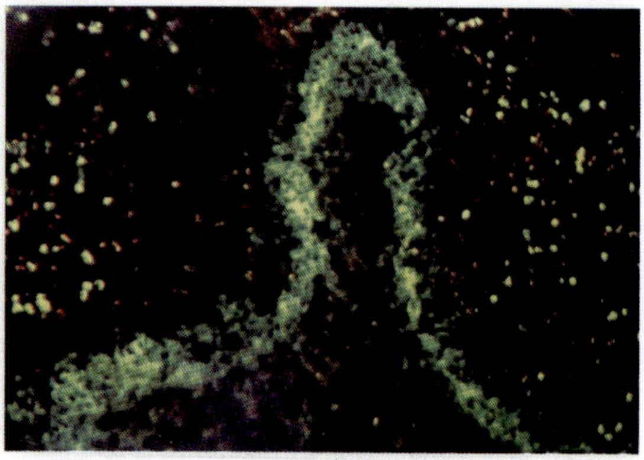

图2-1-47　病猪扁桃体的荧光抗体检查，腺上皮细胞呈强阳性反应

（六）类症鉴别

此病与猪繁殖与呼吸综合征、败血型副伤寒、猪丹毒、猪链球菌病、猪肺疫、弓形体病和猪传染性胸膜肺炎有许多相似之处，应注意区别。

（七）治疗方法

对病猪及可疑病猪，应立即隔离饲养。对于贵重的种猪，可用抗猪瘟血清治疗。

1. 西药治疗

抗病原，抗菌消炎，对症疗法可参考表2–1。

表2–1 西药治疗早期猪瘟

药名	功用	千克体重用量	使用方法
抗猪瘟血清	抗病原	0.5～1mL	未腹泻时肌内注射
硫酸庆大霉素	抑菌消炎	3～4mg	静脉注射
红霉素	抑菌消炎	10～20mg	耳静脉缓注
5%～10%葡萄糖	补液	3～5mL	耳静脉缓注
25%葡萄糖	补液	1～2mL	静脉注射
30%安乃近	解热镇痛	3～4mg	肌内注射

注：与中草药结合使用。

2. 中药治疗

以清热解毒、活血化淤、凉血救阴为治则。

处方一： 生石膏50g，芒硝30g，大青叶40g，板蓝根40g，川大黄20g，生地25g，玄参25g，黄连15g，黄芩15g，连翘20g，甘草10g。

【作用】治疗早期温和型猪瘟。

【用法与用量】将生石膏粉碎为细末与芒硝混合，其他药水煎2次，去渣，乘热加入石膏、芒硝，候凉供体重50kg的猪只灌服。20～50kg的猪只剂量减半；20kg以下取1/3的分量。食欲增加、粪便好转后不能马上停药，需再继续用药1个疗程，剂量则为原剂量的1/3～1/2，粪便正常可去川大黄、芒硝。

处方二： 黄连3g，黄芩9g，栀子（炒）6g，连翘6g，黄柏6g，生石膏3g，知母6g，金银花12g，白芍4.5g，枳壳3g，地榆6g，厚朴1.5g，大黄9g，茯苓6g，甘草1.5g。

【作用】治疗早期猪瘟。

【用法与用量】按处方配药，共煎汁取液，供体重25kg的猪只2次服用，1天内服完。

处方三： 金银花12g，黄芩9g，大黄9g，茯苓6g，知母6g，白芍4.5g，枳壳3g，地榆6g，黄连3g，栀子（炒）6g，连翘6g，黄柏6g，生石膏3g，厚朴1.5g，甘草1.5g。

【作用】治疗早期猪瘟。

【用法与用量】按处方配药，共煎汁取液，供体重25kg的猪只2次服用，1天内服完。

处方四： 侧柏炭20g，地榆炭20g，黄连10g，金银花10g，白及12g，枳实10g，板蓝根12g，白茅根10g。

【作用】治疗中期猪瘟。

【用法与用量】按处方配药，水煎取汁，候温内服，供体重50kg的猪只1次服用，每天1剂，连续3～5天。同时用青霉素320万IU，维生素C 5支肌内注射，连续3～4天。

处方五： 侧柏炭20g，地榆炭20g，黄连10g，金银花10g，白及12g，枳实10g，板蓝根12g，白茅根10g。

【作用】治疗后期猪瘟。

【用法与用量】按处方配药，水煎取汁，候温内服，供体重50kg的猪只1次服用，每天1次，连续3～5天。出现大便秘结者，加板蓝根、番泻叶各500g，煎汁，分10天内服，同时多喂青绿饲料。继发感染者口服适量氟哌酸。腹泻不止者取干石灰溶液上浮悬浊液，每天服100mL，或用氢氧化铝5g，1次灌服，为防止继发感染，可同时灌服一定数量的抗生素。

处方六：大黄15g，厚朴20g，枳实15g，芒硝25g，玄参10g，麦门冬10g，金银花15g，连翘20g，石膏50g。

【作用】治疗有恶寒发热，大便燥结表现的猪瘟。

【用法与用量】煎水去渣，供体重10kg的猪只服用，分早晚灌服，连续3～5天。为了避免灌药呛肺，可用胃管投药。

处方七：黄连5g，黄柏10g，黄芩15g，金银花25g，连翘15g，白扁豆25g，木香10g。

【作用】治疗出现拉稀的猪瘟。

【用法与用量】煎水去渣，供体重10kg的猪只，分早晚各灌服1次，连续3～5天。

（八）免疫预防与饲养管理

1. 免疫预防

①每年采取定期注射和经常补针相结合的办法，用猪瘟兔化弱毒冻干苗，稀释后大小猪一律肌内注射1mL。注射后4～6天即可产生免疫力，免疫期可达6个月。要选择和制定适合本场的免疫程序。

②发生猪瘟时的紧急措施：可试用大剂量猪瘟疫苗肌内注射，参考剂量按每千克体重0.5头份，个别场有较好的效果。

2. 饲养管理

①实行自繁自养的办法，若需要从外地购买猪种，运回后必须隔离饲养半个月左右，观察无异常后进行疫苗注射，方可混群饲养。

②早期确诊，及时采取措施，对控制和消灭猪瘟、减少经济损失有重要意义。发生猪瘟时，立即隔离治疗，封锁病区，以防传播。发病猪舍、运动场、饲养管理用具，用消毒药液进行消毒。严格处理死猪和粪便污物，防止此病扩散。粪、尿及垫草等污物，堆积发酵后作肥料利用。

③杜绝病猪在集市出售和在收购、运输途中传播疫病。生猪交易市场、栏舍、屠宰场等猪只集中场所，应特别加强兽医卫生管理及检疫措施。

④改善饲养管理，用贯众泡水、拌料喂猪，有预防作用。做好圈舍环境及管理用具的卫生、消毒工作。

二 猪口蹄疫

口蹄疫（foot and mouth disease，FMD）是由小核糖核酸病毒科的口蹄疫病毒（FMDV）引起偶蹄兽的一种急性、热性和高度接触性传染病。临床上以口腔黏膜、蹄部和乳房发生水疱和烂斑为特征症状。

（一）病原

口蹄疫病毒属小核糖核酸病毒科。该病毒粒子呈圆形或六角形，由60个结构单位构成20面体，直径为23～25nm，病毒由中央的RNA核心和周围的蛋白壳体所组成，无囊膜（图2-2-1）。成熟的病毒粒子约含30%RNA，其余70%为蛋白质。据认为，病毒的RNA决定其感染性和遗传性；而蛋白质则主导其抗原性、免疫性和血清学反应的特点。

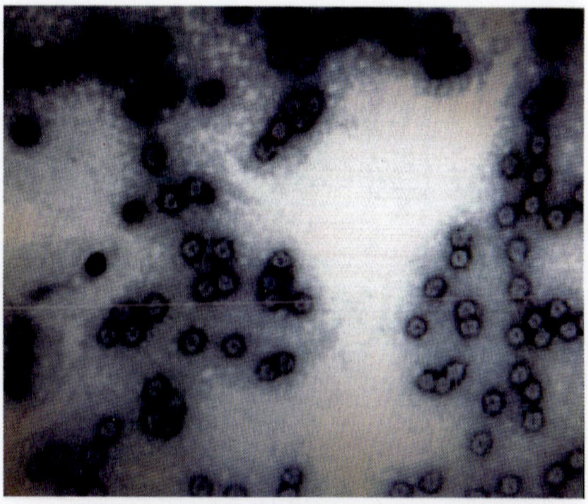

图2-2-1　猪口蹄疫病毒（FMDV）粒子

FMDV具有多型性、易变异的特点。根据其血清学特性，可将之分为7个血清型，即A、O、C、SAT1、SAT2、SAT3以及亚洲Ⅰ型。其中以A型和O型分布最广，危害最大，单纯性猪口蹄疫是由O型病毒所引起。每一型内又有亚型，亚型内又有众多抗原差异显著的毒株。1977年世界口蹄疫中心公布有7个型和65个亚型，每年还会有新的亚型出现。各型之间在临诊表现方面没有什么不同，但彼此均无交叉免疫反应。在同型中，各亚型之间交叉免疫程度变化幅度也较大，亚型内各毒株之间也有明显的抗原差异，病毒的这种特性，给本病的检疫和防疫带来很大的困难。

FMDV在病猪的水疱皮和水疱液中含毒量最高，对外界环境的抵抗力很强，不怕干燥，在自然条件下，含病毒的组织与污染的饲料、垫草、皮毛及土壤等可保持传染性达数周至数月之久。粪便中的病毒，在温暖的季节可存活29～33天，在冻结条件下可以越冬，但高温和直射阳光对病毒有杀灭作用。病毒对酸碱十分敏感，易被酸性和碱性消毒药杀死。因此，2%～4%氢氧化钠、0.2%～0.5%过氧乙酸、5%次氯酸钠和5%氨水等均为对付FMDV的良好消毒剂。食盐对病毒无杀灭作用。在肉品中于10～12℃经24小时，或在4～8℃经24～48小时，由于产生乳酸使pH值下降到5.3～5.7时，则杀灭其中的病毒，但骨髓和淋巴结不易产酸，故位于其内的病毒常不被杀灭，成为废弃物中很危险的传染来源。鲜牛奶中的病毒在37℃时可存活12小时，但在酸奶中的病毒则迅速被杀灭。

（二）流行特点

FMDV可侵害多种动物，主要感染偶蹄兽（牛、羊、猪）。各种年龄的猪均有易感性，但对仔猪的危害最大，常常引起死亡。病猪是最主要的传染源，病猪在发热期的粪、尿、乳汁、眼泪、唾液和呼出的气体均含病毒，可通过消化道、空气、皮肤黏膜伤口感染易感动物。口蹄疫是一种传染性极高的传染病，传播迅速，经常可呈跳跃式传播。口蹄疫一年四季均可发生，由于口蹄疫病毒怕热不怕冷，一般炎热夏季较少，在冬春季节易发生大流行。

（三）临床症状

潜伏期一般为2～7天，最短的12小时就发病，最长的达14～21天。病初体温升高到41～42℃，主要在蹄部、口腔、乳房皮肤出现水疱（图2-2-2至图2-2-9），猪口蹄疫最早的症状是吻突、唇上出现水疱、烂斑，有时可见口内有白色泡沫，最典型的症状是蹄冠、蹄叉出现局部红肿，手触有热感，站立不稳、跛行，蹄上有水疱，蹄冠边缘、蹄踵、蹄叉、附蹄等处都出现水疱，蹄冠边缘的水疱常融合成长条。严重者水疱破裂，表面出现糜烂、出血、溃疡，从而影响采食和运动（图2-2-8，图2-2-9）。哺乳母猪的乳房上也易发生水疱（图2-2-9）。哺乳仔猪感染可引起急性胃肠炎和心肌炎。部分严重感染猪群的病死率可达100%。

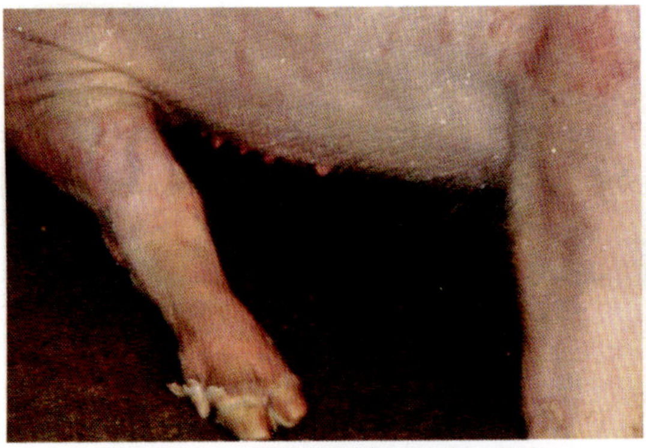

图2-2-2　病生长猪蹄部溃疡，脱皮

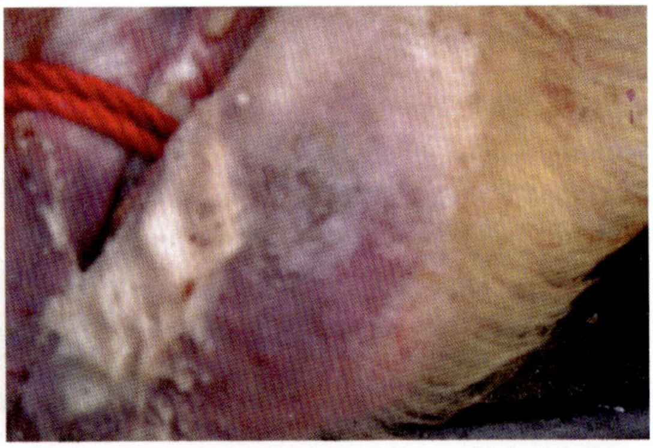

图2-2-3　病猪下唇皮肤溃疡，口腔流出泡沫

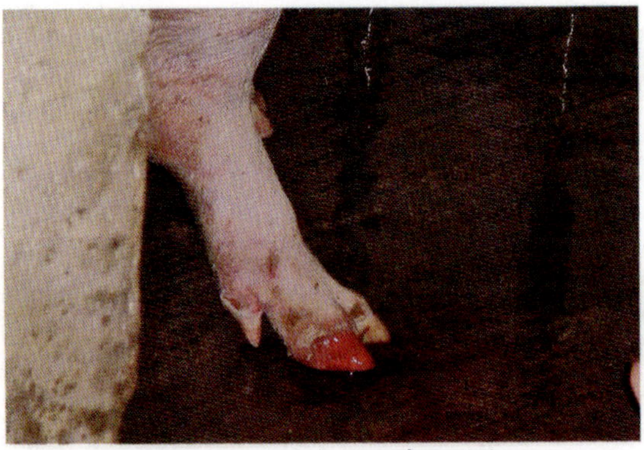

图2-2-4　病生长猪蹄甲脱落

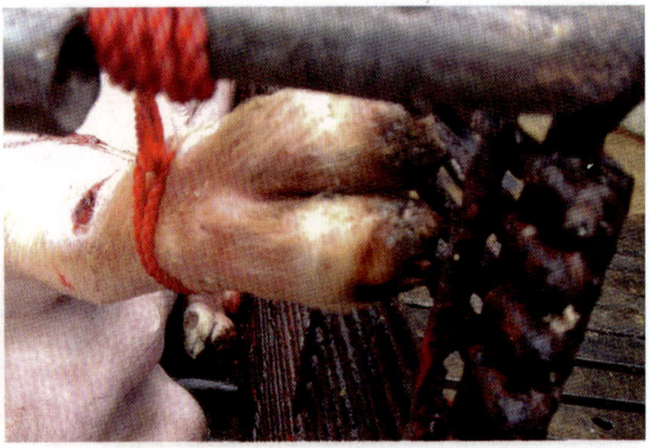

图2-2-5　病母猪蹄甲脱落，坏死

图2-2-6　病生长猪鼻镜形成水疱

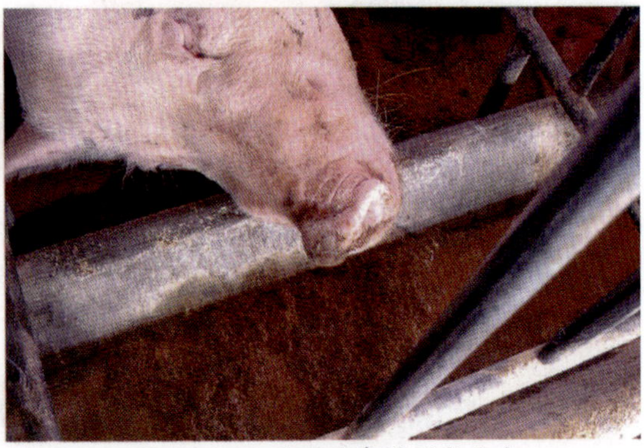

图2-2-7　病母猪鼻镜形成水疱

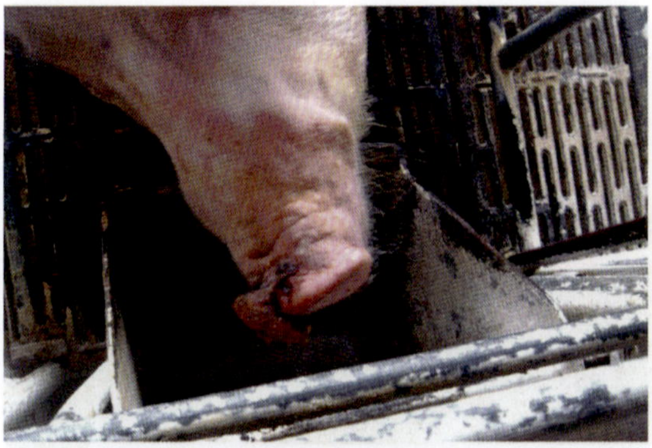

图 2-2-8 病猪鼻镜水疱破裂、结痂

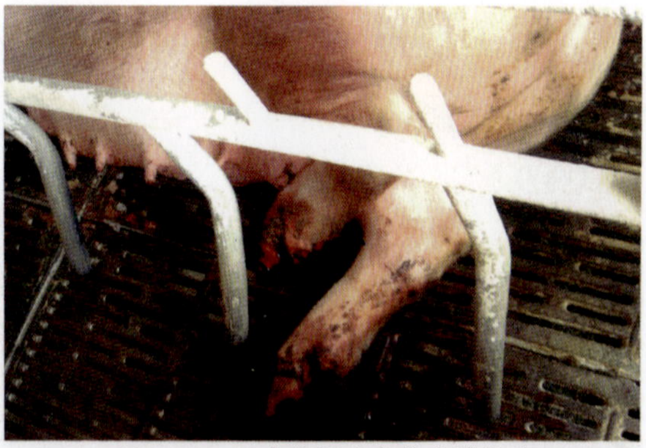

图 2-2-9 病猪乳头水疱破裂结痂

（四）病理特征

口蹄疫病死猪剖检变化除口、鼻、蹄上的水疱和烂斑外，最常见的变化是心肌疲软，仔猪心内、外膜上有出血斑点和淡黄色或灰白色点状、带状及不规则的斑纹（状似虎皮纹），故称“虎斑心”（图 2-2-10）。组织切片镜检，可见心肌发生出血性坏死性炎症（图 2-2-11 至图 2-2-14）。

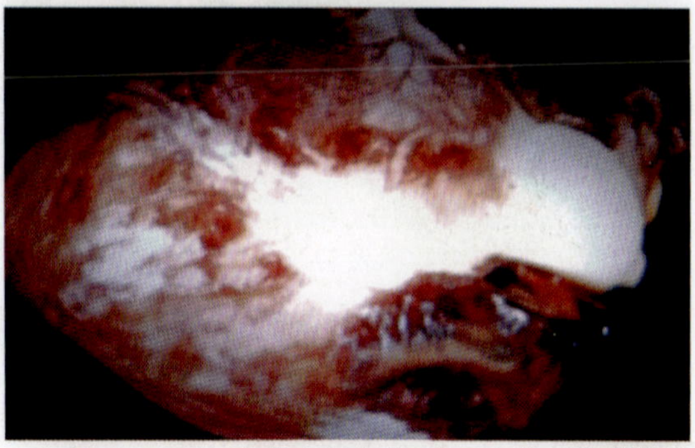

图2-2-10 病猪心肌变性、坏死，出现淡黄色斑纹（虎斑心）

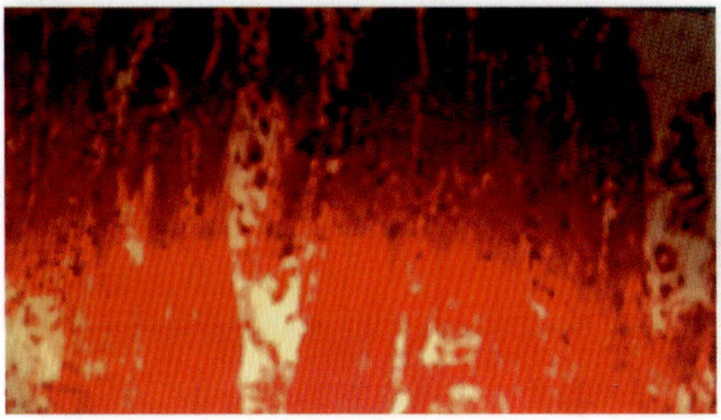

图2-2-11 病猪出血性坏死性心肌炎，心肌间有大量红细胞，肌纤维间距增宽，有些纤维断裂（HE 600 ×）

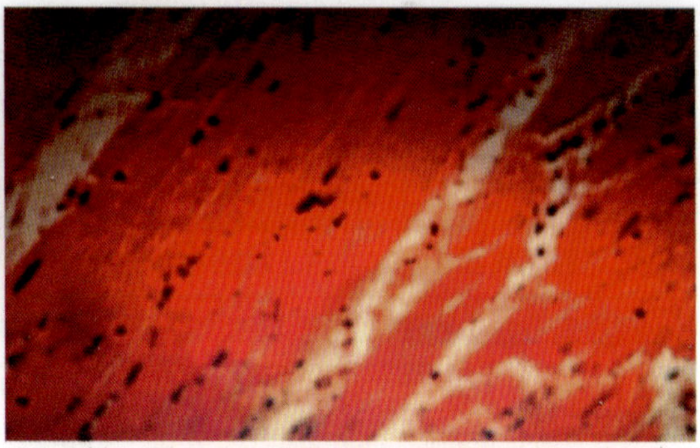

图2-2-12 病猪出血性坏死性心肌炎，心肌纤维变性坏死，其间有少量坏死细胞碎片（HE 600 ×）

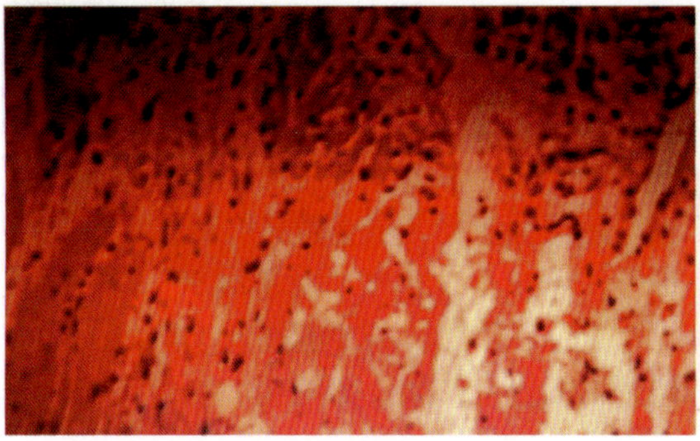

图2-2-13 病猪出血性坏死性心肌炎横断面。心肌纤维性坏死，其间有少量坏死细胞碎片（HE 600 ×）

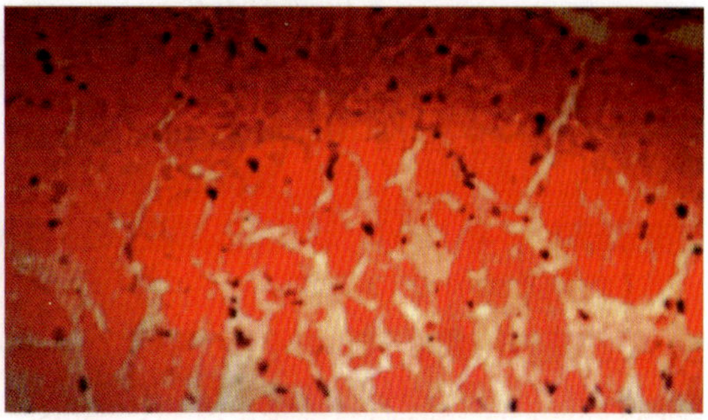

图2-2-14 病猪出血性坏死性心肌炎，心肌纤维明显变性坏死、崩解，有些区域已由结缔组织取代。间质有少量炎症细胞和红细胞（HE 600 ×）

（五）诊断要点

根据流行病学、临床症状和病理变化可作出初步诊断。确诊可通过病毒分离培养、血清学试验及小鼠接种试验。接种口蹄疫病毒后乳鼠的发病特征：呼吸急促，四肢和全身麻痹（图2-2-15）。口蹄疫病毒接种正常IB-RS-2单层细胞，可引起特征的细胞病变（图2-2-16）。

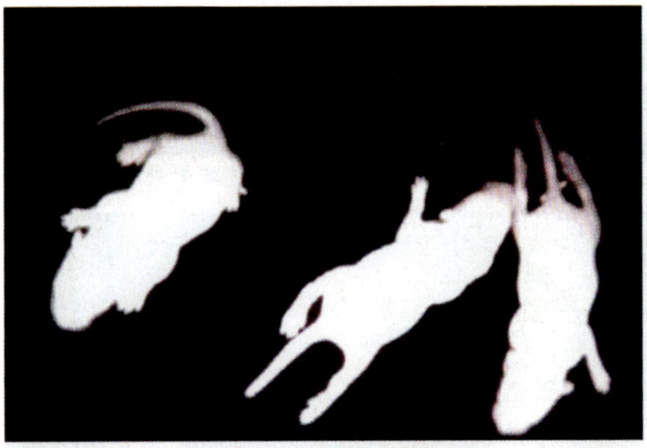

图2-2-15　接种口蹄疫病毒后乳鼠的发病特征

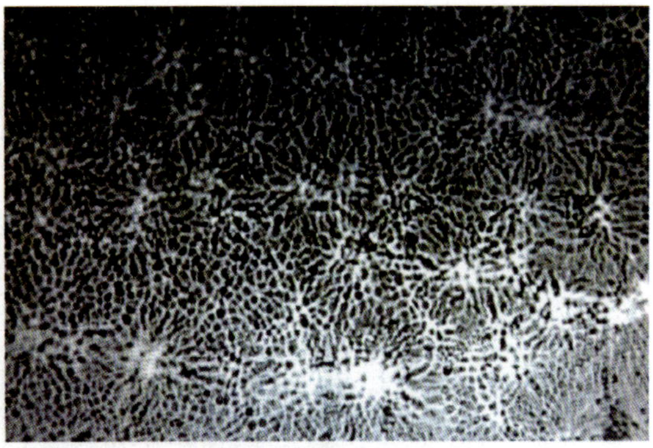

图2-2-16　口蹄疫病毒接种正常IB-RS-2单层细胞引起细胞病变

（六）治疗方法

1. 西药治疗

以0.1%高锰酸钾溶液冲洗患部，涂碘甘油或龙胆紫溶液，然后按表2-2选药治疗。

表2-2　西药治疗猪口蹄疫

<table>
<tr><th>药名</th><th>功用</th><th colspan="2">用量</th><th>使用方法</th></tr>
<tr><td>口蹄疫抗血清</td><td>抗病毒</td><td>0.5mL</td><td rowspan="3">千克体重</td><td rowspan="3">混合后，肌内注射，每天2次，连续3～5天</td></tr>
<tr><td>板蓝根注射液</td><td>清热解毒</td><td rowspan="2">0.1～0.2mL</td></tr>
<tr><td>抗病毒Ⅰ号</td><td>抗病毒</td></tr>
<tr><td>复合维生素B粉</td><td rowspan="2">加强营养，防继发感染</td><td>500mg</td><td rowspan="2">千克饲料</td><td rowspan="2">混入饲料中添加，连续3～5天</td></tr>
<tr><td>环球之星预混剂</td><td>1 000mg</td></tr>
</table>

2. 中药治疗

处方一：冰片5g，硼砂5g，黄连5g，明矾5g，儿茶5g。

【作用】治疗猪口蹄疫。

【用法与用量】患部用消毒药清洗后，将各药粉碎为末撒布。

处方二：贯众15g，桔梗12g，山豆根15g，连翘12g，大黄12g，赤芍9g，生地9g，花粉9g，荆芥9g，木通9g，甘草9g，绿豆粉30g。

【作用】治疗猪口蹄疫。

【用法与用量】按处方配药，共粉碎为末，加100g蜂蜜为引，开水冲服，每天1剂，连续3～5天。

处方三：青黛3份，黄连2份，黄柏3份，薄荷1份，桔梗2份，儿茶2份。

【作用】治疗猪口蹄疫。

【用法与用量】患部用消毒药清洗后，将各药粉碎为末撒布。

处方四：煅制石膏10g，锅底灰10g，食盐适量。

【作用】治疗猪口蹄疫。

【用法与用量】上药共粉碎为细末，撒布蹄部患处。

处方五：贯众15g，木通、桔梗、荆芥、连翘、大黄各12g，赤芍、天花粉、丹皮、甘草各9g，生地6g。

【作用】治疗猪口蹄疫。

【用法与用量】共粉碎为末，加蜂蜜250g，煎水取汁，候温灌服。

（七）免疫预防与饲养管理

做好平时的预防工作，疑为口蹄疫，立即向上级有关部门报告疫情，并采集病料送检；按上级业务部门的规定，对发病现场执行严格的封锁措施，按“早、快、严、小”的原则处理；对猪舍、环境及饲养管理用具进行严格消毒；病猪隔离，加强护理，对症治疗，促进口腔和蹄早日康复；体重达到一定重量的病猪，经有关部门批准，可集中屠宰，按食品卫生部门的有关法规处理。一定要做好消毒工作，防止病原扩散传播。发病地区可用口蹄疫灭活疫苗注射，有一定预防效果。

1. 免疫预防

①预防接种：目前常用的疫苗有弱毒苗和灭活油苗。参考免疫程序（选用与当前流行血清型相同的灭活油苗）如：公母猪一年3次普免，每次每头3～4mL，仔猪50～70日龄首免，100日龄二免。

②药物预防：饲料中按剂量添加克毒先2 000mg/kg、多种维生素1 000mg/kg、阿莫西林200mg/kg，作为平时的加强预防保健措施。

③紧急免疫：对全场及周围地区进行疫苗紧急免疫接种。

2. 饲养管理

①严禁从有病的国家和地区购入种猪及其产品、饲料，引种时应进行严格的检疫和隔离观察。

②发生疫情时，对病猪及同群同栏猪应扑杀并作无害化处理。对被污染的场地、用具、饲料等就地封锁，并用有效的消毒药严格消毒。全场用有效消毒药带猪消毒（多种消毒药交替使用），一天3～5次。严禁人员流动，严禁冲洗粪便。

③加强卫生消毒工作，对外来人员、外出人员以及车辆要严格消毒。可使用过氧乙酸、复合酚、复合碘、氯制剂、烧碱、石灰等消毒药物。

三 猪流行性感冒

猪流行性感冒（swine influenza，SI）是由猪流行性感冒病毒（SIV）引起猪的一种急性、高度接触性呼吸器官传染病，简称猪流感。其特点是发病突然，很快感染全群，呈体温升高、咳嗽等呼吸道症状。单纯猪流感死亡率不高，但有猪肺疫等病并发感染时死亡率大幅升高。

（一）病原

猪流感病毒属正粘病毒科A型流感病毒属，病毒基因段由8个单股RNA组成。A型流感病毒中已确定的有15种血凝素（H）和9种神经氨酶（N）。引起猪发病的主要是H_1N_1、H_3N_2。本病毒的粒子呈多形性，直径为20～120nm，含有单股RNA，核衣壳呈螺旋对称性，外有囊膜。囊膜上有呈辐射状密集排列的两种纤突，即血凝素（HA）和神经氨酸酶（NA）。前者可使病毒吸附于易感细胞的表面受体，诱导病毒囊膜与细胞膜相互融合；后者是水解细胞表面受体特异性糖蛋白末端的N－乙酰基神经氨酶，有利于病毒的出芽生长。

本病毒对热和日光的抵抗力不强，60℃ 20分钟可使之灭活；但对干燥和冰冻有较强的抵抗力。如在－70℃稳定，冻干可保存数年。一般消毒药对猪流感病毒有较强的杀灭作用，对碘蒸气和碘溶液特别敏感。

（二）流行特点

病毒主要存在于病猪和带毒猪的呼吸道，包括鼻液、气管和支气管的分泌物、肺脏和胸腔淋巴结中，而血液、肝脏、脾脏、肾脏、肠系膜淋巴结和脑内则不易检出病毒。病猪和带毒猪是主要传染源，主要以空气飞沫传播，易感猪通过呼吸道感染，各种年龄、性别和品种的猪均易感。本病主要发生在天气骤变的寒冷季节，饲养密度过高、空气质量差和营养不良是重要诱因。

（三）临床症状

本病的潜伏期一般为2～7天，自然发病平均4天。该病发病突然，一旦发生，传播迅速，往往3～5天整个猪群发病，单纯猪流感病死率很低。主要表现为高热，体温达39.5～42℃，食欲下降或一点都不食，挤堆明显，精神沉郁（图2-3-1，图2-3-2）。呼吸急促、咳嗽、打喷嚏、流鼻水甚至粘脓性鼻涕（图2-3-3至图2-3-7）。无继发感染时，多数猪只在一周左右康复；继发肺炎、胸膜炎时，病情加重甚至死亡。个别病例转为慢性，并发生肠炎和大叶性肺炎，长期不愈，慢慢死亡。怀孕母猪流产，产死胎、弱胎。

图2-3-1　病猪发烧，挤堆

图 2-3-2 病猪精神沉郁

图 2-3-3 病哺乳仔猪流出粘脓性鼻涕

图 2-3-4 病生长猪流出粘脓性鼻涕

图 2-3-5 病怀孕母猪流出粘脓性鼻涕

图 2-3-6 病生长猪流鼻涕，眼结膜发红

图 2-3-7 病猪鼻流清涕，眼结膜发红

（四）病理特征

剖检时多数可见鼻、喉、气管及支气管黏膜充血、出血，表面有泡沫状黏液，并含有大量的纤维素性渗出物（图2-3-8，图2-3-9）。支气管和纵隔淋巴结肿大（图2-3-10）。肺表面膨胀不全，高低不平，病变部位呈紫红色或鲜牛肉状（图2-3-11 至图2-3-13）。病理组织学变化主要是以支气管炎和局限性支气管肺炎为特点（图2-3-14，图2-3-15）。

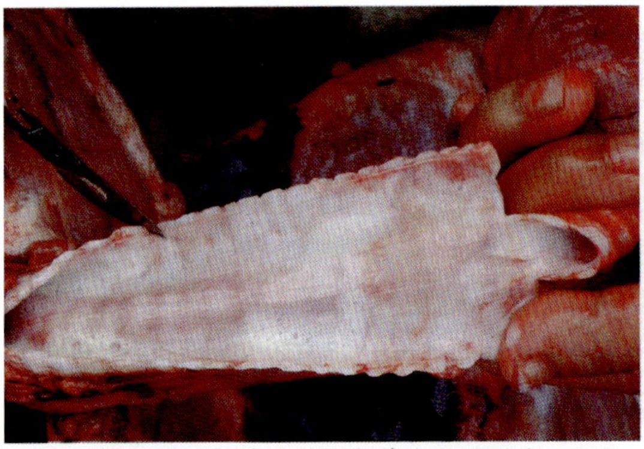

图 2-3-8 病生长猪气管内黏液增多

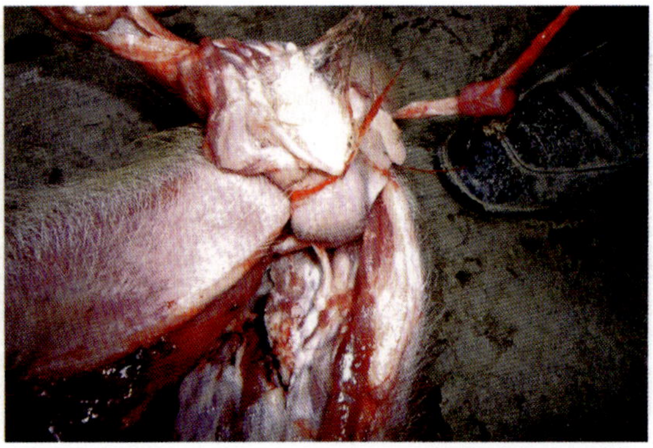

图 2-3-9 病猪咽喉内分泌物增多

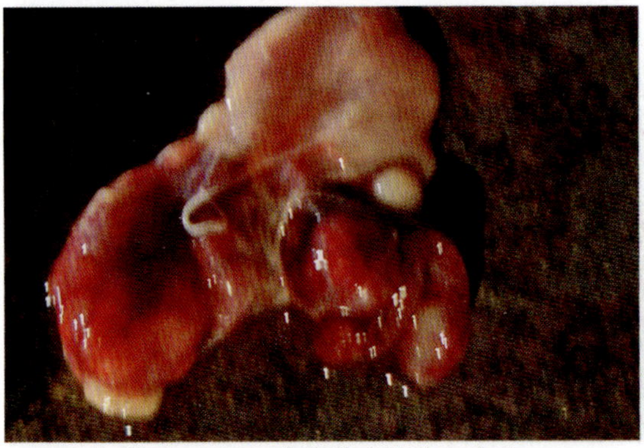

图 2-3-10 病猪淋巴结肿大出血

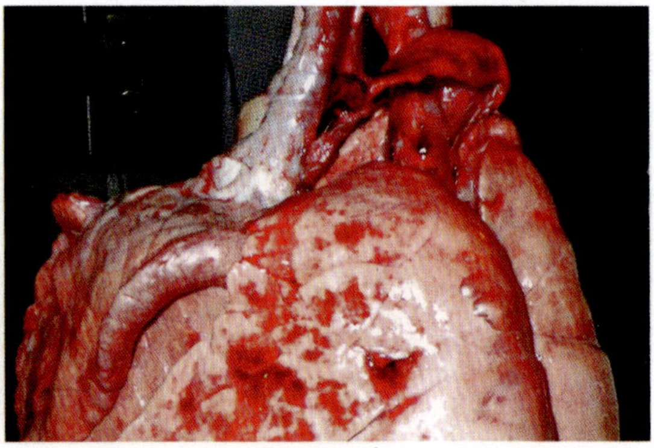

图 2-3-11 病猪肺脏表面斑点状出血

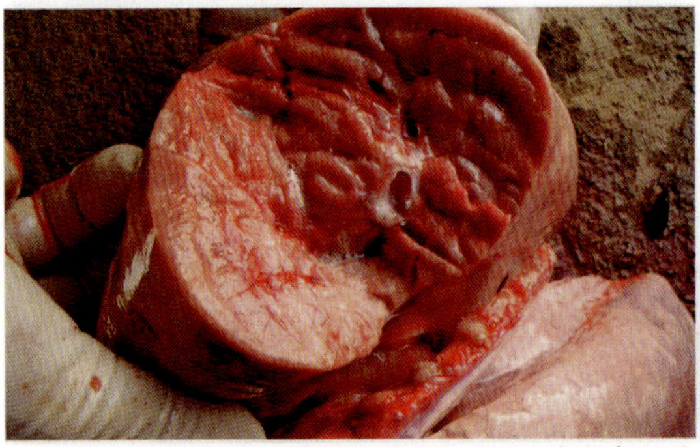

图2-3-12 病猪肺脏切面肉变，支气管内有大量分泌物

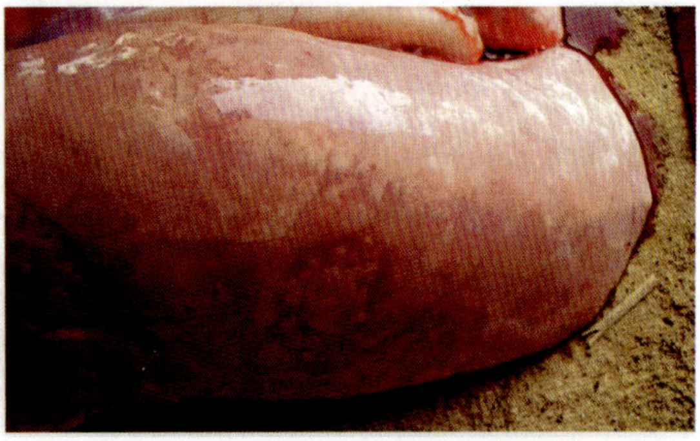

图 2-3-13 病猪肺脏气肿、弹性降低

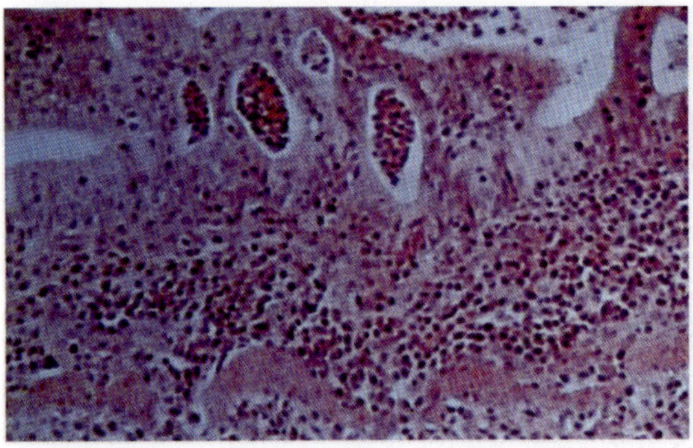

图2-3-14 病猪支气管上皮被覆大量黏液，固有层和黏膜下层有大量炎性细胞浸润（HE 100 ×）

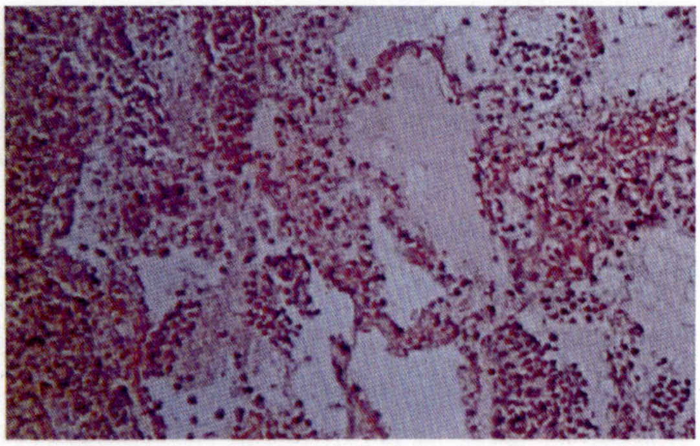

图2-3-15 病猪肺泡内有大量的浆液、嗜中性白细胞和脱落的肺泡上皮（HE 100 ×）

（五）诊断要点

根据流行病学、临床症状和病理变化可作出初步诊断，确诊可进行病毒分离鉴定和血清学反应。临床病理学诊断时，可采取病变的肺组织，制作冰冻切片，用免疫荧光法染色（图2-3-16）。

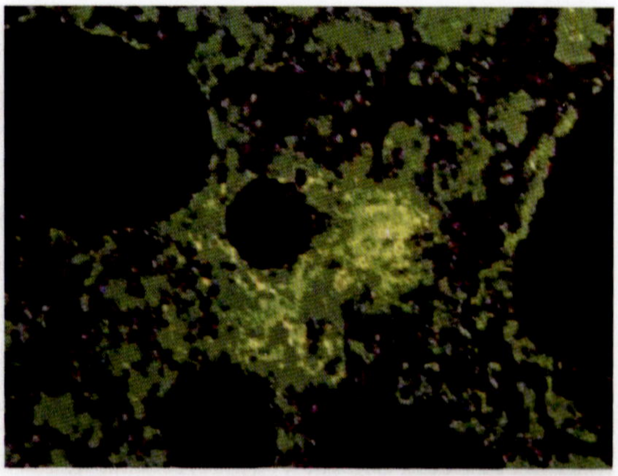
图 2-3-16　病猪细支气管及肺泡上皮呈流行性感冒抗原阳性反应（HE 100 ×）

（六）类症鉴别

本病应与猪支原体肺炎和急性猪巴氏杆菌病相互区别，详见相关疾病的介绍。

（七）治疗方法

加强饲养管理，特别在阴雨潮湿和气候骤变的季节，要保持猪舍清洁干燥、防寒保暖，发现病猪应立即隔离治疗，对栏舍彻底消毒，以防病情蔓延。

1. 西药治疗

对发病猪群加强卫生消毒工作，精心护理，降低饲养密度，减少应激，加强通风、保温工作，供给新鲜的洁净水。选用退烧、缓解疼痛、消炎、控制继发感染的用药方案，可参考表2-3。

表 2-3　西药治疗猪流行性感冒

药名	功用		千克体重用量	使用方法
青霉素	抗菌消炎	二选一	1万～4万IU	混合后1次肌内注射，每天2次，连续3天
硫酸卡那霉素			10～15mg	
板蓝根注射液	清热解毒		0.1～0.2mL	
抗病毒Ⅰ号	抗病毒			
1%氨基比林注射液	退热止痛	三选一	0.3～0.5mL	
30%安乃近			0.1～0.2mL	
柴胡注射液			0.3～0.5mL	

2. 中药治疗

处方一：苏叶10g，前胡10g，半夏10g，桔梗15g，陈皮15g，杏仁15g，薄荷15g，枳壳15g，麻黄10g，桑白皮10g，生姜3片。

【作用】治疗风寒感冒。

【用法与用量】共粉碎成粉末，混入饲料喂服，体重5kg重的小猪每次10g，每天2次，大猪酌情增加，连续2～3天。

处方二：天门冬10g，麦门冬15g，款冬花15g，栀子15g，牛蒡子15g，桔梗10g，前胡10g，桑白皮10g，石膏50g，瓜蒌仁15g。

【作用】治疗风热感冒。

【用法与用量】加水1.5kg，煎至0.5kg，每5kg体重每次100~150g，每天服50~100g。

处方三：干葛根、升麻、陈皮、川芎、紫苏、白芷、赤芍、麻黄、香附、甘草、姜、葱各25~50g。

【作用】专治猪四时感冒。

【用法与用量】水煎取汁，候温灌服，供大猪1次服完，每天1次，连续3~5天。

处方四：苏叶10g，前胡10g，半夏10g，桔梗15g，陈皮15g，杏仁15g，薄荷15g，枳壳15g，麻黄10g，桑白皮10g，生姜3片。

【作用】治疗猪风寒感冒。

【用法与用量】共粉碎成粉末，混入饲料喂服，体重5kg的小猪，每次10g，每天2次，大猪酌情增加，连续3~5天。

处方五：单方食醋。

【作用】治疗猪流行性感冒。

【用法与用量】将猪舍的门窗关闭或堵塞封严，运动场上搭遮阳棚，用油布盖好，以减少空气流通，造成适度封闭的环境，用食醋10~15mL/m³，放在容器内加水稀释1倍，文火加热，使食醋蒸发至干。每天1次，连续3天。

处方六：薄荷、大葱头、芫荽根、山楂、神曲、麦芽各60g。

【作用】用于发热兼有腹胀者，治疗流行性感冒。

【用法与用量】水煎取汁，候温灌服。供大猪1次服用，连续3~5次。

处方七：野菊花（全草）60g，一枝黄30g，薄荷10g。

【作用】治疗流行性感冒。

【用法与用量】煎水取汁，分2次喂服，连续3~5天。

处方八：生石膏490g，杏仁、陈皮、苍术各100g，麻黄、甘草各70g。

【作用】治疗流行性感冒。

【用法与用量】共粉碎为末，每10kg体重内服10~15g，每天早晚各服1次，连续1~2天。感冒初起、热象显著时，酌加柴胡、野菊花、金银花、连翘、黄柏、大青叶；咳嗽较重时，酌加马兜铃、桔梗、天花粉、白及、前胡；比较衰弱、严重脱水时，酌加天门冬、玄参、麦门冬、生地、山药、生黄芪、党参、黄精及红糖，每天投服1%盐水2次；大便干燥、小便赤短，另加牛蒡子、苍耳子、白芷、薄荷、防风、荆芥、紫苏；食欲不佳，另加龙眼、大黄、神曲、山楂、厚朴、枳壳。

处方九：柴胡30g，防风30g，藁本20g，茯苓皮20g，枳壳20g，陈皮30g，薄荷30g，菊花25g。

【作用】治疗流行性感冒。

【用法与用量】紫苏、生姜为引。煎水内服。

处方十：金银花、连翘、桔梗各20g，薄荷、荆芥、淡豆豉、牛蒡子、淡竹叶各15g，甘草10g，鲜芦根50g。

【作用】治疗流行性感冒。

【用法与用量】水煎喂服，如咳甚，加杏仁、前胡；喘甚，加瓜蒌、桑皮、知母；喉肿，加板蓝根、延胡索、山豆根；口干，去荆芥，加玄参、天花粉；便秘，加大黄、芒硝；腹胀，加枳壳、莱菔子。

处方十一：苍术9g，枳实9g，羌活9g，麻黄9g，葛根9g，猪苓9g，细辛3g，荆芥9g，香薷9g，香附9g，山楂9g，神曲9g，泽泻9g，木香15g，胖大海12g，莱菔子9g。

【作用】专治四时感冒。

【用法与用量】泥鳅串为引，水煎灌服。若高热、口干、喜卧湿凉地，加生石膏15g，滑石15g，元参9g，芦荟根20g，加与药等量水和童便各1份，同煎，连续2次；若怕寒喜热，呕吐转筋，口不干，加干姜、香附片、桂枝、吴茱萸、丁香、甘草和蜜调服。

处方十二：柴胡、黄芩、桂枝、葛根、陈皮各30～60g，苏叶、白芍、茯苓各25～45g，甘草、厚朴各25g，生姜60g，葱头15个。

【作用】治疗流行性感冒。

【用法与用量】水煎服。若发热比较重时，加大青叶、野菊花、金银花、连翘、薄荷等，以清热解毒；若热盛伤阴，加麦门冬、芦根等，以生津润燥；若四肢跛行，加牛膝、马鞭草，以舒筋活络；若咳嗽不爽，肺热气喘，加麻黄、杏仁、桔梗、桑白皮、瓜蒌等，以止咳定喘；若腹胀，加青皮、厚朴、枳壳、莱菔子等，以破气消胀；若大便干燥，加大黄、芒硝，以润泻下；若拉稀，加车前草、泽泻，以利止泻；若筋骨疼痛，卧地不起，加杜仲、威灵仙、独活、木瓜、虎杖，以温肾祛湿。

处方十三：柴胡30g，细辛25g，桔梗15g，青蒿20g，槟榔20g，常山20g，甘草15g。

【作用】治疗猪流感并发附红细胞体病。

【用法与用量】按处方配药，常山、槟榔先用文火煎煮20分钟，再加入余药同煎20分钟，候温取汁，用胃管投服。每天使用剂量为：种公猪、母猪每头1剂，育肥猪2头1剂，小猪视体重情况8～12头1剂。若病情严重，每天服药2剂，每剂可合并头二煎，1次投服，连续3～4天。同时肌内注射青霉素，每天2次，防止继发感染。

（八）预防与饲养管理

1. 预防

饲料中按2 000～3 000mg/kg添加克毒先，做好预防保健。

2. 饲养管理

保证猪舍卫生、干燥，加强猪群饲养管理和防疫卫生措施。特别是气候多变的秋季和早春季节阴雨潮湿和气候骤变的时候，要保持猪舍清洁干燥、防寒保暖（风寒型）或凉爽（风热型）。发现病猪应立即隔离对症治疗和加强群体的护理，改善饲养管理条件，必要时可应用抗生素和磺胺类药物，防止继发感染，同时对栏舍彻底消毒，以防病情蔓延。

加强卫生消毒工作，选用敏感消毒剂带猪消毒，有效的消毒药有过氧乙酸、复合碘和氯制剂等。

第三章
猪的繁殖障碍性疾病

猪的繁殖障碍性疫病过去很少，布氏杆菌病等少数几种疫病曾一度得到控制，但近年来在一些地方该病又有所抬头。不但如此，猪繁殖与呼吸综合征、伪狂犬病、细小病毒病和乙型脑炎等猪繁殖障碍性疾病在不少猪场频频出现，甚至两种或多种病在同一个场同时存在，母猪流产、产死胎、木乃伊胎的比例一天比一天增多，最严重的猪场，一头母猪一年产两胎，只有 2 ~ 5 个活仔。种猪生产性能大大下降。

一　猪繁殖与呼吸综合征

猪繁殖与呼吸综合征（porcine reproductive and respiratory syndrome，PRRS）是猪繁殖与呼吸综合征病毒（PRRSV）引起猪群发生以母猪的繁殖障碍和仔猪呼吸系统症状及高死亡率为特征的一种急性、高度传染性的病毒性传染病，又称“蓝耳病”。由于该病的流行，使许多国家的养猪业蒙受重大的经济损失，成为造成当今世界养猪业损失最大的疾病之一。

（一）病原

猪繁殖与呼吸综合征病毒为动脉炎病毒科动脉炎病毒属的猪繁殖与呼吸综合征病毒，又称莱利斯塔病毒（lelysted virus）。病毒粒子呈卵圆形，直径为50～65nm，有囊膜，20面体对称，为单股RNA病毒（图3-1-1）。现已证明，欧洲和美国分离的毒株虽然在形态和理化性状上相似，但用单克隆抗体进行血清学试验和进行核苷酸和氨基酸序列分析时，发现它们存在明显的不同。因此，猪繁殖与呼吸综合征病毒被分为A、B两个亚群，A亚群为欧洲原型，B亚群为美国原型，各亚群在抗原性上有差异。

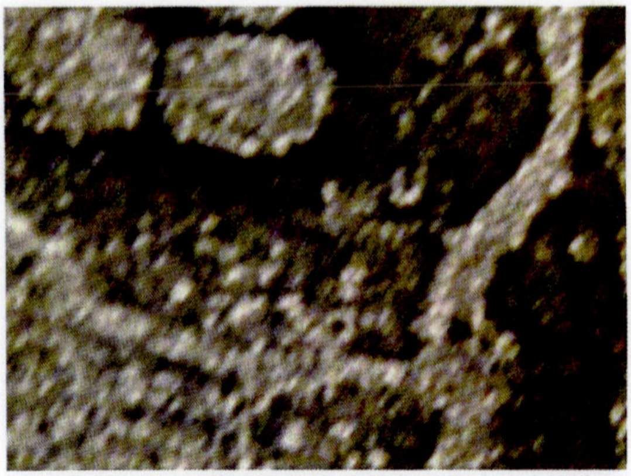

图3-1-1　猪繁殖与呼吸综合征病毒（PRRSV）粒子

本病毒对寒冷具有较强的抵抗力，但对高温和化学药品的抵抗力较弱。例如，病毒在-70℃可存活18个月，4℃存活1个月；37℃ 48小时、56℃ 45分钟则完全丧失感染力；对醛类和氯制剂敏感。

（二）流行特点

病猪和带毒猪是主要传染源，可通过鼻分泌物、粪便、尿液向外排毒，怀孕中后期母猪和仔猪最易感染。本病主要经呼吸道传播。猪场环境差、气候恶劣、饲养密度过大，可促进本病的流行。有些公猪感染PRRSV后不表现临床症状，但从感染后1～4天就向外排毒。PRRS弱毒苗接种健康猪后，能向外散毒，公猪可通过精液散毒，妊娠母猪可垂直感染或向外排毒感染仔猪。

（三）临床症状

猪感染PRRSV都出现厌食、精神不振和发热，体温达40～41.5℃；体表如耳部皮肤发绀、有出血点（图3-1-2）；眼肿，眼分泌物增多（图3-1-3）。妊娠母猪感染PRRSV主要造成晚期流产、早产，产死胎、木乃伊胎或弱仔（图3-1-4）。假发情、返发情比例较高，个别母猪表现肢体麻痹。断奶仔猪和生长猪表现明显腹式呼吸、后肢麻痹（图3-1-5），食欲下降或废绝，病死率可高达80%，继发感染症状非常明显，有的仔猪耳朵或身体末端皮肤发绀发紫；生长猪发病率相对比较低，表现出明显的腹式呼吸，生长速度非常缓慢，双眼肿胀，继发感染

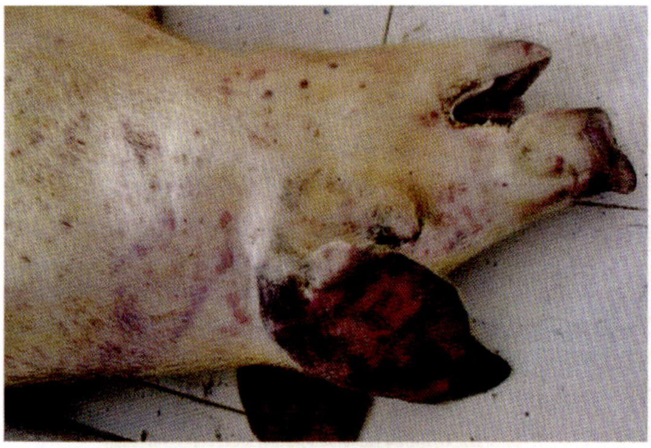
图 3-1-2　病猪耳部发绀、坏死

图 3-1-3　病猪眼肿，眼分泌物增多

图 3-1-4　病母猪产死胎

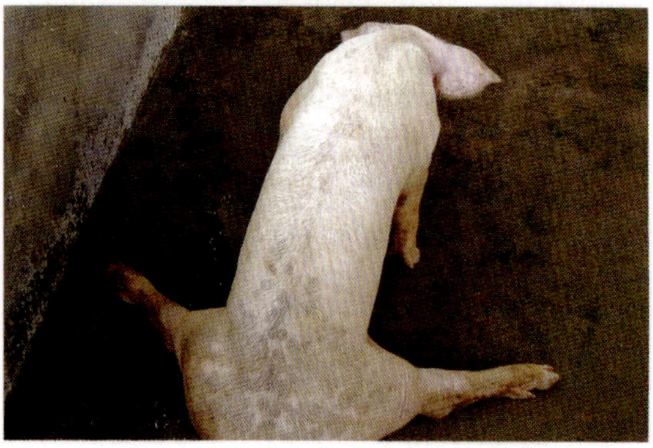
图 3-1-5　病生长猪后肢神经麻痹

明显；公猪感染后性欲减弱，精液质量下降，射精量减少。

（四）病理特征

特征性病变主要发生于肺脏，表现为间质性肺炎或大叶性肺炎，并伴有卡他性肺炎区和水肿、充血（图 3-1-6 至图 3-1-9）。眼观，肺脏胀满，表面有大小不等的点状出血，尖叶和心叶部出现灶状肺泡性肺气肿并见淤斑，肺脏切面上见血管断端有凝固不全的血液，支气管断端有少量含泡沫的液体。肠系膜淋巴结水肿。继发细菌感染后肺脏病变更加严重。镜检，肺组织多以典型的间质性肺炎为特点（图 3-1-10，图 3-1-11）。

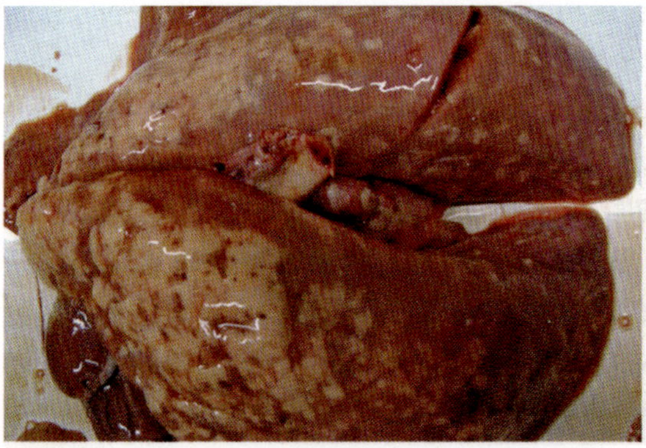
图 3-1-6　病猪间质性肺水肿

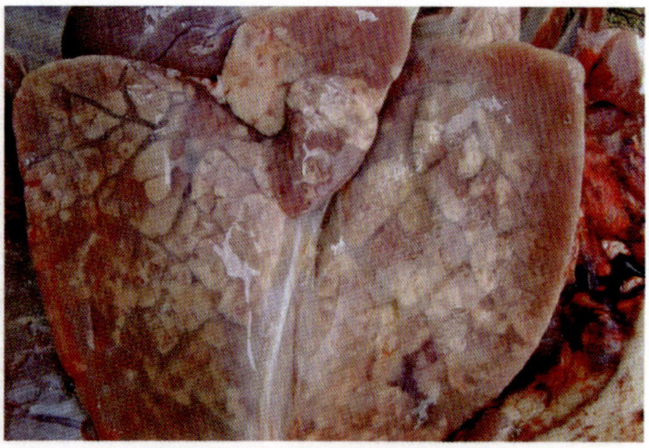
图 3-1-7　病猪间质性肺水肿

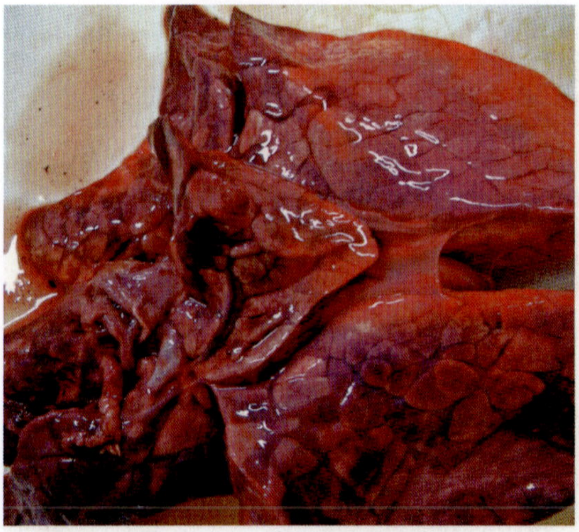

图 3-1-8　病猪大叶性肺炎

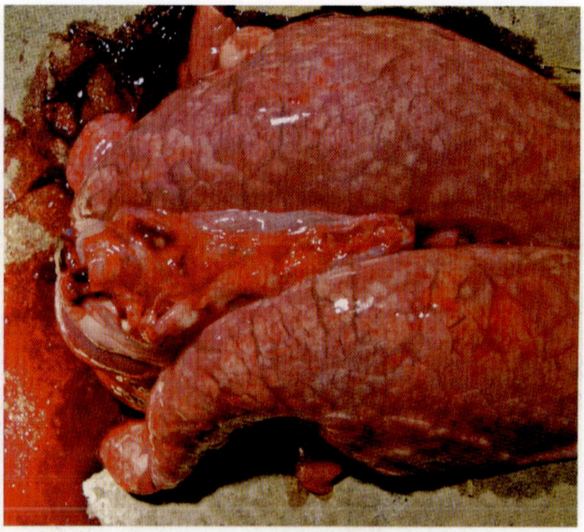

图 3-1-9　病猪肺脏肿大、充血

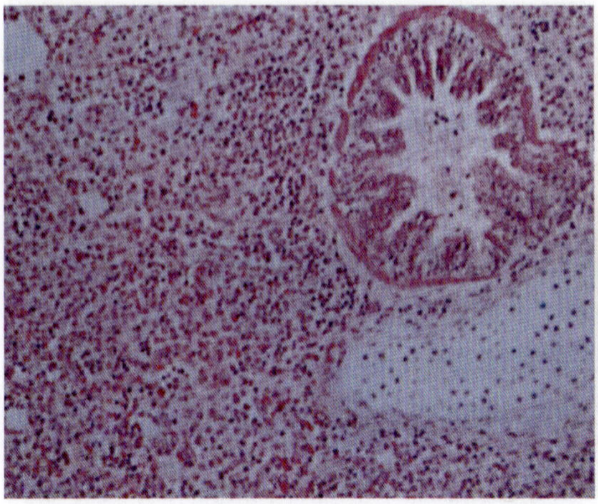

图3-1-10　病猪间质性肺炎，小支气管内和肺泡内有大量脱落的上皮细胞和浸润的单核细胞（HE100 ×）

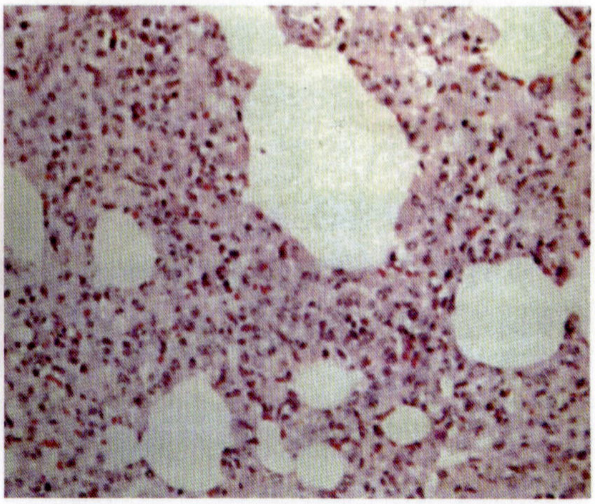

图 3-1-11　病猪肺间质增生，肺泡隔增厚，呈典型的间质性肺炎变化（HE400 ×）

（五）诊断要点

根据妊娠母猪后期发生流产、耳朵发绀、断奶仔猪死亡率高等临床症状和病理变化可作出初步诊断。实验室诊断可采用病毒的分离鉴定、间接 ELISA、免疫荧光法（图 3-1-12）和 RT — PCR 等方法确诊。

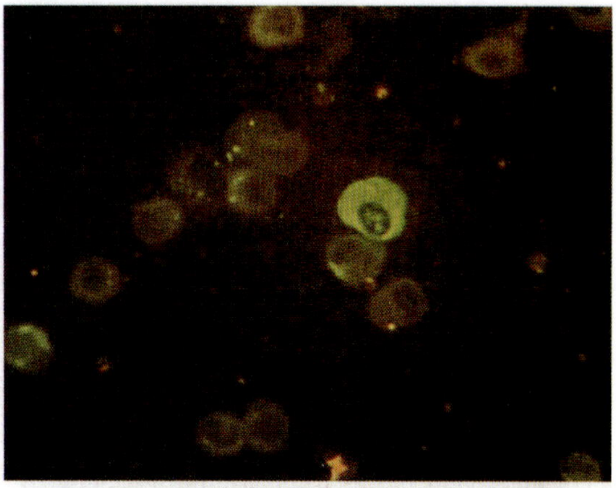

图 3-1-12　病猪肺组织的涂抹标本中用荧光抗体法检出的病毒抗原（HE400 ×）

（六）治疗方法

1. 西药治疗

可参考表 3-1 制定用药方案。

表 3-1　西药治疗猪繁殖与呼吸综合征

药名	功用	用量		使用方法
清开灵	清热解毒	每头5～10mL		肌内注射，连续3～5天
多种维生素	强化营养	500mg	千克饲料	混料喂，连续3～5天
磺胺类药	防继发感染	500mg		
氟必康（氟苯尼考）		400mg		

2. 中药治疗

处方： 板蓝根、蒲公英、大青叶各100g，栀子、苏叶各40g，连翘、柴胡各50g，白术60g。

【作用】治疗猪繁殖与呼吸综合征。

【用法与用量】按处方配药，混匀，按1%～1.5%拌料喂服，连续7～15天。

（七）免疫预防与饲养管理

1. 免疫预防

①免疫接种：阴性猪场不要接种疫苗，阳性猪场需接种疫苗。常用的疫苗有弱毒苗和灭活苗。

②参考免疫程序：后备母猪于配种前60天、30天各接种1次；经产母猪于产前30天用灭活苗免疫1次；仔猪于3周龄首免，间隔3周后二免；有条件的可制备本猪场自家灭活苗，效果更好。

③注意事项：加强猪场气喘病、传染性萎缩性鼻炎的免疫，有利于切断PRRSV的入侵门户。应选用应激较小的疫苗。

2. 饲养管理

①坚持推行自繁自养、全进全出、早期隔离断奶、分胎次饲养的管理模式；

②引进种猪时要严格检疫，并隔离观察1个月以上；

③加强饲养管理，强化营养，选用营养较好的饲料，以提高机体抵抗力；

④降低饲养密度，注意通风换气，加强保温工作，减少应激；

⑤加强卫生消毒工作，可选用复合醛、ClO_2等消毒药。

二　猪伪狂犬病

伪狂犬病（pseudorabies，PR）是由疱疹病毒科伪狂犬病病毒（PRV）引起多种家畜和野生动物共患的一种急性传染病。该病引起妊娠母猪流产，产死胎、木乃伊胎；仔猪出现神经症状，麻痹、衰竭死亡。2周以内仔猪感染，死亡率可达100%。

（一）病原

伪狂犬病毒属疱疹病毒科疱疹病毒亚科，是双股DNA病毒，常存在于脑脊髓组织中。感染猪在发热期，其鼻液、唾液、奶、阴道等分泌物以及血液、实质器官中都含有病毒。该病毒粒子呈圆形，含双股DNA，大小为100～150nm，具有脂蛋白囊膜与纤突（图3-2-1）。据报道，伪狂犬病病毒只有1个血清型，不同来源的毒株之间存在着毒力差异，PRV的毒力是由几种基因协同控制，主要有*gE*、*gD*、*gI*和*TK*基因。病毒能在一些细胞中形成核内包涵体。

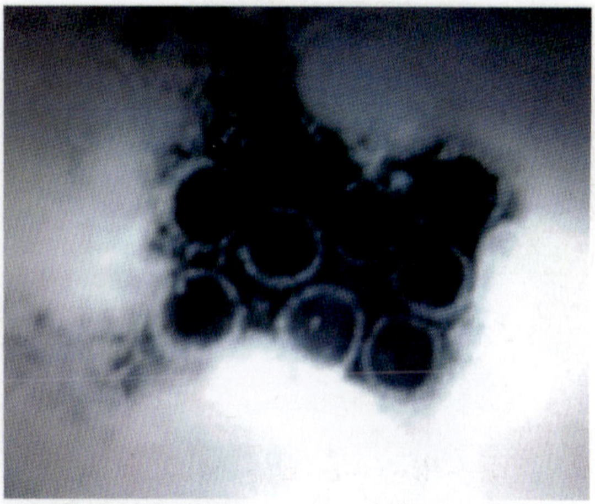

图3-2-1　猪伪狂犬病病毒（PRV）粒子

PRV对外界环境的抵抗力很强，在污染的圈舍或干草上能存活1个多月；在肌肉中能存活5周以上；腐败物中11天；腌渍20天才能将之杀死。但病毒对化学药品的抵抗力较差，一般的消毒药均有效，如2%烧碱液和3%来苏儿均能很快杀死病毒。

（二）流行特点

所有哺乳类家畜对伪狂犬病都易感，猫高度易感。未获得免疫而第一次感染伪狂犬病的猪群，可造成灾难性后果。可以在1周内传染至全群，有些猪群仔猪死亡率达90%以上。病猪、带毒猪是主要传染源，可通过消化道、呼吸道、皮肤黏膜、伤口及生殖道传播。

（三）临床症状

仔猪日龄越小，发病率和病死率越高。2周龄内仔猪发病主要表现为发热、呕吐、流涎（图3-2-2）、拉黄色水样稀粪，腹式呼吸并伴有神经症状，病猪倒地，四肢作划水状（图3-2-3至

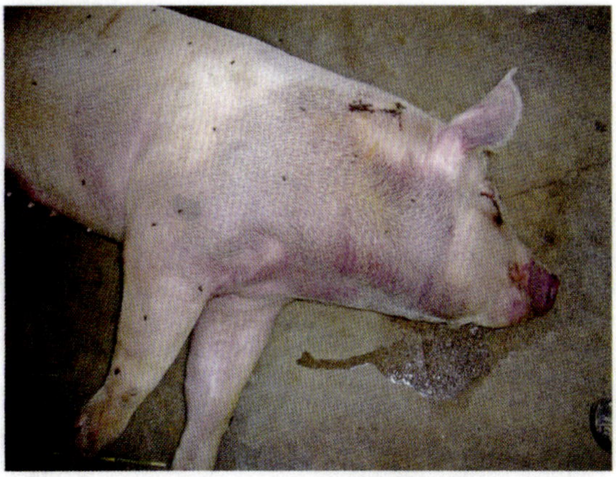

图3-2-2　病猪流涎

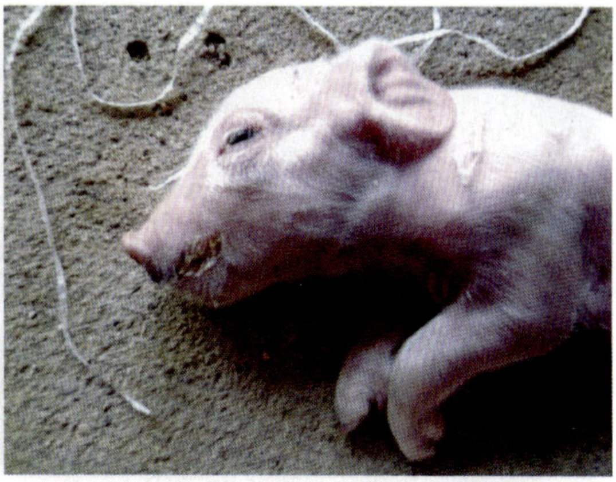

图3-2-3　病新生仔猪口吐白沫，倒地作划水状

图 3–2–7），有的出现奇痒（图 3–2–8），病死率可达 100%；保育仔猪主要表现为拉黄色水样稀粪，有时表现腹式呼吸，病死率达 40% ~ 60%；生长肥育猪症状较轻微，生长速度缓慢，抗应激能力降低；怀孕母猪主要表现为流产，产死胎、木乃伊胎及弱仔，产仔数下降（图 3–2–9）。

图 3–2–4　病仔猪发生抽搐

图 3–2–5　病仔猪表现神经症状

图 3–2–6　病仔猪四肢麻痹，站立不稳

图 3–2–7　病新生仔猪后肢麻痹，不能站立

图 3–2–8　病新生仔猪有奇痒表现

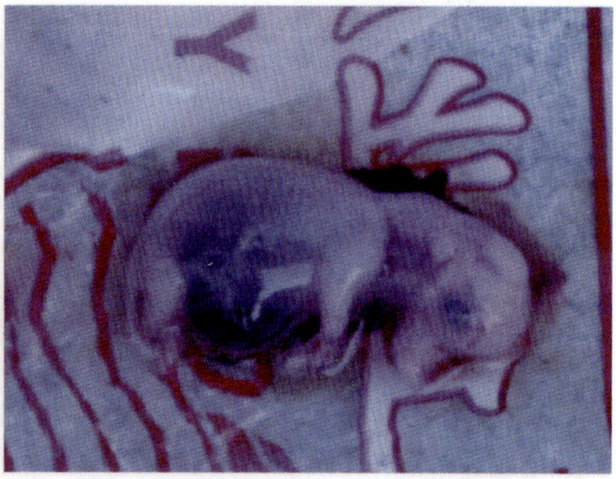

图 3–2–9　病母猪流产产出的胎儿

（四）病理特征

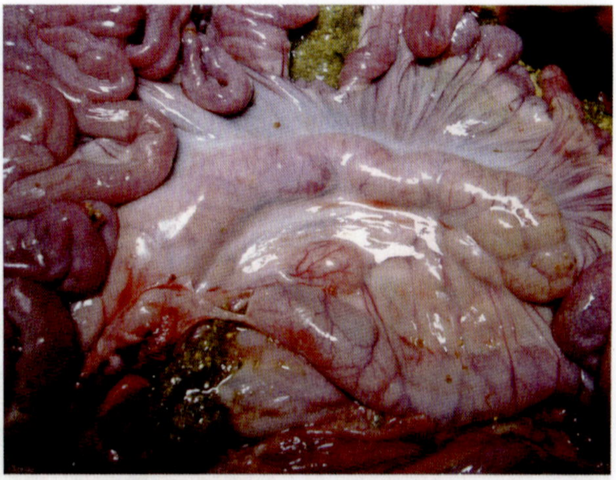

图 3-2-10　病猪肠系膜淋巴结肿大

主要病变为肠系膜淋巴结肿大呈索状排列（图3-2-10），肝脏、脾脏出现白色坏死结节（图3-2-11至图3-2-13），肾脏肿大，表面可见大量点状出血和灰白色坏死灶（图3-2-14），肺脏出血、水肿（图3-2-15至图3-2-17），胃底黏膜出血，脑膜充血、出血、水肿，脑脊液增多，严重者脑发育不全（图3-2-18至图3-2-20），扁桃体坏死、牙龈出血、糜烂。镜检可检出广泛性非化脓性脑炎和嗜酸性包涵体（图3-2-21，图3-2-22）。肝脏小叶周边区出现凝固性坏死，淋巴结呈卡他性出血性炎症，肺泡核小叶间质增宽，淋巴细胞单核细胞浸润。

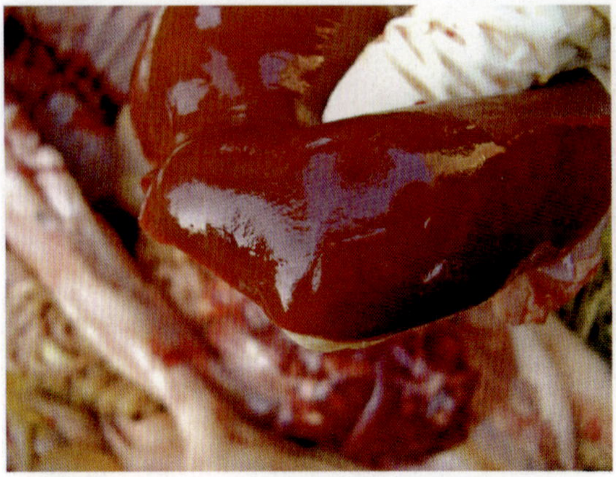

图 3-2-11　病猪肝脏表面出现白色坏死点

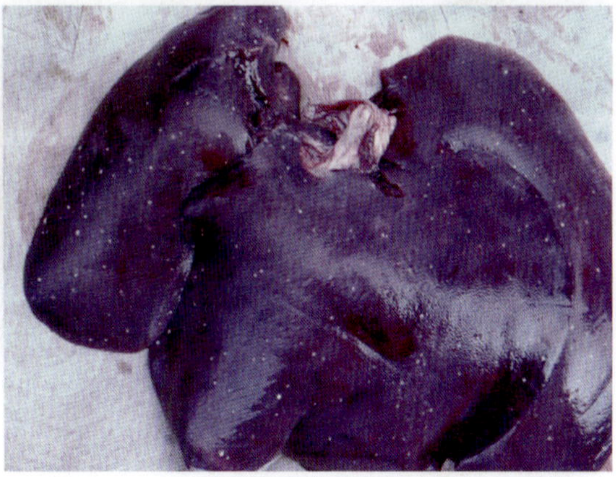

图 3-2-12　病猪肝脏表面出现白色坏死结节

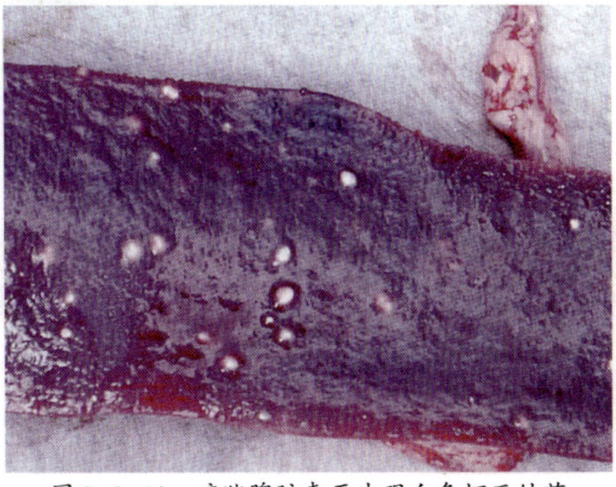

图 3-2-13　病猪脾脏表面出现白色坏死结节

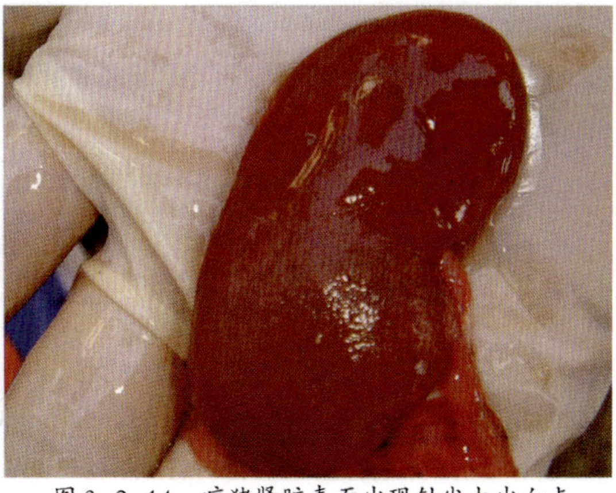

图 3-2-14　病猪肾脏表面出现针尖大出血点

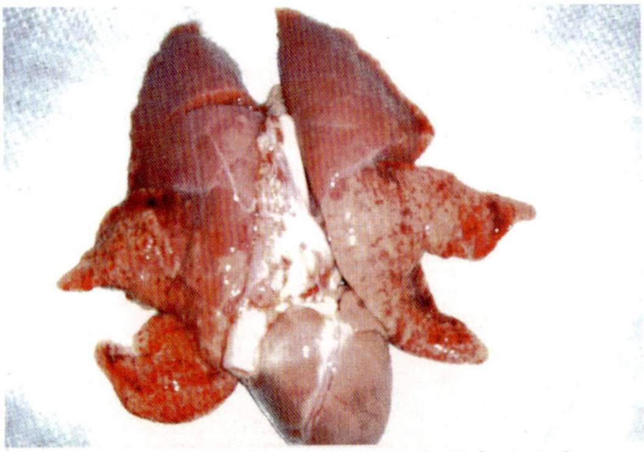
图 3-2-15　病新生仔猪肺脏出现出血斑点

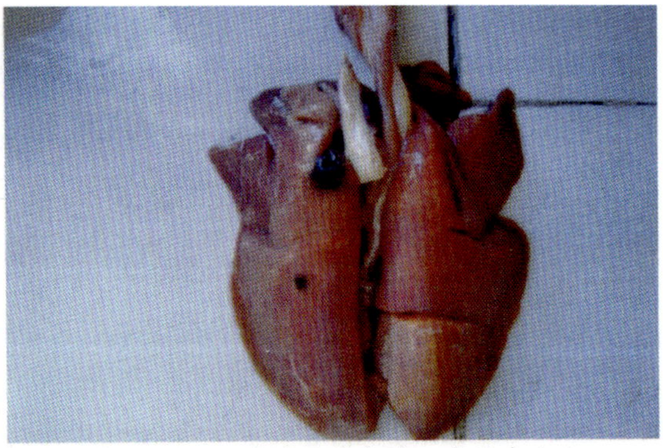
图 3-2-16　病猪肺脏水肿，出现出血斑

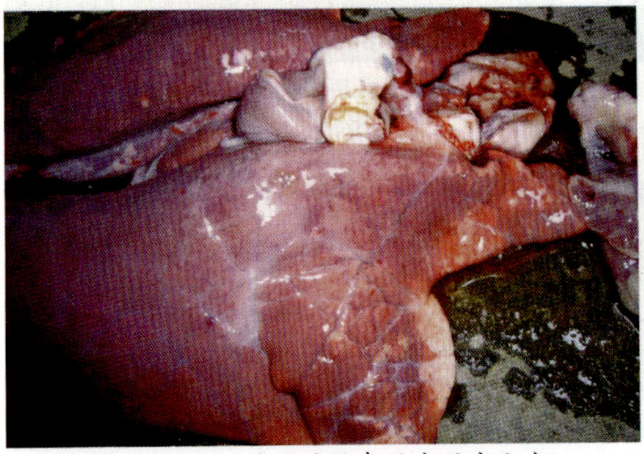
图 3-2-17　病猪肺脏表面出现出血点

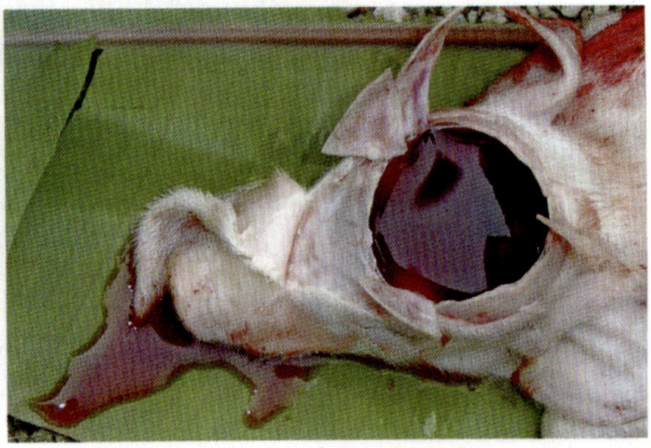
图 3-2-18　病猪脑组织液化

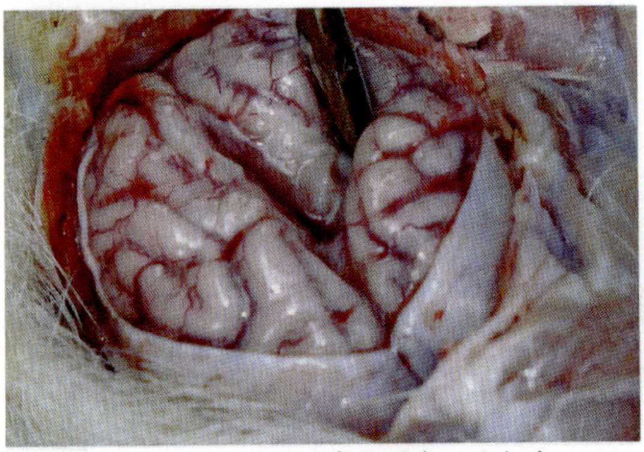
图 3-2-19　病猪脑脊液增多，脑水肿

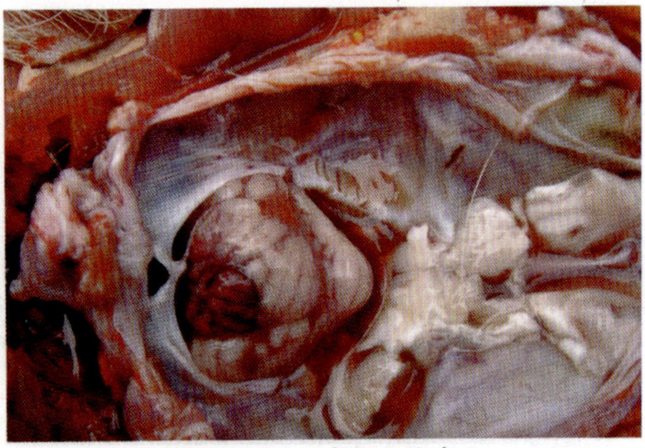
图 3-2-20　病猪小脑出血

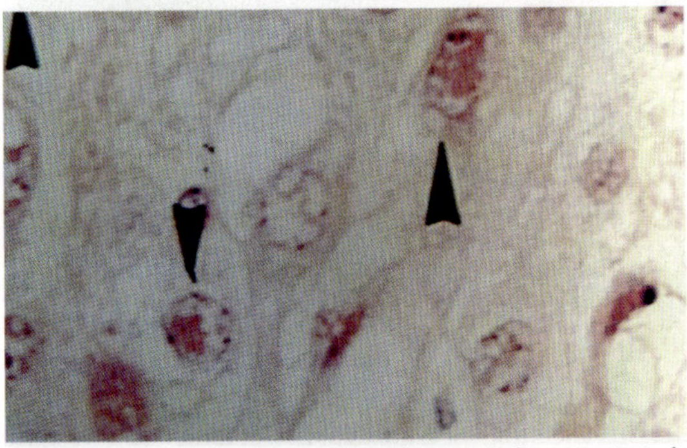
图 3-2-21　病猪大脑的神经细胞有不规则的嗜酸性核内包涵体（HE 400 ×）

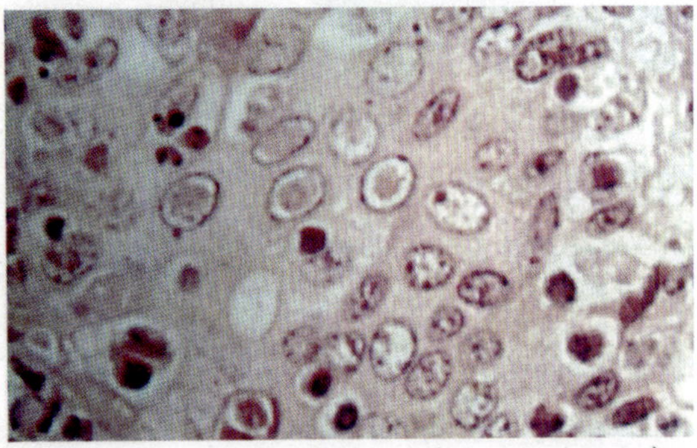
图 3-2-22　病猪扁桃体隐窝上皮细胞核内有明显的淡红色包涵体（HE 400 ×）

（五）类症鉴别

本病的临床症状与链球性脑膜炎、猪瘟、李氏杆菌病、猪水肿病和食盐中毒及流行性感冒有相似之处，需注意区别。

（六）诊断要点

根据流行病学、临床症状和病理变化作出初步诊断。确诊可通过病毒分离培养、兔体接种试验、免疫荧光试验和乳胶凝集试验而得出（图 3-2-23，图 3-2-24）。

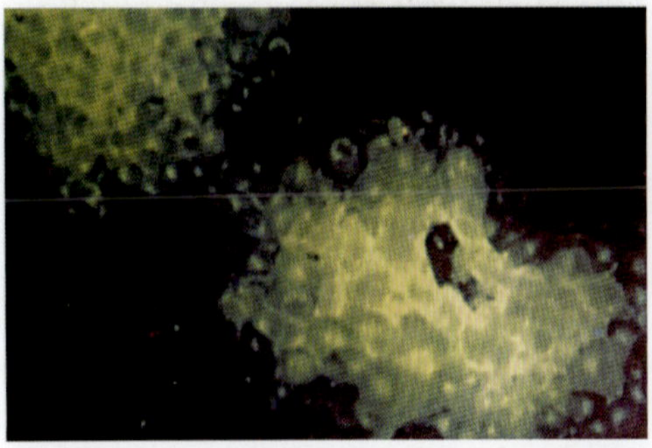

图3-2-23　用荧光抗体染色，病猪扁桃体隐窝上皮呈现强阳性反应（HE100 ×）

图 3-2-24　乳胶凝集试验检测病猪血清抗体（左：阳性反应；右：阴性反应）

（七）治疗方法

扑杀病猪，对疫区进行封锁，禁止猪只和饲料进出。用2%～3%氢氧化钠液消毒猪舍及环境；粪便发酵处理。感染仔猪在未出现神经症状之前，注射猪伪狂犬病高免血清或病愈猪全血。

1. 西药治疗

抗菌消炎、抗病毒和防治继发感染，制定用药方案可参考表 3-2。

表 3-2　西药治疗猪伪狂犬病

<table>
<tr><th>药名</th><th>功用</th><th colspan="2">用量</th><th>使用方法</th></tr>
<tr><td>硫酸卡那霉素</td><td>抗菌</td><td>10～15mg</td><td rowspan="3">千克体重</td><td rowspan="3">混合后，肌内注射，每天2次，连续3～5天</td></tr>
<tr><td>板蓝根注射液</td><td>清热解毒</td><td rowspan="2">0.1～0.2mL</td></tr>
<tr><td>抗病毒Ⅰ号</td><td>抗病毒</td></tr>
<tr><td>复合维生素B粉</td><td>加强营养，防继发感染</td><td>500mg</td><td>千克饲料</td><td>混入饲料中添加</td></tr>
</table>

2. 中药治疗

处方一：延胡索 15g，细辛 10g，白芷 10g，川芎 10g，天门冬 10g，麦门冬 10g，天花粉

10g，黄柏 10g，黄芩 10g，玄参 10g，芍药 10g，金银花 15g，知母 15g，贝母 10g，前胡 10g，甘草 10g。

【作用】治疗猪伪狂犬病。

【用法与用量】水煎取汁，候温灌服，供大猪 1 次服用，每天 1 次，连续 3 ~ 5 剂。

处方二：大青叶 120g，板蓝根 120g，金银花 150g。

【作用】治疗猪伪狂犬病。

【用法与用量】水煎取汁，候温灌服。

处方三：白芷 15g，细辛 10g，石菖蒲 15g，天南星 15g，天竺黄 10g，僵蚕 15g，大黄 10g，杏仁 15g，桔梗 15g，广藿香 15g，法半夏 15g，全蝎 15g，防风 15g，秦艽 15g。

【作用】治疗猪伪狂犬病初期。

【用法与用量】水煎取汁，候温灌服，供大猪 1 天分 2 次服完，连续 3 ~ 5 天。

处方四：菊花 15g，天麻 25g，法半夏 15g，钩藤 30g，杭菊 15g，天南星 25g，天竺黄 10g，僵蚕 15g，黄连 35g，陈皮 10g，防风 15g，焦栀子 15g，枳壳 15g，木香 15g，茯苓 15g，胆草 15g。

【作用】治疗猪伪狂犬病。

【用法与用量】水煎取汁，候温灌服，供大猪 1 天分 3 次服完，连续 3 ~ 5 天。

（八）免疫预防与饲养管理

1. 免疫预防

①免疫接种，目前使用的疫苗有PR弱毒活苗、弱毒灭活苗、野毒灭活苗和基因缺失苗（自然缺失的Bartha株和Bucharest株已成为世界首选使用的疫苗，但必须注意的是同一猪场不能同时使用 2 种基因缺失苗，以免基因重组）。参考免疫程序：母猪产前 28 天，1 头份 / 头；公母猪一年 3 次，1 头份 / 头，普免；仔猪 50 ~ 70 日龄免疫 1 次，1 头份 / 头。

②发生疫情时，扑杀病猪；对疫区进行封锁，禁止猪只和饲料的进出。全场猪群用猪伪狂犬 *gE* 缺失苗紧急接种。全场做好卫生消毒工作，对地面、墙壁、用具用 2% 烧碱、复合碘、ClO_2 等消毒药加强消毒，每天 1 次。执行严格的生物安全措施，牛、羊、猪分群饲养。加强灭鼠工作，加强卫生消毒工作，做好粪、尿无害化处理。

2. 饲养管理

科学饲养管理，推行全进全出制和早期隔离断奶模式。引进种猪必须隔离观察，淘汰阳性反应猪。

3. 感染场净化

严把引种关，加强免疫，定期检疫，淘汰阳性反应猪。

三　猪细小病毒病

猪细小病毒病（porcine parvovirus infection，PPI）是由猪细小病毒（PPIV）引起的猪繁殖

障碍病之一。主要危害初产母猪，造成流产、产死胎，母猪一般不表现明显的临床症状。

（一）病原

猪细小病毒属细小病毒科细小病毒属单股DNA病毒。该病毒的粒子呈圆形或六角形（图3-3-1），为20面体对称，无囊膜，直径为18～24nm。病毒具有血凝特性，能凝集豚鼠、恒河猴、小白鼠、大白鼠、猫、鸡和人O型血的红细胞，其中以豚鼠红细胞的血凝性最好；在体外培养细胞的细胞核中可产生核内包涵体。据报道，PPV毒株有强弱之分，其中强毒株（例如NADL-8毒株）感染母猪后可导致病毒血症，并通过胎盘垂直感染胎儿，引起胎儿死亡；弱毒株（例如NADL-2毒株）因感染怀孕母猪后不能经胎盘感染胎儿，而被用作弱毒疫苗株。

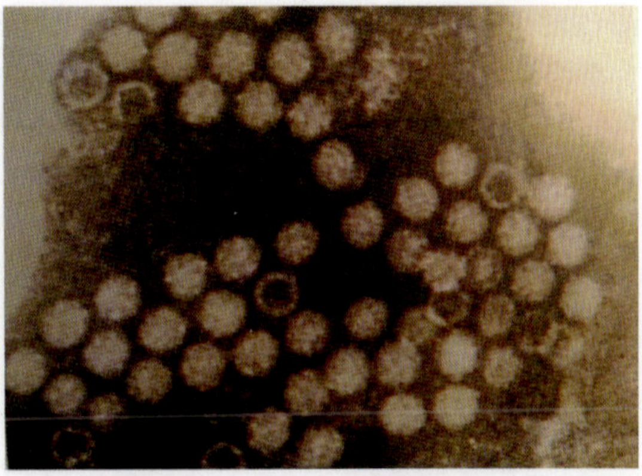
图3-3-1　猪细小病毒粒子（PPV）

本病毒对高温、消毒药和酸碱的抵抗力均很强，56℃48小时，80℃5分钟才失去感染力和血凝性。对乙醚、氯仿不敏感，pH适应范围很广。病毒对外界环境的抵抗力也很强，能在被污染的猪舍内生存数月之久，容易造成长期连续传播。当被污染的圈舍按常规消毒方法处理后，再投放易感猪时，仍有被病毒感染的可能。

（二）流行特点

猪细小病毒病在全世界的猪群中都有流行，病猪和带毒猪是主要传染源，病毒可通过胎盘传给胎儿，发病母猪的流产物及子宫内分泌物带有大量的病毒，急性感染期，猪的分泌物和排出物中病毒的感染力可保持几个月，所以病猪污染过的猪舍，若消毒不彻底，在空舍4～5个月后仍可感染健康猪。猪是唯一的易感动物，传染途径主要是生殖道和交配，此外，还可通过呼吸道和消化道感染。本病最常发生于初产母猪。

（三）临床症状

猪感染细小病毒的主要症状是，公猪睾丸肿大和母猪繁殖障碍，特征是感染母猪，特别是初产母猪流产，产死胎、木乃伊胎、畸形胎、弱仔，所产的木乃伊胎大小不一（图3-3-2至图3-3-6），而母猪本身却无明显的临床表现。经产母猪感染后发情不正常或屡配不孕。患病猪体温正常。

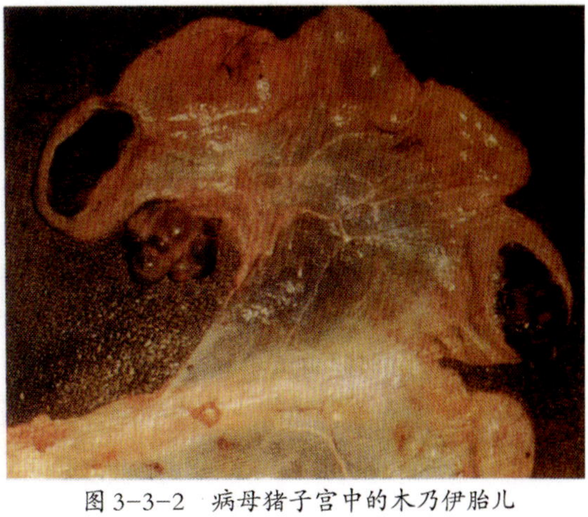
图3-3-2　病母猪子宫中的木乃伊胎儿

（四）病理特征

主要病变为病母猪子宫内膜有轻微炎症，胎盘有部分钙化，胎儿在子宫内有被溶解吸收的现象。感染胎儿出现不同程度的发育不良，有时胎重减轻、胎体变小，有时出现溶解、腐败过程中的黑仔、死胎、木乃伊胎，胎儿表现出血、水肿、坏死等病变（图3-3-2至图3-3-6），而母猪外表却无明显的临床表现。脑组织学变化以大脑的灰质、白质和软脑膜有以增生的血管外膜细胞、组织细胞和少数浆细胞形成的管套为特征的非化脓性脑膜炎（图3-3-7），但脑质细胞的增生和神经细胞的变化则较小。病猪和死胎的多组织和器官发生广泛性细胞坏死，炎性细胞浸润和形成核内包涵体（图3-3-8）。

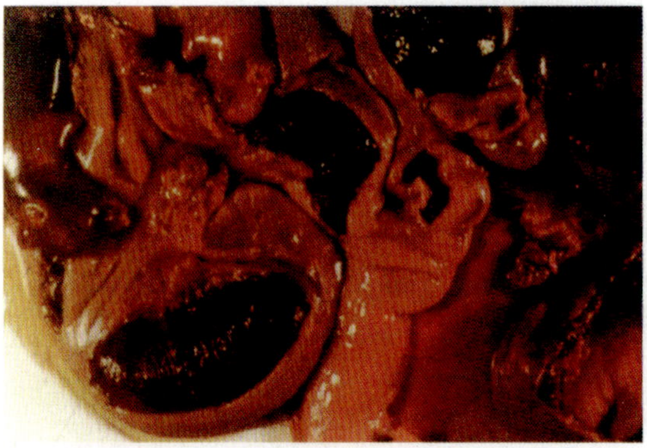

图3-3-3　病母猪子宫中的死胎和木乃伊胎（Karl-Otto Eich）

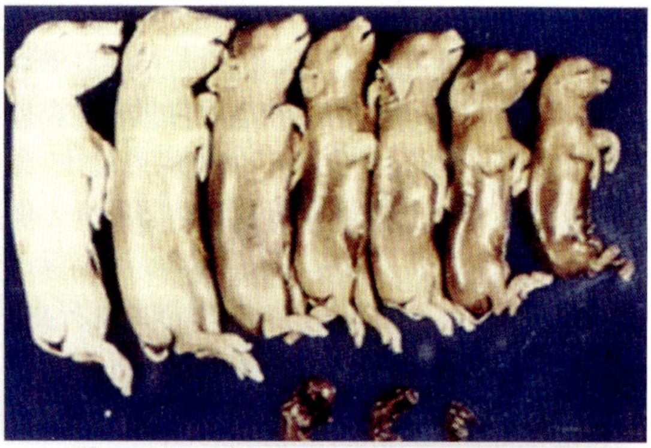

图3-3-4　病母猪产下的死胎及木乃伊胎

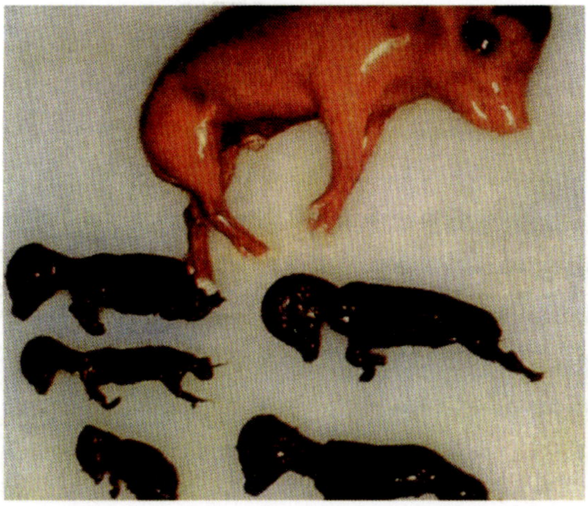

图3-3-5　病母猪产下的死胎及木乃伊胎（Karl-Otto Eich）

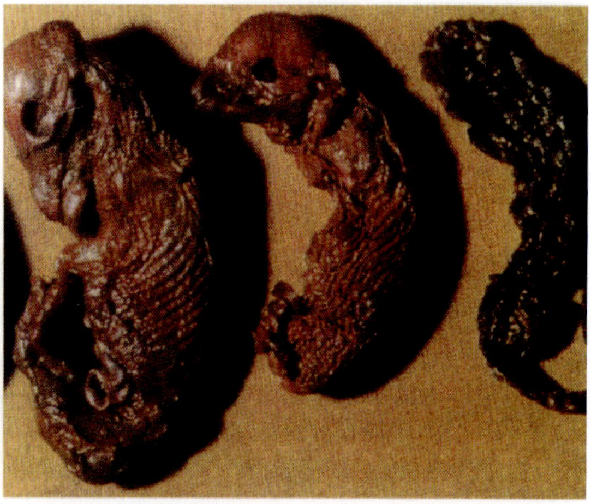

图3-3-6　病母猪产下的木乃伊胎儿（Karl-Otto Eich）

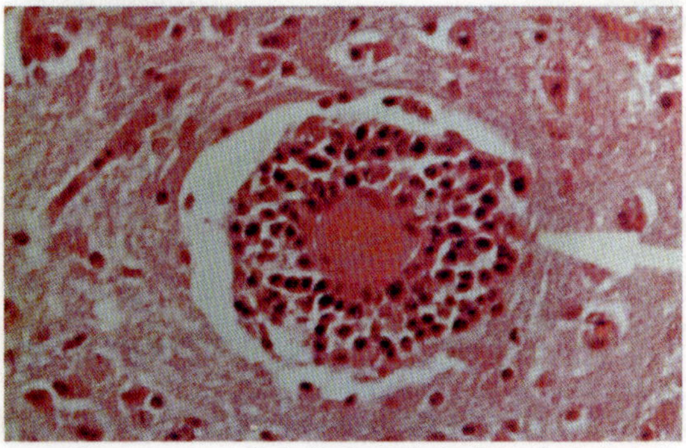

图3-3-7　新生仔猪的非化脓性脑膜炎变化（HE100×）

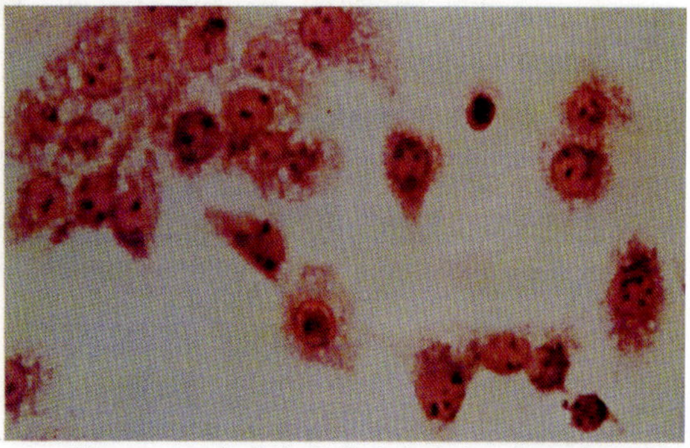

图3-3-8　在感染猪肾脏涂片上可检出嗜酸性核内包涵体（HE400×）

（五）诊断要点

在母猪群中出现以下四方面的临床症状可疑为本病：

①母猪，特别是初产母猪配种 30 天以内返情率高。

②返情母猪发情周期不规则。

③母猪的窝产仔数少。

④母猪产仔时木乃伊胎多。

猪细小病毒主要感染 70 天以下的胎儿，所产木乃伊胎长度都小于 17cm，这是细小病毒感染和其他繁殖障碍性疫病感染的木乃伊胎的鉴别要点。确诊要通过实验室检验。血清学诊断，一般采木乃伊胎、死胎组织浸出液和初生仔猪的心血。快速检验方法以乳胶凝集试验准确、方便。

（六）类症鉴别

主要与猪伪狂犬病、猪乙型脑炎、猪布鲁氏菌病、猪繁殖与呼吸综合征等相区别。

（七）治疗方法

本病无有效的治疗方法，主要采取预防措施。据报道，将血清学反应阳性的老母猪放入后备种猪群中，或将初产猪赶到污染猪圈内饲养等方法，使其受到自然感染而产生自动免疫，此办法在流行地区可考虑试行。本病流产仔猪和与木乃伊胎同窝的存活仔猪，不能留作种用；患病初产母猪的后代也不宜留作种用。

（八）免疫预防与饲养管理

①用弱毒苗和灭活苗做好免疫接种工作。后备母猪配种前 2 个月、1 个月用猪细小病毒灭活苗各免疫 1 次，每次 1 头份。

②防止将带毒猪引入无本病的猪场，引进种猪时，进行猪细小病毒病的血凝抑制试验，当 HI 滴度在 1：256 以下或阴性时才能引进，引进后隔离饲养 2 周以上再混群饲养。加强猪场的卫生消毒工作，对流产的胎衣、胎儿等要进行无害化处理。特别对已污染的猪舍要严格清扫消毒，空栏 4 个月以上方可将猪引入。酸碱消毒剂效果较差，可选用复合醛、有机氯制剂等消毒剂。

四 猪日本乙型脑炎

猪日本乙型脑炎（japanese encephalitis B，JE）又名流行性乙型脑炎，是由日本乙型脑炎病毒（JEV）引起的一种急性人兽共患传染病，以怀孕母猪流产、产死胎和公猪睾丸肿大为特征，少数猪只表现神经症状。

（一）病原

日本乙型脑炎病毒属于黄病毒科黄病毒属单股 RNA 病毒，只有一个血清型。本病毒粒子呈圆形，含单股 DNA，大小为 30 ~ 40nm，系 20 面体立体对称，主要位于粗面内质网中（图

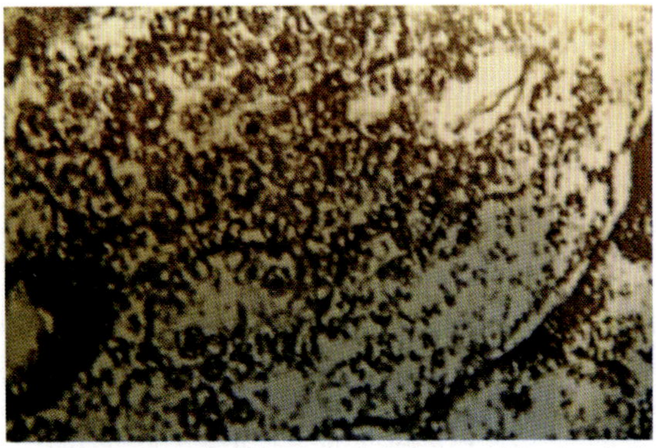

图3-4-1　超薄切片中的病毒（JEV）粒子，主要位于粗面内质网中

3-4-1）。病毒核心为RNA被包以脂蛋白膜，膜外层为含糖蛋白的纤突。病毒在感染猪的血液中存留时间很短，主要存在于中枢神经系统、脑脊髓液和肿胀的睾丸内。流行地区的吸血昆虫，特别是库蚊和伊蚊体内能分离出病毒。小鼠是最常用来分离和繁殖病毒的实验动物，各种年龄的小鼠虽然都有易感性，但以1～3日龄的小鼠最易感。

本病毒对外界环境的抵抗力不强，在－20℃可保存1年，但毒价会降低；在50%甘油生理盐水中于4℃可存活6个月；在pH7以下或10以上，活性迅速下降。常用的消毒药均具有良好的灭活作用，如2%烧碱和3%来苏儿等均可很快将病毒灭活。

（二）流行特点

本病是自然疫源性传染病，猪是主要的病毒增殖宿主和传染源。主要通过带病毒的蚊虫叮咬而传播。在猪群中感染率高，发病率低。在蚊虫滋生的6～9月发病最多。各种品种、年龄、性别的猪都易感，但以6月龄左右的猪发病较多，尤其是秋季选留、春季配种的种母猪被感染而发生流产、产死胎；种公猪则发生睾丸炎。

（三）临床症状

突然发病，体温升高至40～41℃，呈稽留热，精神不振、嗜睡，食欲减少，粪便干、呈球状，表面常附有黏液。有的表现后肢轻度麻痹，个别开始出现神经症状，最后倒地不起而死亡。公猪发生睾丸炎（图3-4-2）；妊娠母猪流产、产死胎（图3-4-3，图3-4-4）。

图3-4-2　病公猪左侧睾丸肿大，右侧睾丸萎缩

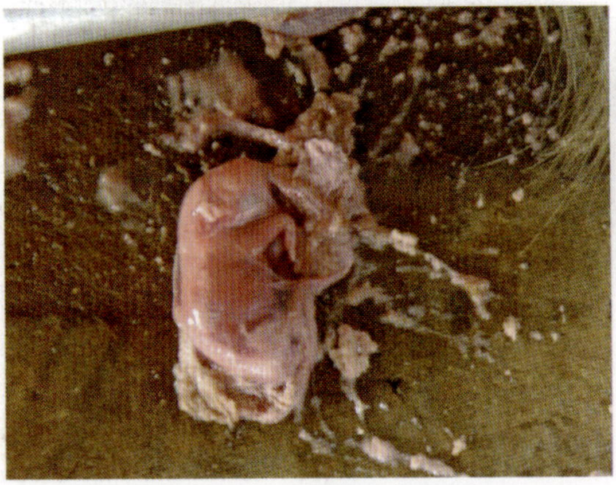

图3-4-3　病母猪流产胎儿

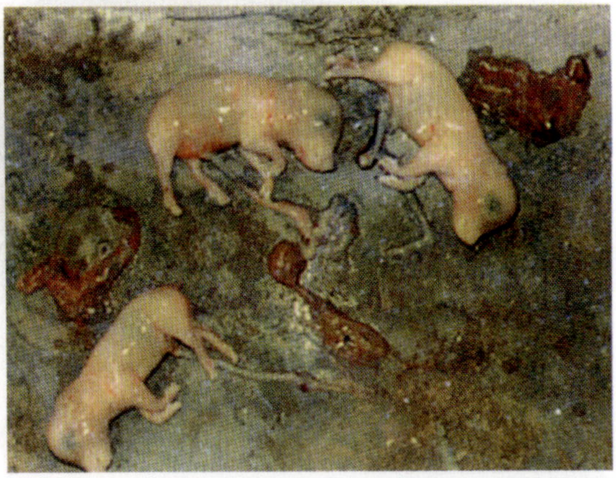

图3-4-4　病母猪流产胎儿和木乃伊胎（甄辑铭提供）

（四）病理特征

流产胎儿皮下水肿或有红色胶样浸润；脑水肿、脑膜充血，切面可见灰质和白质中的血管高度充血、水肿。母猪子宫内膜明显充血，胎盘水肿或出血，黏膜有出血（图3-4-5）。公猪睾丸肿胀、坏死。病猪脑内水肿（图3-4-6）。组织学检查可见到典型的非化脓性脑炎变化（图3-4-7至图3-4-10），睾丸实质的主要病变是曲细精管变性和坏死（图3-4-11）。

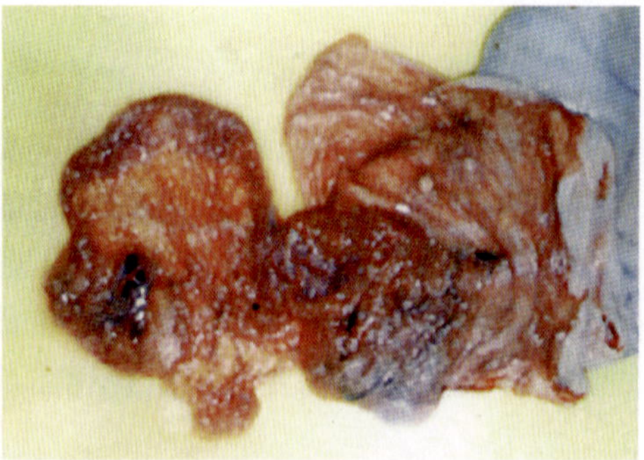

图3-4-5 病母猪子宫黏膜出血坏死（甄辑铭提供）

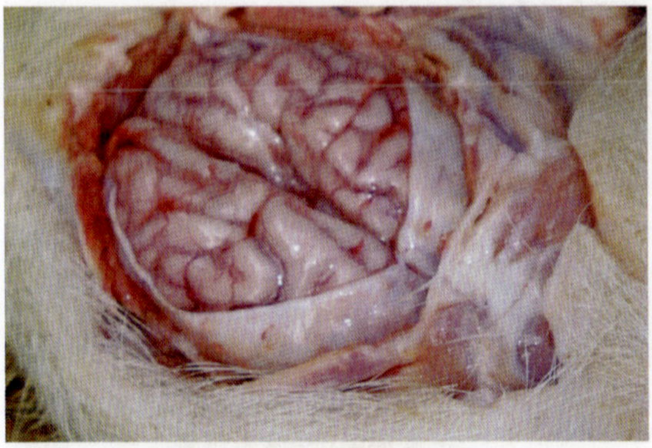

图3-4-6 病猪脑内水肿

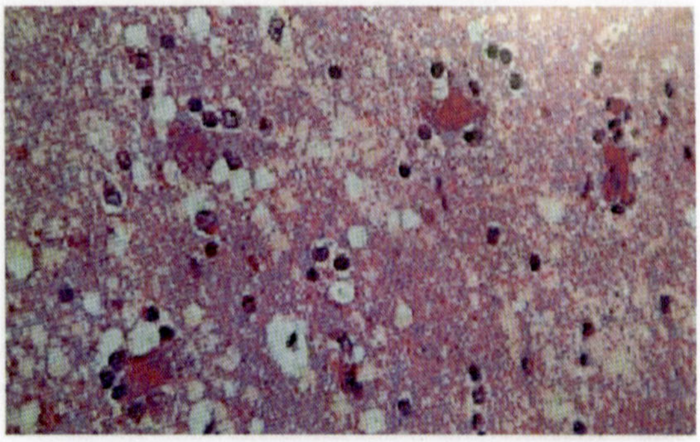

图3-4-7 胶质细胞周围变性坏死的神经细胞，形成卫星现象（HE132 ×）

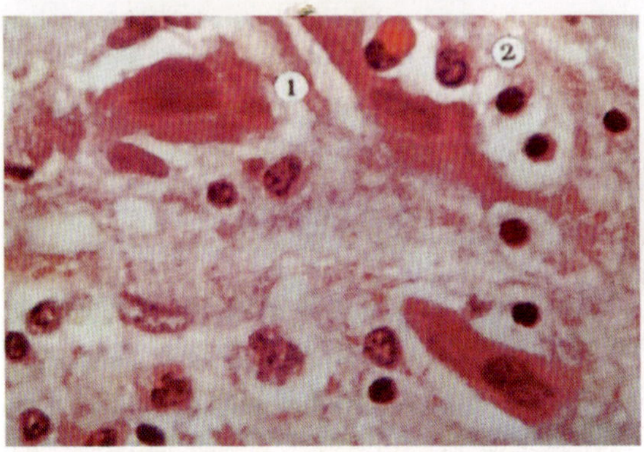

图3-4-8 卫星现象（1）和噬神经现象（2）HE400 ×

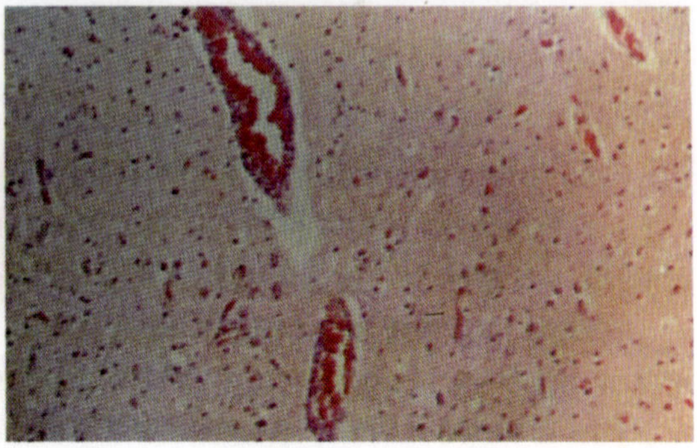

图3-4-9 死亡病乳猪脑组织内出现以淋巴细胞为主的血管套（HE 60 ×）

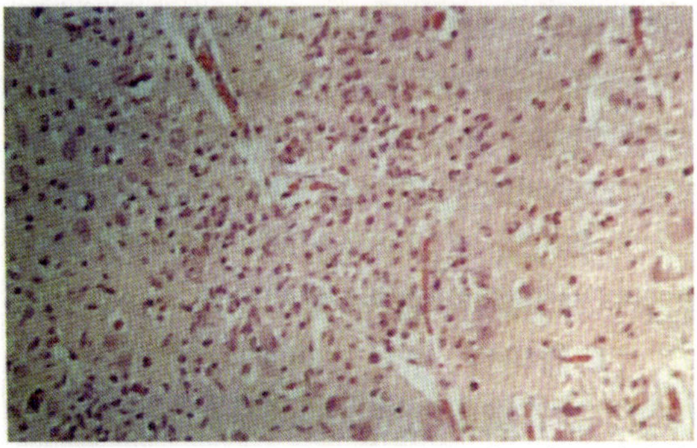

图3-4-10 死亡病乳猪脑组织内形成胶质结节（HE100 ×）

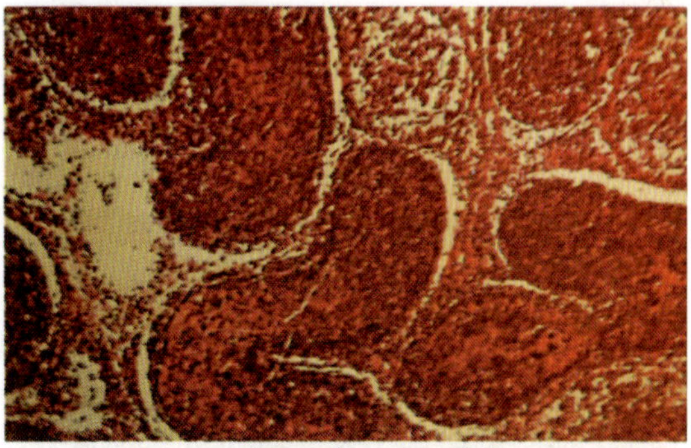

图3-4-11 病公猪睾丸曲细精管腔中充满细胞碎屑，处于坏死状态（HE 60 ×）

（五）诊断要点

根据流行病学、临床症状和病理变化初诊。通过病毒分离和血清学试验确诊。在临床病理检查时，常采取病猪的睾丸组织做免疫荧光检测，可在曲细精管的上皮或脱落入管腔的组织细胞中发现大量阳性反应细胞（图 3–4–12）。

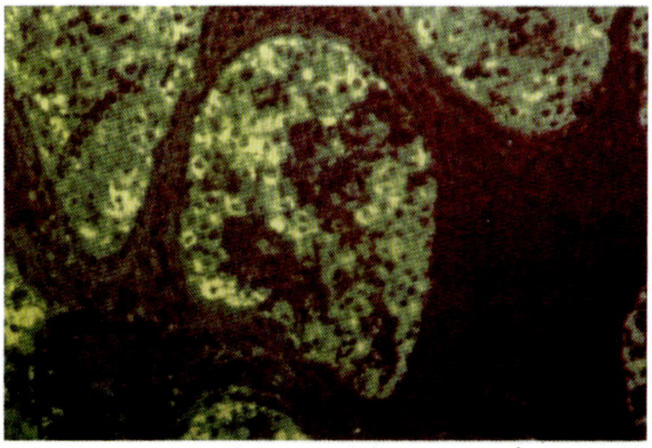

图 3–4–12　荧光抗体染色可见病猪睾丸曲细精管中有大量抗原阳性细胞（HE 400 ×）

（六）治疗方法

1. 西药治疗

可用卡那霉素、板蓝根注射液等，选药时可参考表 3–3。

表 3–3　西药治疗猪日本乙型脑炎

<table>
<tr><th>药名</th><th>功用</th><th colspan="2">用量</th><th>使用方法</th></tr>
<tr><td>硫酸卡那霉素</td><td>抗菌</td><td>10～15mg</td><td rowspan="4">千克体重</td><td rowspan="4">混合后肌内注射，每天2次，连续3～5天</td></tr>
<tr><td>板蓝根注射液</td><td>清热解毒</td><td rowspan="3">0.1～0.2mL</td></tr>
<tr><td>抗病毒Ⅰ号</td><td>抗病毒</td></tr>
<tr><td>30%安乃近</td><td>退热止痛</td></tr>
<tr><td>复合维生素B粉</td><td>加强营养，防继发感染</td><td>500mg</td><td>千克饲料</td><td>混入饲料中投喂，连续3～5天</td></tr>
</table>

2. 中药治疗

处方一：大青叶 30g，黄芩、栀子、丹皮、紫草各 10g，黄连 3g，生石膏 100g，芒硝 6g，鲜生地 50g。

【作用】治疗猪日本乙型脑炎。

【用法与用量】按处方配药，加水煎至 100mL，候温灌服。

处方二：板蓝根、生石膏各 100g，大青叶 60g，生地 50g，连翘、紫草各 30g，黄芩 18g。

【作用】治疗猪日本乙型脑炎。

【用法与用量】按处方配药，水煎取汁，候温灌服。

处方三：白附子、天南星、僵蚕各 12g，全蝎 9g，天麻 15g，蜈蚣 6 条。

【作用】治疗猪日本乙型脑炎。

【用法与用量】按处方配药，共研细末，热酒调后灌服，每天 1 剂，分 3 次服完，连续 3～4 剂。同时肌内注射盐酸山莨菪碱 40mg 和天麻注射液 8mL，每天 2 次，连续 3～5 天。

处方四：生石膏 120g，板蓝根 120g，大青叶 60g，生地 30g，连翘 30g，紫草 30g，黄芩 20g。

【作用】治疗猪日本乙型脑炎。

【用法与用量】水煎取汁，1 次灌服，每天 1 剂，连续 3 剂以上。

（七）预防与饲养管理

①免疫接种可参考免疫程序，后备母猪在配种前2个月和1个半月分别接种乙型脑炎弱毒活苗，1头份/头；经产母猪、公猪在每年3月份用乙型脑炎弱毒活苗进行普免，1头份/头。

②以灭蚊为主，切断传播途径，在3～5月选用高效杀虫剂如溴氰菊酯、氯氰菊酯和双硫磷等杀虫剂对猪舍进行喷洒灭蚊。

五 猪布鲁氏菌病

猪布鲁氏菌病（swine brucellosis）是由猪布鲁氏菌引起的一种人畜共患的慢性传染病，简称布病。其特征是母猪患病后，发生流产、子宫炎、跛行和不孕症；公猪患病后，发生睾丸炎和副睾炎。

（一）病原

猪布鲁氏菌病的病原体主要是猪布鲁氏菌，它可使猪发生全身性感染，并引起繁殖障碍；而其他种类的布鲁氏菌一般只侵害猪的局部淋巴结，一般无临床表现。已知猪布鲁氏菌主要有4个生物型，但各型在形成上并无太大差异。它们都是细小的球杆菌或短杆菌，无运动性，不形成荚膜和芽孢，革兰氏染色呈阴性反应（图3-5-1）。由于猪布鲁氏菌吸收染料的过程较慢，比其他细菌难于着色，所以可用两种不同的染料进行鉴别染色，如沙黄-孔雀绿染色，染色后猪布鲁氏菌呈红色，而其他细菌则呈绿色。

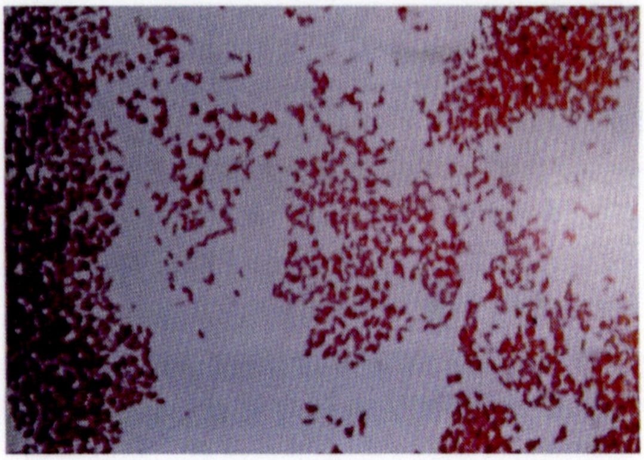

图3-5-1 猪布鲁氏菌革兰氏染色呈阴性反应

猪布鲁氏菌的抵抗力比较强，在土壤、水中和皮毛上能生存较长时间，例如在布片上室温中可存活5天；在干燥的土壤中可生存37天；在冷暗处及胎儿体内能存活6个月。但本菌对消毒药的抵抗力较弱，常用消毒药能在数分钟将其杀死，如0.1%升汞数分钟、1%来苏儿、2%福尔马林或5%生石灰乳15分钟均可将其杀死。

（二）流行特点

本病呈地方性流行，以南方省份发病较多，无季节性。猪对本病的易感性与年龄有关，5月龄以下的猪易感性较低，随着年龄的增长感受性增高。病猪及带菌猪是主要传染来源，母猪流产胎儿、胎衣和羊水等含有大量猪布鲁氏菌，污染厩舍和周围环境也可传染。可通过交配、消化道、精液等途径传播，如公猪精液中有病原体，人工授精可引起传染。第一胎母猪发病率高，阉割后的公母猪感染率较低。人可因接触病猪，如接产、助产、冲洗子宫等而感染。

（三）临床症状

母猪的主要症状是流产，多发生在怀孕后的2～3个月。但有的在妊娠后的2～3周即流产；早期流产的胎儿和胎衣，多被母猪吃掉，常不被发现；流产前的症状也不明显；流产的胎儿多为死胎（图3-5-2，图3-5-3）；而胎衣不下的情况较少，少数母猪可发生胎衣不下及引起子宫炎，影响其配种。重复流产的较少见。新感染猪场，发生流产较多。公猪主要症状是睾丸发炎和副睾发炎。一侧或两侧无痛性肿大。有的症状较急，局部热痛，并伴有全身症状；有的病猪，睾丸发生萎缩、硬化，甚至性欲减退或丧失，失去配种能力。

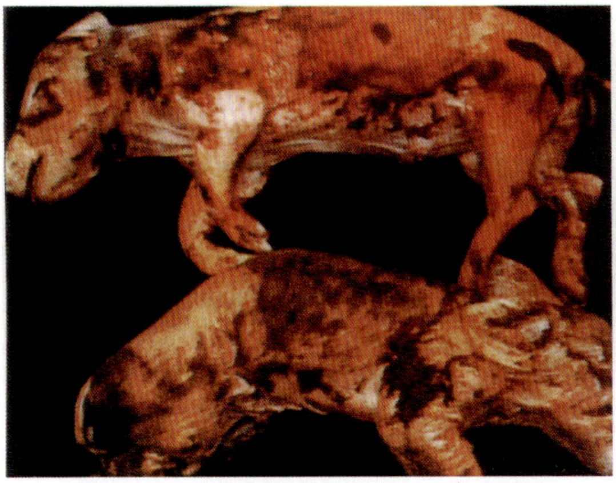

图3-5-2　病母猪流产的胎儿，多为死胎

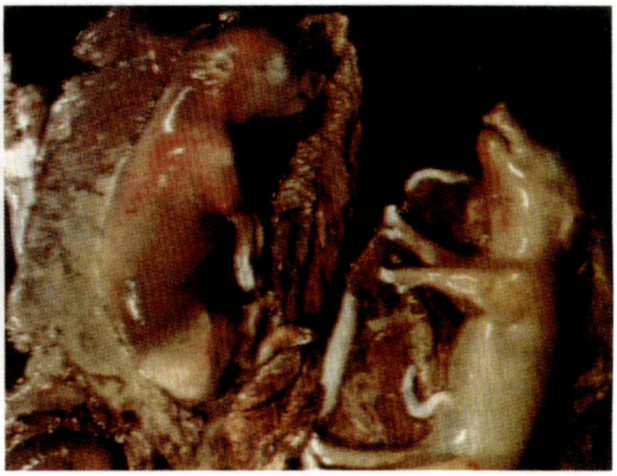

图3-5-3　病母猪流产的胎儿，多为死胎

（四）病理特征

本病特征性的剖检变化是患病母猪发生化脓性子宫黏膜和胎膜炎，子宫黏膜和胎膜上出现弥漫性、粟粒大、灰白色结节；胎膜变薄，上面散布菜籽粒至绿豆大小的灰白色圆形硬颗粒，好似镶着无数“珍珠”，强行挤压“珍珠”可挤出黄白色干枯的脓汁（图3-5-4）。

图3-5-4　化脓性子宫黏膜和胎膜炎

（五）诊断要点

做细菌检查，取病料（胎水、胎衣、胎儿）做成玻片，用柯兹洛夫斯基染色法染色、镜检，可见成丛的红色球状小杆菌，即可确诊。有条件时，可做细菌分离培养。

（六）类症鉴别

需与猪繁殖与呼吸综合征、猪细小病毒病、猪日本乙型脑炎、猪钩端螺旋体病、猪伪狂犬病、弓形体病等区别诊断。

（七）免疫预防与饲养管理

1. 免疫预防

猪布鲁氏菌病活疫苗适宜口服免疫，亦可肌内或皮下注射。怀孕母猪口服后不受影响，猪群每年口服一次，持续数年不会造成血清学反应长期不消失的现象。猪注射2次，每次活菌200亿，间隔1个月。在猪布鲁氏菌病低发区不作疫苗预防。

【注意事项】免疫有效期为12个月。注射法不能用于孕猪。疫苗稀释后应当天用完。混于水饮服或灌服时，应注意用凉水，若拌入饲料中，应避免使用含有抗菌药物的饲料、发酵饲料或热饲料。免疫动物在服疫苗前后3天，应停止使用含抗菌药物添加剂的饲料和发酵饲料。本疫苗对人有一定的致病力，工作人员大量接触可引起感染，制疫苗人员应注意消毒和防护，使用疫苗时，也要注意个人的防护，用过的用具必须煮沸消毒，水、料槽可用日光消毒。冻干疫苗在0～8℃保存，有效期为12个月。

2. 饲养管理

种猪场坚持自繁自养的原则。凡是病猪或阳性反应猪，应立即隔离，一律淘汰。在发病猪场，对检疫证明阴性无病的猪，用猪布鲁氏杆菌2号弱毒冻干菌苗进行预防免疫，最好在配种前1～2个月进行，免疫期为1年；加强兽医卫生管理，特别要注意产房、用具及环境的彻底消毒。妥善处理流产胎儿、胎衣、胎水及阴道分泌物。

第四章
猪的呼吸系统疾病

在集约化、工厂化养猪生产中由于饲养密度加大、厩舍通风换气不良，为呼吸系统疫病的发生流行创造了良机。近年来猪支原体肺炎、猪传染性萎缩性鼻炎、副猪嗜血杆菌病、猪繁殖与呼吸综合征及猪流感等呼吸系统疫病，在各日龄的猪中发病率、死亡率都在增高，危害严重。

一　猪传染性胸膜肺炎

猪传染性胸膜肺炎（porcine contagious pleuropneumoniae）是由胸膜肺炎放线杆菌（actinobacillus pleuropneumonia，APP）引起的以胸膜肺炎症状和病变为特征的猪的高度接触性、传染性、致死性的一种猪呼吸道传染病。临床上和病理变化以纤维素性胸膜肺炎或慢性、局灶性、坏死性肺炎为特征。

（一）病原

胸膜肺炎放线杆菌曾被称为胸膜肺炎嗜血杆菌，为革兰氏阴性球杆菌，有12个血清型，部分血清型之间有交叉反应。后来发现其与林氏放线杆菌的DNA具有同源性，于1983年将之列入放线杆菌属，称为胸膜肺炎放线杆菌。APP为带荚膜的革兰氏阴性小杆菌，在显微镜下多呈球杆状，但有丝状、短杆状的多形性趋向（图4-1-1）。

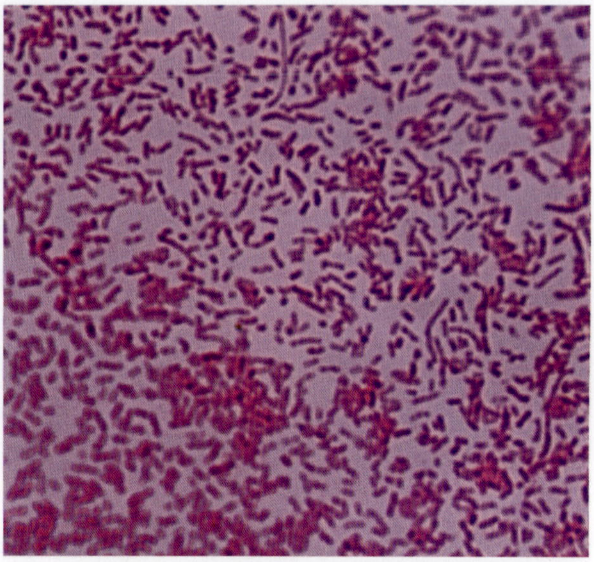

图 4-1-1　带荚膜的革兰氏阴性小杆菌

APP的生长依赖V因子，在普通营养琼脂培养基不能生长，而在含NAD绵羊裂解血培养基生长最旺盛，可见较大的闪光、灰白菌落，菌落中间隆起、边缘整齐（图4-1-2）；在含烟酰胺腺嘌呤二核苷酸（NAD）鲜血琼脂培养基上可见针尖大闪光、透明菌落，菌落周围可见溶血斑（图4-1-3）。本菌的抵抗力不强，一般常用的消毒药均可将之杀灭。

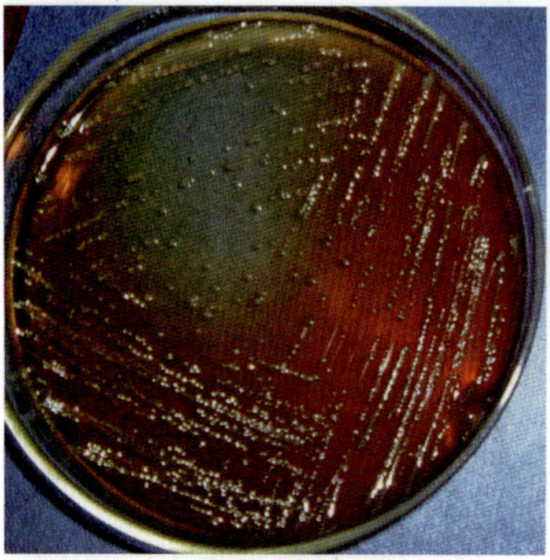

图 4-1-2　在含 NAD 绵羊裂解血培养基上生长的菌落

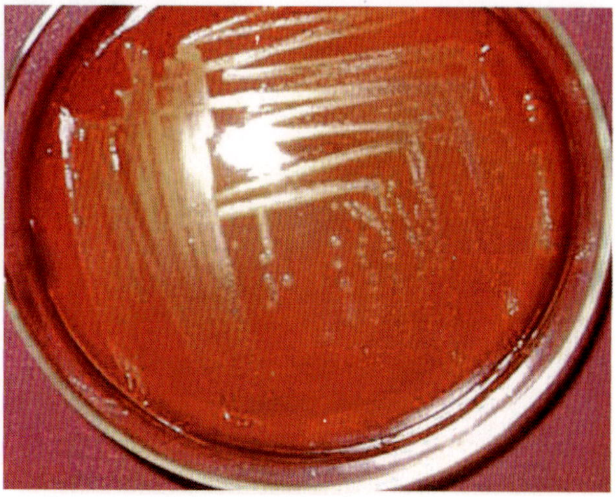

图 4-1-3　在含 NAD 鲜血琼脂培养基上生长的菌落

（二）流行特点

APP是一种呼吸道寄生菌，主要存在于患病猪的肺和扁桃体。病猪和带菌猪是主要的传染源。通过呼吸道传播，3～4周龄的仔猪最易感。猪传染性胸膜肺炎的发生受外界因素影响很大，如温差过大、饲养密度过高、通风不良、转群应激等因素均可诱导本病的发生。

（三）临床症状

最急性型：一般于断奶到保育舍的猪群中突然发生，病猪体温升高，达41.5℃左右。发病猪最初表现不吃食，懒动，毛松，皮肤苍白，有时发生短暂的呕吐和腹泻，末梢皮肤发绀，后期咳嗽，腹式呼吸明显（图4-1-4），临死前口鼻流出血色或白色泡沫（图4-1-5，图4-1-6）。急性型：一般在同群或不同群中逐渐出现病猪，病猪体温在40.5～41℃，皮肤发红，精神沉郁，不愿站立，厌食，饮水减少。严重者呼吸困难、张口呼吸、咳嗽。该病暴发时怀孕母猪常发生流产。慢性型：多在急性型后或同时出现，病猪轻度发热或不发热，食欲减退，间歇性咳嗽，不愿活动，仅在喂食时很勉强地爬起。病猪症状常常被其他呼吸道感染病所掩盖或混淆。个别患猪可发生关节炎及在不同部位出现肿胀，感染血清3型菌株时，就常出现这些症状。

图4-1-4 病猪呼吸困难，张口呼吸

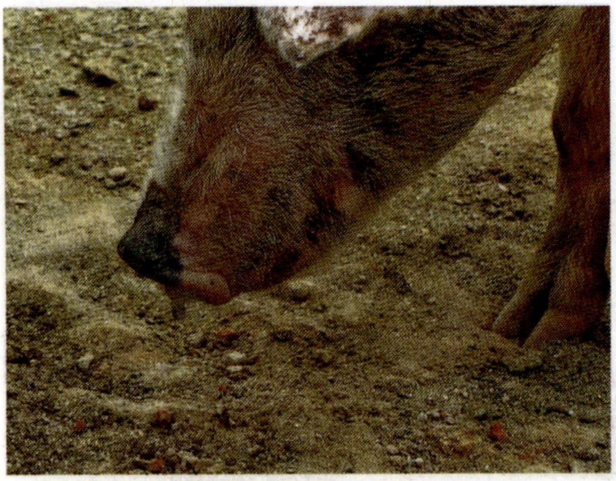

图4-1-5 病猪鼻孔流出黏脓性分泌物

图4-1-6 病猪死前鼻孔流出血性鼻液

（四）病理特征

病理剖检，肉眼可见变化主要集中在胸腔和肺部，肺门淋巴结肿大、出血；气管和支气管黏膜肿胀，其内充满白色或血色泡沫（图4-1-7，图4-1-8）。胸腔含有粉红色液体，心包积液，纤维素性心包炎，纤维素性胸膜炎、肺炎，胸膜出血，肺、胸膜、心包膜、膈肌、胸壁等出现不同程度的粘连，剖检时很难剥离，常常把肺组织撕破或残留在胸壁等处（图4-1-

9至图4–1–25）。肺病变部位出血、变硬，甚至出现脓肿样结节。镜检，肺的主要病变均为纤维素性肺炎变化。红色肝变期可见肺泡隔的毛细血管极度扩张，肺泡腔中充满红细胞（图4–1–26）、纤维蛋白和浆液；灰色肝变期肺泡内则有大量的嗜中性白细胞和纤维蛋白；此时的肺间质明显水肿、增宽，其中发生纤维素样坏死和形成淋巴栓。

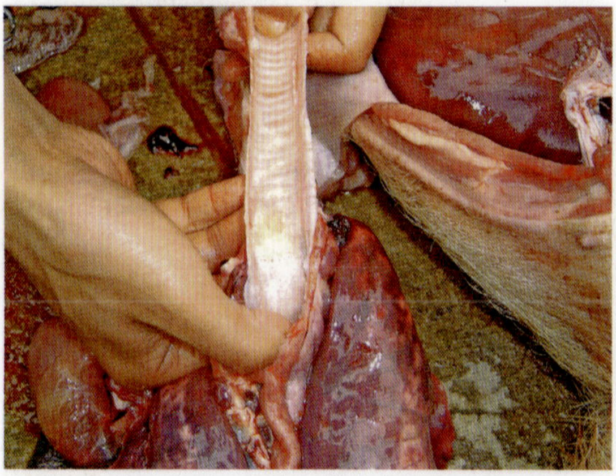

图4–1–7　病猪气管有多量分泌物

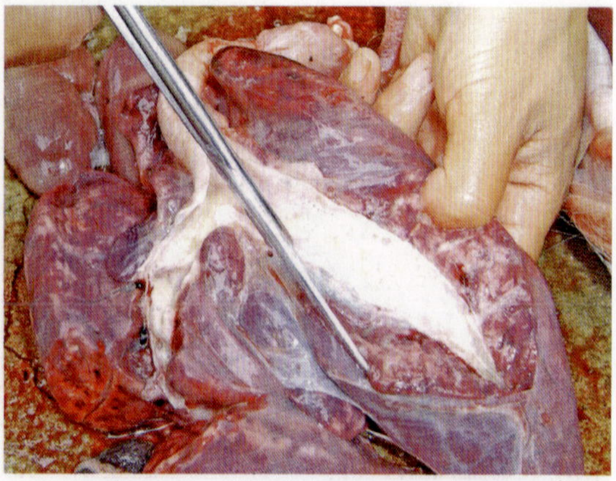

图4–1–8　病猪支气管有多量分泌物

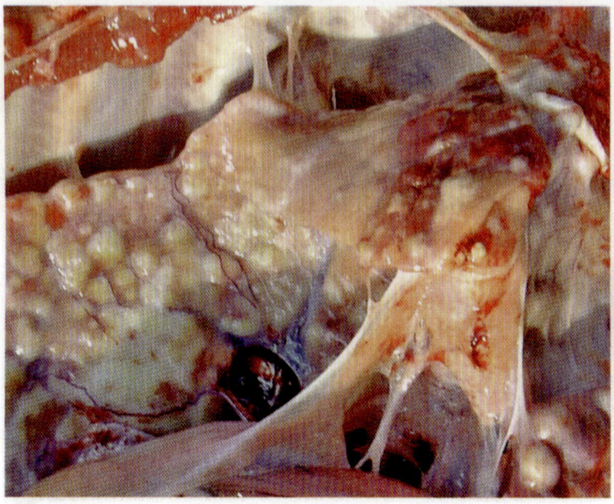

图4–1–9　病猪心外膜与肺、肺与胸壁粘连

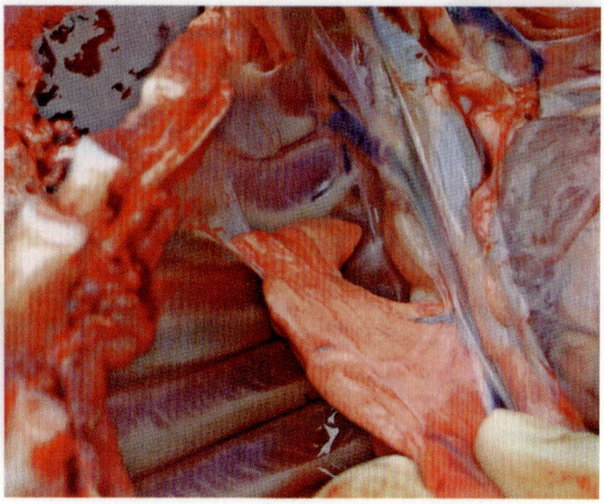

图4–1–10　病猪肺脏和胸壁粘连

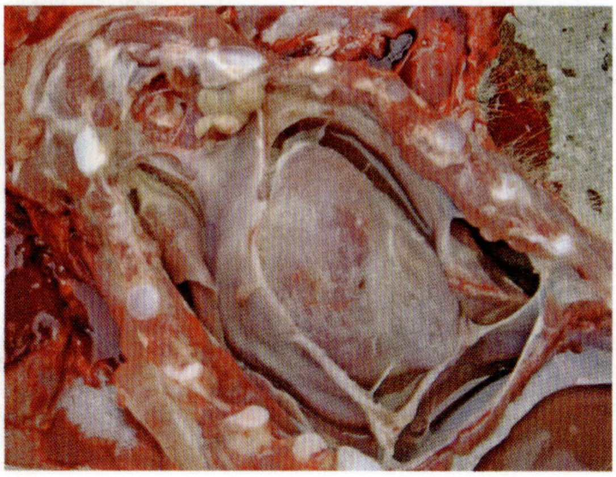

图4–1–11　病猪浆液性、纤维素性心包炎

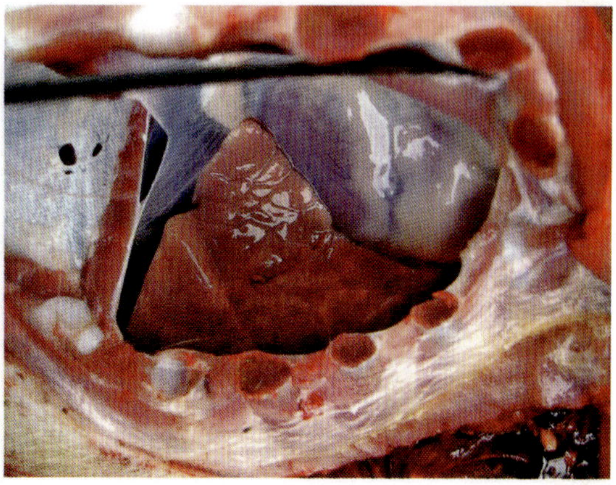

图4–1–12　病猪肺脏水肿、出血

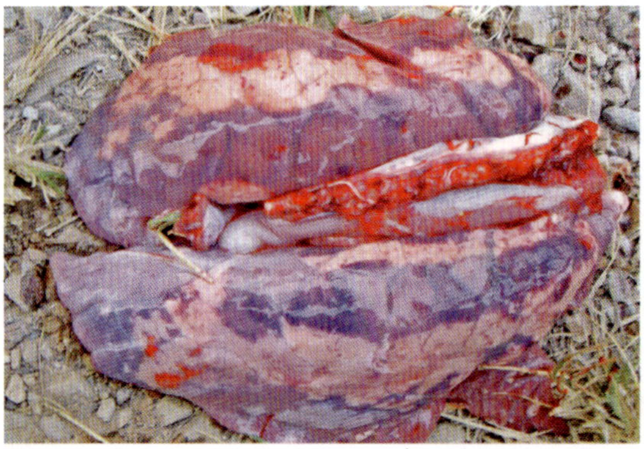
图 4-1-13　病猪肺脏表面出血

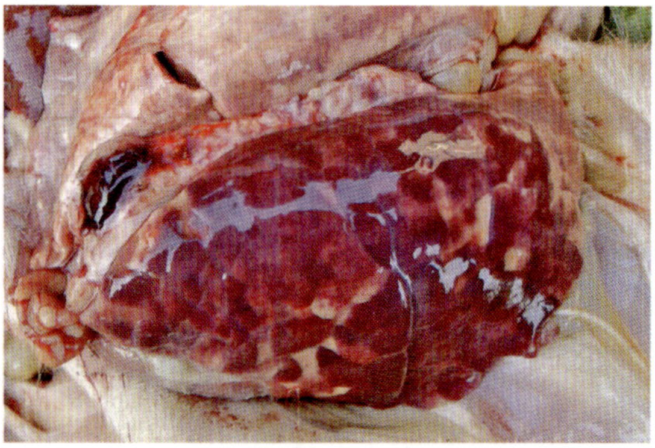
图 4-1-14　病猪肺脏出血、坏死

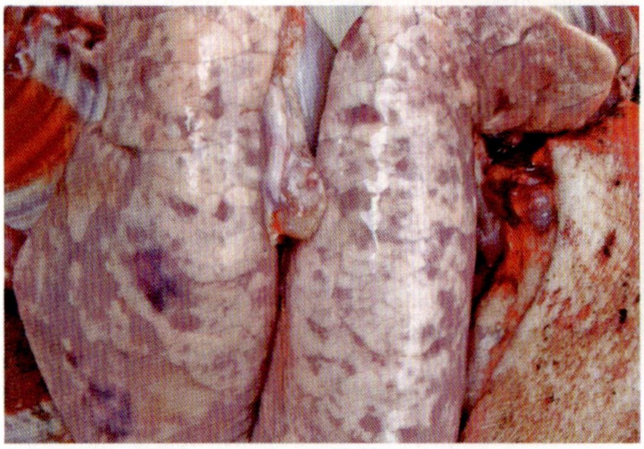
图 4-1-15　病猪肺脏出血灶

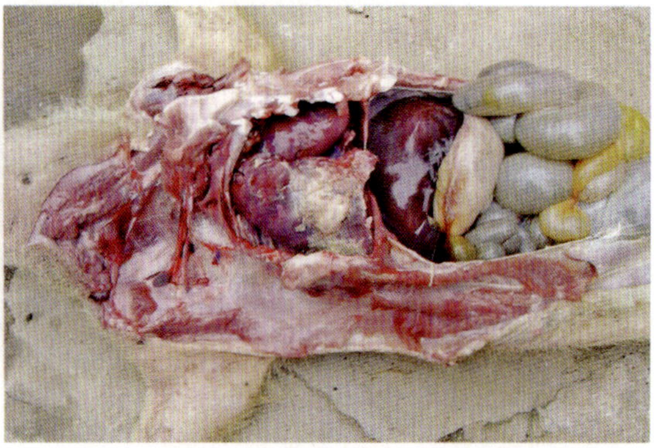
图 4-1-16　病猪肺脏表面被覆一层纤维素

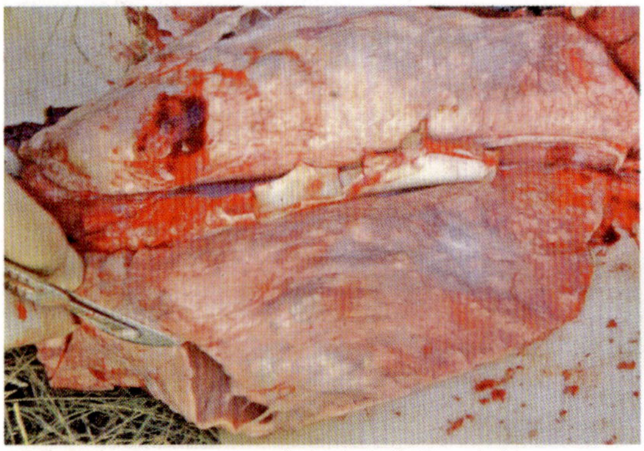
图 4-1-17　病猪肺脏萎缩、溶解

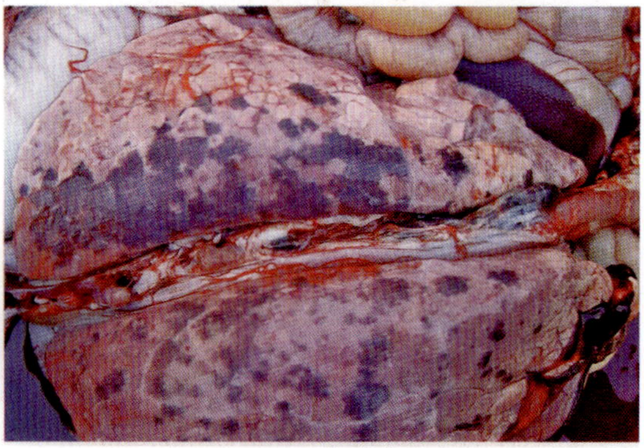
图 4-1-18　病猪肺脏出血

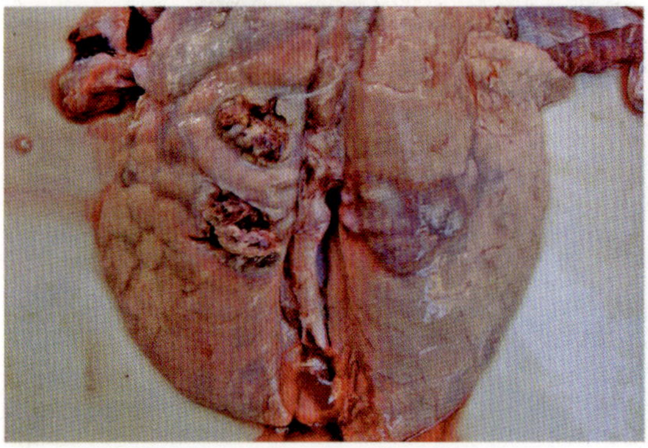
图 4-1-19　病猪肺脏表面的坏死灶

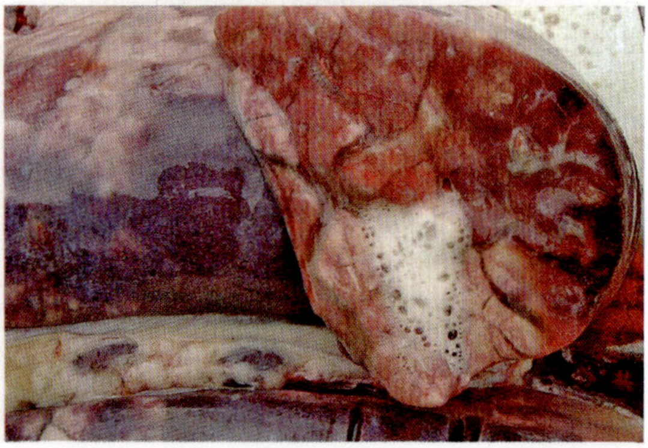
图 4-1-20　病猪肺脏切面呈大理石样花纹

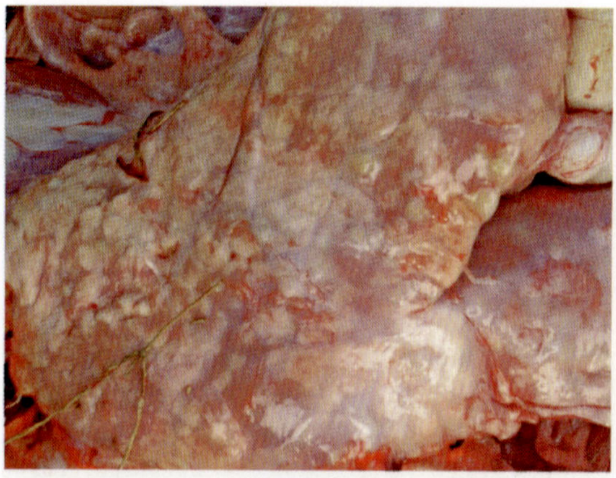

图 4-1-21　病猪肺脏表面粗糙不平

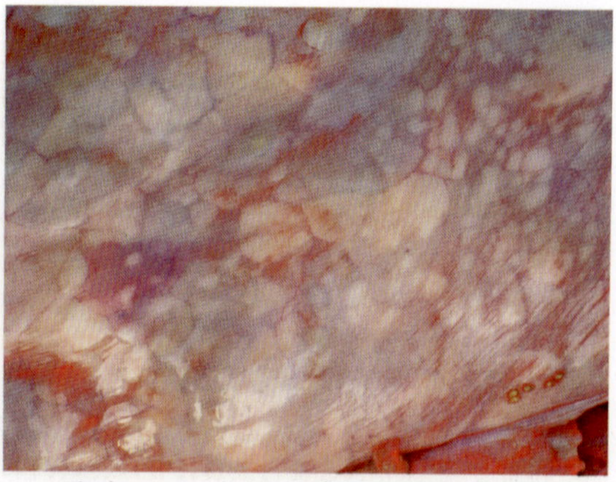

图 4-1-22　病猪肺脏表面可见灰白色颗粒

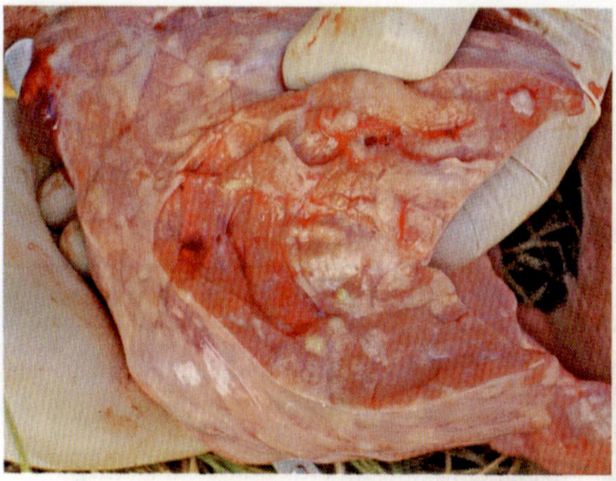

图 4-1-23　病猪肺脏切面可见灰白色颗粒

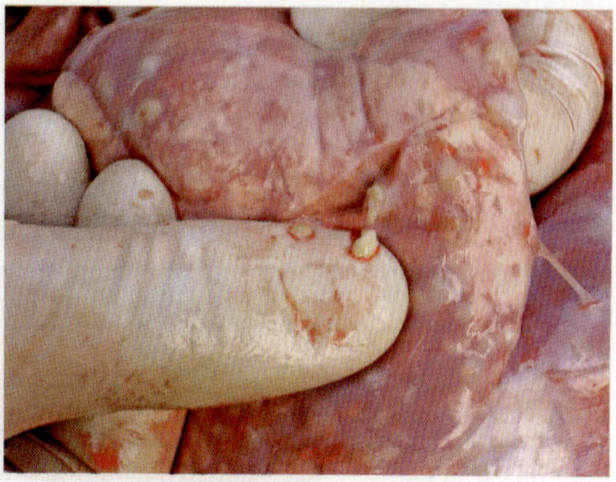

图 4-1-24　病猪肺脏切面可见干酪样颗粒

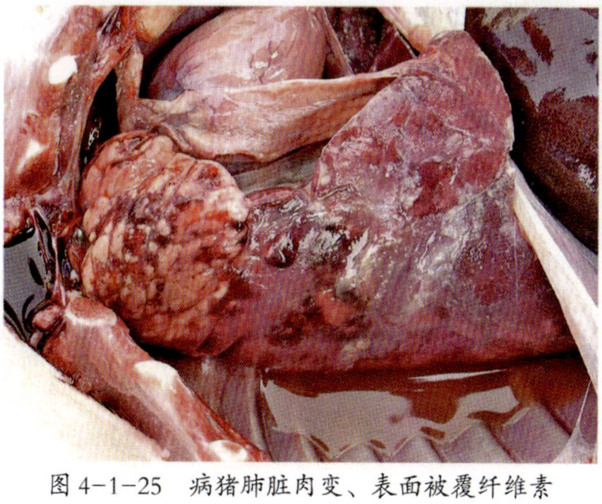

图 4-1-25　病猪肺脏肉变、表面被覆纤维素

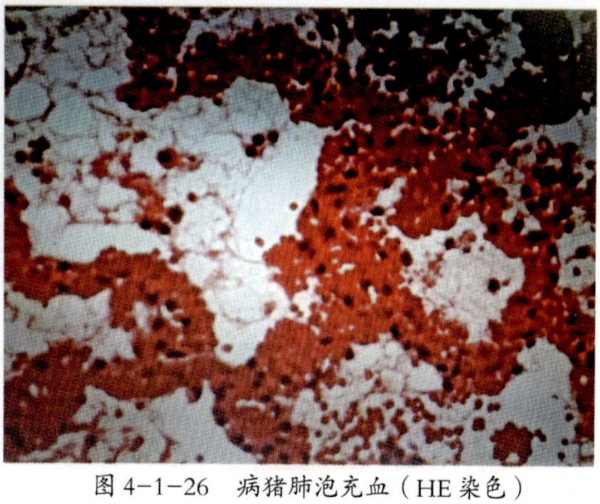

图 4-1-26　病猪肺泡充血（HE 染色）

（五）诊断要点

根据临床症状和病理变化可作出初诊。确诊可通过细菌学检查或细菌分离培养和血清学试验。镜检，检出革兰氏染色呈阴性球杆状的本病病原体即可确诊（图4-1-27，图4-1-28）。

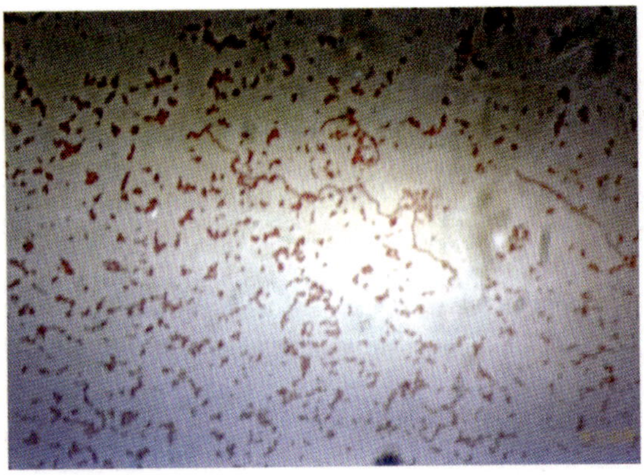

图 4-1-27　革兰氏染色呈阴性的球杆状病原菌（HE1 000 ×）

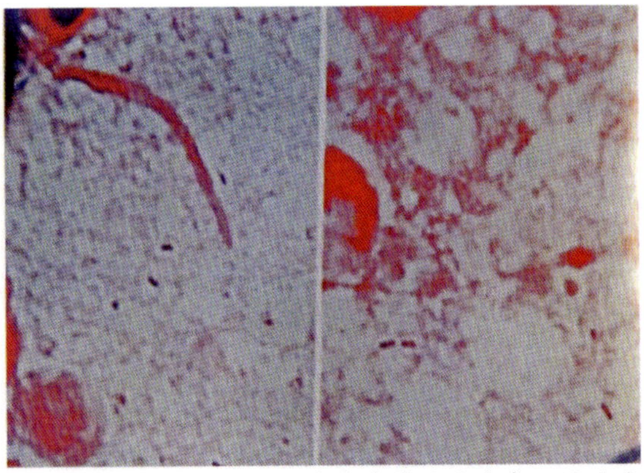

图 4-1-28　肺组织涂片中革兰氏染色阴性的病原菌（HE1 000 ×）

（六）治疗方法

1. 西药治疗

抗菌消炎、防继发感染，参考表 4-1 制定用药方案。

表 4-1　西药治疗猪传染性胸膜肺炎

药名	功用	用量		使用方法
清开灵	清热解毒	5 ~ 10mL	每头	肌内注射，连续3 ~ 5天
乙基环丙沙星	抗菌	5 ~ 10mg	千克体重	
强效阿莫西林	防继发感染	15mg		
多种维生素	强化营养	500mg	千克饲料	混料服，连续3 ~ 5天
氟必康（氟苯尼考）	防继发感染	500mg		
环球之星预混剂		1 000mg		

2. 中药治疗

处方：知母、贝母、款冬花、葶苈子、百部、马兜铃、金银花、黄芩、白药子、黄药子各 10g，杏仁 9g，枇杷叶 15g，栀子 12g，大黄 6g，甘草 5g。

【作用】治疗猪传染性胸膜肺炎。

【用法与用量】按处方配药，水煎取汁，候温灌服。供体重40kg左右猪只服用，每天1剂，连续 3 ~ 5 剂。

（七）免疫预防与饲养管理

本病的预防必须采取饲养管理、免疫接种、药物保健相结合的综合措施。

1. 免疫预防

①免疫接种，国外已研制出弱毒苗、亚单位苗、灭活苗。另外可分离本地血清型菌株制

备自家灭活苗。参考免疫程序为母猪产前21～30天免疫；仔猪3～5周龄首免，间隔3周二免。

②药物预防保健，在母猪产前产后的饲料或饮水中添加敏感药物，连续5～7天。常用药物及剂量：氟必康400mg/kg、复方替米先锋800mg/kg、环球之星预混剂800mg/kg、阿莫西林200mg/kg。

③加强对猪繁殖与呼吸综合征（PRRS）、猪伪狂犬病（PR）、猪传染性萎缩性鼻炎（AR）和气喘病的预防工作。

2. 饲养管理

做好保温、通风、环境消毒工作，保证猪舍卫生、干燥。推行全进全出、早期断奶、隔离饲养的管理模式。加强营养，降低饲养密度，减少应激因素。

二 猪支原体肺炎

猪支原体肺炎（mycoplasma pneumoniae of swine）又叫猪地方流行性肺炎、猪气喘病，是由猪肺炎支原体引起猪的一种慢性接触性传染病。临床表现以干咳、气喘、腹式呼吸为主，病变特征是肺呈融合性支气管肺炎。

（一）病原

病原为支原体科支原体属的猪肺炎支原体。由于支原体无细胞壁，故呈多形态性，常见的形态有球状（图4-2-1）、杆状、丝状及环状。本病原的染色性较差，革兰氏染色呈阴性，可用姬姆萨或瑞特氏染色。猪肺炎支原体对外界环境的抵抗力不强。圈舍、用具上的支原体，一般在2～3天失活；病料悬浮液中的支原体在15～20℃放置36小时即丧失致病性。本病原对青霉素和磺胺类药物不敏感，但对土霉素、壮观霉素和卡那霉素较为敏感；常用的消毒药物都可迅速将其杀死。

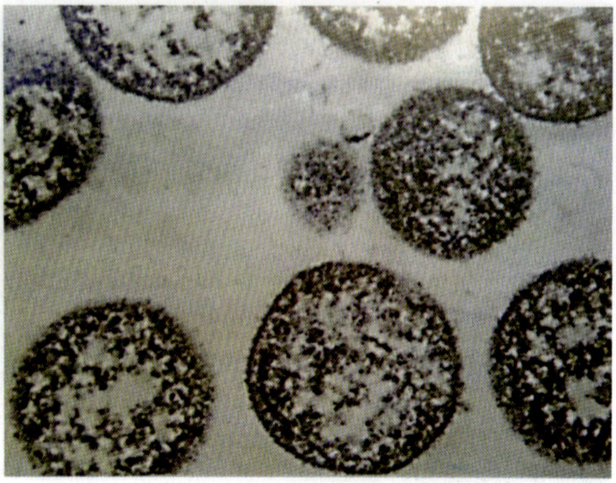

图4-2-1　球状支原体（电镜）

（二）流行特点

不同品种、年龄、性别和用途的猪均能感染，其中以土种猪和纯种瘦肉型猪最易感，乳猪和断奶仔猪易感性、发病率和致死率都高；成年种公猪、母猪、育肥猪多呈慢性或隐性感染。病猪和带菌猪是主要的传染源，通过咳嗽、喘气排出病原，造成易感猪通过呼吸道感染。本病一年四季都有发生、流行，没有明显的季节性，多发于寒冷、潮湿、气候骤变的季节。饲养密度过高、通风不良等因素可加重病情。继发感染巴氏杆菌病、传染性胸膜肺炎、猪副嗜血杆菌病等导致病情加重，死亡率升高。

（三）临床症状

主要症状为弓背干咳、喘气、腹式呼吸，特别是早、晚、运动、驱赶时或气候突变时，表现明显。有黏性、脓性鼻液，严重时呼吸增数，出现呼吸困难、张口伸舌、口流白沫、发出喘鸣声、呈犬坐姿势（图4–2–2）。病猪生长缓慢，消瘦。易继发其他细菌感染而加重病情。

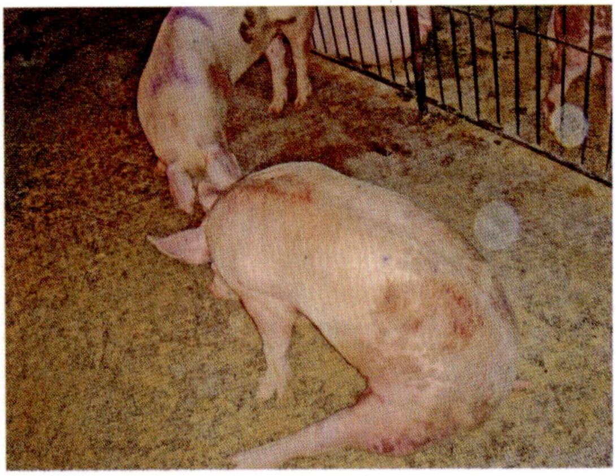
图 4–2–2　病猪呼吸困难，呈犬坐姿势

（四）病理特征

剖检病理变化主要见于呼吸系统，特别在肺的膈叶、心叶、尖叶及中间叶等处。病初呈对称性出血性肺炎，出血被吸收后就成为渗出性或增生性的融合性支气管肺炎。其中又以心叶最为显著，尖叶和中间叶次之，肺膈叶病变多集中于下部。病变部位为淡红色或灰红色的半透明状，界限明显，像鲜嫩的肌肉样，俗称"肉变"（图4–2–3），病变部位切面湿润而致密。随病情的延长或病情加重，病变部位颜色加深，呈淡紫色或灰白色，半透明程度减轻，坚韧度增加，俗称"胰变"。部分病猪发生肺水肿、气肿（图4–2–4）。支气管和纵隔淋巴结肿大。镜检可见，气泡壁明显增宽，肺泡腔有大量脱落的肺泡上皮、淋巴细胞，血管周围发生炎性病变（图4–2–5，图4–2–6）。

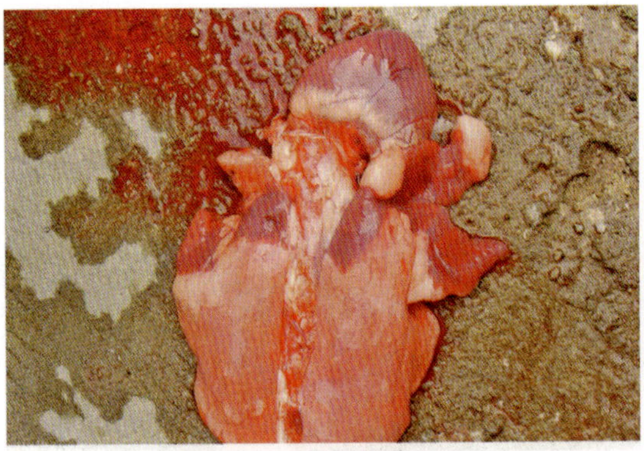
图 4–2–3　病猪肺脏对称性肉样变性

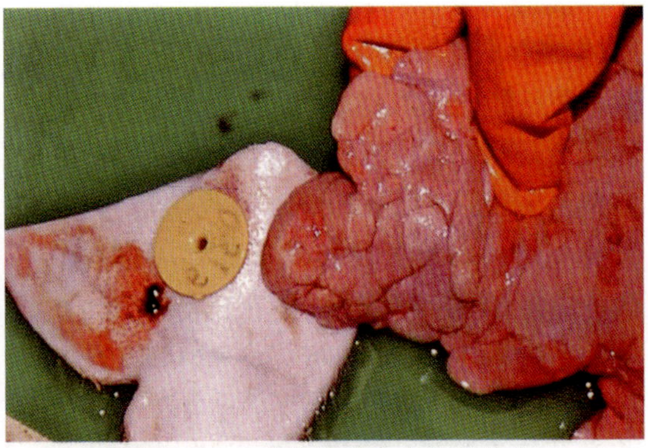
图 4–2–4　病猪肺脏发生气性肿胀

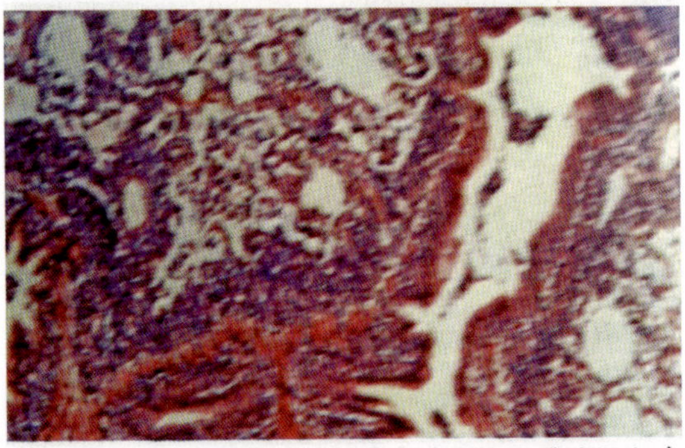
图4–2–5　病猪对称性肺炎病变和大量淡粉红色气肿灶

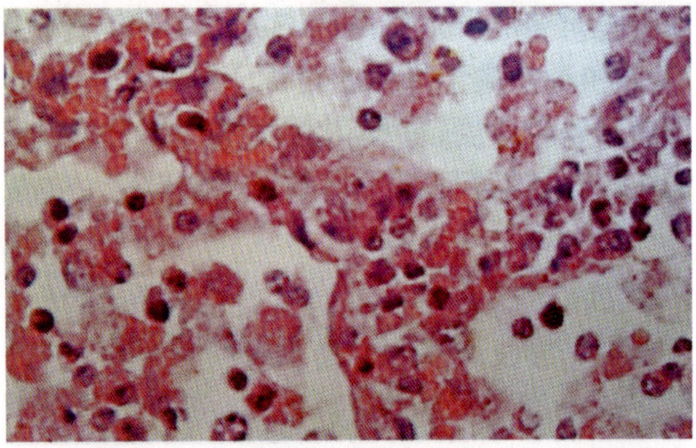
图 4–2–6　病猪肺泡腔有大量脱落的肺泡上皮和淋巴细胞（HE 400 ×）

（五）诊断要点

根据流行病学、临床症状和病理变化可初诊。确诊可通过观察支原体形态、免疫ABC染色（图4-2-7）和微量凝聚反应等方法（图4-2-8）。

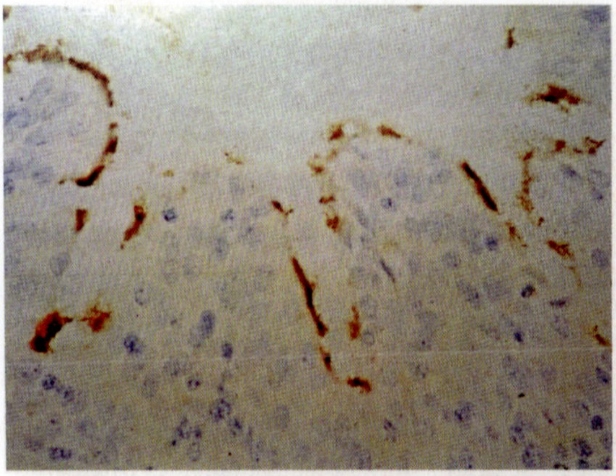

图4-2-7　免疫ABC染色，在细支气管上皮内部菌体凝聚

图4-2-8　微粒凝聚反应阳性，凝集大量阳性反应菌体（HE400×）

（六）类症鉴别

主要注意与猪传染性胸膜肺炎、猪肺丝虫和蛔虫引起的咳嗽相区分。

（七）治疗方法

1. 西药治疗

参考表4-2，选其中1～2种抗菌消炎药配合中草药使用。

表4-2　西药治疗猪支原体肺炎

药名	功用	千克体重用量	使用方法
硫酸卡那霉素	抗菌消炎	4万IU	肌内注射，用注射用水稀释好土霉素后再与卡那霉素混匀，每天1次，连续3～5天
盐酸土霉素		30mg	
泰乐菌素		10mg	肌内注射，每天1次，连续5～7天
盐酸强力霉素		3～5mg	肌内注射，每天1次直至痊愈
林可霉素		15～30mg	肌内注射，每天1次，连续5天

2. 中药治疗

处方一：苏子15g，紫菀10g，荆芥15g，百部10g，陈皮15g，枳壳15g，杏仁15g，生姜3片。

【作用】治疗猪实喘型气喘病。

【用法与用量】共粉碎为细末，搀入饲料或稀饭内喂，10kg重的小猪每天喂2次，每次喂15～25g。不能吃料的小猪，可煎水搀入奶中喂，或用喂奶器放在母猪奶头上，让小猪吮食。

处方二：党参15g，五味子10g，麦门冬20g，麻黄10g，白术15g，茯苓15g，甘草10g，半夏10g，款冬花15g，白果20g。

【作用】治疗猪虚喘型气喘病。

【用法与用量】共粉碎为细末，搀入饲料里喂，体重10kg的猪用15g，日服2次，连续2～3天。

处方三：麻黄10g，桂枝20g，杏仁25g，石膏25g，甘草15g，生姜25g，浙贝母15g，苏子15g，陈皮15g，大枣5枚。

【作用】治疗猪实喘型气喘病。

【用法与用量】共粉碎为细末，搀入饲料或稀饭内喂，10kg重的小猪每天喂2次，每次喂15～25g。如不能吃食的小猪，可煎水搀入奶中喂，或用喂奶器放在母猪奶头上，让小猪吮食。

处方四：连翘、栀子、枳实、木通、滑石、葛根、黄芩、天花粉、麦芽各50g，薄荷、川芎各25g，麦门冬、金银花各75g。

【作用】治疗猪气喘病。

【用法与用量】铁马鞭为引，共水煎取汁，候温灌服，体重50kg的猪只每天喂1剂，分2～3次服完，连续数剂，直到病好为止。

处方五：蒲公英400g，紫花地丁300g，柴胡300g，薄荷100g，苏叶100g，吐温－80 10mL，苯甲醇10mL。

【作用】功能解表清热，利咽消肿。主治猪咽喉炎。

【用法与用量】①紫花地丁、蒲公英洗净切碎，加水浸泡煎煮2次，每次1小时，用纱布过滤，合并2次滤液，并浓缩至400mL，放冷后加95%乙醇使药液含醇量达60%，搅拌，放置24～48小时，过滤，滤液再加95%乙醇使药液含醇量达80%，放置过夜，过滤，回收乙醇至无醇味。②将柴胡、薄荷、苏叶粉碎，加水2 250mL，用蒸馏器蒸馏，收集蒸馏液800mL，再将蒸馏液重蒸馏1次，收集重蒸馏液500mL。③将蒸馏液与水提取液合并，加入苯甲醇和吐温－80，混匀，加注射用水至1 000mL，过滤至澄明，灌封，灭菌即得。本品生药含量相当于1.2g/mL。肌内注射，每天1～2次，每次5～20mL。

处方六：麦门冬、白果各12g，党参、白术、茯苓、款冬花各9g，五味子、麻黄、半夏、甘草各6g。

【作用】治疗猪气喘病。

【用法与用量】共粉碎为细末，拌料内服，仔猪用量为每次9～15g，每天2～3次，连续3～5天。

处方七：生大黄、生石膏、栀子各9g，朴硝、连翘、黄芩、知母、薄荷叶各6g，生甘草5g，粳米30g。

【作用】治疗猪气喘病。

【用法与用量】按处方配药，生大黄、朴硝后下，其他药共煎15分钟，加生大黄再煎10分钟，滤出药液后加入朴硝，供大猪1天服用，分2次内服或调入饲料让猪自食，连续3～5天。

处方八：麻黄、杏仁、甘草、黄芩、黄柏各 15～30g，生石膏 60～100g。

【作用】治疗猪气喘病。

【用法与用量】水煎取汁，候温灌服。若同时肌内注射 3% 盐酸麻黄素 2 支或 2.5% 氨茶碱 1 支，效果更好。

处方九：贝母 50g，黄芩 100g，厚朴 50g，知母 50g，槟榔 50g，木通 25g。

【作用】治疗猪气喘病。

【用法与用量】水煎取汁，候温灌服，供大猪 1 次服用，每天 1 次，连续 3～5 天。

处方十：桔梗、陈皮、连翘、苏子、金银花、黄芩各 150g，百部 100g。

【作用】治疗猪气喘病。

【用法与用量】共粉碎为末，大猪每次喂 30g，中猪 20g，小猪 15g，每天服 1 次，连续 3～5 天。

（八）免疫预防与饲养管理

1. 免疫预防

可以试用猪喘气病灭活苗。按每头份 5mL 加生理盐水稀释，5 日龄、27 日龄肌内注射，2 次免疫。

2. 饲养管理

推行自繁自养模式，平时注意加强饲养管理。圈舍要经常消毒，发现病猪及时治疗，并严格隔离。避免拥挤，保持圈舍通风良好，经常见日光。病猪治愈后，不能马上混入健康猪群中，应隔离观察饲养一段时间。

发病时的控制措施：

①通过听咳嗽、看呼吸早期发现，严格隔离病猪是控制好本病的重要环节。种猪场一旦发病应立即将病猪淘汰。

②发病早期应用土霉素、卡那霉素治疗病猪有一定效果。加强对病猪的饲养管理，隔离病猪，放于安静、干燥、清洁、保温圈舍内，严防抓扑和骚扰；并按大小、强弱及习性分栏饲养，饲喂时要细心照料，少给勤添，定时、定量、定温；无治疗价值的病猪应尽早淘汰。

③病猪舍及管理用具应定期消毒，粪便集中堆积于一处发酵后作肥料。

④培育健康猪群，关键在于严格隔离饲养和坚决执行各项卫生防疫制度。母猪在严格隔离条件下单圈饲养，观察其后代有无喘气病。如能做到“母猪不见面，小猪不窜圈”，连续观察 3～5 窝后代，到断奶时证明没有发生喘气病者，可认为该母猪是健康的。从仔猪中进行选育，逐渐扩大健康猪群。如果能够做到以上要求，结合较好的饲养管理条件，经过 3～5 年细致的观察和工作，就能够培育出无喘气病猪群。

三 猪传染性萎缩性鼻炎

猪传染性萎缩性鼻炎（swine infections atrophic rhinitis，AR）是由 Ⅰ 相支气管败血波氏杆菌和产毒 D 型、产毒 A 型多杀性巴氏杆菌引起猪以慢性鼻炎、颜面部变形、鼻甲骨尤其是鼻甲骨下卷曲发生萎缩和生长迟缓为特征的一种慢性呼吸道疾病。

（一）病原

本病的原发性病原体主要是Ⅰ相支气管败血波氏杆菌。用本菌对新生仔猪鼻内接种SPF，可引起鼻黏膜发生严重卡他，并导致鼻甲骨萎缩。现已证明，D型巴氏杆菌也是本病的病原体，因为它能产生与波氏杆菌相似的不耐热的坏死毒素。有证据表明，波氏杆菌在美国和日本是AR的主因；而D型巴氏杆菌和波氏杆菌在欧洲大陆均是AR的重要病原。诱因在本病的发生中也有重要的作用，如营养成分缺乏（饲料中缺乏蛋白质、无机盐和维生素等）、密集饲养、过热、过冷、通风不良等都可诱导本病的发生；而且其他病原菌如绿脓杆菌、放线菌、疱疹病毒也参与致病过程，使病情加重。

支气管败血波氏杆菌为球杆菌，呈两极染色，革兰氏染色阴性，不产生芽孢，有的有荚膜，有周鞭毛，能运动。该菌为严格的需氧菌；多散在或成对排列，偶呈短链状。支气管败血波氏杆菌对外界环境的抵抗力不强，一般消毒药物均可将其杀死。

（二）流行特点

各种年龄的猪都易感，外地引进的猪种比本地猪更易感。随着猪龄增长，易感性相应下降。本病多散发，病猪和带菌猪是主要的传染源，通过飞沫传染给易感猪，仔猪的易感性最强。营养缺乏、密度过高、通风不良、饲喂粉料均可加重病情。

（三）临床症状

最先表现的症状是打喷嚏，呈连续性或间隔性。因为鼻炎，病猪表现不安，因鼻部瘙痒而摇头、拱地、搔抓或摩擦鼻部，鼻孔流出浆性或脓性鼻液，严重时流鼻血（图4–3–1）。由于鼻炎导致鼻泪管阻塞而发生结膜炎，使眼泪不能从鼻泪管往内流，而是往眼外流，以致在内眼角下的皮肤上形成灰黑色泪斑，泪斑多为半月形（图4–3–2至图4–3–4）。随着病情发展，大多数患猪鼻甲骨发生萎缩变化，经过2～3个月，鼻和颜面部变形，鼻外观缩短，面部皮肤皱缩，两眼间隔变窄，或鼻子歪向一侧（图4–3–3，图4–3–4）。

图4–3–1　病猪鼻孔流出血性鼻液，眼角形成泪斑

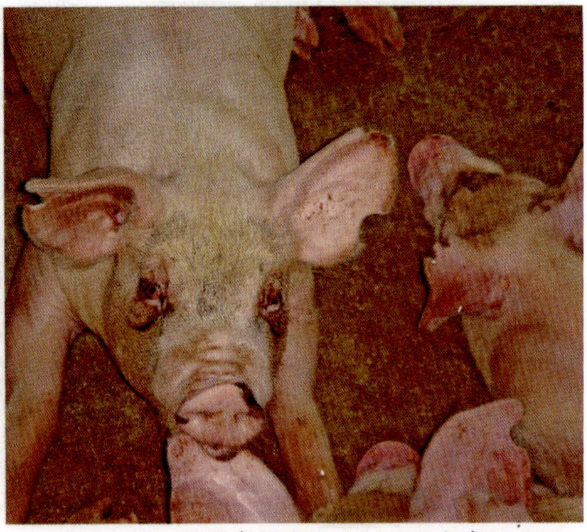

图4–3–2　病猪鼻梁皮肤皱褶，眼角有泪斑

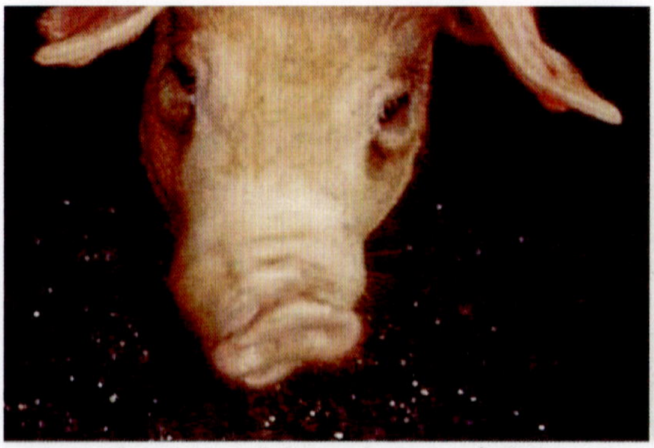

图 4-3-3　病猪颜面部变形，鼻萎缩

图 4-3-4　病猪左侧鼻甲骨萎缩，鼻子歪向左侧

（四）病理特征

病理剖检变化主要见于鼻腔和相邻的组织，特别是鼻的软骨或鼻甲骨软化、萎缩，鼻甲骨下卷曲萎缩最为常见。从两侧上颌第一、二臼齿间横断鼻部，可见到鼻中隔弯曲、变性或消失，两侧鼻孔大小不一，鼻中甲骨萎缩、卷曲，特别是下卷曲变小而钝直、甚至消失，使鼻腔变成一个鼻道，甚至形成空洞（图4-3-5）。

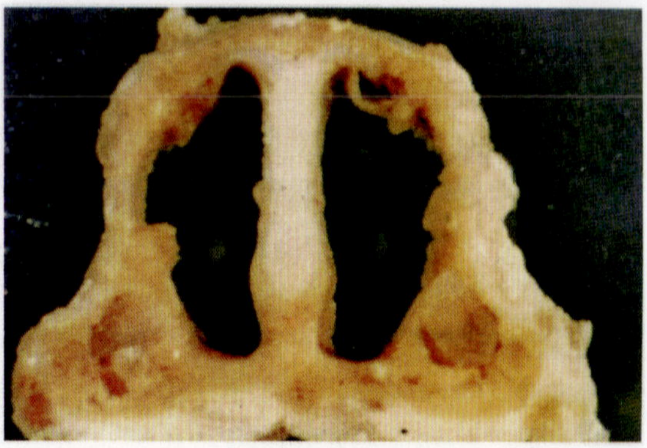

图 4-3-5　病猪鼻甲骨上下卷曲完全萎缩

（五）诊断要点

根据临床症状和病理变化可初诊。通过微生物学检查和血清学检查可确诊。

（六）治疗方法

1. 西药治疗

抗菌消炎，清热解毒，可参考表 4-3 制定治疗方案。

表 4-3　西药治疗猪传染性萎缩性鼻炎

<table>
<tr><th>药名</th><th colspan="2">功用</th><th colspan="2">用量</th><th>使用方法</th></tr>
<tr><td>庆大霉素</td><td rowspan="2">抗菌</td><td rowspan="2">二选一</td><td>1 ~ 2mg</td><td rowspan="3">千克体重</td><td rowspan="3">肌内注射，每天2次，连续3天</td></tr>
<tr><td>硫酸卡那霉素</td><td>10 ~ 15mg</td></tr>
<tr><td>板蓝根注射液</td><td colspan="2">清热解毒</td><td>0.1 ~ 0.2mL</td></tr>
<tr><td>复方磺胺类药</td><td rowspan="3">抗菌</td><td rowspan="3">三选一</td><td>500mg</td><td rowspan="3">千克饲料</td><td rowspan="3">混料服，连续5 ~ 7天</td></tr>
<tr><td>土霉素</td><td>700mg</td></tr>
<tr><td>林肯霉素</td><td>250mg</td></tr>
</table>

2. 中药治疗

处方一：当归、栀子、黄芩各 15g，知母、白鲜皮、麦门冬、牛蒡子、射干、甘草、川芎各 12g，苍耳子 18g，辛夷 9g。

【作用】治疗猪传染性萎缩性鼻炎。

【用法与用量】水煎取汁，候温灌服，供体重 30kg 左右猪只服用，每天 1 剂，连续 3 ~ 5 剂。

处方二： 防风、半夏、百合、贝母、大黄、白芷、薄荷各 16g，桔梗、款冬花各 22g，细辛 9g，蜂蜜 60g。

【作用】治疗猪传染性萎缩性鼻炎。

【用法与用量】共粉碎为细末或水煎，分 2 次喂服，每天 1 剂，连续 3 ~ 5 剂。

（七）免疫预防与饲养管理

1. 免疫预防

①免疫接种：现有 Bb（Ⅰ相菌）灭活油苗和 Bb — Pm 二联灭活油苗两种疫苗，后者较常用。参考免疫程序为母猪产前 4 ~ 5 周，2mL/ 头。

②药物预防保健，母猪产前、仔猪在 3 ~ 4 周龄时饲料中添加敏感药物。

2. 饲养管理

①加强饲养，注意日粮中钙、磷比例的平衡；加强管理，改善猪舍通风条件，降低猪群饲养密度，减少粉尘，多喂半干湿饲料。避免一次性引进大量的青年母猪。新引进种猪必须隔离检疫。做好保温工作，减少应激。加强灭鼠、消毒工作。有效的消毒剂有复合碘、复合醛、ClO_2 和洗必泰等。

②要多种措施相结合才能有效防治本病，如加强饲养管理，改善环境，疫苗免疫接种，药物治疗，病重猪可肌内注射环球之星或长效土霉素。

四 副猪嗜血杆菌病

副猪嗜血杆菌病（haemophilus parasuis，HP）是由副猪嗜血杆菌引起的主要危害断奶前后仔猪以关节炎和呼吸困难为特征的一种传染病。本病在集约化猪场发病率有上升的趋势，危害也日趋严重。

（一）病原

本病的病原体为嗜血杆菌属的副猪嗜血杆菌，革兰氏阴性小杆菌，共有 15 个血清型。该菌为多形态的病原体，一般呈短小杆状菌，也有呈球形、杆状、短链或丝状等；无鞭毛，不形成芽孢，多无荚膜，但新分离的强毒株则带有荚膜；显微镜下可见革兰氏阴性短杆菌，偶见球状、杆状及长丝状，有多形性趋向（图 4–4–1），美蓝染色呈两极浓染，着色不均匀状。本菌由于酶系统不完备，副猪嗜血杆菌生长依赖 V 因子，因此，在分离培养时，必须供给加热的血液，故称之为嗜血菌。在含烟酰胺腺嘌呤二核苷酸（NAD）鲜血琼脂培养基上生长良好，但无溶血现象，菌落直径大约 0.5mm，闪光、透明、灰白色（图 4–4–2）。另外，猪嗜血杆菌和副流感嗜血杆菌也可能与本病的发生有关。

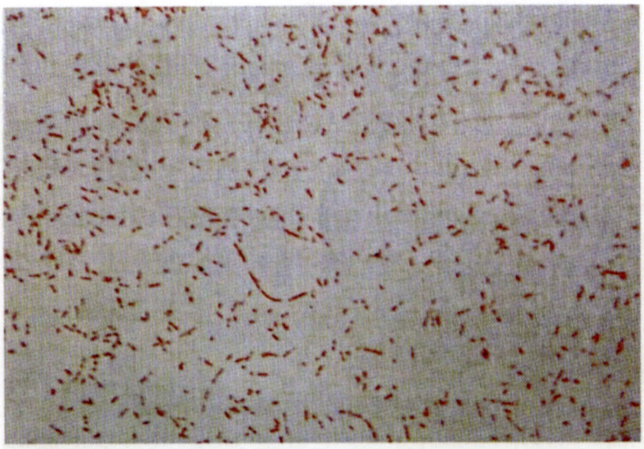

图 4-4-1　革兰氏阴性的副猪嗜血杆菌（HE1 000 ×）

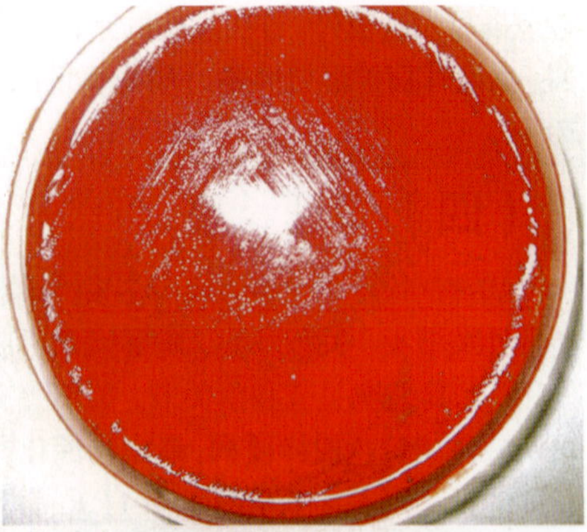

图4-4-2　在含NAD鲜血琼脂培养基上生长的菌落

本病原对外界环境的抵抗力不强，在干燥情况下易死亡，易被常用的消毒剂及较低温度的热力所杀灭，一般60℃ 5 ~ 20分钟即死亡，在4℃下只能存活7 ~ 10天。本病原对结晶紫、杆菌肽、林肯霉素和壮观霉素等有一定的抵抗力；但对磺胺类药物、阿莫西林、阿米卡星、卡那霉素和青霉素等比较敏感。

（二）流行特点

副猪嗜血杆菌只感染猪，主要危害2周龄至4月龄的猪，仔猪最易感染，5 ~ 8周龄的哺乳和保育阶段的仔猪多发，其他年龄的猪也能感染。发病率一般为10% ~ 15%，可以整窝仔猪感染发病，死亡率高达50%。病猪和带菌猪是主要的传染源，通过呼吸道、伤口传播。空气质量差、温差变化明显、寒冷等因素可促使本病的发生。

（三）临床症状

临床症状的表现取决于病菌的血清型和炎性损伤的部位，健康猪感染后3 ~ 7天发病。在哺乳猪和保育阶段的仔猪，多发生浆膜炎和关节炎。急性病例，最早表现为发热，体温升高，精神沉郁，毛松，苍白，消瘦（图4-4-3），皮肤发绀（图4-4-4），关节肿胀、跛行（图4-4-5），腹式呼吸明显。病情严重时，出现呼吸困难、气喘、腹式呼吸等症状，有的病猪则出现震颤、共济失调，临死前出现角弓反张、四肢划水状划动等症状。慢性病例呈非典型症状，母

图 4-4-3　病猪被毛粗乱

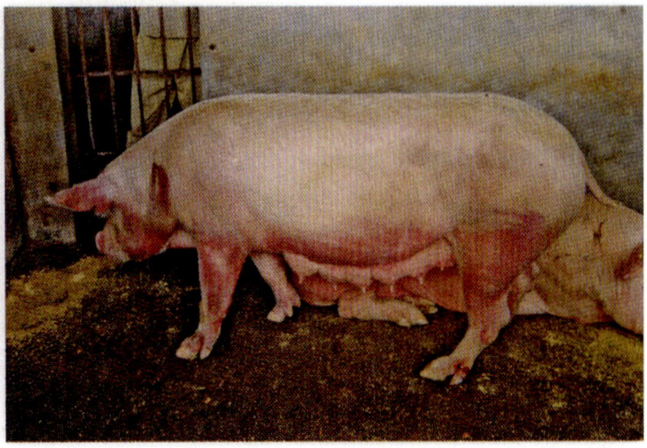

图 4-4-4　病猪四肢、耳朵及腹部皮肤呈紫红色

猪感染可发生流产。首次发病的猪场或与链球菌、猪蓝耳病等混合感染时病死率很高，可达80%。

（四）病理特征

病理剖检变化主要表现为多发性浆膜炎和多发性关节炎。关节肿大，皮下组织呈胶冻样变化，尤其是腕关节和跗关节，关节腔有清亮透明液体或黄色胶样浸润，渗出物钙化或常呈胶冻样变（图4–4–6至图4–4–11）。心腔、胸腔、腹腔多发生浆膜炎，腔内有大量炎性渗出液，心外膜、肺脏表面纤维素蛋白或附着一层灰白色纤维素性渗出物（图4–4–12至图4–4–20）。常发生出血性肺炎或纤维素性胸膜肺炎。脑软膜充血、淤血和出血，脑回变得扁平（图4–4–21）。镜检，脑膜血管扩张、充血并有出血性变化，脑膜内有大量嗜中性白细胞浸润，多呈化脓性炎症变化（图4–4–22）。

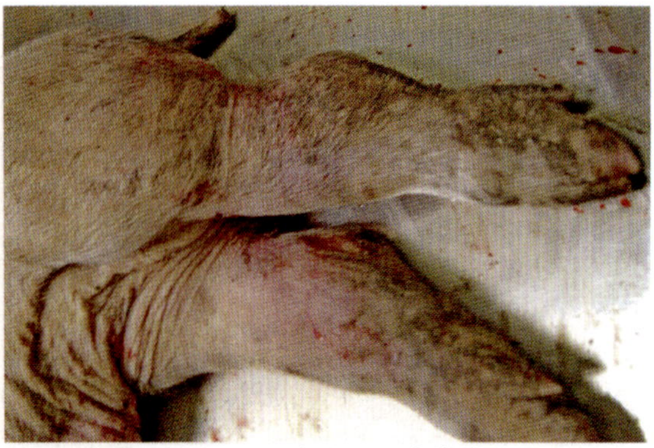

图 4–4–5　病猪后肢关节肿大

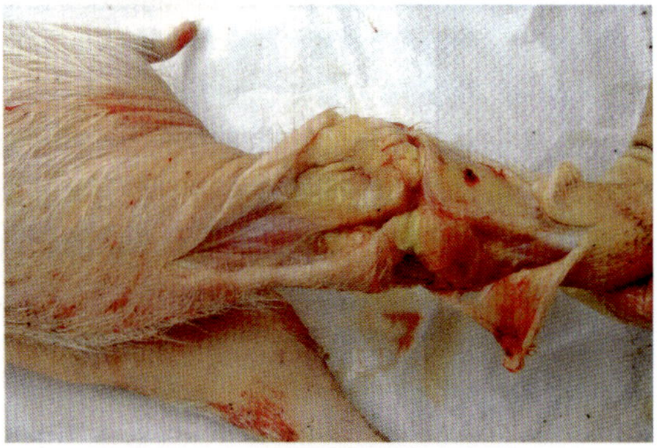

图 4–4–6　病猪关节内渗出物钙化

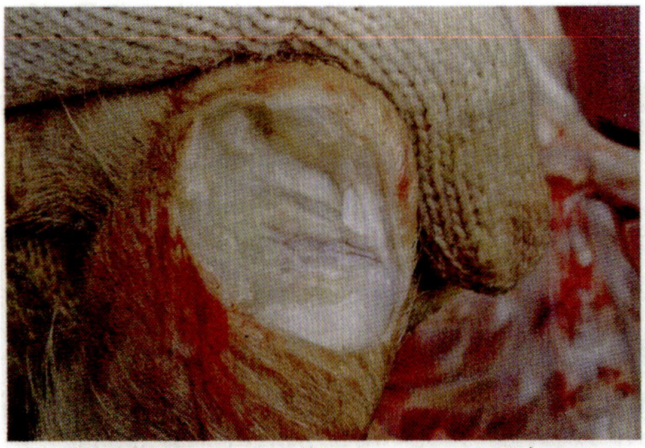

图 4–4–7　病猪关节肿大，皮下胶样渗出

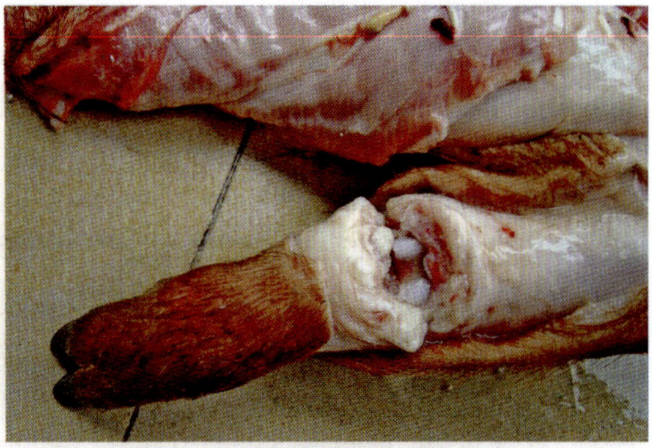

图 4–4–8　病猪前肢关节胶样渗出

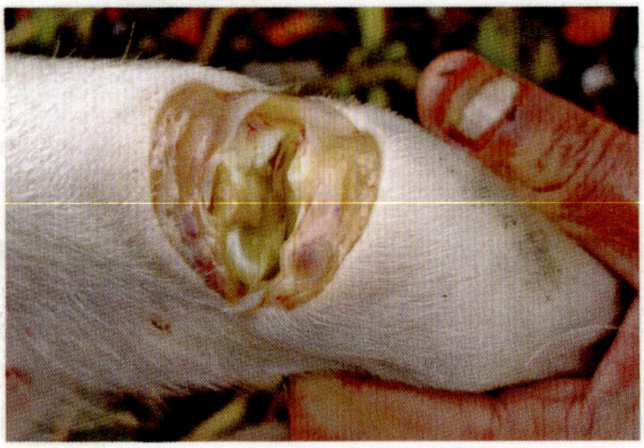

图 4–4–9　病猪关节腔积黄色液体

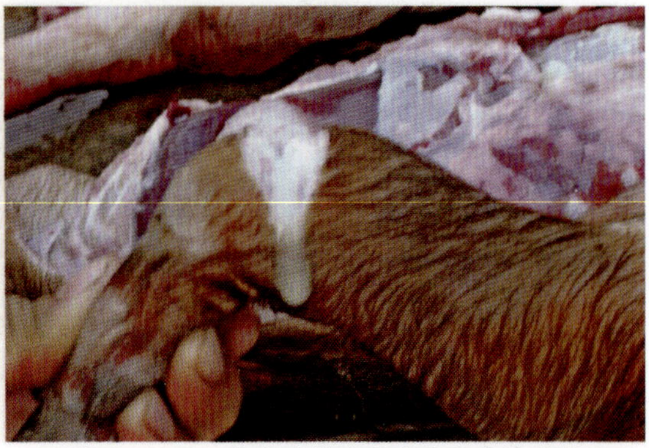

图 4–4–10　病猪关节腔流出乳白色渗出物

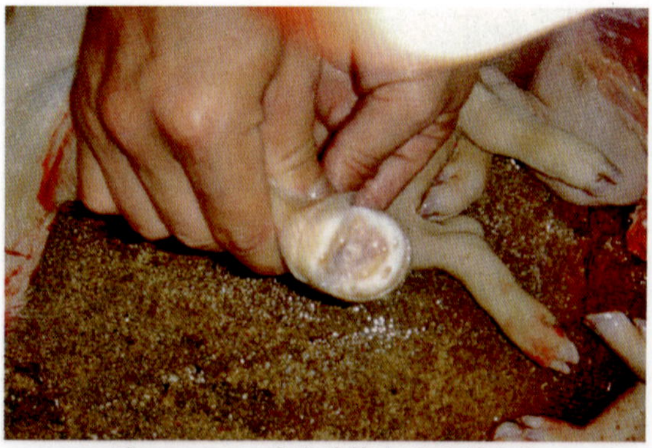

图 4-4-11　病猪关节内干酪样变化

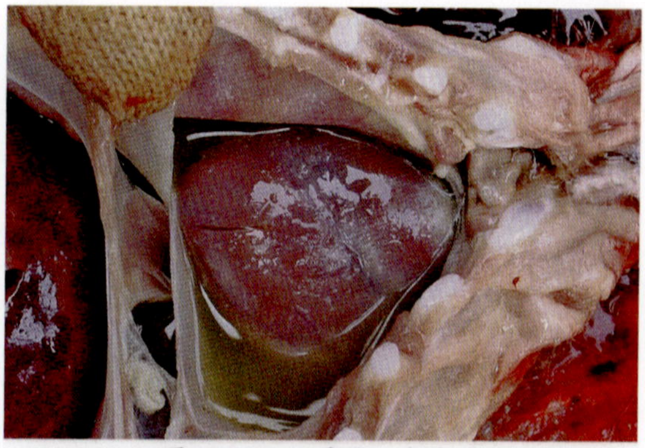

图 4-4-12　病猪心包积液

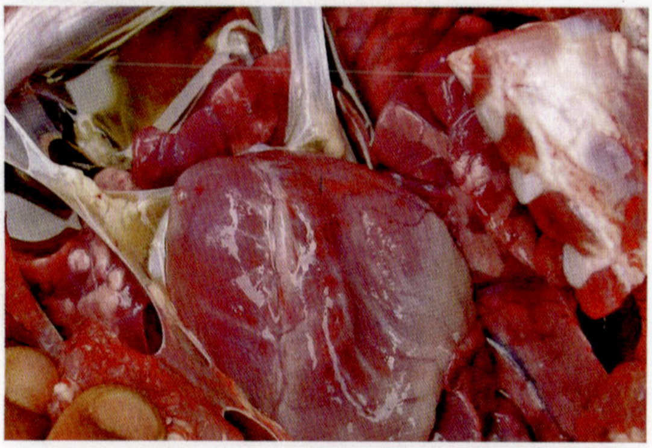

图 4-4-13　病猪心外膜出血

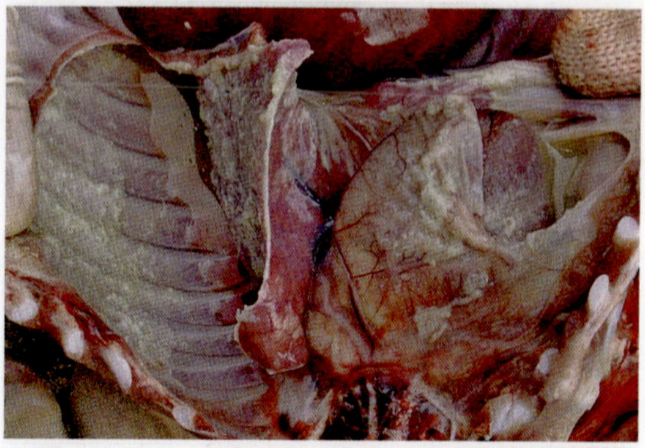

图 4-4-14　病猪心脏、肺脏、肋膜被覆纤维素

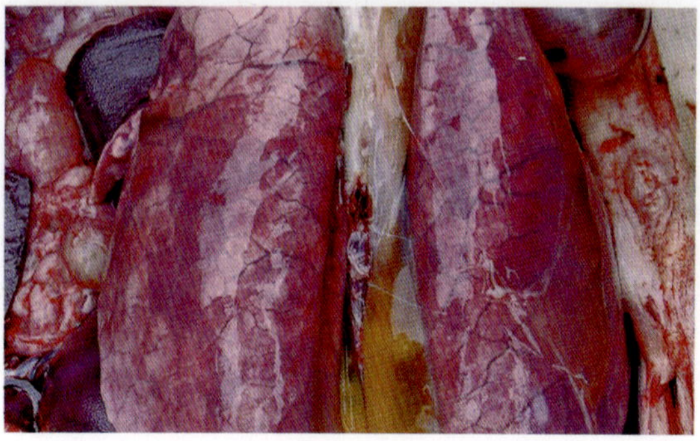

图 4-4-15　病猪肺脏表面纤维素渗出、积胶冻样物质

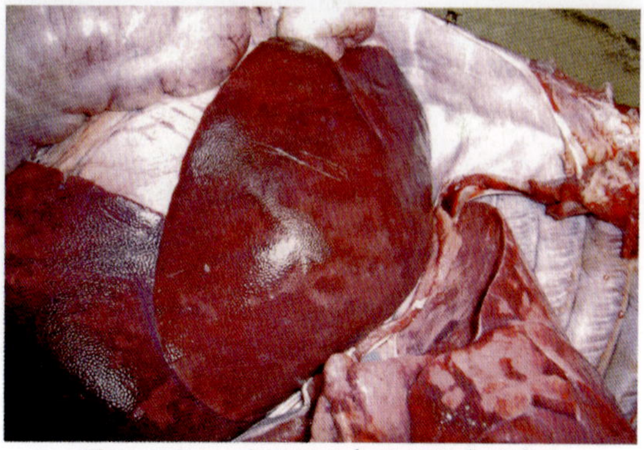

图 4-4-16　病猪肝脏表面纤维素性渗出

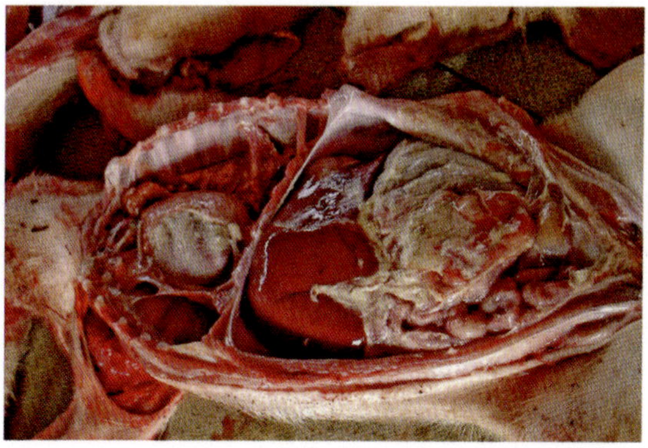

图 4-4-17　病猪心外膜和肠浆膜表面纤维素性渗出

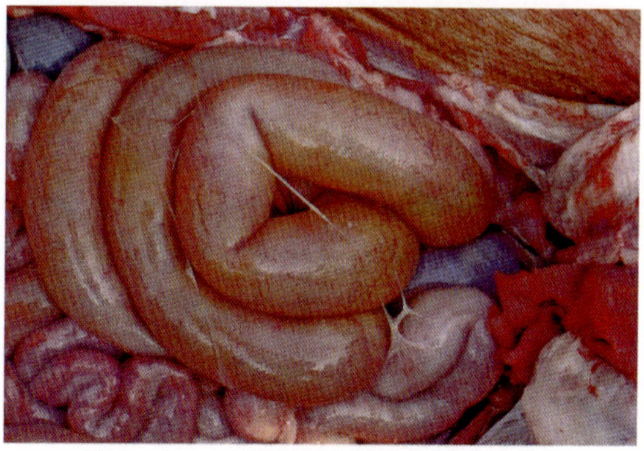

图 4-4-18　病猪结肠表面纤维素性渗出

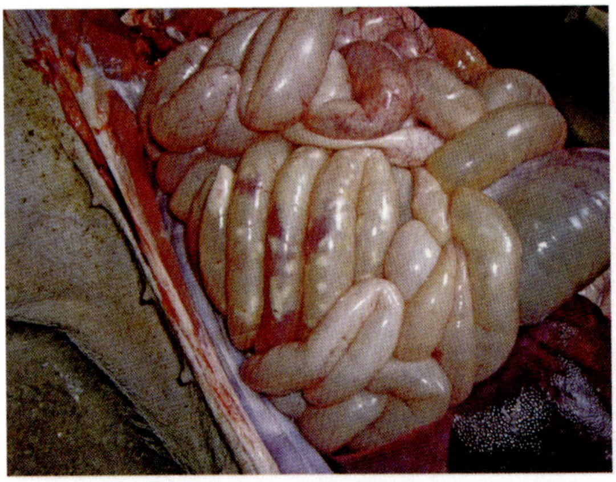

图 4-4-19 病猪肠浆膜出血

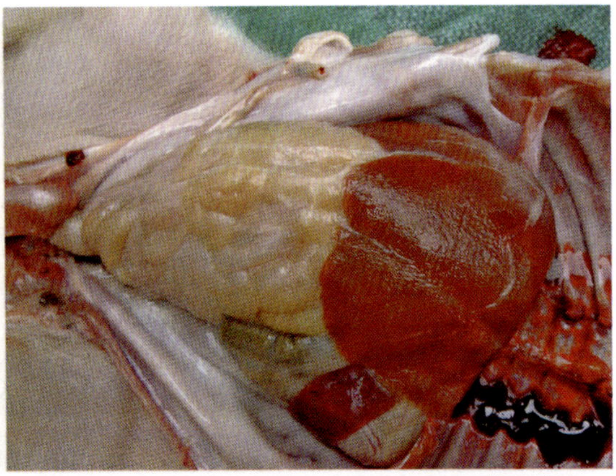

图 4-4-20 病猪腹腔、肝脏表面纤维素性渗出

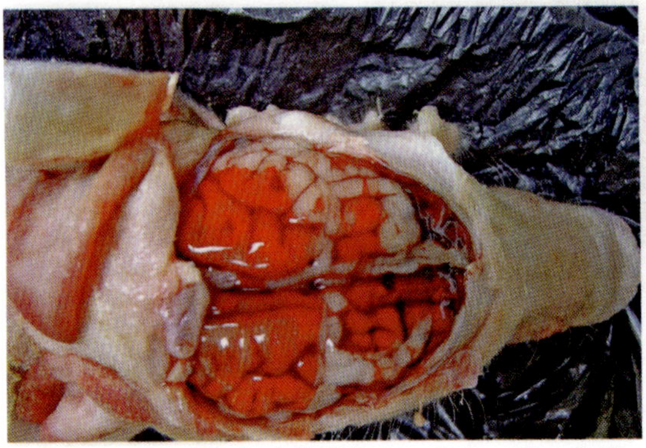

图 4-4-21 病猪大脑软膜充血、淤血，脑回变平

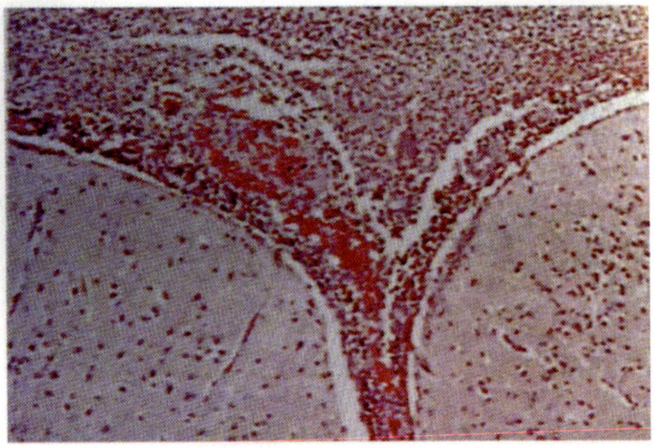

图 4-4-22 病猪大脑呈化脓性脑膜炎变化（HE100 ×）

（五）治疗方法

本病重在预防，发生后治疗效果不佳，治愈率低。治疗时可试用青霉素、链霉素疗法，青霉素 100 万 ~ 200 万 IU、链霉素 50 万 ~ 100 万 IU，联合肌内注射，每天 2 次，直至体温正常后 24 小时停药。

（六）免疫预防和饲养管理

1. 免疫预防

①对已发病的猪只，目前没有效果很好的治疗药物，重点工作在加强预防。目前美国、西班牙、荷兰等国已有副猪嗜血杆菌灭活苗。这些疫苗对血清型 1、血清型 4、血清型 5、血清型 6 有较好的保护作用，但对血清型不吻合的猪群，免疫效果很差。另外，分离本场菌株制作自家灭活苗免疫对治疗本病也有较好的效果。

②做好猪繁殖与呼吸综合征、圆环病毒感染、猪伪狂犬病（PR）、猪流行性感冒（SI）、猪传染性萎缩性鼻炎（AR）和支原体肺炎的预防工作，对本病的控制也非常重要。

③在饲料或饮水中添加敏感抗生素，做好猪群的预防保健。常用的药物和使用剂量：复方替米先锋 1 000mg/kg、环球之星预混剂（复方磺胺间甲氧嘧啶钠＋氟苯尼考）1 000mg/kg、多种维生素 200mg/kg，连续 3 ~ 5 天。

2. 饲养管理

推行全进全出的饲养模式，早期隔离（断奶）时注意减少应激，保持猪舍干净、干燥、通风。做好平时的清洁卫生与消毒工作，降低空气中有毒有害气体含量，降低猪群饲养密度等措施对控制本病非常重要。

五　猪巴氏杆菌病

猪巴氏杆菌病（swine pasteurellosis）又叫猪肺疫，俗称“锁喉疯”或“肿脖子瘟”，是由多杀性巴氏杆菌引起猪的一种散发的急性传染病。急性病例以败血症和器官、组织出血性炎症为主要特征。

（一）病原

本病的病原体是巴氏杆菌属的多杀性巴氏杆菌，为两端钝圆、中央微凸的短杆菌，单个散在，无鞭毛、无芽孢、不能运动，产毒株则有明显的荚膜，革兰氏阴性，用碱性美蓝液或瑞氏液染色，在血片或脏器涂片的着染病菌具有明显的两极浓染的特征（图4–5–1）。多杀性巴氏杆菌的分类比较复杂，根据菌落表面有无荧光及荧光的色彩，可将之分为3型，即蓝色荧光型（Fg）、橘红色荧光型（Fo）和无荧光型（Nf）。根据菌株荚膜抗原（K）结构的不同，可将之分为A、B、D、E和F 5个群；根据菌体抗原（O）不同，可分为12个型；将K、O两种抗原互相组合，可构成15个血清型。Heddleston（1972）依巴氏杆菌的耐热性抗原的不同，将其分为16个血清型。本病菌的致病力依菌型及动物而异，各种畜禽巴氏杆菌病分别由不同的血清型所引起，而且各型之间多无交叉保护或保护力不强。但在一定的条件下，各种动物之间可发生交叉感染，如猪肺疫病猪可传染水牛；猪吃了患禽霍乱的死鸡，有的也可感染发病。不过交叉感染一般为散发，常呈慢性经过。

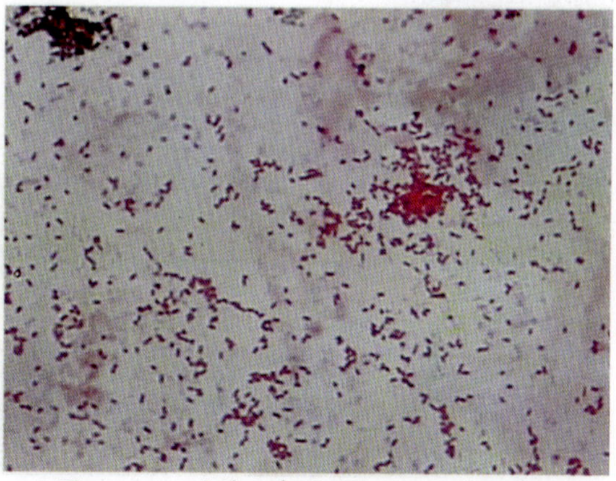

图4–5–1　病菌具有明显的两极浓染的特征

多杀性巴氏杆菌的抵抗力不强，在自然界中生存的时间不长，干燥后2～3天死亡，在血液及粪便中能生存10天，在腐败的尸体中能生存1～3个月，在日光和高温下立即死亡，常用消毒剂如1%烧碱及2%来苏儿等能迅速将其杀死。

（二）流行特点

本病一年四季均可发生，但多发于5～9月。发病猪无明显的性别和年龄差异，但4月龄以上的猪较易感。病猪和带菌猪是主要的传染源。病原随分泌物和排泄物排出，污染环境，可通过呼吸道、消化道、皮肤黏膜伤口、蚊虫叮咬传播。温差过大、密度过高、空气质量差、长途运输、营养不良、潮湿、闷热等不良因素均可诱导内源性感染。

（三）临床症状

突然发病，体温升高达41～42℃，常呈犬坐式呼吸（图4-5-2），咳嗽，鼻孔流出黏脓性鼻涕，甚至带血。颈及咽部高热、红肿、坚硬（图4-5-3，图4-5-4）。叫声嘶哑，皮肤出现紫斑，消瘦，生长缓慢，死前口鼻流血色或白色泡沫（图4-5-5，图4-5-6）。

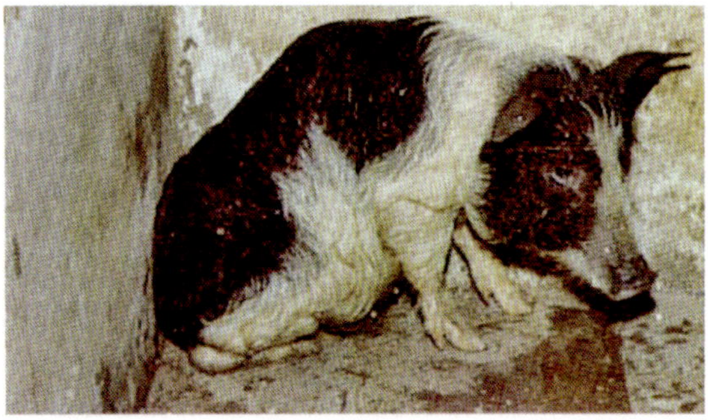

图4-5-2 病猪呼吸困难，呈犬坐式呼吸（甄辑铭提供）

图4-5-3 病猪咽喉部肿胀，呼吸困难

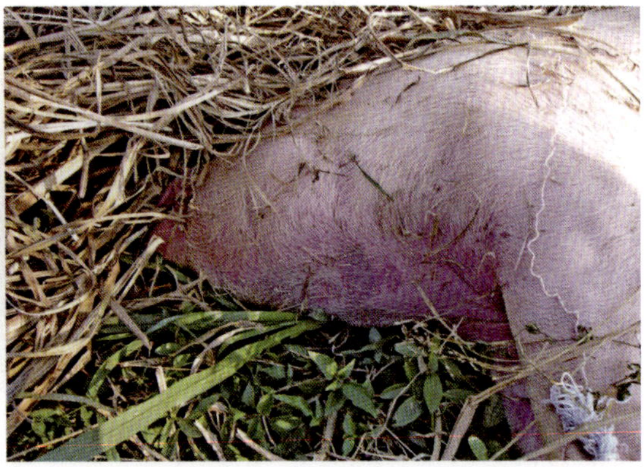

图4-5-4 病猪颈部皮下水肿

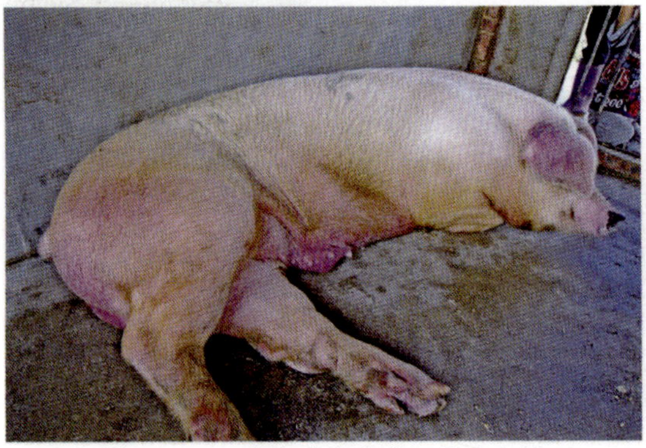

图4-5-5 病猪后肢瘫痪，耳朵发绀

图4-5-6 慢性病猪消瘦，成为僵猪

（四）病理特征

病理剖检变化主要表现为全身黏膜、浆膜、皮下组织出血，颈部皮下有胶冻样渗出物（图4-5-7），全身淋巴结肿大，切面多汁、出血（图4-5-8至图4-5-10）。心外膜、心包膜、冠状沟出血。肝脏肿大、出血（图4-5-11）。肺脏急性水肿、出血，有不同程度的肝变区（图4-5-12，图4-5-13），使肺脏切面如大理石样（图4-5-14），胸腔及心包积液，纤维素性胸膜炎，气管和支气管充满白色或血色泡沫。

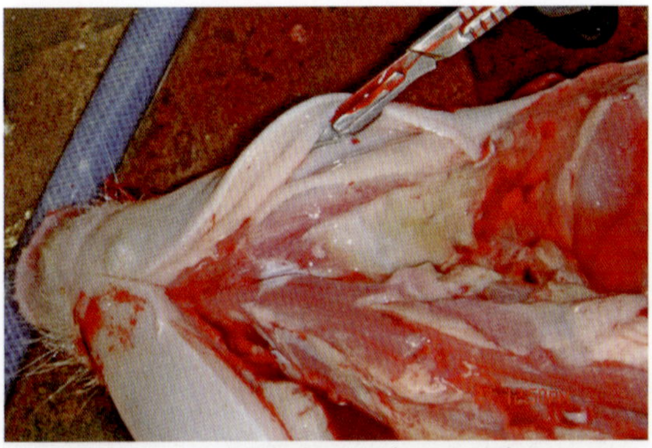

图 4-5-7　病猪颈部皮下有胶冻样渗出物

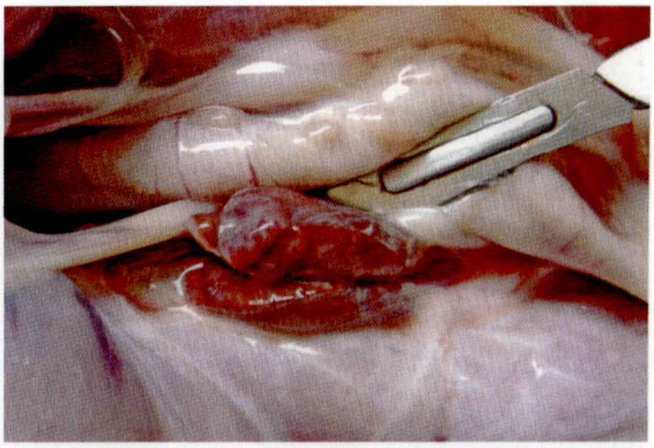

图 4-5-8　病猪淋巴结肿大、出血

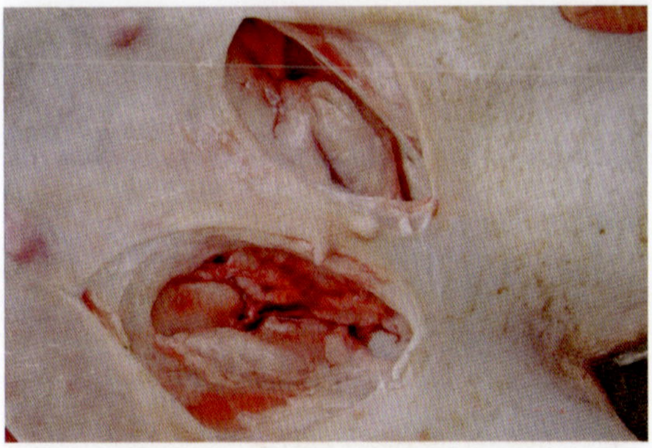

图 4-5-9　病猪腹股沟淋巴结肿大

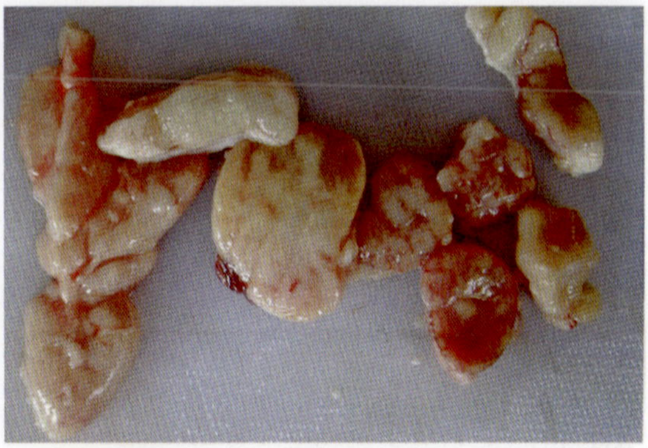

图 4-5-10　病猪淋巴结肿大、出血

图 4-5-11　病猪肝脏肿大

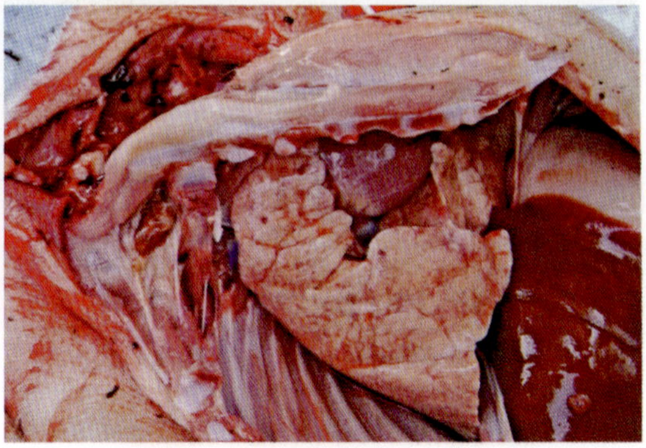

图 4-5-12　病猪肺脏斑点状出血

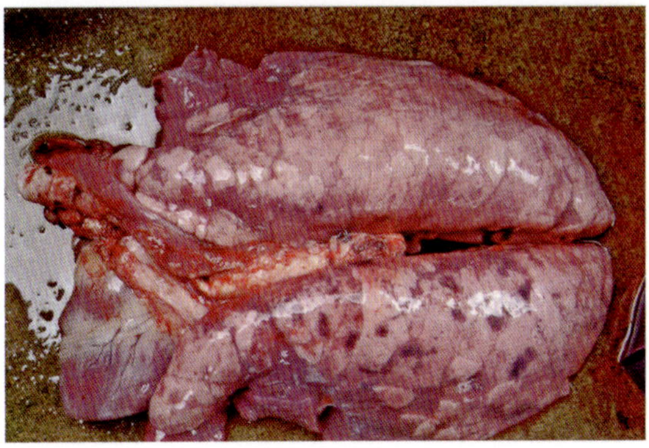

图 4-5-13　病猪肺脏充血、斑点状出血

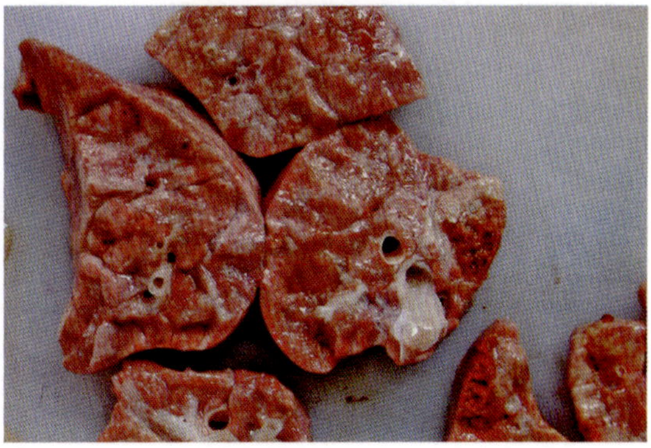

图 4-5-14　病猪肺红色肝变，切面呈大理石样外观

（五）诊断要点

根据流行病学、临床症状和病理变化可初诊。通过细菌学检查或细菌分离鉴定可确诊（图4–5–15，图4–5–16）。

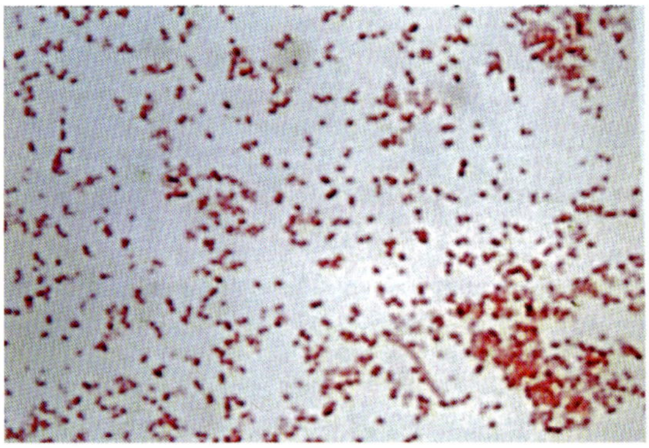

图 4–5–15　革兰氏阴性的多杀性巴氏杆菌（HE1000 ×）

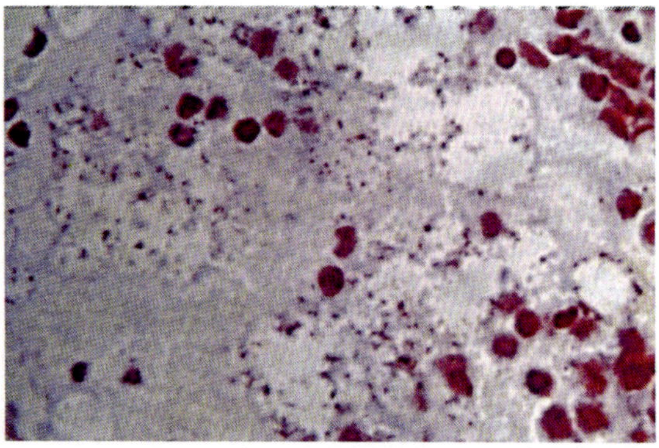

图4–5–16　革兰氏染色的肺组织中有大量阴性球杆菌（HE400 ×）

（六）治疗方法

1．西药治疗

可按表 4–4 选药治疗，还可以盐酸强力霉素、氟哌酸、蒽诺沙星代替青霉素和链霉素。

表 4–4　西药治疗猪肺疫

药名	功用	千克体重用量	使用方法
抗血清	抗病原	0.5 ~ 1mL	混合后肌内注射，每天2次，体温下降后的第二天停药（其中血清只用1次）
链霉素	抗菌消炎	20mg	
青霉素		1万 ~ 4万IU	
30%安乃近	退热镇痛	0.3 ~ 0.5mL	
5%葡萄糖氯化钠	补液	5 ~ 10mL	静脉注射

2．中药治疗

以清热解毒、泻肺利咽为治则。争取早诊断、早治疗。

处方一：山豆根 40g，射干 40g，龙胆草 40g，黄芩 25g，黄柏 30g，栀子 30g，苦参 25g，甘草 15g，柴胡 15g，大黄 30g。

【作用】治疗猪肺疫。

【用法与用量】供体重 50kg 猪只用。煎汤取汁，候温灌服，1 天服完，连用 2 天。

处方二：金银花 30g，连翘 25g，黄芩 25g，黄连 15g，玄参 30g，桔梗 25g，枳实 25g，大黄 5g，杏仁 30g，瓜蒌仁 30g，百部 30g，山豆根 30g，天门冬 30g，甘草 15g，桑白皮、车前草适量。

【作用】治疗猪肺疫。

【用法与用量】桑白皮、车前草为引，供50kg体重猪只服用。煎汤取汁，候温灌服，1天服完，连用2～3天。

处方三：党参、五味子、炙甘草各7g，白术10g，茯苓15g，麦门冬10g，生姜3片，大枣3个。

【作用】治疗慢性猪肺疫。

【用法与用量】按处方配药，煎汤取汁，候温灌服，每天1剂，连续3～5剂。

处方四：金银花、连翘、知母、牛蒡子、黄连、山豆根、紫花地丁各10g，射干、大黄、蝉蜕各12g，甘草10g。

【作用】治疗猪肺疫。

【用法与用量】按处方配药，粉碎为末，供50kg体重猪只拌料喂服，或开水冲调，候温灌服。

处方五：金银花20g，连翘20g，射干20g，青黛15g，玄参15g，马勃10g，天门冬20g，甘草10g，白糖50g，蚯蚓20条。

【作用】治疗猪肺疫。

【用法与用量】蚯蚓为引，煎水内服，供50kg体重猪只用。1天服完，连续2～3次。

处方六：麻黄10g，杏仁10g，山豆根10g，桔梗15g，贝母10g，桑白皮20g，竹茹20g，麦门冬15g，枇杷叶9g。

【作用】治疗猪肺疫。

【用法与用量】煎汤取汁，候温灌服，供体重20～30kg左右猪只1次服完，每天1次，连续3～5天。

处方七：黄芩20g，黄连10g，栀子20g，杏仁20g，薄荷25g，茯苓20g，滑石25g，泽泻20g，天门冬15g，紫菀25g，麦门冬25g，贝母15g，山豆根20g，龙胆草40g，橘红20g。

【作用】治疗猪肺疫。

【用法与用量】粉碎为细末，供大猪分4次喂服，每天1次，连续2～3剂。

（七）免疫预防与饲养管理

1. 免疫预防

每年春秋两季定期进行预防免疫，目前我国使用两种菌苗：一种为猪肺疫氢氧化铝甲醛灭活菌苗，断奶后的大小猪只一律皮下注射5mL，注射后14天产生免疫力，免疫期为6个月；另一种为口服猪肺疫弱毒冻干菌苗，按瓶签说明的头份，用冷开水稀释后，混入饲料或水中饲喂，每猪口服1头份，免疫期6个月。有条件的猪场还可用抗血清预防。

2. 饲养管理

预防本病的根本办法必须贯彻“预防为主”的方针，消除或减少降低猪体抵抗力的一切不良因素，加强饲养管理，做好兽医卫生工作，以增强猪体的抵抗力。一旦发病，病猪要隔离喂养，圈舍保持清洁卫生，给予青绿菜叶和易消化的饲料。

第五章
严重危害仔猪的疾病

随着我国集约化、工厂化养猪业的发展，大量从国外引进种猪，生产规模扩大，仔猪、肥育猪及其产品流通频繁，渠道增多，长途贩运，给传染病的发生和传播提供了有利条件，造成养猪生产中传染病时有发生。而且疫病种类增多，新病较多，混合感染较多，疫情十分复杂，给防疫工作带来极大困难。

一　仔猪黄痢

仔猪黄痢（yellow scour of newborn piglet）又叫早发性大肠杆菌病，是由致病性大肠杆菌引起初生仔猪以剧烈腹泻、迅速死亡为特征的一种急性传染病。本病发病率高，死亡率也高，对仔猪为害严重。

（一）病原

本病由产肠毒素性大肠杆菌所引起，其为革兰氏阴性小杆菌，电镜下可见病菌细胞周围长出很多细长的F6（987p）菌毛（图5-1-1）。目前已知的致病性血清型至少有O_8（O为菌体抗原）、O_9、O_{45}、O_{60}、O_{64}、O_{101}、O_{115}、O_{138}、O_{139}、O_{140}、O_{147}、O_{149}、O_{157}13个类型。这些菌株一般都具有K_{88}、K_{99}、K_{987P}（K为表现抗原或称荚膜抗原）等黏着素抗原。来自猪的K_{88}菌株都能产生热敏毒素（LT），有的还能产生耐热毒素（ST），但K_{99}或K_{987P}菌株能产生ST，不产生LT。本菌血清型多，之间无交叉保护性，且易产生耐药性。

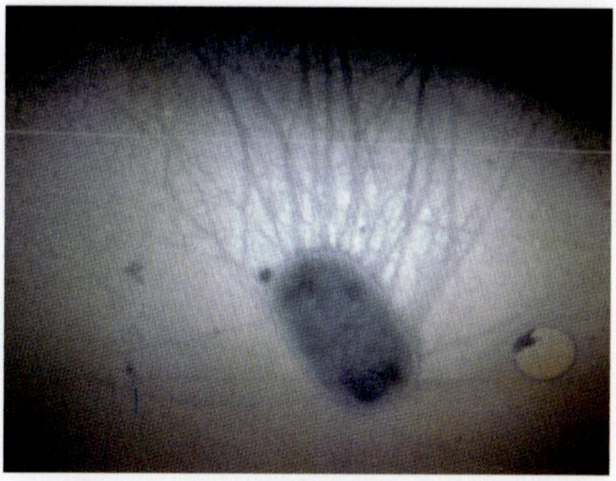

图5-1-1　ETEC的电镜照片，可见病菌细胞周围长出很多细长的F6（987p）菌毛（磷钨酸负染16 000×）

（二）流行特点

本病的发生无季节性，散养的较少见，多见于规模化养猪场，猪场内有一次发生后，就会延绵不断，严重的窝窝发生、头头发病，为害很大。多发生于1～3日龄，对于初产母猪所产仔猪，由于缺乏母源抗体而下痢严重。病猪和带菌母猪是主要的传染源，通过粪便污染母猪皮肤和乳头，仔猪在吃乳和舐母猪皮肤时发生感染。饥饿、饲料品质差、气候骤变、饲养密度过大、卫生条件较差等不良因素均可诱发本病的发生。

（三）临床症状

出生12小时后，一窝仔猪中突然有1～2头仔猪发病，很快传开，其余同窝仔猪相继发病。病猪拉黄色糊状粪便（图5-1-2），混有凝乳块，腥臭，并沾满肛门、尾、臀部，严重的病猪肛门松弛、排粪失禁，不吃乳，很快消瘦、脱水、眼球下陷（图5-1-3，图5-1-4），肛门、阴门呈红色，站立不起，1～2天死亡，个别窝病死率可高达100%。

图5-1-2　病猪拉的黄色糊状稀粪

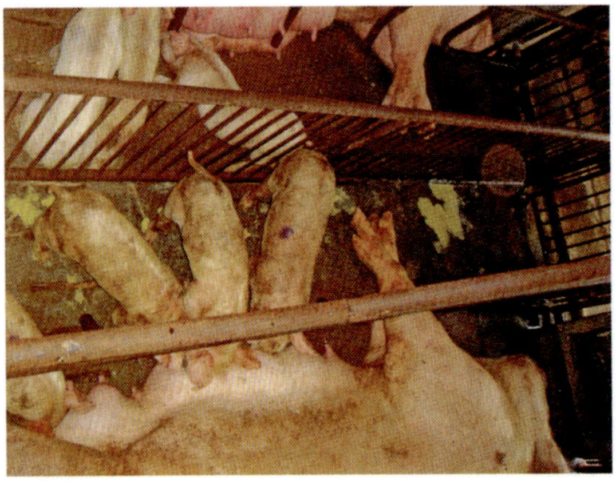

图 5-1-3　病哺乳仔猪拉稀

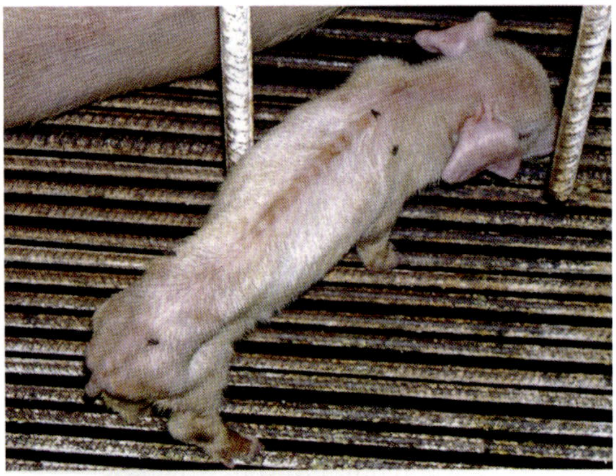

图 5-1-4　病哺乳仔猪严重脱水

（四）病理特征

病死仔猪，尸体严重脱水而干燥皱缩，眼窝下陷。腹腔器官表面和肠浆膜面有黄白色絮状纤维蛋白附着，严重充血，肠黏膜呈急性卡他性出血性炎症，腹股沟淋巴结和肠系膜淋巴结肿大、出血，肝淤血。肠管膨胀，肠壁变薄，胃、肠腔内有多量黄色或灰白色稀粪（图5-1-5，图5-1-6）和气泡，黏膜充血、出血。肾脏有小的出血点或坏死点。镜检，胃肠黏膜上皮完全破坏、脱落，肠绒毛裸露，固有层水肿，并有一些炎性细胞浸润。实质性器官变性，并在肝脏和肾脏常见有凝固性坏死灶（图5-1-7至图5-1-9）。

图 5-1-5　病猪胃内充满凝乳块

（五）诊断要点

根据临床的进行性下痢和病理剖检变化可作出诊断，必要时进行病原分离鉴定。

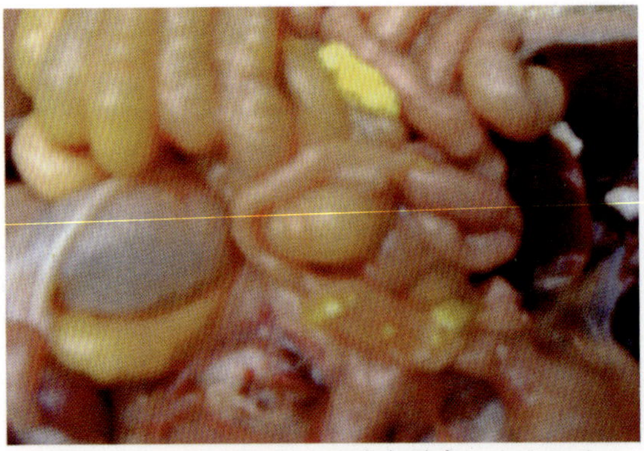

图 5-1-6　病猪肠腔充满黄色稀粪，含乳凝块

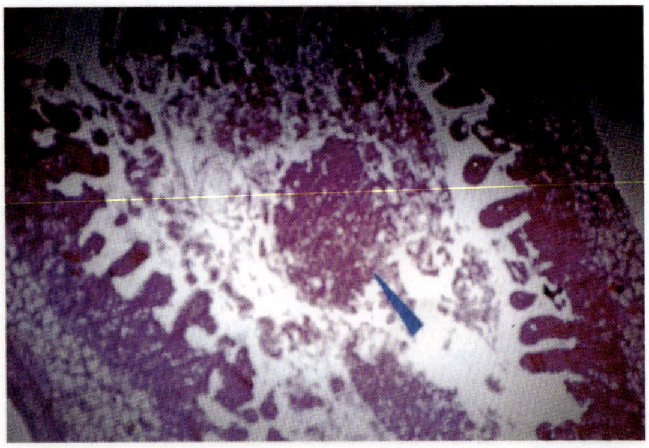

图 5-1-7　病猪十二指肠上皮脱落，肠腔内充满坏死脱落物质和大量细菌（箭头所指 40 ×）

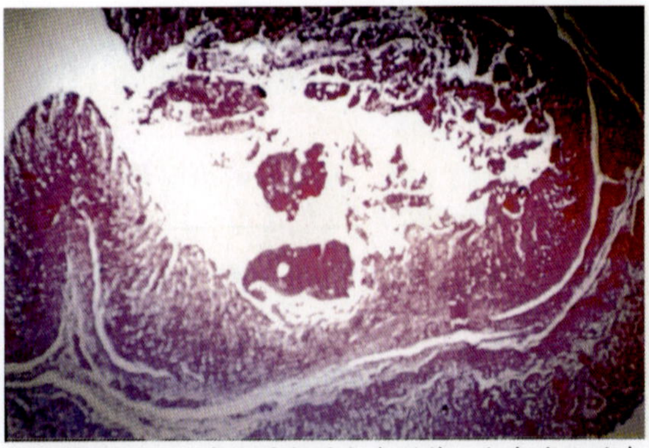

图 5-1-8　病猪胃黏膜上皮脱落，和未消化的食物混合；在胃腔内，固有层明显淤血肿胀

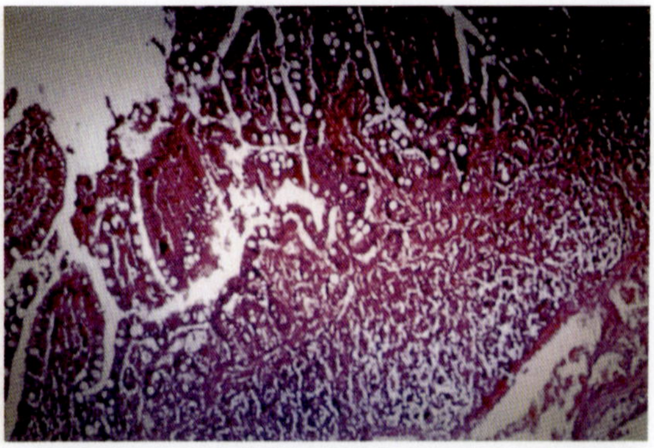

图 5-1-9　病猪小肠黏膜上皮脱落，固有层明显淤血肿胀

（六）治疗方法

1. 西药治疗

饲料中按下列剂量添加药物：新霉素 200mg/kg，复方替米先锋 1 000mg/kg，环丙沙星 200mg/kg 等，同时加入 V_E 硒粉 200mg/kg；饮水中添加补液盐、多种维生素。治疗病重猪时的选药方案参考表 5-1。

表 5-1　西药治疗猪大肠杆菌病

<table>
<tr><th>药名</th><th colspan="2">功用</th><th>千克体重用量</th><th>使用方法</th></tr>
<tr><td>大力士（阿米卡星）</td><td colspan="2" rowspan="2">抗菌消炎</td><td>0.1mL</td><td rowspan="3">混合后肌内注射，每天2次，连续3～5天</td></tr>
<tr><td>环球之星</td><td>0.1mL</td></tr>
<tr><td>地塞米松注射液</td><td colspan="2">抗炎、抗休克</td><td>4～12mg</td></tr>
<tr><td>磺胺嘧啶钠</td><td rowspan="2">抗菌消炎</td><td rowspan="2">二选一</td><td>100～200mg</td><td rowspan="2">肌内注射，每天1次，连续3～5天</td></tr>
<tr><td>强效阿莫西林</td><td>10mg</td></tr>
</table>

2. 中药治疗

处方一： 白头翁 2g，龙胆末 1g。

【作用】治疗仔猪黄痢。

【用法与用量】共粉碎为末，供 1 头仔猪喂服，每天 3 次，连续 3 天。

处方二： 大蒜 100g，95% 乙醇 100mL，甘草 1g。

【作用】治疗仔猪黄痢。

【用法与用量】大蒜用乙醇浸泡 15 天以后每次取汁 1mL，加甘草末 1g，调糊供 1 头仔猪 1 次喂服，每天 2 次直至痊愈。

处方三： 黄连 5g，黄柏 20g，黄芩 20g，金银花 20g，诃子 20g，乌梅 20g，草豆蔻 20g，泽泻 15g，茯苓 15g，神曲 10g，山楂 10g，甘草 5g。

【作用】治疗仔猪黄痢。

【用法与用量】按处方配药，粉碎为末，分 2 次喂服，早晚各 1 次，连续 2 剂。

处方四：黄连、黄柏、黄芩、白头翁各 30g，诃子肉、乌梅肉、山楂肉、山药各 15g。

【作用】治疗仔猪黄痢。

【用法与用量】按处方配药，共粉碎为末，分 9 包，每次 1 包，用温水调匀灌服，每天 3 次，连续 3 天。

处方五：黄连 10g，苍术 3g，雄黄 0.3g，百草霜或茶油饼（煅炭）4.5g，醋或酸菜水适量。

【作用】治疗仔猪黄痢。

【用法与用量】先将黄连、苍术粉碎为末，再与雄黄、百草霜（或茶油饼炭末）混匀，密封装瓶。同时以醋或酸菜水将药粉调成糊状，用毛笔或小竹片取药涂于仔猪口内，每天 1 次，分 2 次服，连续 3 ~ 4 天。

处方六：秦皮 5g，白头翁 3g，地榆 3g，老鹳草 3g。

【作用】治疗仔猪黄痢。

【用法与用量】水煎浓汁喂服，每天 1 次，连续 3 ~ 5 天。

处方七：南瓜藤烧灰。

【作用】治疗仔猪黄痢。

【用法与用量】调水喂服，每天 3 次，连续 3 天。

处方八：南瓜根自然汁。

【作用】治疗仔猪黄痢。

【用法与用量】每次取 1 酒杯喂服，每天 3 次，连续 2 ~ 3 天。

处方九：白头翁、秦皮各 20g，黄连、黄柏、槐花、诃子各 15g，乌梅 12g，马齿苋适量。

【作用】治疗仔猪黄痢。

【用法与用量】按处方配药，马齿苋为引，混料喂母猪，每天 3 次，每次 500mL，连续 3 剂；重症仔猪可每头灌服 10 ~ 20mL，每天 2 次。

（七）免疫预防与饲养管理

1. 免疫预防

①做好免疫接种工作，用 $K_{88}K_{99}P_{987}$ 三价基因工程苗，或针对本场分离的大肠杆菌制备的灭活苗，在母猪产前 14 ~ 21 天接种。

②仔猪饲料中添加 CYC-100（活菌酶）、麦可食 A-MAX（酵母培养物）和活性酵母等活菌制剂，有明显的预防效果。

③母猪产仔前后，饲料中添加氟必康 400mg/kg 或环球之星 800mg/kg，以预防乳房炎和产褥热，保证正常泌乳。

2. 饲养管理

①选用优质全价哺乳料，保证母猪泌乳量，初生仔猪尽早吮吸初乳。断奶前期饲料品种的更换要逐渐过渡；在缺硒地区或使用缺硒地区生产的原材料时，要适当提高饲料中维生素 E 和硒的含量。

②加强猪舍卫生消毒工作，降低猪群饲养密度，做好保温工作。临产母猪进入产房时要淋浴消毒，接产时用刺激性小的消毒药擦洗乳头。

二 仔猪白痢

仔猪白痢（white scour of piglet）是由致病性大肠杆菌引起初生仔猪以排乳白色或灰白色带有腥臭的糊状稀粪为特征的一种急性传染病，俗称“仔猪白痢”。

（一）病原

病原体主要是致病性大肠杆菌，电镜下可见病菌细胞周围长出很多细长的F_6（987p）菌毛（图5–2–1）。现已证明，从病猪分离的许多大肠杆菌菌株的血清型与引起仔猪黄痢和仔猪水肿的大肠杆菌的血清型基本一致，在不同菌株中较常见的是O_8、O_{78}、O_{101}和K_{88}血清型。但这些菌株在实验室感染时，毒力和致病力表现也有很大的差异。因此有人提出异议，仔猪白痢的原发性病原不一定都是大肠杆菌。

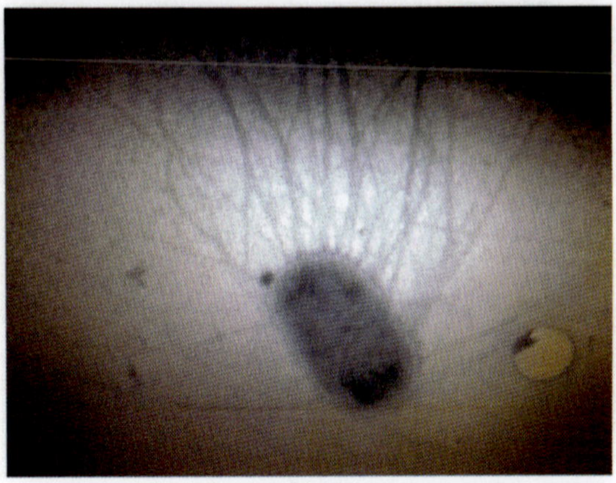

图5–2–1　ETEC的电镜照片，可见病菌细胞周围长出很多细长的F_6（987p）菌毛（磷钨酸负染 16 000×）

（二）流行特点

病猪和带菌猪是主要的传染源。通过粪便排出病菌，经消化道感染。仔猪对本病最易感，多发生于10～20日龄。临床和试验证明，没有及时给乳猪吃初乳，母猪奶量过多、过少或奶脂过高，母猪饲料突然更换、过于浓厚或配合不当，气候反常，受寒冷等都是本病的诱因或原发性病因。另外，在这些非特异性病因影响下，在胃肠道消化障碍基础上发生肠道内菌群紊乱，这是仔猪白痢发生的主要原因。实验证明，在仔猪白痢病猪肠内容物中正常肠道菌群特别是乳酸杆菌大幅度减少，而致病性大肠杆菌数量则明显增多。若给初生的乳猪服用有益菌群制剂则可以减少仔猪白痢的发生。饥饿、饲料品质差、气候骤变、饲养密度过大、卫生条件较差等不良因素也可诱发本病的发生。

（三）临床症状

发病猪体温在40℃左右，一般出现下痢后体温降至正常。病猪严重下痢，拉白色或黄白色混杂黏液的糊状粪便（图5–2–2），少数带有血丝，有腥臭味。随着病情加重，病猪消瘦，眼结膜苍白，病程2～3天，较少死亡。

图 5–2–2　病猪拉白色粥样稀粪

（四）病理特征

白痢病死猪无特征性病理变化，尸体脱水，腹腔内也常有纤维蛋白附着于脏器表面，肝脏、脾肿大，腹股沟淋巴结及肠系膜淋巴结肿大、出血。肠黏膜有卡他性出血性炎症。肠道膨胀，肠壁变薄而透明，肠腔内有乳白色或灰白色稀粪（图 5–2–3），有酸臭气。肾脏有小的出血点或坏死点。病程长者肝脏变土黄色、质地如泥，部分病例的胃黏膜有点状、条状溃疡。镜检，小肠绒毛上皮细胞变性、坏死和脱落，固有层的血管扩张充血、水肿，有较多炎性细胞浸润（图 5–2–4）。

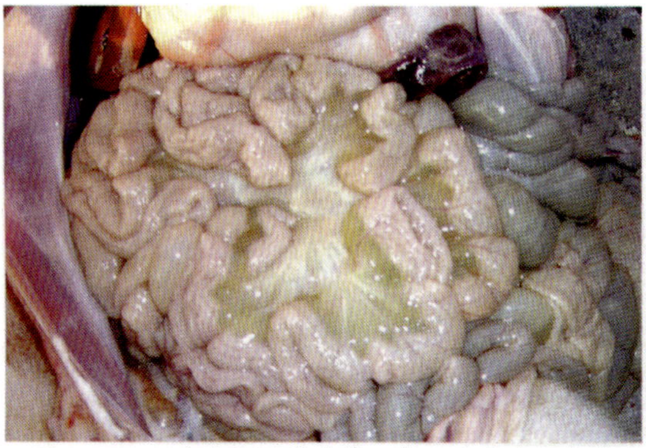

图 5–2–3　病猪小肠壁菲薄，表面被覆多量黏液

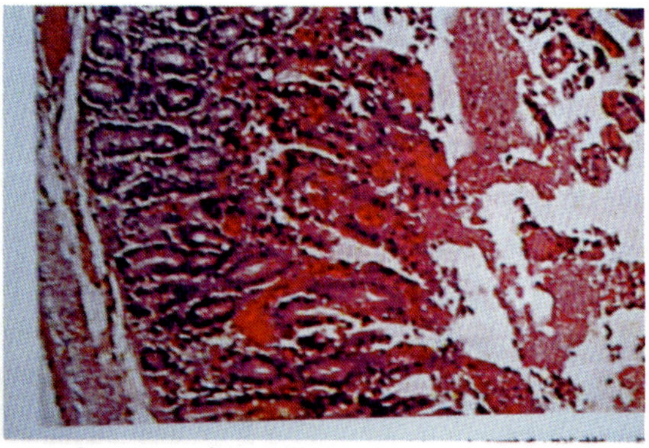

图5–2–4　病猪肠黏膜上皮变性、坏死和脱落，固有层血管扩张充血（HE100 ×）

（五）诊断要点

根据发病日龄和排出白色粪便可作初步诊断，必要时进行病原分离。

（六）治疗方法

1. 西药治疗

饲料中添加药物：新霉素200mg/kg、复方替米先锋1 000mg/kg、环丙沙星200mg/kg等。同时加入 V_E 硒粉200mg/kg，饮水中添加补液盐、多种维生素。治疗病重猪时的选药方案可参考表 5–2。

表 5–2　西药治疗仔猪白痢

<table>
<tr><th>药名</th><th>功用</th><th>千克体重用量</th><th colspan="2">使用方法</th></tr>
<tr><td>庆大霉素</td><td>抗菌消炎</td><td>3～5mg</td><td>静脉注射</td><td rowspan="2">每天1次，连续3～5天</td></tr>
<tr><td>盐酸山莨菪碱</td><td>解毒止泻</td><td>3～5mg</td><td>交巢穴注射</td></tr>
<tr><td>黄连素片</td><td>抗菌消炎</td><td rowspan="2">20～50mg</td><td colspan="2" rowspan="2">每天喂2次，连续1～2天</td></tr>
<tr><td>硅炭银</td><td>保护黏膜</td></tr>
<tr><td>50%高渗葡萄糖</td><td>补液</td><td>1～2mL</td><td colspan="2">腹腔注射，每天1次，连续3～5天</td></tr>
</table>

2. 中药治疗

处方一： 白头翁、秦皮各20g，黄连、黄柏、槐花、诃子各15g，乌梅12g，马齿苋适量。

【作用】治疗仔猪白痢。

【用法与用量】按处方配药，马齿苋为引，拌料喂母猪，每天3次，每次500mL，连续3剂；重症仔猪，可每头灌服10～20mL，每天2次。

处方二： 白头翁末2份，龙胆末1份。

【作用】治疗仔猪白痢。

【用法与用量】将两药混匀，每头每次9g，每天1次，连续2～3天，药粉以常水调成糊状，涂于仔猪舌面。

处方三： 山楂、麦芽、神曲、枳壳、陈皮、火麻仁、白头翁、龙胆末各16g。

【作用】治疗仔猪白痢。

【用法与用量】煎水喂母猪，连续4～5天。

处方四： 黄连100g，苦参200g，白头翁160g，白胡椒40g。

【作用】治疗仔猪白痢。

【用法与用量】将上药物焙焦粉碎为末混匀，每天2次喂母猪，每次5～10g，连续3～5天。

处方五： 仙鹤草干品25g。

【作用】治疗仔猪白痢。

【用法与用量】煎水取汁，候温灌服，分2次喂仔猪，每天服2次，连续2～3天。

处方六： 当归750g。

【作用】预防仔猪发生白痢。

【用法与用量】水煎30分钟，捻碎再煎30分钟，使之成为药糊，混合1.5kg米粥喂给怀孕3个月的母猪，只喂1次。

处方七： 附子5g，高良姜10g，肉桂10g，白术10g，党参10g，扁豆20g，陈皮10g，神曲15g，茯苓15g，甘草5g，木香10g。

【作用】治疗仔猪白痢。

【用法与用量】共粉碎为细末，能吃食的搀饲料喂，不能吃食的搀入奶粉用奶瓶喂，体重5kg的小猪，每天喂3次，每次喂5～10g，如用炒黄的大麦面加红糖，再搀药末，小猪肯吃。

处方八： 党参10g，茯苓10g，白术15g，扁豆15g，肉豆蔻5g，木香5g，石榴皮15g，砂仁10g，肉桂10g，山药15g，瞿麦15g。

【作用】治疗仔猪白痢。

【用法与用量】共粉碎为细末，能吃食的搀饲料喂，不能吃食的搀入奶粉用奶瓶喂，体重5kg左右的小猪，每天喂3次，每次喂5～10g，连续2～3天。

（七）免疫预防与饲养管理

1. 免疫预防

①做好免疫接种工作，用$K_{88}K_{99}P_{987}$三价基因工程苗或针对本场分离的大肠杆菌制备的灭

活苗在母猪产前 14 ~ 21 天接种。

②仔猪饲料中添加 CYC-100（活菌酶）、麦可食 A-MAX（酵母培养物）和活性酵母等活菌制剂，有明显的预防效果。

③母猪产仔前后，饲料中添加氟必康 400mg/kg 或环球之星 800mg/kg，以预防乳房炎和产褥热，保证正常泌乳。

2. 饲养管理

①选用优质全价哺乳料，保证母猪泌乳量，初生仔猪尽早吮吸初乳。断奶期饲料的更换要逐渐过渡，在缺硒地区或使用缺硒地区生产的原材料时，要适当提高饲料中维生素 E 和硒的含量。

②加强猪舍卫生消毒工作，降低猪群饲养密度，做好保温工作。临产母猪进入产房时要淋浴消毒，接产时用刺激性小的消毒药擦洗其乳头。

三 猪水肿病

猪水肿病（edema disease of pig）是由溶血性大肠杆菌的毒素引起初生仔猪的一种急性传染病。特征是仔猪头部、胃壁水肿，共济失调和四肢麻痹。

（一）病原

本病的病原体主要为溶血性大肠杆菌（图 5-3-1 至图 5-3-3），虽然各地分离到的血清型并不完全相同，但主要是 O_{138}、O_{139} 和 O_{141}。这些菌株也是引起仔猪黄痢的大肠杆菌血清型。另外，还有一些血清型如 O_{106}、O_{86} 和 O_{119} 等也可引起本病。据研究，溶血性大肠杆菌所产生的内毒素是导致本病发生的主要因素。当溶血性大肠杆菌侵入肠黏膜上皮后，即在此繁殖，并产生和释放一种有抗原性的水肿病因子

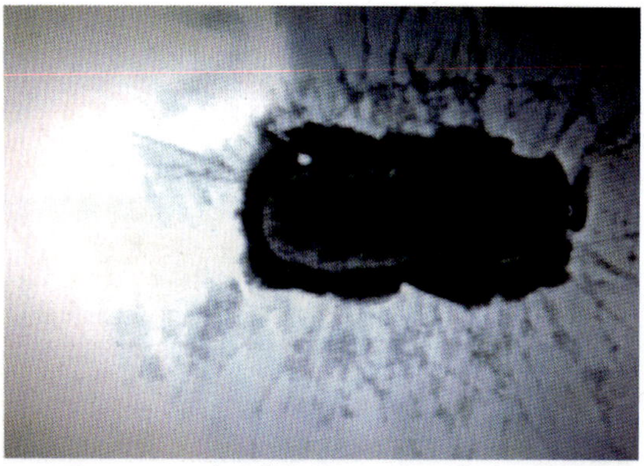

图 5-3-1 病原菌电镜下，菌细胞的四周长出很多细长的 F18（F107）菌毛（磷钨酸负染 30 000 ×）

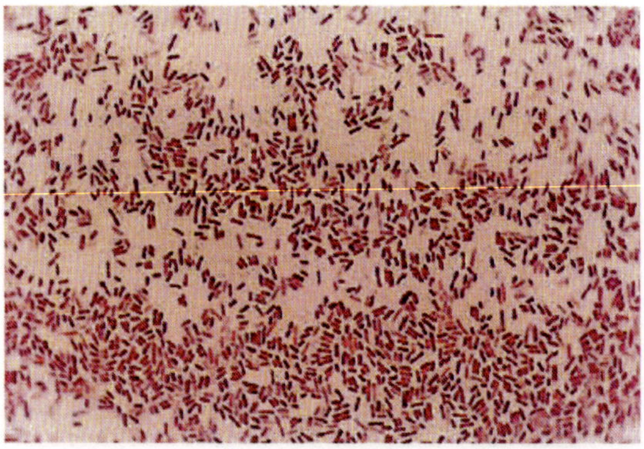

图 5-3-2 革兰氏阴性中等大小的病原菌

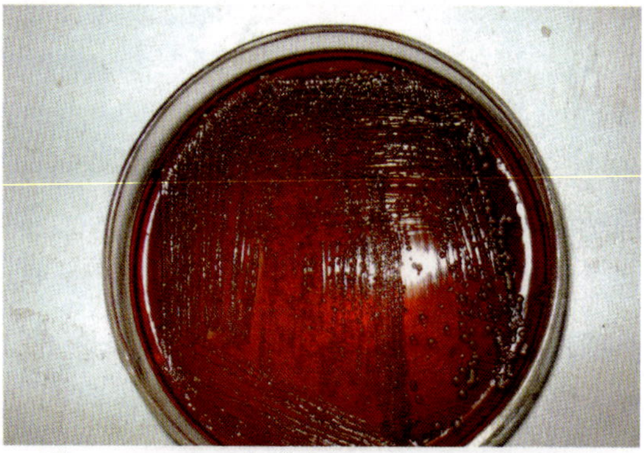

图 5-3-3 大肠杆菌在鲜血平板上长出的菌落

（EDF，又称大肠杆菌神经毒素），EDF被吸收后，即对肠组织呈现出致病作用，导致水肿的发生。本病菌为革兰氏阴性小杆菌，血清型多，无交叉保护性，易产生耐药性。

另外，一些学者认为，大肠杆菌内毒素性休克在本病的发病学中具有重要的作用，实验证明，大肠杆菌的裂解物可以引起类似的症状和病变。

（二）流行特点

本病常发生于断奶前后的仔猪，多发生于断奶1～2周，最小的见于3日龄，大者3～5月龄。春季和秋季多发，呈地方流行性，但常局限于某些猪群，发病率10%～35%，有时整窝猪突然发病，且死亡率高，有时仅1～2头发病。健壮和生长快的仔猪先发病、发病多。病猪和带菌母猪是主要的传染源。通过粪便排出病菌，仔猪经过消化道感染。饥饿、饲料品质差、气候骤变、密度过大、卫生较差等不良因素均可诱发本病的发生。

（三）临床症状

体格健壮生长快的仔猪最常见，突然发病，精神沉郁，头部水肿，共济失调，惊厥，局部或全身麻痹。多数病猪先在脸部、眼睑、颈部、肛门四周和腹部皮下水肿（图5-3-4，图5-3-5）。病猪前肢跪地（图5-3-6），后肢站立，口吐白沫，行走不稳或转圈，倒地后四肢呈划水状。病程长短不一，从几小时到几天不等，病死率高的达90%。

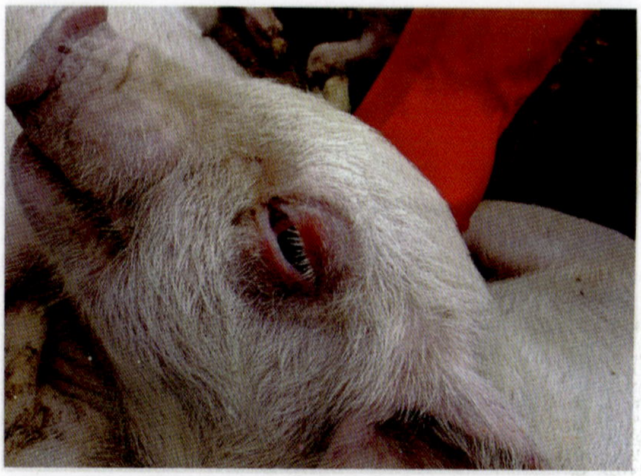

图5-3-4　病猪眼水肿、淤血

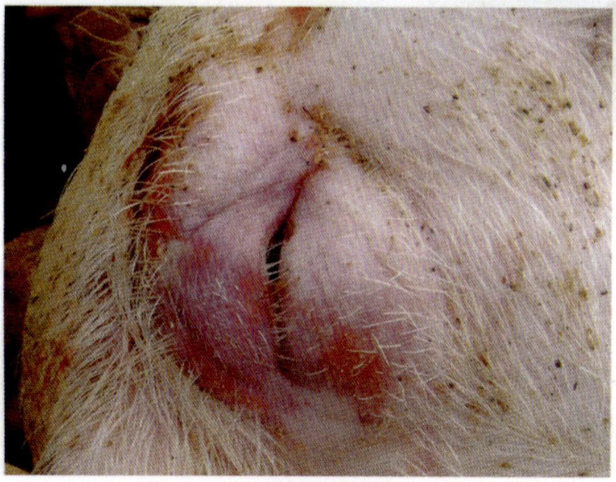

图5-3-5　病猪眼水肿、淤血

图5-3-6　病猪前肢跪地，眼水肿

（四）病理特征

剖检可见的主要病变是患猪眼睑水肿，头颈部皮下水肿（图5-3-7），面部皮下和眼睑皮下有淡黄色胶冻样病变；肠系膜淋巴结水肿、出血（图5-3-8）；肠壁水肿、肿胀变厚且透亮，切面呈胶冻样（图5-3-9至图5-3-11）；胃大弯部和贲门部壁水肿，在胃的黏膜层和肌层之间有一层胶冻样，严重的厚达2～3cm，胃底黏膜常有弥漫性出血，胃内充满凝乳块（图5-3-12，图5-3-13）；全身淋巴结充血、水肿，肺脏水肿。脑膜充血，脑水肿（图5-3-14）。镜检，胃肠壁表现水肿变化（图5-3-15，图5-3-16）；血管发生纤维素性坏死；肠系膜淋巴结淤血、肿胀；多发非化脓性脑膜炎、水肿和出现局限性软化灶（图5-3-17至图5-3-20）。

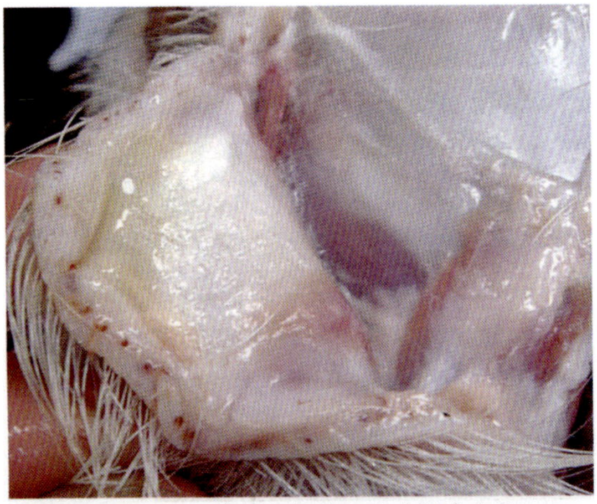
图5-3-7　病猪头部皮下胶冻样渗出物

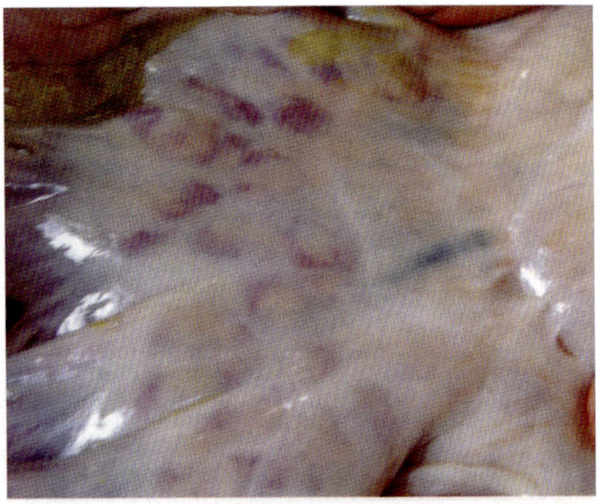
图5-3-8　病猪肠系膜淋巴结肿大、出血

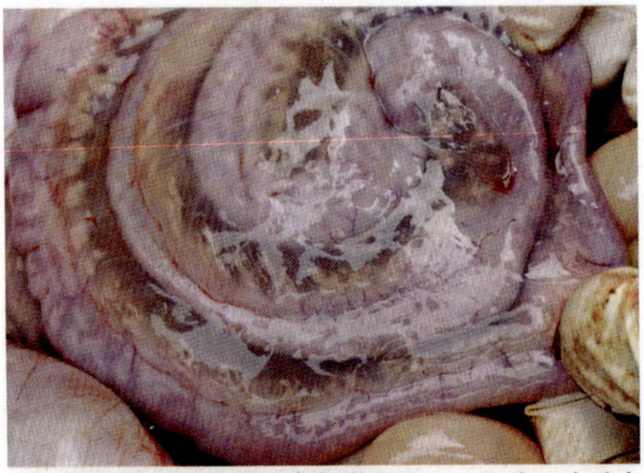
图5-3-9　病猪肠盘部明显淤血、水肿，系膜内有多量浆液

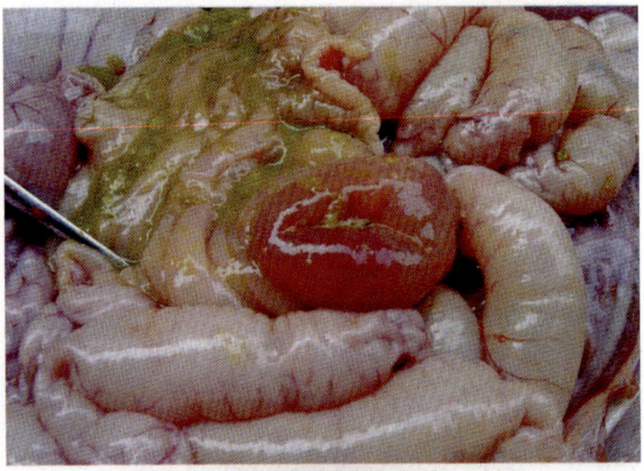
图5-3-10　病猪小肠水肿、出血

图5-3-11　病猪肠壁水肿、增厚，内有胶冻样渗出物

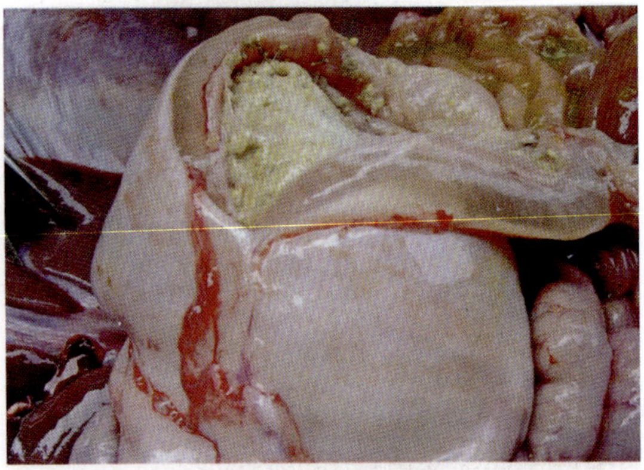
图5-3-12　病猪胃壁明显增厚，质地柔软，似胶冻样，切开胃壁，有多量浆液流出

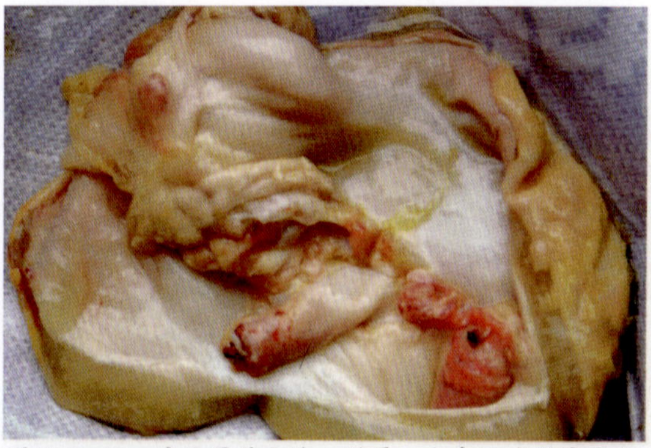

图 5-3-13　病猪胃壁水肿、增厚，内有胶冻样渗出物

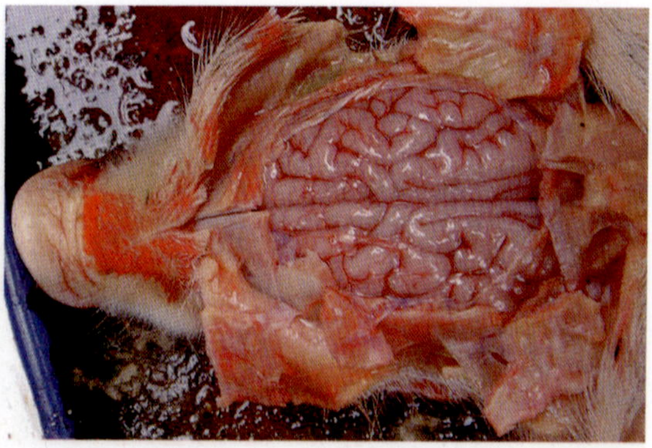

图 5-3-14　病猪脑组织水肿

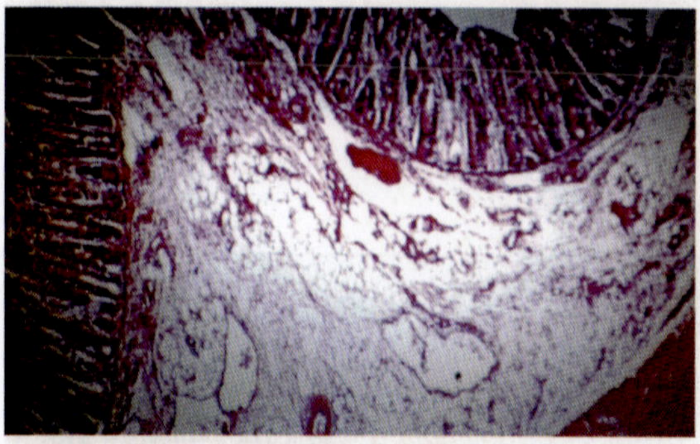

图 5-3-15　病猪结肠固有层水肿，淋巴管扩张（HE 40 ×）

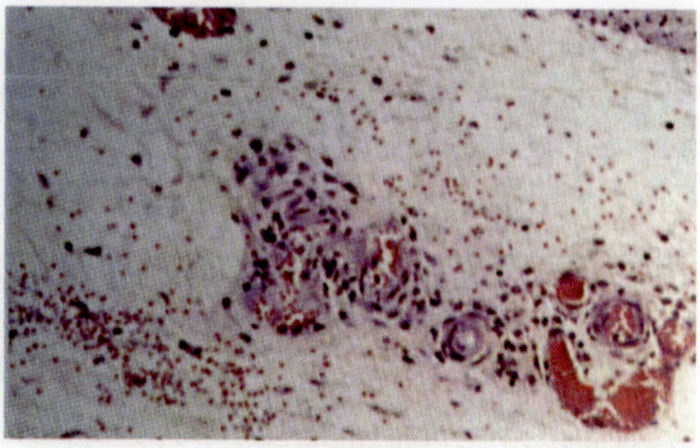

图 5-3-16　病猪胃黏膜下层淤血，轻度出血，明显水肿，增宽（HE 100 ×）

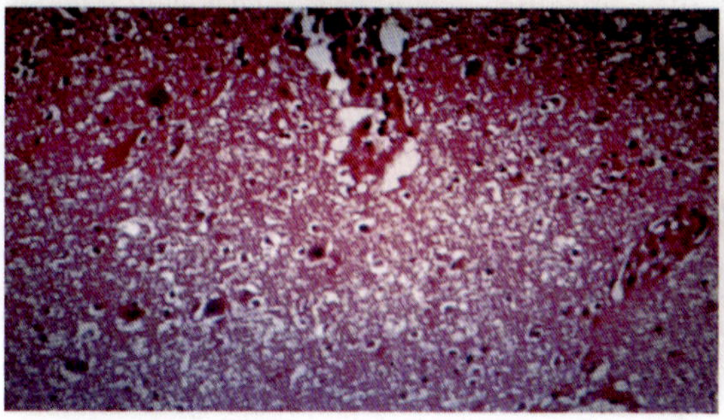

图5-3-17　病猪大脑出现非化脓性脑膜炎，血管壁增厚，结构模糊，表面血管壁受损伤，血管内淋巴细胞增多（HE100 ×）

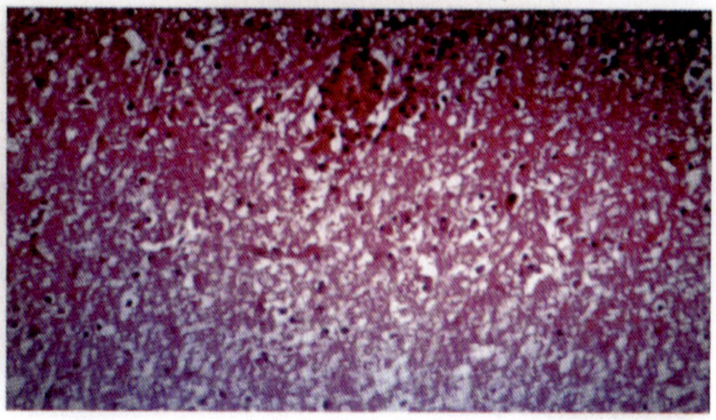

图5-3-18　病猪大脑出现非化脓性脑膜炎，有时出现胶质细胞结构，有脑软化病灶存在（HE 100 ×）

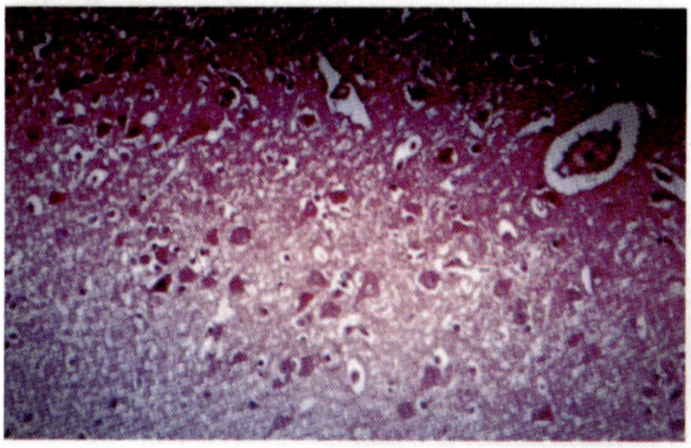

图5-3-19　病猪大脑出现非化脓性脑膜炎，血管淤血，噬神经元现象普遍（HE 100 ×）

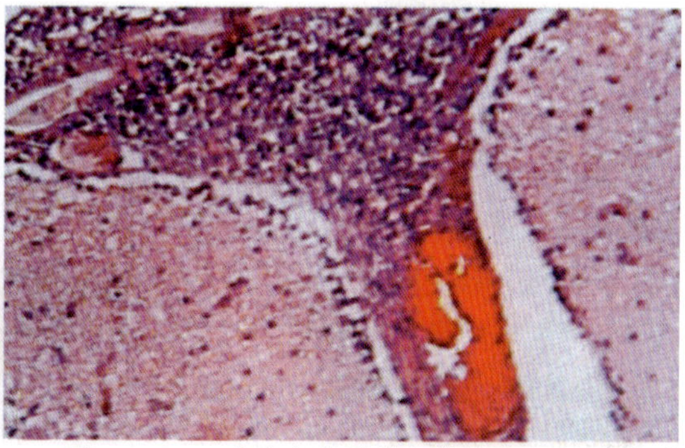

图5-3-20　病猪小脑膜的血管扩张充血，有大量嗜中性白细胞浸润（HE 100 ×）

（五）诊断要点

根据流行特点、临床症状和病理剖检变化特征可作出初步诊断。确诊需分离病原性大肠杆菌并做血清型鉴定和小鼠毒性试验（图5-3-21）。

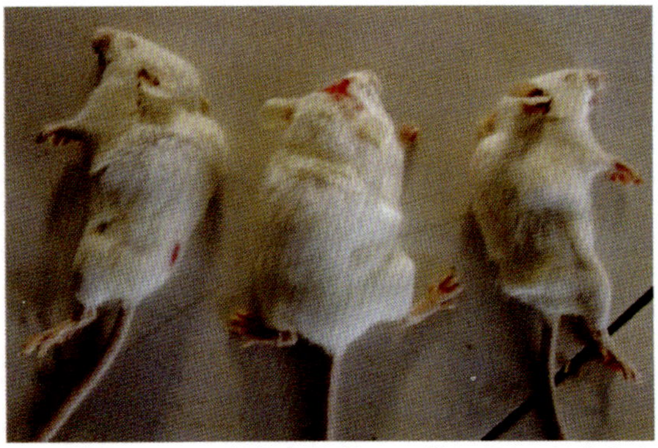

图5-3-21　小鼠在注射SL-ⅡE后36小时左右出现后肢瘫痪、行走时后肢拖地的特征性中毒症状

（六）治疗方法

1. 西药治疗

饲料中添加新霉素200mg/kg、复方替米先锋1 000mg/kg、环丙沙星200mg/kg等。同时加入V_E硒粉200mg/kg。饮水中添加补液盐、多种维生素。治疗病重猪时的选药方案可参考表5-3。

表5-3　西药治疗猪水肿病

<table>
<tr><th>药名</th><th colspan="2">功用</th><th>千克体重用量</th><th>使用方法</th></tr>
<tr><td>大力士（阿米卡星）</td><td colspan="2" rowspan="2">抗菌消炎</td><td>0.1mL</td><td rowspan="3">混合后，肌内注射，每天2次，连续3～5天</td></tr>
<tr><td>环球之星</td><td>0.1mL</td></tr>
<tr><td>地塞米松注射液</td><td colspan="2">抗炎、抗休克</td><td>4～12mg</td></tr>
<tr><td>磺胺嘧啶钠</td><td rowspan="2">抗菌消炎</td><td rowspan="2">二选一</td><td>100～200mg</td><td rowspan="2">肌内注射，每天1次，连续3～5天</td></tr>
<tr><td>强效阿莫西林</td><td>10mg</td></tr>
</table>

2. 中药治疗

处方一：白头翁、秦皮各20g，黄连、黄柏、槐花、诃子各15g，乌梅12g，马齿苋适量。

【作用】治疗仔猪水肿病。

【用法与用量】按处方配药，马齿苋为引，拌料喂母猪，每天3次，每次500mL，连续3剂；重症仔猪，可每头灌服10～20mL，每天2次。

处方二：白术9g，木通6g，茯苓9g，陈皮6g，石斛6g，冬瓜皮9g，猪苓5g，泽泻6g。

【作用】治疗猪水肿病。

【用法与用量】水煎，分2次喂服，每天1剂，连续2剂。

处方三：茯苓皮、牵牛子、木通各10g，石斛、苍术各12g，泽泻、大腹皮、猪苓、陈皮、红花各6g，雄黄粉30g。

【作用】治疗猪水肿病。

【用法与用量】上药除雄黄外，水煎取汁，候温加雄黄粉灌服，每天1次，连续3～5次。

处方四：黄芩、黄柏、大黄、泽泻、茯苓各等量。

【作用】治疗猪水肿病。

【用法与用量】共粉碎细末，每天灌服20～60g，连续3～5天。

处方五： 金银花、贯众、山楂各25g，木香、槟榔、陈皮、枳壳、红花各10g，神曲、当归、甘草各16g，生地黄、竹叶各31g，连翘13g。

【作用】治疗猪水肿病。

【用法与用量】适于体重20kg的猪只，水煎取汁，供患猪1天分2次灌服，连续2～3天。

处方六： 仙鹤草、龙胆草、泽泻、茯苓、车前子、木通各9g，焦白术、何首乌、当归各15g，蝼蛄7个，甘草15g。

【作用】治疗猪水肿病。

【用法与用量】水煎取汁，候温灌服，供体重30～50kg猪只1次服用，每天1次，连续3～5天。

处方七： 桉树叶（生品）45g，五加皮19g，大腹皮15g，地骨皮10g，茯苓皮15g。

【作用】治疗猪水肿病。

【用法与用量】煎水取汁，候温喂服，供患猪1次服完，每天1次，连续3～5次。

（七）免疫预防与饲养管理

1. 免疫预防

①做好免疫接种工作，用$K_{88}K_{99}P_{987}$三价基因工程苗或针对本场分离的大肠杆菌制备的灭活苗，母猪产前14～21天接种。

②仔猪饲料中添加CYC-100（活菌酶）、麦可食A-MAX（酵母培养物）和活性酵母等活菌制剂，有明显的预防效果。

③母猪产仔前后，饲料中添加氟必康400mg/kg或环球之星800mg/kg，可预防乳房炎和产褥热，保证泌乳。

2. 饲养管理

①选用优质全价哺乳料，保证母猪泌乳量，初生仔猪尽早吮吸初乳。断奶期饲料的更换要逐渐过渡，在缺硒地区或使用缺硒地区生产的原材料时，要适当提高饲料中维生素E和硒的含量。

②加强猪舍卫生消毒工作，降低猪群饲养密度，做好保温工作。临产母猪进入产房时要淋浴消毒，接产时用刺激性小的消毒药擦洗乳头。

四 仔猪副伤寒

仔猪副伤寒（swine salmonellosis）主要是由猪霍乱和猪伤寒沙门氏菌引起仔猪的一种传染病，又称猪沙门氏菌病。主要以出现肠炎和持续下痢为症状特征。

（一）病原

沙门氏菌为两端钝圆、中等大小的直杆菌，革兰氏染色阴性，无荚膜，不形成芽孢，有周身鞭毛，能运动。本菌有菌体抗原（O抗原）、鞭毛抗原（H抗原）、表面抗原（荚膜和菌毛抗原，称为Ⅵ抗原）和K抗原；虽不产生外毒素，但可产生毒力较强的内毒素，引起发热、白细胞数量变化及中毒性休克，有的还可产生与大肠杆菌肠毒素性质相同的肠毒素。

引起猪副伤寒的沙门氏菌的血清型较为复杂，各国所分离到的菌株有较大的差异且致病性很不一致。其中猪霍乱沙门氏菌及其孔道夫变种是主要的病原体，可引起败血症和肠炎；鼠伤寒沙门氏菌和德尔俾沙门氏菌能引起急性或慢性肠炎；都柏林沙门氏菌可引起散发性败血症和脑膜炎；猪伤寒沙门氏菌则以引起溃疡性小肠结肠炎以及坏死性扁桃体炎和淋巴结炎为主要病变特征。

沙门氏菌对外界环境的抵抗力较强，在粪中可活1～2个月，在垫草上可活8～20周，在冻土中可以存活，在10%～19%食盐腌肉中能生存75天以上；但对消毒药的抵抗力不强，3%来苏儿、3%福尔马林等消毒液均能将其杀死。本菌易产生耐药性。

（二）流行特点

本病一年四季均可发生，以冬春季节多发。本病可感染不同年龄的猪只，3～4月龄仔猪最易感，6月龄以上的猪发病少，1月龄以内的仔猪发病较少。多为散发，呈地方性流行。病猪和带菌猪是主要的传染源，病菌通过粪便、尿液、流产物排出，经消化道感染易感猪。环境潮湿、长途运输、卫生较差、营养缺乏等外界不良因素可造成内源性感染。

（三）临床症状

急性病例体温高达40～42℃，毛松，精神沉郁（图5-4-1），呕吐和腹泻，拉黄绿色、恶臭、粥样稀粪。耳根、胸前、腹下、四肢等肢体远端皮肤发绀，有紫色斑点和斑块（图5-4-2至图5-4-4），多数病例2～4天死亡，耐过猪发育不良，转为僵猪。慢性病例较为常见，开始发病不易察觉，一般到精神不振、寒颤、出现下痢时才被发现。病猪喜钻垫草，或者挤堆。严重者恶性下痢或下痢和便秘交替进行，粪便恶臭，呈淡黄色、灰绿色或灰白色。病猪长期卧地，高度消瘦，皮肤呈污红色，站立行走时歪歪倒倒，有时体温升高，继而又降至常温。一般于数周后死亡，少数康复猪变为长期带菌的僵猪。

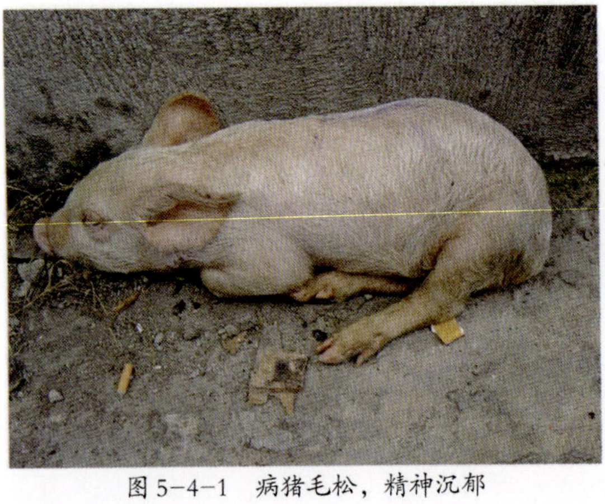

图5-4-1　病猪毛松，精神沉郁

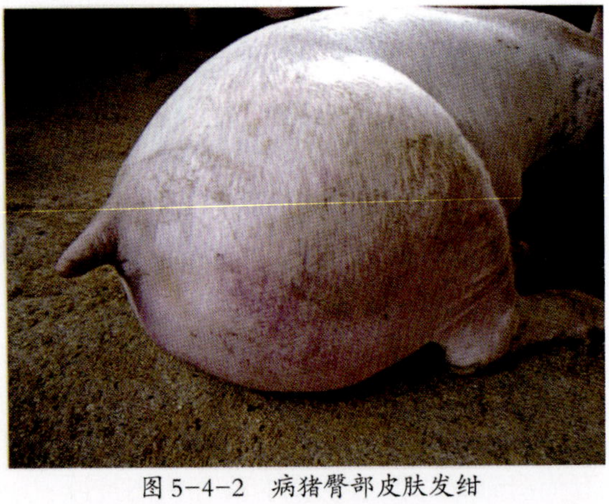

图5-4-2　病猪臀部皮肤发绀

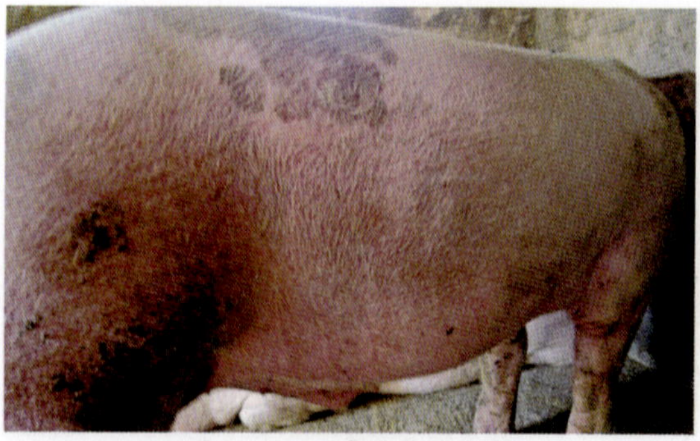
图 5-4-3　病猪皮肤发绀

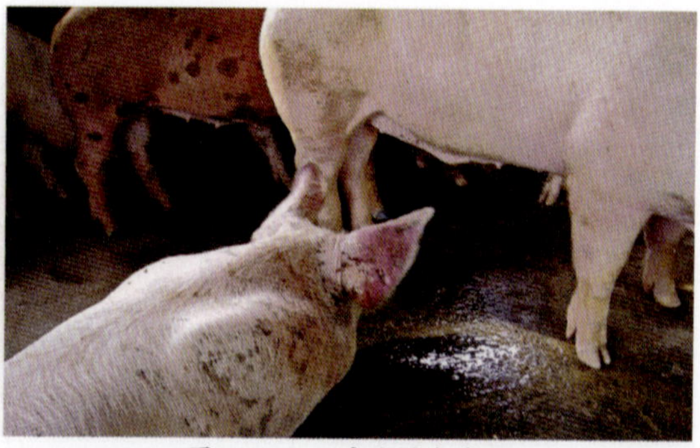
图 5-4-4　病猪耳尖发绀

（四）病理特征

本病特征性病变是大肠黏膜局灶性或弥漫性伪膜和溃疡，周围呈堤状隆起。急性病例主要表现为败血症变化，腹腔内的脏器表面附着黄白色纤维素状物，胃肠管浆膜充血、出血。肝脏肿大，表面有散在的米粒大小的黄白色坏死点（图5-4-5，图5-4-6），脾肿大，暗蓝色，坚硬似橡皮（图5-4-7），全身淋巴结肿大、出血（图5-4-8），肺脏水肿、出血或实变（图5-4-9）。盲肠、结肠发生坏死性炎症，肠壁增厚，表面附有一层假膜；胆囊黏膜坏死。慢性病例主要病变在盲肠、结肠和回肠，特征性病变为坏死性肠炎，肠壁增厚，黏膜上覆盖一层灰白色和黄绿色麸皮样假膜（图5-4-10）。镜检，可见肝细胞变性坏死，形成坏死性副伤寒结节（图5-4-11，图5-4-12），肺间质水肿、增宽，呈支气管肺炎变化（图5-4-13），淋巴小结呈坏死性变化（图5-4-14）。

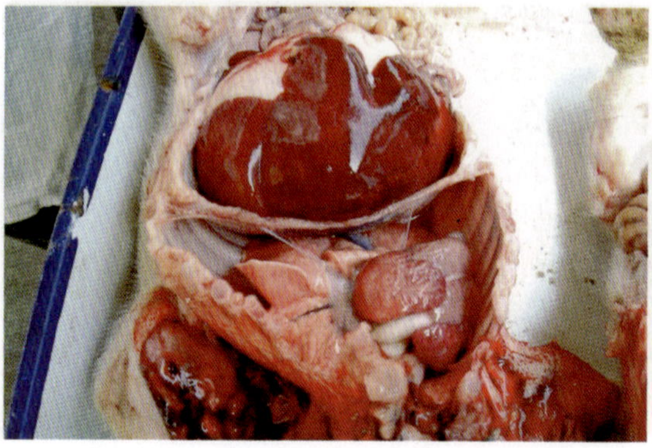
图 5-4-5　病猪肝脏表面有黄白色坏死点

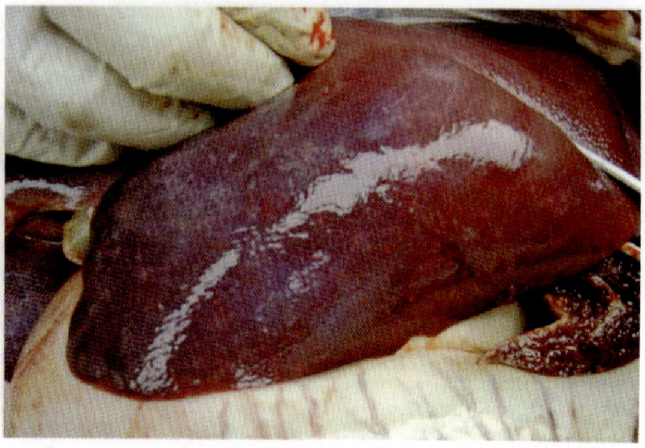
图 5-4-6　病猪肝脏肿大，表面有黄白色坏死点

图 5-4-7　病猪脾脏肿大，坚韧似橡皮

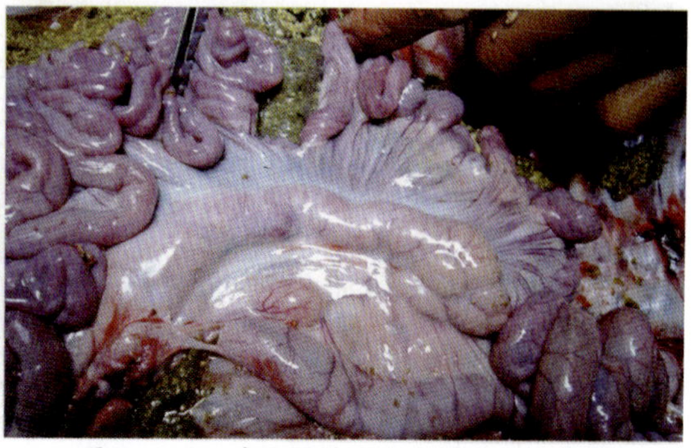
图 5-4-8　病猪肠系膜淋巴结肿大、出血

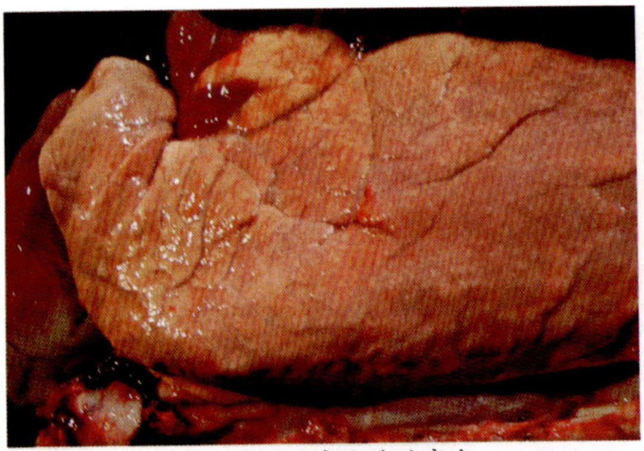

图 5-4-9 病猪肺脏实变

图 5-4-10 病猪肠黏膜形成麸皮样假膜

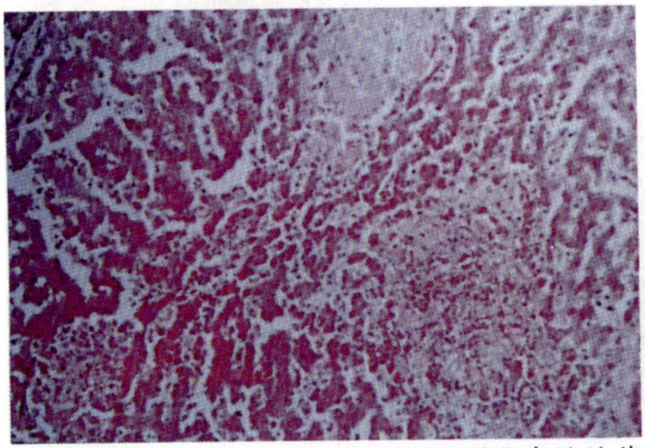

图 5-4-11 病猪肝脏坏死性副伤寒性结节（HE100 ×）

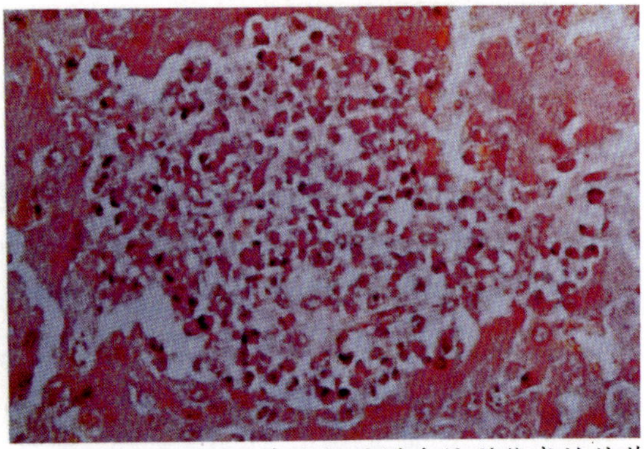

图 5-4-12 病猪肝脏增生性副伤寒性结节（HE400 ×）

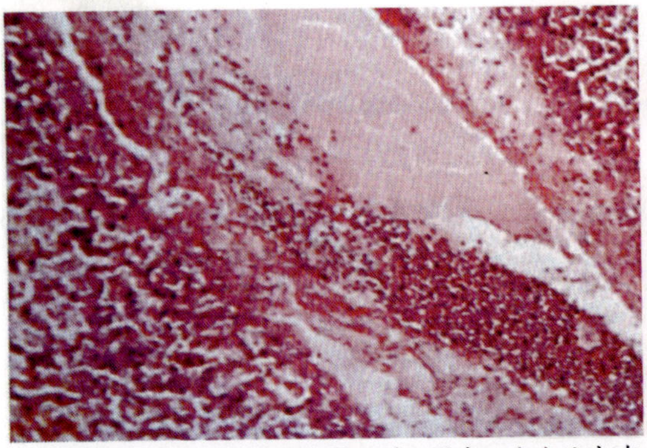

图5-4-13 病猪肺间质水肿、增宽，肺泡腔中有大量炎性细胞

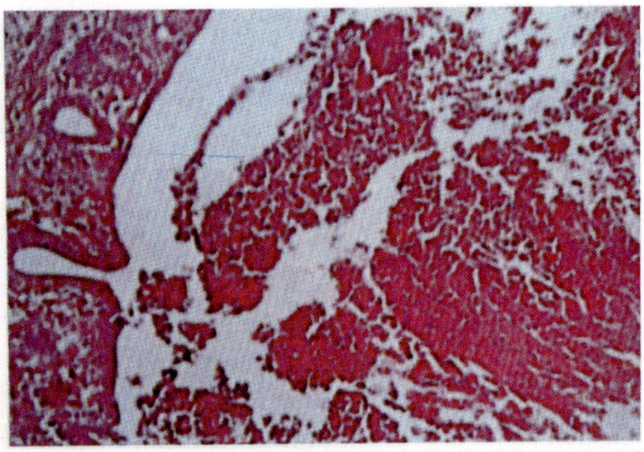

图5-4-14 病猪肠淋巴小结坏死，与坏死的肠黏膜和渗出物一起脱入肠腔（HE100 ×）

（五）诊断要点

根据流行病学、临床症状和病理变化可初诊。确诊可通过细菌学检查、分离培养和ELISA等试验。急性病例可从实质器官分离出病原菌，慢性病例则不易分离出。如已分离到沙门氏菌，必须综合其他症状、病理特征及流行特点进行分析，方可作出结论。

（六）类症鉴别

临床上经常与猪瘟混合感染。

（七）治疗方法

1. 西药治疗

使用敏感药物，按一定的周期进行替换使用，选药方案可参考表5-4，另外还可选择盐酸强力霉素、盐酸土霉素或氟哌酸代替磺胺类药。

表 5-4 西药治疗猪沙门氏菌病

<table>
<tr><th>药名</th><th colspan="2">功用</th><th>千克体重用量</th><th>使用方法</th></tr>
<tr><td>磺胺嘧啶</td><td rowspan="2">抗菌消炎</td><td rowspan="2">配合使用</td><td>20～40mg</td><td rowspan="2">1天用量，混合后分2次喂服，连续1周</td></tr>
<tr><td>三甲氧苄氨嘧啶</td><td>4～8mg</td></tr>
<tr><td>10%磺胺嘧啶钠注射液</td><td colspan="2">抗菌消炎</td><td>5mL</td><td rowspan="2">混合后静脉注射，每天1次，连续3～5次</td></tr>
<tr><td>25%葡萄糖注射液</td><td colspan="2">补液</td><td>5～10mL</td></tr>
<tr><td>盐酸山莨菪碱</td><td colspan="2">解毒</td><td>1～2mg</td><td>肌内注射，每天2次，连续5天</td></tr>
</table>

2. 中药治疗

以清热解毒，扶正健脾为治则，最好与西药配合使用，以巩固其疗效。

处方一：黄芩500g，黄柏500g，杜仲500g，贯众500g，生半夏500g，明矾250g，雄黄250g，五味子500g，胡椒200g，油皂250g，使君子250g，麝香25g。

【作用】治疗猪沙门氏菌病。

【用法与用量】共粉碎为细末，开水冲调，候温灌服。体重5～15kg的小猪3～5g，20～30kg的中猪4～10g，40～60kg的大猪6～20g。

处方二：黄芪50g，桂枝30g，升麻30g，生地35g，麦门冬50g，金银花50g，枇杷叶30g，桑叶50g，知母35g，黄柏50g，秦皮35g，陈皮40g，木香50g（另包后下），滑石50g，车前子45g，甘草50g。

【作用】益气养阴，清热除湿，治疗猪沙门氏菌病。

【用法与用量】按处方配药，水煎取汁，候温分2次内服，供5头仔猪（体重15～20kg）1次服用，每天1次，连续3～5天。

处方三：连翘10g，桑叶10g，杏仁10g，薄荷10g，桔梗15g，陈皮15g，竹叶15g，通草10g，桑白皮10g。

【作用】治疗猪沙门氏菌病。

【用法与用量】如咽喉肿则加射干、山豆根、牛蒡子各15g，用水煎服，每天2～3次，连续3～5天。

处方四：苍术25g，北辛5g，防风25g，白芷25g，茯苓皮25g，贯众25g，麻黄15g，甘草5g。

【作用】治疗仔猪副伤寒。

【用法与用量】紫苏根、石菖蒲、茅草根、臭草根为引，煎汤取汁，候温灌服，每天2次，连续2～3天。

处方五： 黄连10g，黄柏15g，白头翁25g，金银花20g，煨葛根30g，茯苓20g，枳实10g，槟榔15g。

【作用】治疗猪沙门氏菌病。

【用法与用量】煎水去渣，供体重15～25kg的猪只1天分2次灌服，连续2～3天。

处方六： 黄芩、荆芥、桂枝各20g，杏仁、麻黄各15g，桔梗、防风各25g，川芎、大枣各12g，生姜、甘草各10g。

【作用】治疗猪沙门氏菌病。

【用法与用量】按处方配药，水煎取汁，候温内服。或研细末，开水冲调灌服。每天1次，连续3～5天。

处方七： 黄连须30～60g，栀子23g，木通20g，大黄23g，石膏30～60g，黄芩20g，黄柏20g，麻黄10g，淡豆豉20g，姜黄20g，牛蒡子15g，甘草6g。

【作用】治疗猪沙门氏菌病。

【用法与用量】煎汤取汁，候温，供大猪1天用量，分3次灌服。

（八）免疫预防与饲养管理

1. 免疫预防

在本病常发地区，可对1月龄以上哺乳或断奶仔猪，每头用猪沙门氏菌冻干弱毒菌苗，加20%氢氧化铝生理盐水稀释，肌内注射1mL，免疫期9个月；口服时，按瓶签说明使用，服前用冷开水稀释成每头份5～10mL，搀入料中喂服；或按每头猪1头份疫苗稀释于5～10mL冷开水中给猪灌服。

2. 饲养管理

平时保持圈舍清洁干燥，改善饲养管理和卫生条件，消除应激因素，增强仔猪抵抗力。搞好清洁卫生，定期消毒，以防传染。病猪应尽早隔离治疗，选用磺胺类药物及时治疗，病死猪应深埋。圈舍应彻底清扫、消毒，特别是饲槽要刷洗干净。粪便堆积发酵后再利用。必要时对假定健康猪用抗生素拌料投喂进行预防。

五 猪传染性胃肠炎

猪传染性胃肠炎（transmissible gastroenteritis of pig，TGE）是由猪传染性胃肠炎病毒（TGEV）引起，以腹泻、呕吐和脱水为特征的一种急性、高度接触性传染病。可发生于不同年龄的猪，10日龄以内的仔猪病死率可高达100%；5周龄以上的猪病死率较低，更大的或成年病猪几乎不死亡。

（一）病原

猪传染性胃肠炎病毒属于冠状病毒科冠状病毒属，单股RNA。该病毒的粒子呈球形、椭圆形或多边形，直径为80～120nm，核心含单股RNA，有囊膜，表面有一层长12～28nm的棒状纤突。用磷钨酸负染扫描电镜观察时，可在病毒粒子外周见有花冠样突起；透射电镜下观察，病毒多呈圆形，位于内质网腔内（图5-5-1）。病毒主要存在于病猪的十二指肠、空肠及回肠的黏膜上和肠内容物及肠系膜淋巴结中；在鼻腔、气管、肺脏、脾脏、肝脏、血液等组织中，也能查出病毒，但含病毒量较低。据报道，本病毒也可能是引起猪慢性肺炎的一种病原体，在流行间歇期，隐藏在大猪的肺脏中而成为仔猪的传染来源。

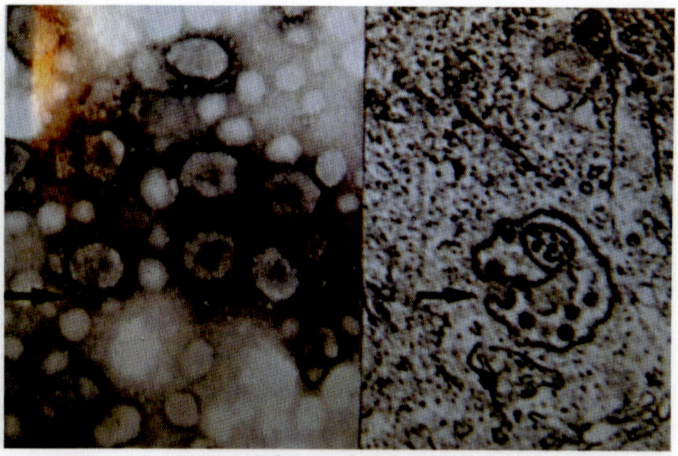

图5-5-1　TGEV病毒粒子外周有花冠样突出（左图箭头）；超薄切片中TGEV位于粗面内质网中（右图箭头）

研究证明，TGEV只有1个血清型，与猪流行性腹泻病毒无抗原相关性，但与犬冠状病毒和猫传染性腹膜炎病毒之间有抗原交叉关系。犬和猫被认为是TGEV的携带者。

病毒对日光和热敏感，在阳光下曝晒6小时可以灭活；加热至56℃45分钟或65℃10分钟即可灭活。病毒对胰蛋白酶和猪胆汁有抵抗力，对低温也有较强的抵抗力，在内脏和肠内容物中于-20℃条件下可存活8个月。TGEV对酸有一定的抵抗力，pH值3～4仍可保持活性。

（二）流行特点

本病可发生于不同品种、年龄、性别的猪，主要在仔猪中流行，年龄越小，发病率和病死率越高。病猪和带毒猪是主要传染源，可通过粪便、呕吐物、乳汁、鼻分泌物以及呼出的气体排出病毒。易感猪通过消化道或呼吸道感染。本病多发生于冬春季节，发病高峰为12月至翌年2月。哺乳仔猪感染后死亡率很高，可达100%。

（三）临床症状

仔猪典型的临床表现是突然呕吐，接着出现急剧的水样腹泻，粪水呈黄色、淡绿色或淡绿发白色（图5-5-2至图5-5-6）。病猪脱水，体重下降，精神委靡，被毛粗乱无光（图5-5-7，图5-5-8）。吃奶减少或停止吃奶，颤抖、口渴、消瘦，严重者2～5天死亡。1周龄以下哺乳仔猪死亡率可达50%～100%，随着日龄增加，死亡率降低；病愈仔猪增重缓慢，生长发育受阻，甚至成为僵猪；架子猪、育肥猪及成年猪主要是食欲减退或消失，水样腹泻，粪水呈黄绿色、淡灰色或褐色，混有气泡；哺乳母猪泌乳减少或停止，3～7天病情好转随即恢复，极少发生死亡。

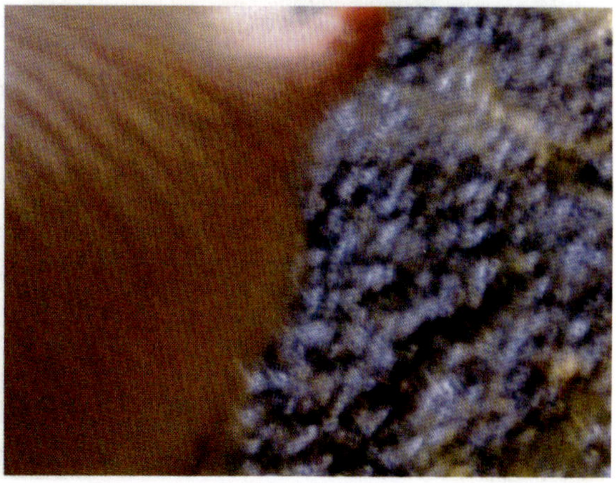

图5-5-2　病生长猪喷射而出的水样稀粪

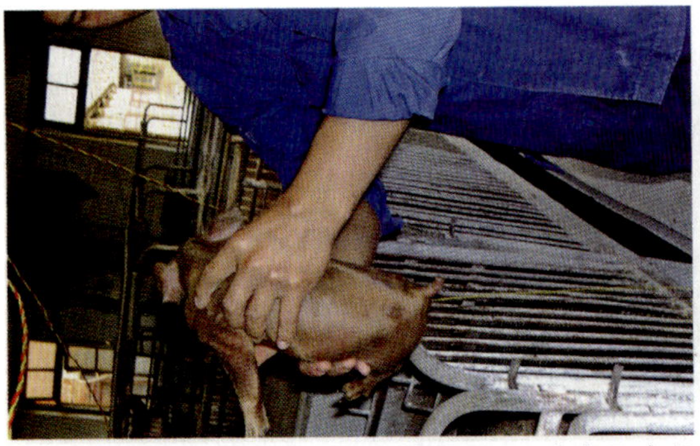
图 5-5-3　病新生仔猪水样腹泻，如直线状喷射而出

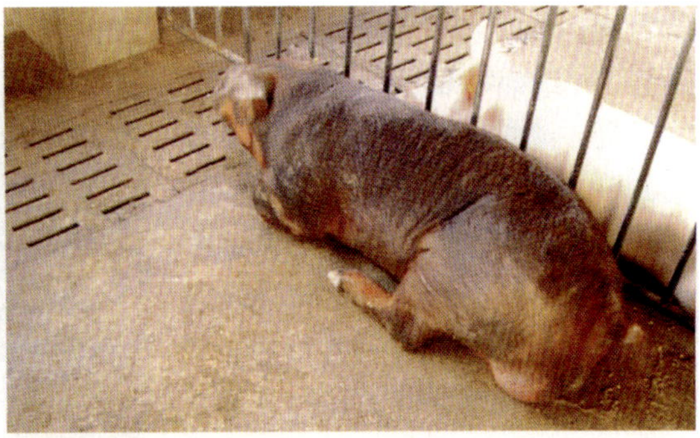
图 5-5-4　病公猪水样腹泻

图 5-5-5　病母猪排出的黄绿色水样稀粪

图 5-5-6　病生长猪排出的黄色水样稀粪

图 5-5-7　病保育猪脱水、消瘦

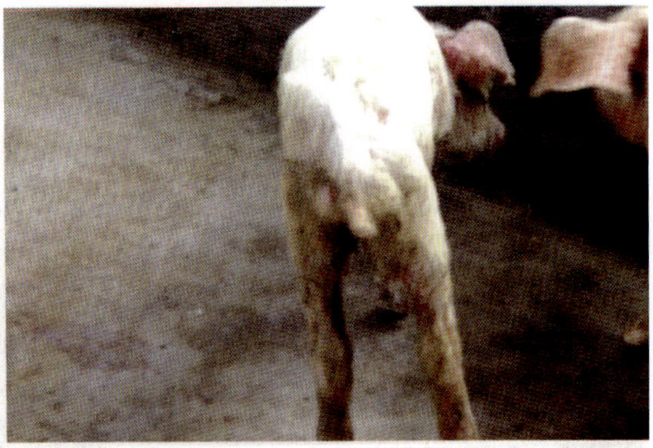
图 5-5-8　病生长猪脱水、消瘦

（四）病理特征

特征性病理变化主要是小肠的绒毛变短，小肠呈气性肿胀，伴有卡他性肠炎，脾脏、肠系膜淋巴结充血。主要病变为：尸体脱水明显，非常消瘦，肠系膜充血，淋巴结肿胀（图5-5-9），胃内充满乳凝块，胃底黏膜充血、出血（图5-5-10）。肠内充满蓝色水样粪便，肠壁变得很薄，呈半透明状（图5-5-11，图5-5-12）。组织学观察，可见病猪小肠上皮细胞空泡化和

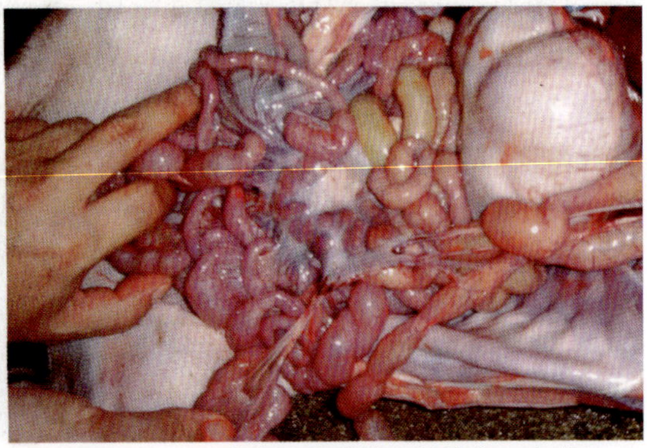
图 5-5-9　病猪肠系膜淋巴结肿大、出血

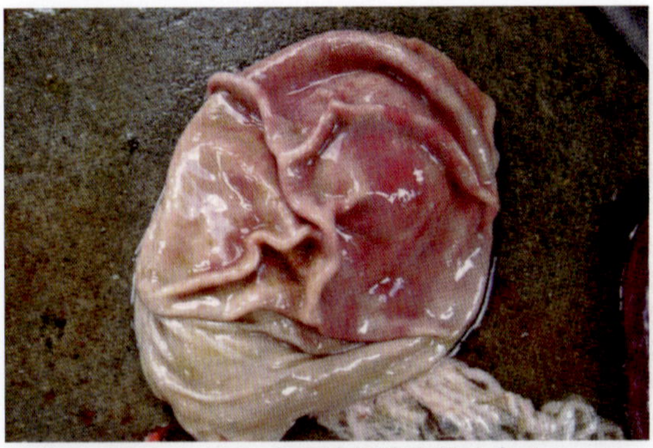

图 5-5-10 病猪胃黏膜弥漫性出血

图 5-5-11 病猪肠壁变薄、透明，肠腔充满水样稀粪

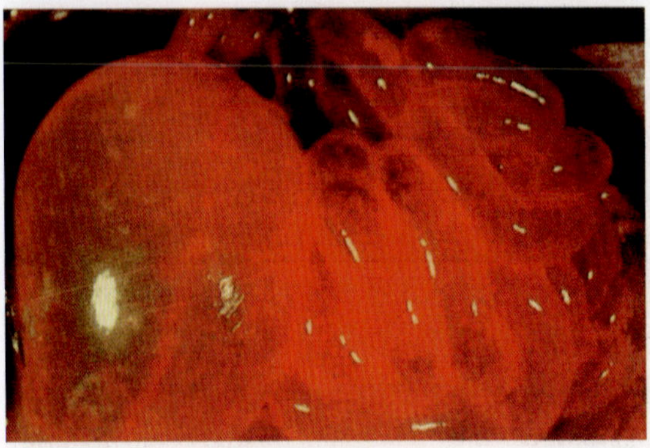

图 5-5-12 病猪肠壁菲薄、透明，充满气体

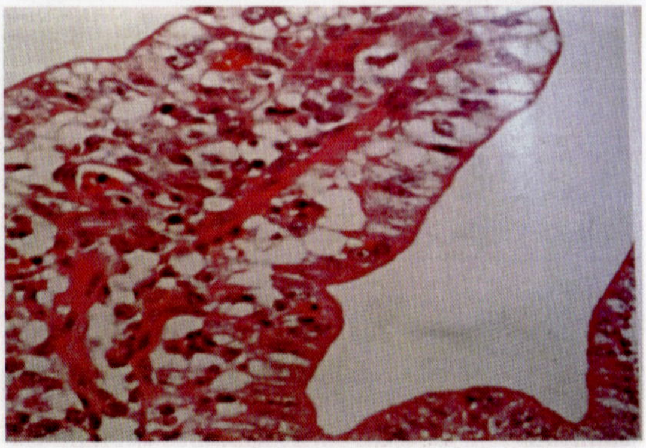

图 5-5-13 病猪小肠上皮细胞空泡化和坏死（HE 400 ×）

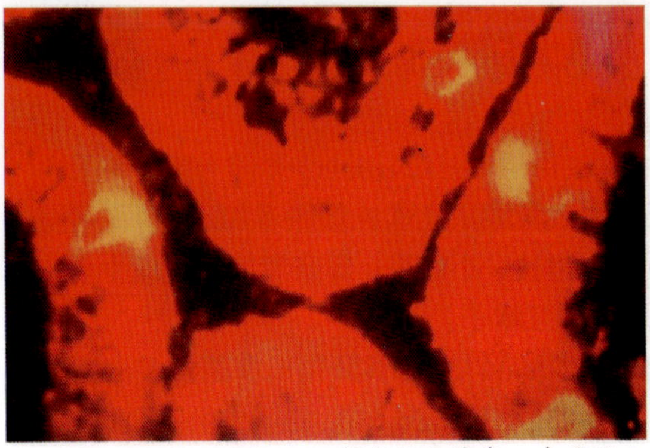

图 5-5-14 用抗 TGE 荧光抗体染色，在病猪小肠上皮中出现阳性反应（黄色，HE 400 ×）

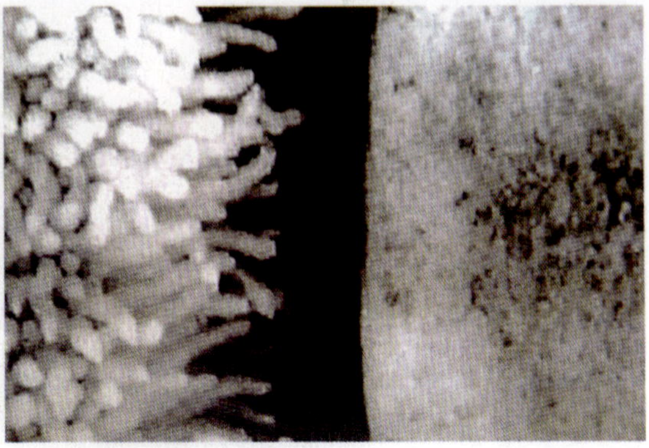

图 5-5-15 病猪肠黏膜上皮细胞的绒毛明显萎缩（左图为正常对照）

坏死（图 5-5-13）；抗 TGE 荧光抗体染色，在小肠上皮中出现阳性反应（图 5-5-14）；电镜扫描小肠组织，可观察到小肠黏膜的绒毛明显缩短的变化（图 5-5-15）。

（五）诊断要点

临床上可依据一群猪中较多猪只发生水泻样腹泻、哺乳仔猪（5 日龄内）病死率高、大猪感染经过3～7天能恢复等作出初步诊断。确诊可通过实验室病毒的分离鉴定、FA试验和ELISA试验进行。

（六）治疗方法

1. 西药治疗

止泻、补液，选药时可参考表 5–5。

表 5–5　西药治疗猪传染性胃肠炎

药名	功用	千克体重用量	使用方法
痢菌净	抗菌消炎	20mg	肌内注射，每天2次，连续3～5天
0.1%高锰酸钾溶液	清理胃肠	4mL	喂服
硫酸庆大霉素	抗菌消炎	3～5mg	混合后静脉注射
25%葡萄糖注射液	补液	1～2mL	
山莨菪碱	解毒止泻	3～5mg	混合，1次后三里穴注射，每天1次，连续3天
维生素B_1	补液	10～20mg	

2. 中药治疗

处方一： 黄连 40g，三颗针 40g，白头翁 40g，苦参 40g，白芍 30g，地榆炭 30g，乌梅 30g，诃子 30g，大黄 30g，车前子 30g，棕榈炭 30g，甘草 30g。

【作用】防治猪传染性胃肠炎。

【用法与用量】按处方配药，粉碎为末后混匀，分 6 次灌服，每天 3 次，连续 2 天以上。

处方二： 苍术 20g，白术 20g，厚朴 20g，桂枝 15g，陈皮 20g，泽泻 20g，猪苓 20g，茯苓 20g，甘草 15g。

【作用】防治猪传染性胃肠炎。

【用法与用量】水煎取汁，候温灌服。粪干者加大黄或人工盐；腹胀者加木香、莱菔子；体弱者加党参、当归、肉苁蓉；体温偏低者加附子、肉桂、小茴香；胃寒者加干姜或生姜；有表证加重桂枝；水泻不止加补骨脂、豆蔻、吴茱萸、五味子。

处方三： 白头翁 30g，黄连 10g，秦皮、白芍各 25g，黄柏 30g，泽泻、茯苓各 15g，苍术、陈皮、厚朴各 20g，木香 15g，大黄炭、金银花炭各 25g，甘草 5g。

【作用】防治猪传染性胃肠炎。

【用法与用量】水煎取汁，每天灌服 2～3 次，连续 2 天。病初可辅以龙胆苏打粉（片）、大黄苏打片、碳酸氢钠及中成药健胃散等；腹泻出现后可酌情灌服氟哌酸等；对虚脱者须行补液或对症治疗。

处方四： 黄连 10g，白头翁、乌梅、诃子各 15g，白芍、地榆炭、车前子、甘草各 12g，大黄 9g。

【作用】治疗猪传染性胃肠炎。

【用法与用量】水煎取汁，候温灌服。

处方五： 藿香、紫苏梗、厚朴、半夏、苍术、陈皮各 10～20g，茯苓 20g，甘草、豆蔻、佩兰各 10g。

【作用】治疗猪传染性胃肠炎。

【用法与用量】水煎取汁，候温灌服，供体重25kg左右病猪服用，每天1～2次，连续3～5天。

处方六： 葛根20g，扁豆、连翘、黄连、黄芩各10～15g，半夏、佩兰、藿香、车前子各10g，甘草6g。

【作用】适用于湿热秽浊、暴泻和发病急骤的猪传染性胃肠炎。

【用法与用量】水煎取汁，候温灌服。供体重25kg左右猪只服用，每天1剂，连续2～3天。

处方七： 鲜枫树二层皮300g，鲜樟树皮200g，杉木炭末50g，地榆30g，红糖100g。

【作用】治疗猪传染性胃肠炎。

【用法与用量】将枫树皮、樟树皮、地榆炒炭存性，加杉木炭末、红糖炒片刻，加水煮沸内服。供大猪1天分2次服完，连续2～3天。

（七）预防措施

目前尚无特效药物。停食或减食的，应多给清洁饮水或易消化饲料，对于小猪进行补液，给“口服补液盐”等措施，有一定作用。由于此病发病率很高、传播快，一旦发病，采取隔离、消毒等措施控制效果不大。康复猪可产生一定免疫力，病愈猪只不会再感染发病。在规模较大的猪场一旦出现病情，对未分娩母猪及年龄较大猪只可进行人工感染，使之短期内发病，也是中止疫情的一种办法，还可使哺乳仔猪从免疫母猪初乳中获得免疫力，从而保护仔猪免受感染。或试用猪传染性胃肠炎弱毒疫苗预防。

六　仔猪梭菌性肠炎

仔猪梭菌性肠炎（clostridial enteritis in piglet）是由魏氏梭菌引起以腹泻、排血样粪便、肠黏膜坏死为特征的一种急性肠道传染病，又叫仔猪红痢或仔猪传染性坏死性肠炎。

（一）病原

病原为魏氏梭菌，又称产气荚膜梭菌。该菌是革兰氏阳性、两端钝圆的大杆菌（图5-6-1），能形成芽孢，有荚膜，单个、成双或短链状排列，为专性厌氧菌。培养基上菌落呈勋章状（图5-6-2），周边双环状溶血（图5-6-3）。该菌广泛存于外界环境中，根据其产生的毒素分为A、B、C、D、E 5个血清型，其中C型和A型魏氏梭菌引起仔猪红痢。该菌能产生内毒素和外毒素，引起仔猪肠毒血症和坏死性肠炎。一般消毒药能杀死该菌繁殖体，但芽孢抵抗力较强。

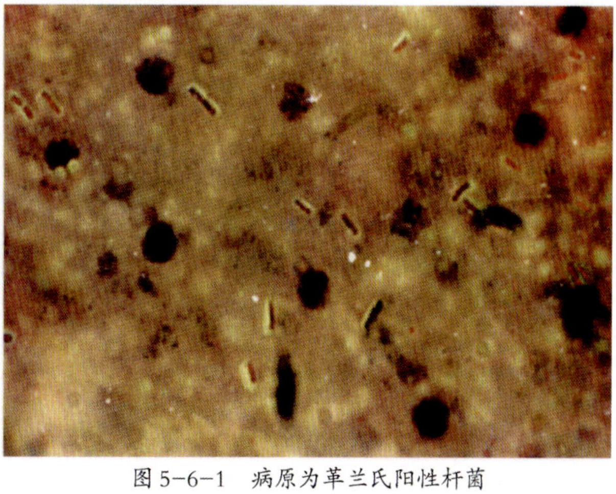

图5-6-1　病原为革兰氏阳性杆菌

图 5-6-2　培养基上长出勋章状菌落

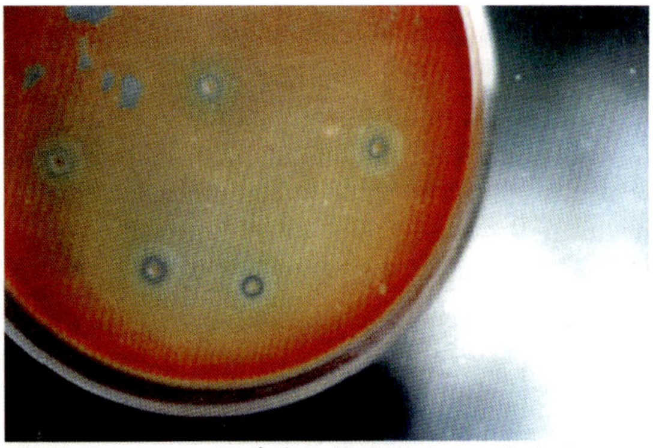

图 5-6-3　培养基上菌落周边双环状溶血

（二）流行特点

魏氏梭菌主要侵害1～3日龄仔猪，死亡率高，1周龄以上仔猪则很少发病，偶尔可见2～4周龄及断奶仔猪发病。在同一群猪中，各窝仔猪的发病率不一样，可高达100%，病死率为20%～70%。本菌通过粪—口途径感染初生仔猪。

（三）临床症状

最急性型：出生后1～2天仔猪突然拉出血样稀粪或黄色稀粪（图5-6-4至图5-6-6），并很快死亡；急性型：患病仔猪排出红褐色液状粪便，粪中混有灰色坏死组织碎片，猪体虚弱，一般在3日龄即死亡；亚急性型：患猪食欲不振，呈现持续的非出血性腹泻，初排黄色软粪，以后粪便如淘米水样，内含灰色坏死组织碎片，消瘦脱水，一般5～7日龄死亡；慢性型：呈间歇性或持续性腹泻，粪便呈灰黄色黏液状，生长缓慢，数周后死亡。

图 5-6-4　病猪拉血样粪便（甄辑铭提供）

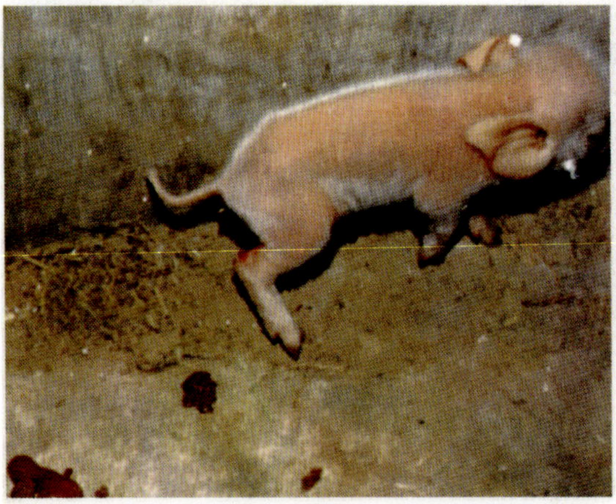

图 5-6-5　病猪拉稀脱水（甄辑铭提供）

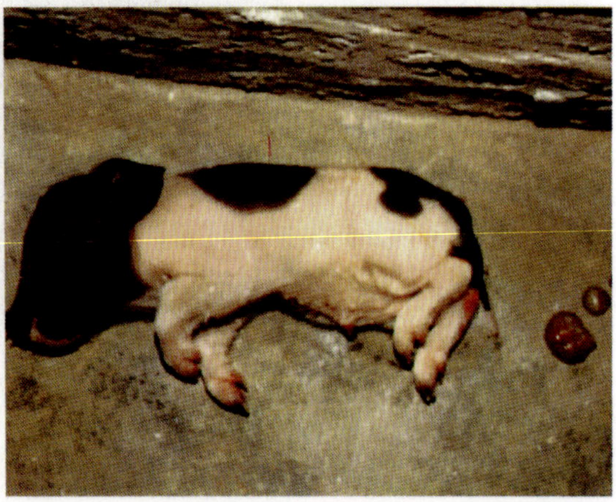

图 5-6-6　病猪拉带脓汁血样粪便（甄辑铭提供）

（四）病理特征

病变主要局限于空肠，呈暗红色，肠腔内充满血性内容物（图 5-6-7），绒毛坏死，黏膜层和黏膜下层弥漫性出血、坏死，甚至出现假膜。肠系膜淋巴结肿大呈鲜红色。慢性病例的肠道出血不明显，而以坏死性炎症为主，肠壁变厚，黏膜呈黄色或灰色坏死性假膜，易剥离。在坏死性炎症肠段的浆膜下有很多密集的小气泡，肠系膜也有大小不一的气泡，充血的肠系膜淋巴结内有数量不等的小气泡，这是特征性的变化。心脏、肾脏有小出血点。镜检肠组织切片，可见肠黏膜坏死脱落，固有层和黏膜下层淤血、出血和水肿（图 5-6-8）。

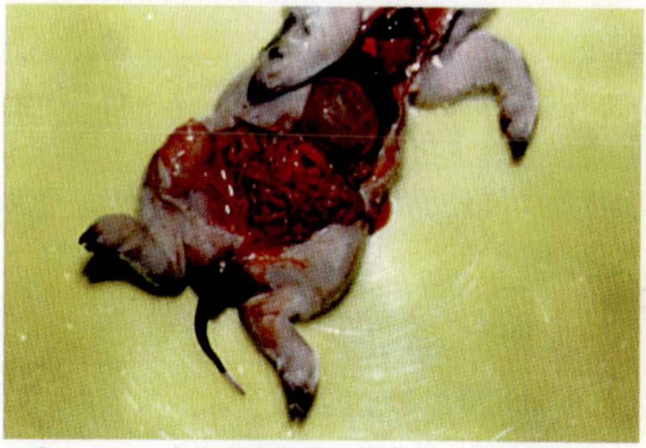

图 5-6-7　病猪肠腔内的血样粪便（甄辑铭提供）

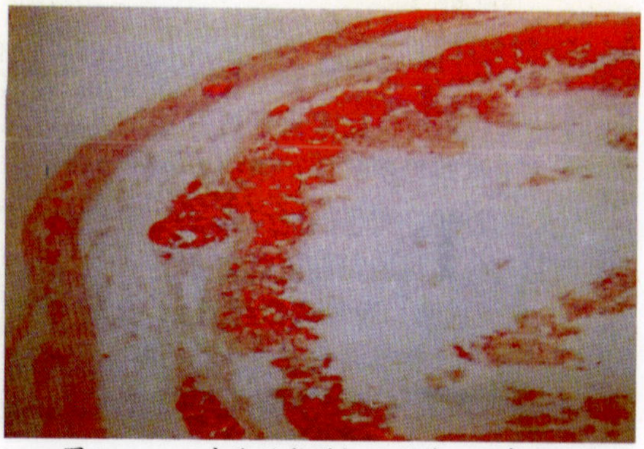

图 5-6-8　病猪肠黏膜坏死脱落，固有层和黏膜下层淤血、出血和水肿（HE40 ×）

（五）诊断要点

根据本病的流行特点、临床症状、病理变化可作出初步诊断，确诊需通过病原菌分离鉴定。

（六）治疗方法

1. 西药治疗

抗菌消炎、补液，选药时可参考表 5-6。

表 5-6　西药治疗猪梭菌性肠炎

药名	功用	千克体重用量	使用方法
庆大霉素	抗菌消炎	8万IU	混合后，肌内注射，每天2次，连续3 ~ 5天
硫酸阿托品		4mg	
地塞米松注射液	抗炎、抗休克	12mg	
5%葡萄糖	补液	20mL	

2. 中药治疗

处方：黄连、槐米各 70g，乌梅、柿干各 100g，姜黄 60g，车前子、仙鹤草、泽泻各 90g，猪苓 80g。

【作用】治疗猪梭菌性肠炎。

【用法与用量】按处方配药，加水3 000mL，煎汁500mL，每头仔猪灌服10mL，每天2次。

（七）免疫预防与饲养管理

1. 免疫预防

做好免疫接种工作，母猪产前30天、15天分别注射C型魏氏梭菌疫苗。

2. 饲养管理

①加强产房的消毒、保温工作；保持产房通风干燥；母猪喂初乳前做好乳头消毒。

②新生仔猪发病后往往来不及治疗。对常发此病猪场的新生仔猪灌服杆菌肽或痢菌净等药物有一定的预防作用。

七 仔猪渗出性皮炎

仔猪渗出性皮炎（swine exudative epidermidis，SEE）又称猪油皮病，是由表皮葡萄球菌引起哺乳仔猪和刚断奶仔猪的一种急性传染病。该病传染极快，以全身油脂样渗出性皮炎为特征，可导致腹水和死亡。

（一）病原

本病的病原体为表皮（白色）葡萄球菌，呈圆形或卵圆形，革兰氏染色阳性，但当衰老、死亡或被白细胞吞噬后常为阴性。本菌无鞭毛，不形成芽孢和荚膜，常呈葡萄串状排列，但在脓汁、乳汁或液体培养基中则呈双球状或短链状（图5-7-1），有时易误认为链球菌。本菌可产生溶血毒素、致死毒素、皮肤坏死毒素、剥脱毒素、杀白细胞素、肠毒素等和血浆凝固酶、透明质酸酶、耐热核酸酶类、卵磷脂酶、磷酸酶、脂酶等多种酶类，使其有较大的致病性，引起的病变较重。如表皮葡萄球菌产生的凝固酶，可使血液和血浆中的纤维蛋白沉积于菌体表面，阻碍吞噬细胞的吞噬，即使被吞噬亦不被杀死，从而使感染局限化，易于其在皮肤表面形成毛疮、粉刺、疖、痈和肿胀等。

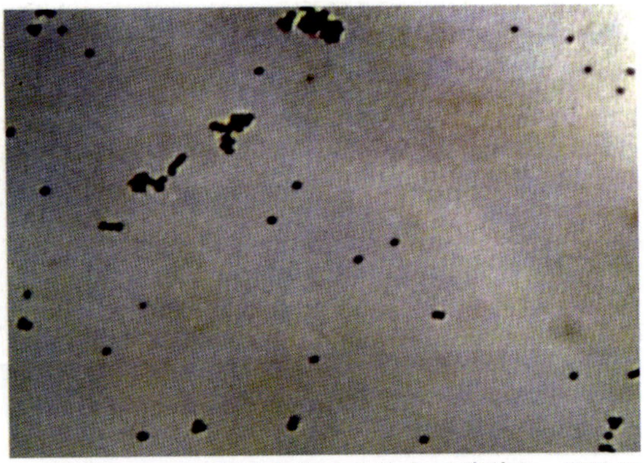

图5-7-1 病料中革兰氏染色呈葡萄状、短链状和双球状的病原体（HE1 000×）

本菌对不良环境有较强的抵抗力，在70℃条件下经1小时方能杀死；加热至80℃30分钟才能将之杀死；在干燥的脓汁和血液中可生存数月；反复冷冻30次仍能存活。表皮葡萄球菌易产生耐药性。

（二）流行特点

世界上大多数国家的哺乳仔猪和断奶仔猪都有渗出性皮炎，发病率在10%～90%，死亡率在5%～90%。葡萄球菌广泛存在于空气、污水等自然环境中，主要通过破损的皮肤黏膜感染。初生仔猪若未剪针状牙，互相打斗造成的皮肤损伤，产床、保育笼上尖锐物擦伤皮肤，打耳缺时的损伤均可引起仔猪渗出性皮炎。本病的发生与环境、空气、湿度等因素有密切关系，主要为接触感染，只要有一头仔猪发病，同一窝仔猪可在短时间内相继发病，传播迅速。

（三）临床症状

仔猪易感染本病，最早见于2日龄，1～4周龄最易感，多见于5～6日龄仔猪。首先在眼睛、耳廓、面部、腹部等处出现红斑、水疱，3～5天后扩散到全身各处并形成痂皮（图5-7-2至图5-7-6）。痂皮脱落后露出鲜红色创面。皮肤无论发生何种程度的炎症，无瘙痒表现，也无高热表现是其特征。病猪食欲下降，脱水。镜检病变皮肤组织，早期表现为浅表性毛囊炎，后期炎症逐渐扩展到毛囊外，形成脓疮性皮炎（图5-7-7至图5-7-9）。

（四）病理特征

主要病变为皮炎（图5-7-2至图5-7-6），皮肤发红，表皮和皮下出现清亮的渗出物，轻刮皮肤可剥离一层薄薄的皮；外周淋巴结通常水肿，切面多汁。肾脏的髓质切面和肾盂中有尿酸盐沉积。

图5-7-2　病猪鼻部皮肤发炎

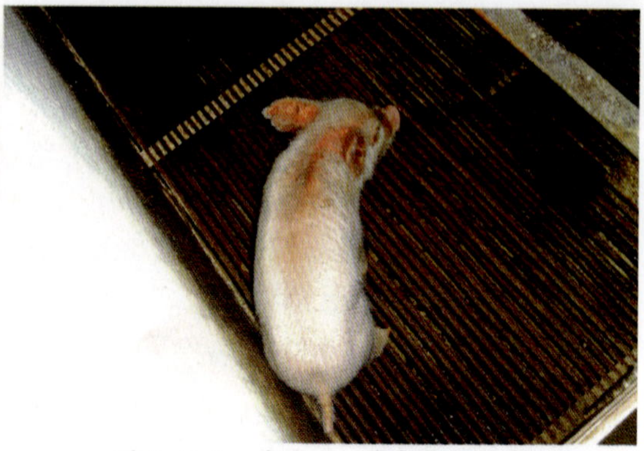

图5-7-3　病猪头、背部皮肤发炎

图5-7-4　病猪全身皮肤结痂

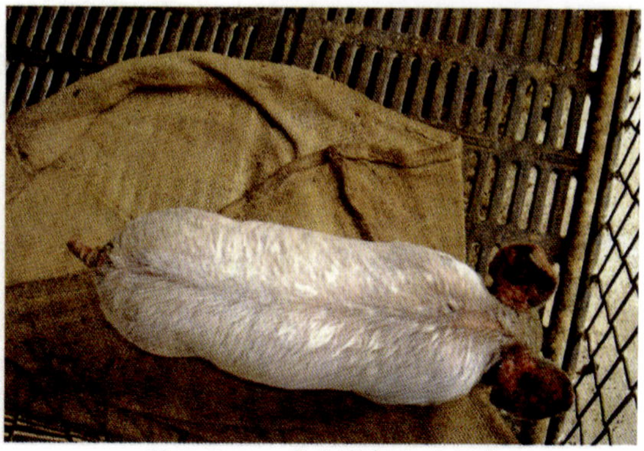

图5-7-5　病猪耳部皮肤脱皮

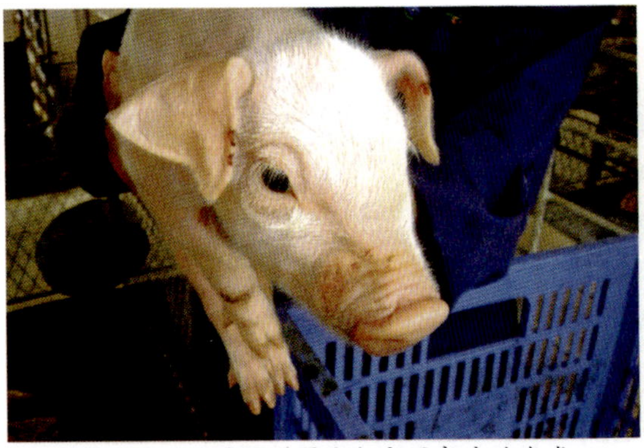

图 5-7-6　病猪（早期）颜面部皮肤发炎

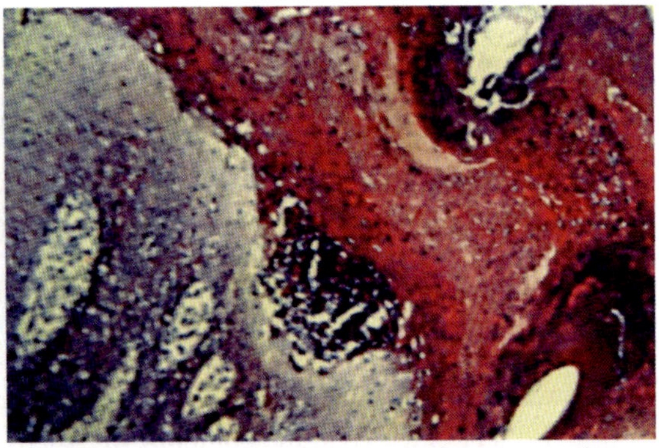

图 5-7-7　病猪毛囊扩张，内有大量的细菌团块（HE 100 ×）

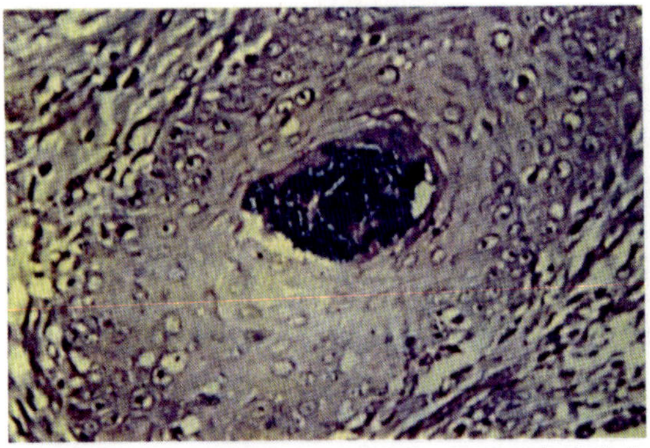

图 5-7-8　病猪毛囊上皮增生，毛乳头部有蓝染的细菌团块（HE 400 ×）

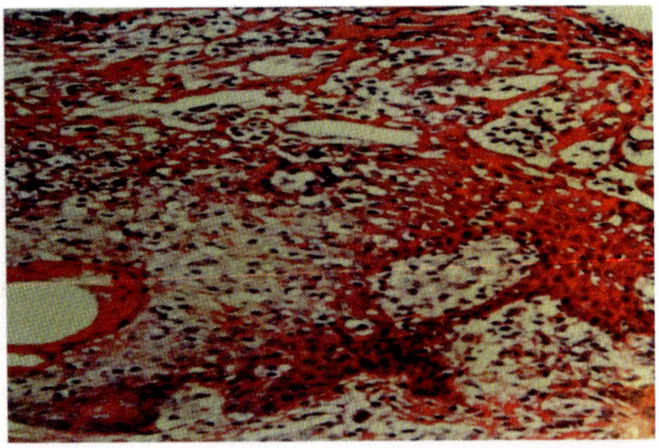

图5-7-9　病猪表皮和毛囊外根鞘有海绵样微脓疱形成（HE 330 ×）

（五）诊断要点

通常依据临床症状，特别是全身油脂样渗出性皮炎、不发痒、不发高热等特点可作出诊断。必要时取患部皮肤刮取物（刮至见血）涂片，染色镜检，可发现葡萄球菌，还能见到中性分叶核吞噬菌体，即可确诊。

（六）治疗方法

治疗的关键在一个“早”字，如果发现早，只有个别猪感染，感染面积也小，给予清洁饮用水，按每千克体重15mg肌内注射阿莫西林或氨苄青霉素，或饲料中添加敏感抗生素，并于局部涂擦消炎药膏，可加速外伤愈合和治愈。加强空气消毒，可选用ClO_2、复合醛等安全高效的消毒剂。

（七）免疫预防与饲养管理

1. 免疫预防

可用本场分离的葡萄球菌制成的自家灭活苗作免疫接种，母猪产前20 ~ 30天免疫。

2. 饲养管理

加强产房环境卫生消毒工作，保持产房干燥、通风。剪牙、断脐、断尾和阉割过程要严格消毒，防止皮肤外伤。母猪进入产房前要清洁消毒。

八　猪流行性腹泻

猪流行性腹泻（porcine epidemic diarrhea，PED）是由冠状病毒（PEDV）引起的以排水样稀便、呕吐、脱水为特征的一种肠道传染病。与猪传染性胃肠炎在发病机理、流行特点、临床症状和病理剖检特征极为相似，很难鉴别。

（一）病原

猪流行性腹泻病毒属于冠状病毒科冠状病毒属，为RNA型病毒。目前只发现1个血清型。PEDV主要存在于小肠上皮细胞及粪便中，粪便中病毒粒子是多形的，但趋于圆形。其大小（包括纤突）平均直径130nm，变动范围95～190nm，内含1个直径40～70nm的核心；外有囊膜，囊膜表面有放射状棒状突起，长18～23nm。本病毒主要在患猪小肠绒毛上皮细胞内增殖，以出芽方式通过胞浆内膜（内质网等）而完成装配。PEDV如果不做特殊处理，只在病猪小肠绒毛上皮细胞内复制。血清学检测证明，本病毒与已知的其他畜禽冠状病毒没有共同的抗原特性。本病毒的抵抗力不强，对乙醚、氯仿敏感，常用的碱性消毒药即可杀灭。

（二）流行特点

本病可发生于不同品种、年龄、性别的猪，但主要在仔猪中发生和流行，年龄越小，发病率和病死率越高，哺乳仔猪感染后死亡率很高，可达100%；3周龄以上仔猪发病死亡率低，且症状较轻。病猪和带毒猪是主要传染源，可通过粪便、呕吐物、乳汁、鼻分泌物以及呼出的气体排出病毒。易感猪通过消化道或呼吸道感染。本病多发生于冬春季节，发病高峰为12月至翌年2月。

（三）临床症状

仔猪突然发病，先呕吐后水样腹泻，粪便呈黄色、绿色或白色，带有乳凝块或脱落的肠黏膜碎片（图5-8-1）。病猪严重脱水、消瘦，10日龄仔猪病死率可高达100%。而随着仔猪日龄增加病死率降低。

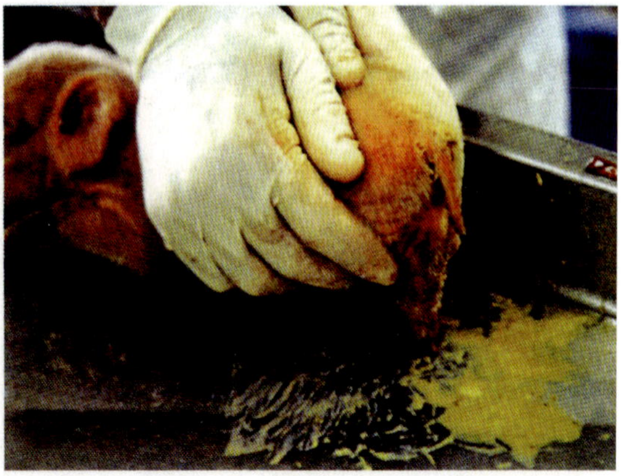

图5-8-1　病新生仔猪水样腹泻

（四）病理特征

主要表现为尸体脱水明显，非常消瘦，胃内充满乳凝块，胃底黏膜充血、出血，肠管内充满蓝色水样粪便，肠壁变得很薄呈半透明状（图5-8-2至图5-8-5），肠系膜充血，淋巴结肿胀。镜检肠道组织，肠绒毛缩短；用免疫ABC法，在黏膜上皮细胞中可检出大量抗原阳性细胞（图5-8-6）。

（五）诊断要点

根据流行病学、临床症状和病理变化可作出初步诊断，确诊可通过实验室病毒的分离鉴定和ELISA试验。

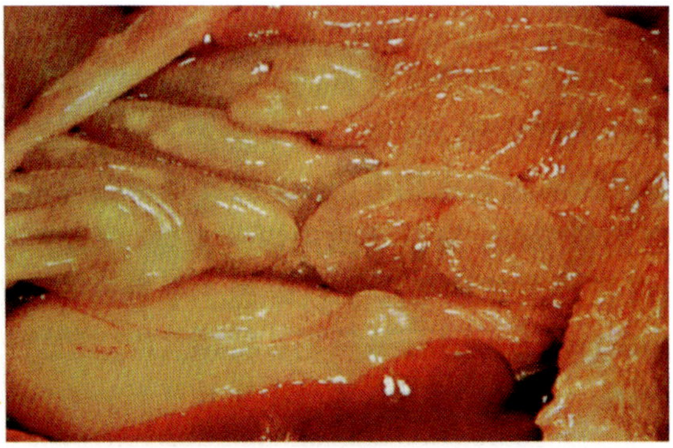

图5-8-2 病猪肠壁菲薄，肠腔充满黄色水样稀粪和黄色凝乳块

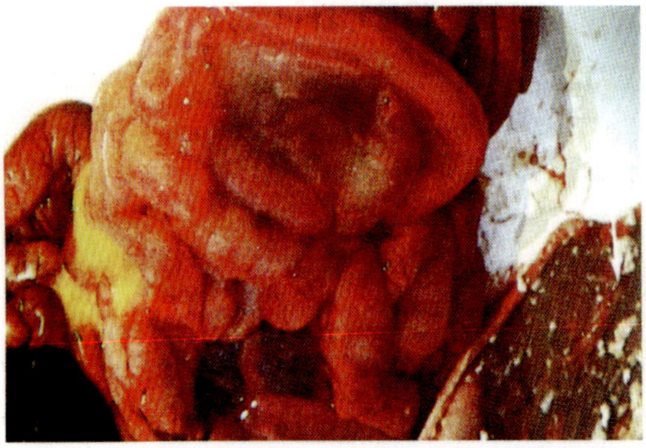

图5-8-3 病猪小肠淤血，充满肠液和淡黄色凝乳块

图5-8-4 病猪肠壁菲薄，肠腔充满透明液体

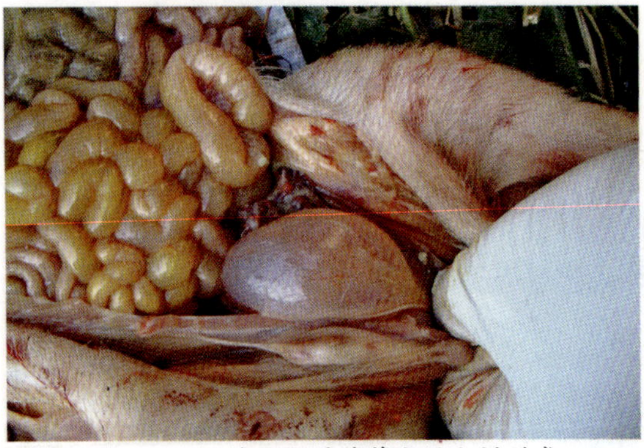

图5-8-5 病猪肠壁菲薄充满水样稀粪

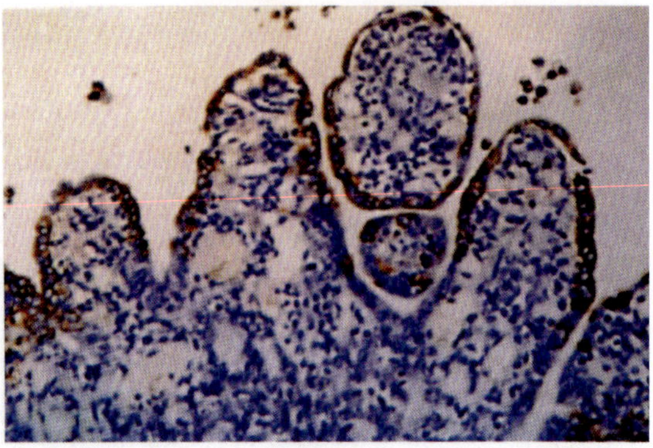

图5-8-6 病猪肠绒毛缩短，用免疫ABC法在黏膜上皮细胞中检出大量抗原阳性细胞（HE 400×）

（六）类症鉴别

本病的发病特点、临诊症状和病理变化与猪传染性胃肠炎十分相似，但本病的病死率略低，在猪群中的传播也比较缓慢，要确切区分，必须进行实验室诊断。常用方法有：

①免疫荧光染色检查：取病猪小肠组织做冰冻切片或小肠黏膜抹片，风干后用丙酮固定，加荧光抗体染色，水洗后盖片、镜检。腹泻后6小时空肠和回肠的荧光阳性细胞检出率达90%～100%。

②免疫电镜检查。

③酶联免疫吸附试验（ELISA）。

④人工感染试验。

另还需与仔猪大肠杆菌病和轮状病毒感染相鉴别。

（七）治疗方法

1. 西药治疗

止泻、补液。选药时可参考表 5–7。

表 5–7 西药治疗猪流行性腹泻

药名	功用	千克体重用量	使用方法
痢菌净	抗菌消炎	20mg	肌内注射，每天2次，连续3～5天
0.1%高锰酸钾溶液	清理胃肠	4mL	喂服
硫酸庆大霉素	抗菌消炎	3～5mg	混合后，静脉注射
25%葡萄糖注射液	补液	1～2mL	
山莨菪碱	解毒止泻	3～5mg	混合，1次后三里穴注射，每天1次，连续3天
维生素B_1	补液	10～20mg	

2. 中药治疗

处方一：常山 60g，马齿苋 250g，鹅不食草 30g。

【作用】治疗猪流行性腹泻。

【用法与用量】水煎取汁，候温灌服。供体重 25kg 的猪只服用，每天 1 剂，连续 3～5 天。

处方二：黄连 8g，黄芩 10g，黄柏 10g，白头翁 15g，枳壳 8g，猪苓 10g，泽泻 10g，连翘 10g，木香 8g，甘草 5g。

【作用】治疗猪流行性腹泻。

【用法与用量】按处方配药，用清水 800mL 浸泡 30 分钟，水煎取汁 500mL，去渣候温内服，每天 1 剂，连续 3～5 天。

处方三：单方黄柏 100g。

【作用】治疗母猪流行性腹泻。

【用法与用量】按处方配药，水煎取汁，用人工授精管经肛门灌注，每天 1 次，连续 3～5 天。

处方四：藿香、扁豆、黄芩、金银花各 200g，生姜、白术、凤尾草、甘草各 100g。

【作用】治疗猪流行性腹泻。

【用法与用量】按处方配药，加清水 10 000mL，文火水煎取汁 2 000mL 浓药液，过滤 2 次，经沉淀，取上清液，经高压灭菌后，按每 1 000mL 药液加入 95% 乙醇 50mL，混匀，装瓶备用。用时按每千克体重 1 次灌服 2mL，每天 3 次，连续 2 天。

处方五：黄芩 100g，半夏 50g，板蓝根 150g，栀子 70g，枳壳 70g，黄连 50g，罂粟壳 20g，甘草 30g。

【作用】治疗仔猪流行性腹泻。

【用法与用量】按处方配药，水煎2次取汁，合并2次煎液约600mL，30日龄以内仔猪每头灌服10～20mL，30日龄以上仔猪每头灌服20～30mL，每天1～2次，连续3～5天。同时取浓度为每升含1g高锰酸钾溶液适量，供猪自由饮服；每头仔猪用氨苄青霉素250mg，30%安乃近5mL，混合后肌内注射；硫酸卡那霉素每头50万～100万IU，山莨菪碱每头10～20mg，分别肌内注射，每天1次，严重者每天2次，连续3～5天。

处方六： 白头翁30g，黄连10g，秦皮、白芍各25g，黄柏30g，泽泻、茯苓各15g，苍术、陈皮、厚朴各20g，木香15g，大黄炭、金银花炭各25g，甘草5g。

【作用】治疗猪流行性腹泻。

【用法与用量】水煎取汁，每天灌服3～5次，连续2天。病初可辅以龙胆苏打粉（片）、大黄苏打片、碳酸氢钠及中成药健胃散等；腹泻出现后可酌情灌服氟哌酸等；对虚脱者须行补液或对症治疗。

处方七： 苍术20g，白术20g，厚朴20g，桂枝15g，陈皮20g，泽泻20g，猪苓20g，茯苓20g，甘草15g。

【作用】治疗猪流行性腹泻。

【用法与用量】水煎取汁，候温灌服。粪干者加大黄或人工盐；腹胀者加木香、莱菔子；体弱者加党参、当归、肉苁蓉；体温偏低者加附子、肉桂、小茴香；胃寒者加干姜或生姜；有表证加重桂枝；水泻不止加补骨脂、豆蔻、吴茱萸、五味子。

（八）免疫预防与饲养管理

1. 免疫预防

①可试用猪传染性胃肠炎弱毒疫苗预防。妊娠母猪分别于产前45天和15天左右进行肌内注射及鼻内接种各1mL，被动免疫保护率可达95%以上，且接种母猪对胎儿无侵袭力。或对未接种TGE疫苗、受本病威胁猪群的1～2天初生仔猪可做主动免疫，口服接种0.5mL该疫苗，四五天即可产生免疫力。

②康复猪可产生一定免疫力，不会再受感染发病。规模较大的猪场一旦发病，条件允许时可对未分娩母猪及年龄较大猪只进行人工感染，使之在短期内发病，可中止疫情发展。还可使哺乳仔猪从免疫母猪初乳中获得免疫力，从而保护仔猪免受感染。

2. 饲养管理

对发病猪只停食或减食，多给清洁饮水或易消化饲料，小猪进行补液、喂给“口服补液盐”等措施，有一定辅助作用；由于此病发病率高、传播快，一旦发病，采取隔离、消毒等措施效果不明显，因此应重视加强对患病猪的饲养管理工作。

第六章
常发病和多发病

由于我国集约化、工厂化养猪刚刚起步，规模越来越大，密度很高，但养猪技术水平还不适应，管理不善、卫生防疫不严、猪舍通风换气不良、猪场及环境污染严重，加之各种应激、不良因素增多，导致猪群对病原微生物的易感性增高。随着易感性增高、猪只流动频繁等情况出现，加之检疫、诊断与检测手段落后，使一些诸如猪繁殖与呼吸综合征等新病随着引种进入我国，在猪群中发生，并随着猪只流动在国内传开。

一 猪圆环病毒感染

猪圆环病毒感染（porcine circovirus infection，PCI）是由猪圆环病毒2型（PCV-2）引起猪的以多系统进行性功能衰竭、间质性肺炎、母猪繁殖障碍为特征的一种传染病。

（一）病原

猪圆环病毒属于圆环病毒科圆环病毒属，为单股DNA病毒，是一种很小的病毒，由衣壳蛋白和基因组组成，病毒无囊膜，直径17nm，呈20面体对称。对外界环境有较强的抵抗力，在酸性环境和氯仿溶液中可存活较长时间，在温热环境（72℃）也能存活一段时间。

（二）流行特点

病猪和带毒猪是主要传染源，仔猪多在11～13周龄受感染。本病毒可经口腔、呼吸道途径感染不同年龄的猪，少数怀孕猪感染圆环病毒后，可经胎盘垂直感染仔猪。公猪可通过带毒基因（精液）传播，也应引起重视。病毒可由鼻液、粪便等排出，是本病的主要传染源。

（三）临床症状

PCV主要引起多个系统进行性功能衰竭，主要症状为精神不振、食欲减低、生长发育不良、渐行性消瘦以及皮肤苍白、干枯缺少光泽（图6-1-1）。部分病猪出现黄疸，生长猪拉黄色、红色稀粪（图6-1-2）。经常与猪繁殖与呼吸综合征病毒混合感染。尸体消瘦、苍白，生长猪常出现皮炎或皮肤红色斑块（图6-1-3，图6-1-4）。

（四）病理特征

主要病变为全身淋巴结肿大4～5倍，呈土黄色，切面均质化（图6-1-5至图6-1-7），心冠脂肪有黄色胶样浸润（图6-1-8），肺脏体积缩小，表面有散在隆起的橡皮状硬块（图6-1-9至图6-1-11），脾肿大变黑，特别是脾头肿大非常明显（图6-1-12，图6-1-13）。肝脏黄染、变硬、质脆（图6-1-14，图6-1-15）。肾肿大、苍白、有白色坏死灶，肾髓质周围组织水肿（图6-1-16，图6-1-17）。胃在靠近食管区有大面积溃疡灶或出血，严重的病例可造成胃黏膜

图6-1-1　病猪精神沉郁，皮肤苍白，消瘦

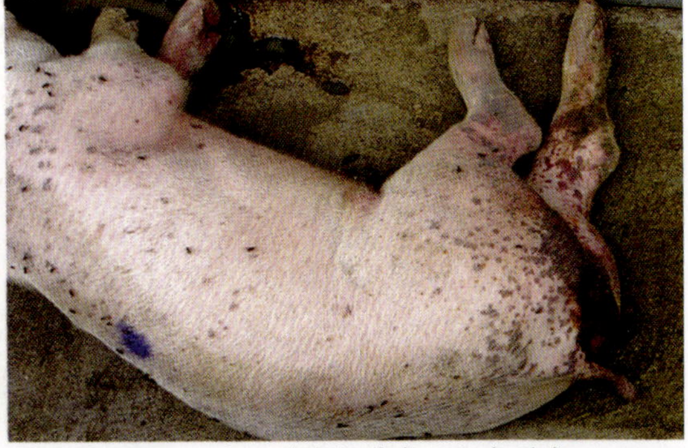

图6-1-2　病猪拉黄色、红色稀粪

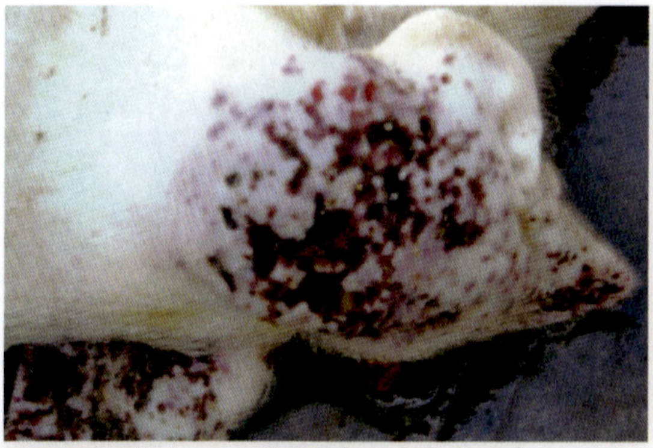
图 6-1-3 病猪耳部形成红色丘疹

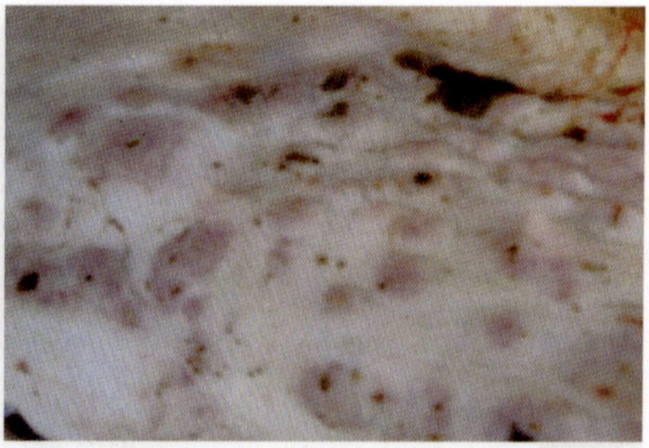
图 6-1-4 病猪皮肤红色丘疹

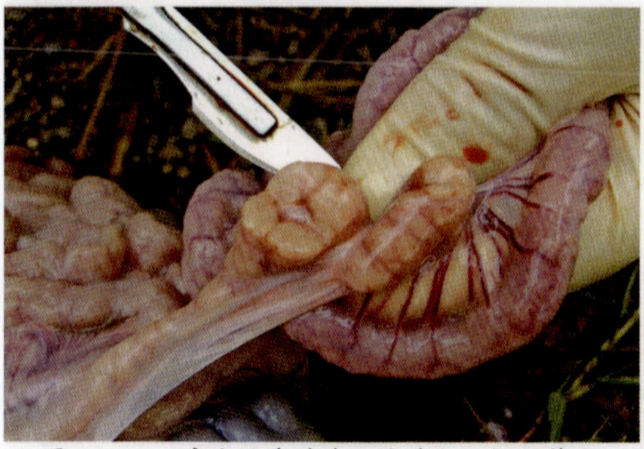
图 6-1-5 病猪肠系膜淋巴结肿大，切面苍白

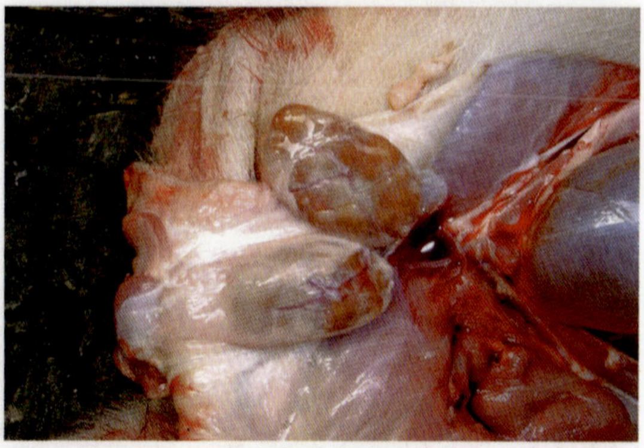
图 6-1-6 病猪腹股沟淋巴结肿大、黄染

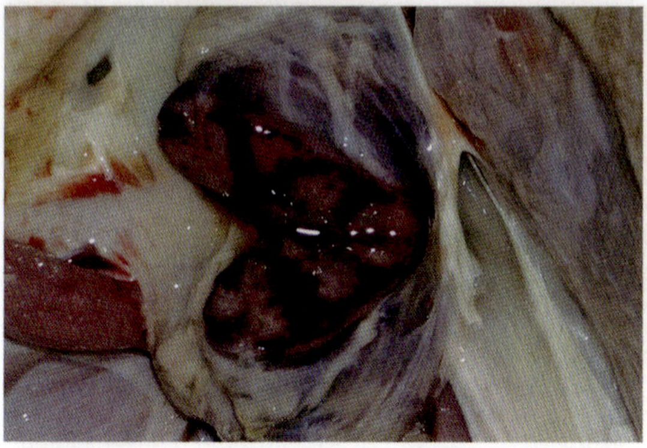
图 6-1-7 病猪腹股沟淋巴结肿大、出血

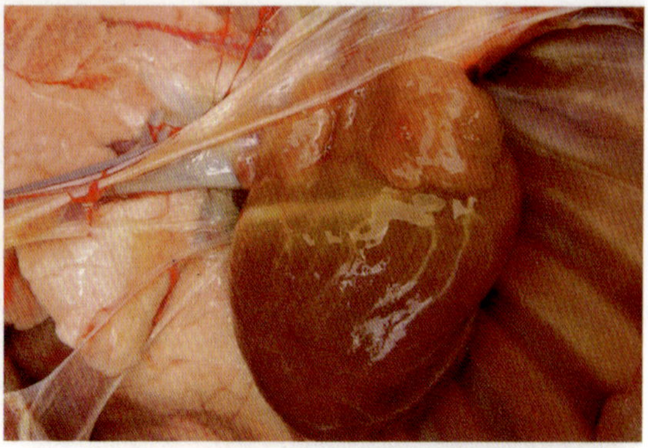
图 6-1-8 病猪心冠脂肪有黄色胶样浸润

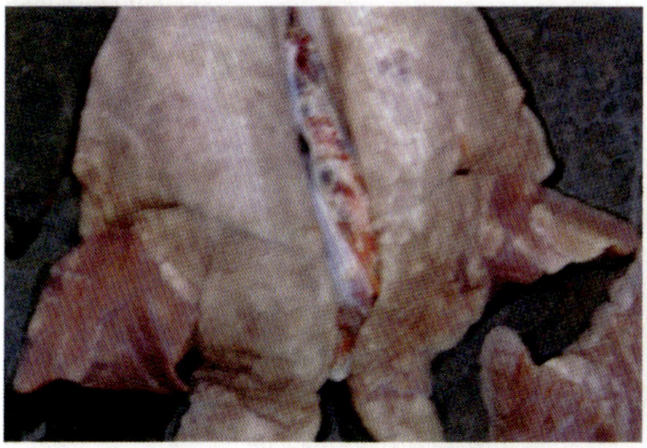
图 6-1-9 病猪大叶性肺炎

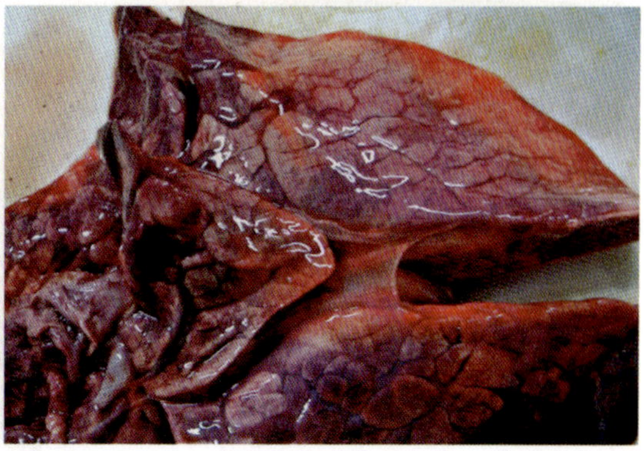
图 6-1-10 病猪肺脏淤血、出血、间质变宽

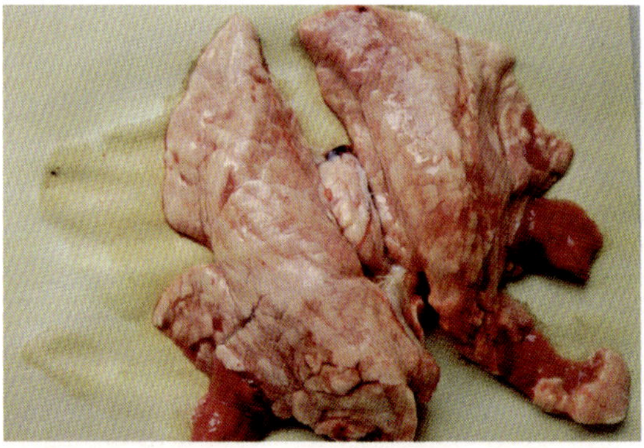
图 6-1-11　病猪肺脏萎缩变形

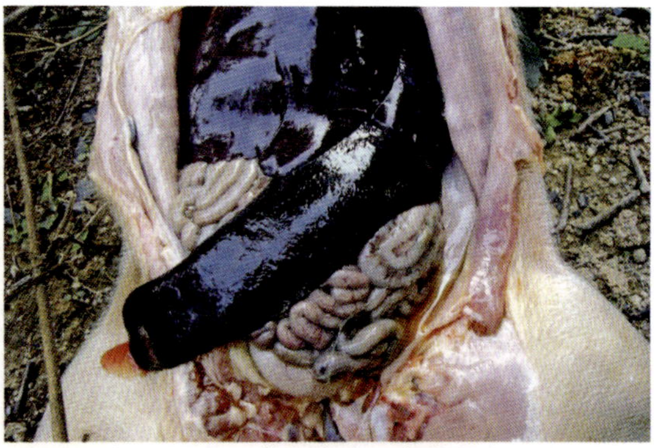
图 6-1-12　病猪脾脏极度肿大、坏死

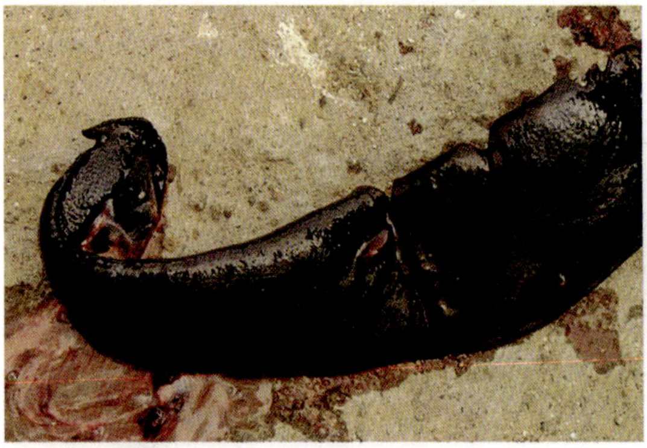
图 6-1-13　病猪脾脏肿大、坏死

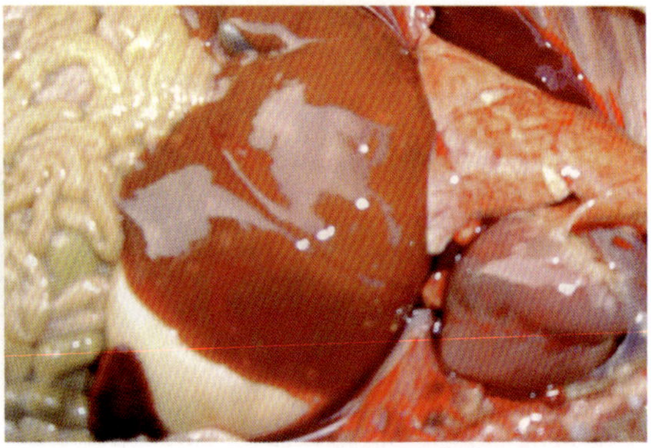
图 6-1-14　病猪肝脏黄染

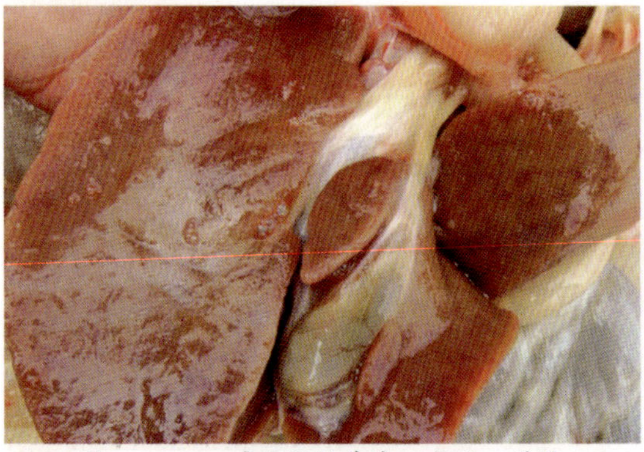
图 6-1-15　病猪肝脏黄染、变硬、质脆

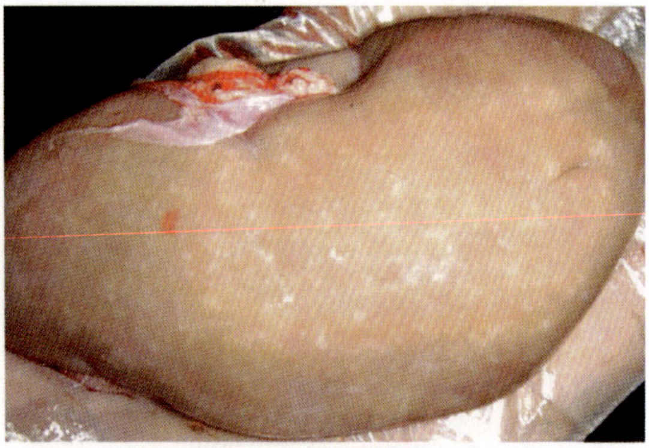
图 6-1-16　病猪肾脏肿大、苍白，有白色坏死点

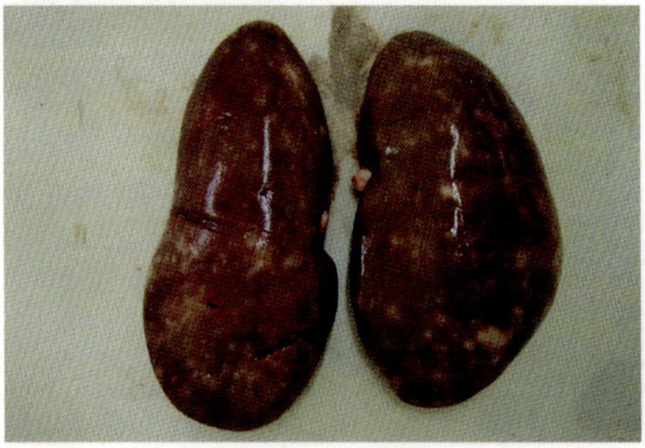
图 6-1-17　病猪肾脏肿大，黄染，有白色坏死点

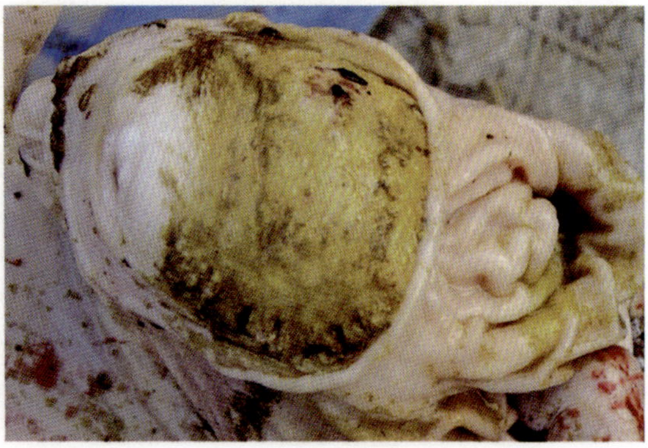
图 6-1-18　病猪胃黏膜出血、溃疡

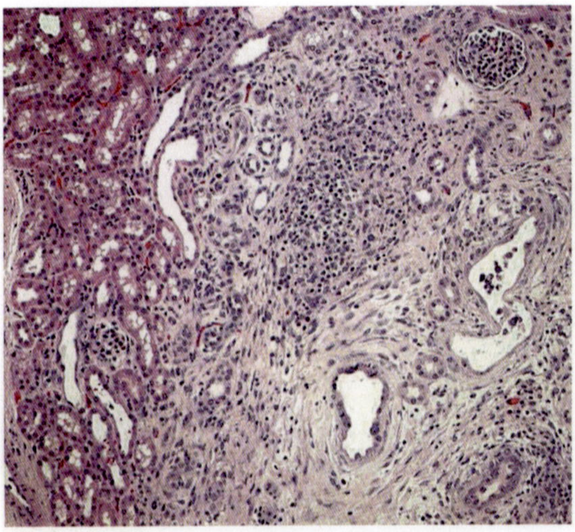
图 6-1-19 病猪慢性间质性肾炎

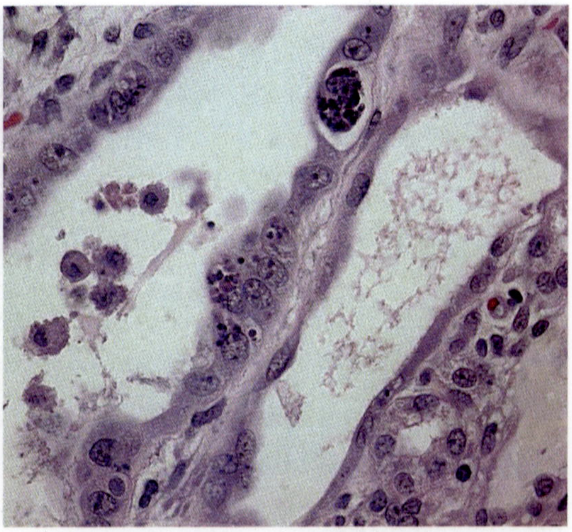
图 6-1-20 病猪肺脏包涵体

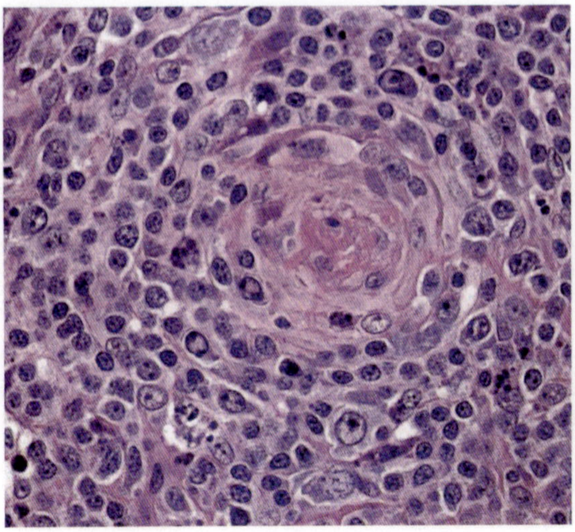
图 6-1-21 病猪淋巴结包涵体

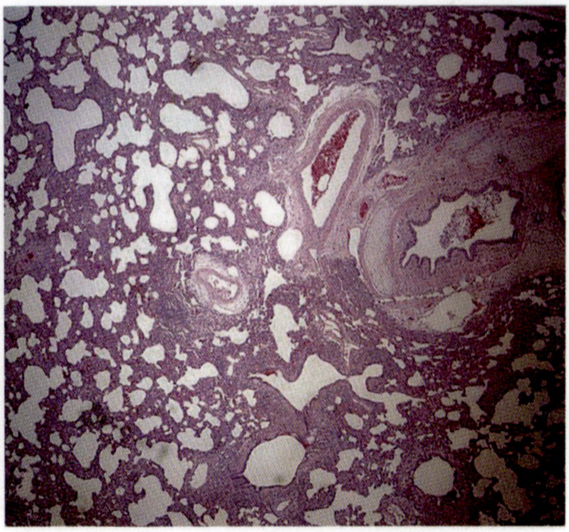
图 6-1-22 病猪肺脏间质增生

出血、溃疡（图 6-1-18）。镜检，肾和肺表现为慢性间质性炎症，淋巴结和肺脏可见包涵体（图 6-1-19 至图 6-1-22）。

（五）诊断要点

根据流行病学、临床症状和病理变化可作出初步诊断，确诊可通过病毒分离或PCR技术。

（六）治疗方法

1. 西药治疗

局部消炎，预防感染，选药时可参考表 6-1。

表 6-1　西药治疗猪圆环病毒感染

药名	功用	用量		使用方法
清开灵	清热解毒	5 ~ 10mL	每头	肌内注射，连续3 ~ 5天
多种维生素	强化营养	500mg	千克饲料	混料服，连续3 ~ 5天
小苏打	抗病毒	500mg		
阿莫西林	防继发感染	300mg		

2.中药治疗

处方一：单方板蓝根。

【作用】治疗猪圆环病毒感染。

【用法与用量】母猪产前和产后各 1 周；仔猪断奶前 7 天和断奶后 30 天，按 1.5% 拌料喂服。

处方二：单方益母草 150g。

【作用】治疗猪圆环病毒感染。

【用法与用量】供 50kg 猪只煎汤灌服或拌料服。

（七）预防与饲养管理

平时做好猪只饲养管理和圈舍、环境的消毒卫生工作；严防引入病猪；消灭猪血虱，杀灭蚊、蝇有重要预防作用；发病后应隔离病猪，把皮肤上的痂块等污物堆积在一起销毁消毒；猪圈彻底清洗消毒，保持干燥；对病猪作局部对症治疗，防止继发感染，使康复猪获得坚强的免疫力。

二　猪链球菌感染

猪链球菌感染（swine streptococcosis infection）是由 C、D、E、L 等血清型链球菌引起猪的败血性和出现神经症状的疾病的总称。链球菌病是人畜共患病，有重要的公共卫生意义。

（一）病原

链球菌的种类繁多，在自然界分布很广，有的能致病。本菌革兰氏染色阳性，有荚膜，但不形成芽孢，多数无鞭毛，不能运动。链球菌为需氧或兼性厌氧菌，在普通琼脂上生长不良，而在加有血清或血液的培养基上生长良好。在含血的培养基上于菌落的周围形成 β -溶血环（图 6-2-1）。本菌为球形菌，直径 0.5 ~ 1.0 μm，呈单个、双个和短链排列，链的长短不一，短者仅由 4 ~ 8 个菌体组成，长者由数十个甚至上百个组成，在液体培养物中可见长链排列（图 6-2-2）。本菌的致病因子主要有溶血毒素、红斑毒素（致热外毒素）、肽聚糖多糖复合物内毒素、透明质酸酶、蛋白酶、链激酶、DNA 酶（有扩散感染作用）和 NAD 酶等。

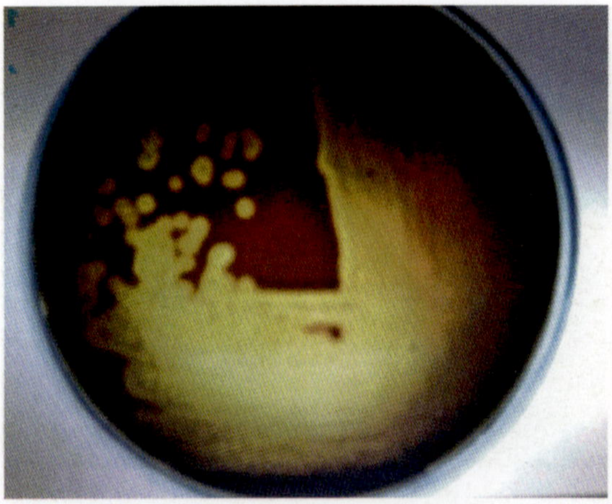

图6-2-1 C群马腺疫链球菌兽疫亚种培养物在绵羊鲜血琼脂平板上划线，在37.5℃培养18小时的菌落，隆起湿润，中央透明，β溶血

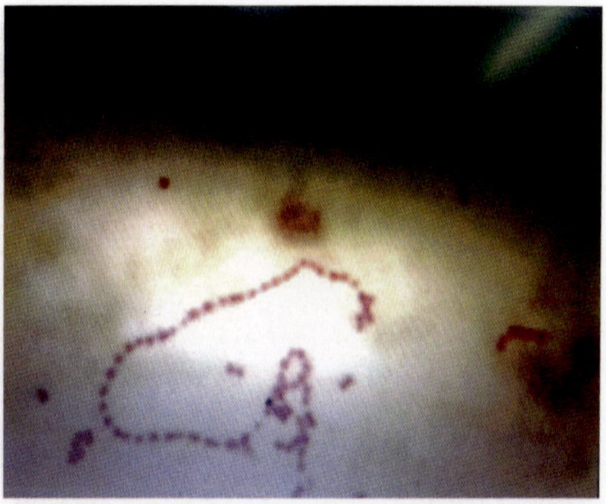

图6-2-2 病料马丁肉汤在37.5℃培养18小时沉淀物涂片，革兰氏染色，可见单个、成对、短链或长链状排列的球菌，周围有紫红色荚膜

链球菌的细胞壁中含有一种群特异性抗原“C”物质。兰斯菲尔德（Lancefield）应用这种抗原，根据血清学分类，将其分为A、B、C、D、E、F等20个血清群，其中C群中的兽医链球菌可引起猪发生急性、亚急性败血症、脑膜炎、关节炎、心内膜炎、心包炎以及肺炎等；E群可引起猪颈部淋巴结脓肿、化脓性支气管炎、脑膜炎和关节炎等；D群偶尔可引起小猪心内膜炎、脑膜炎、关节炎和肺炎等。

本菌对热和普通消毒药抵抗力不强，多数以60℃加热30分钟即致死，煮沸则立即死亡。常用的消毒药如2%石炭酸、0.1%新洁尔灭、1%来苏儿等均可在3～5分钟将之杀死。

（二）流行特点

不同年龄的猪均可感染，表现出不同类型的症状，以哺乳仔猪发病率和死亡率较高。本病的流行无明显的季节性，一年四季均可发生，但以夏、秋季5～10月（潮湿闷热天气）发病较多。病猪和带菌猪是主要传染源。主要通过呼吸道和受损皮肤黏膜感染。本病易发生于密集饲养、通风不良的猪场。

（三）临床症状

败血型常呈暴发性流行，3～4周龄仔猪突然死亡，体温升高达41～42℃；呼吸困难，间或有咳嗽。鼻镜干燥，口流浆液性分泌物（图6-2-3）。颈部、腹下、四肢皮肤紫红色并有出血点（图6-2-4）。体表形成脓肿（图6-2-5，图6-2-6）。

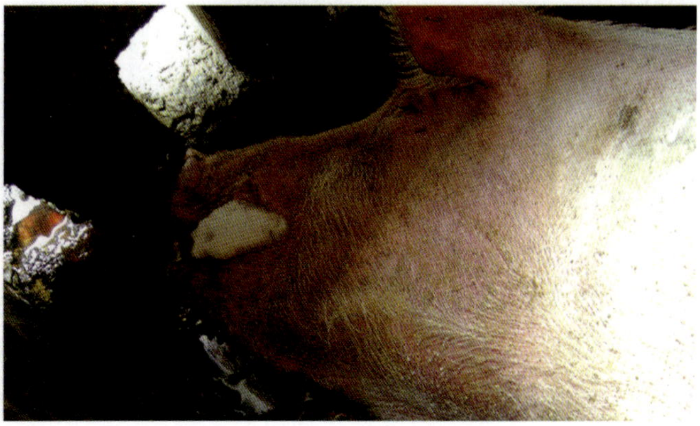

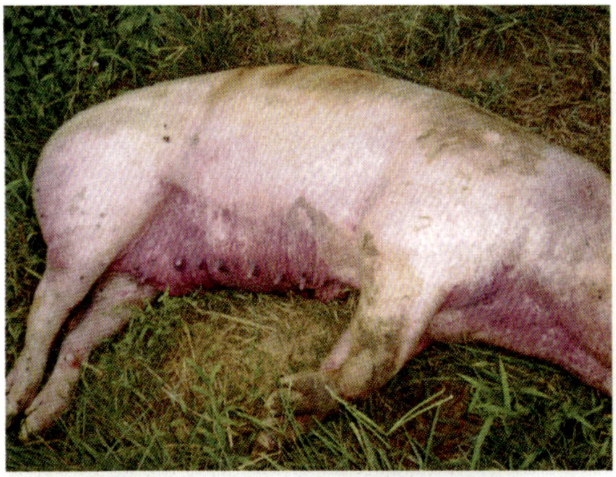

图6-2-4　病死猪皮肤发绀、发紫

图6-2-5　病母猪体表淋巴结脓肿（甄辑铭提供）

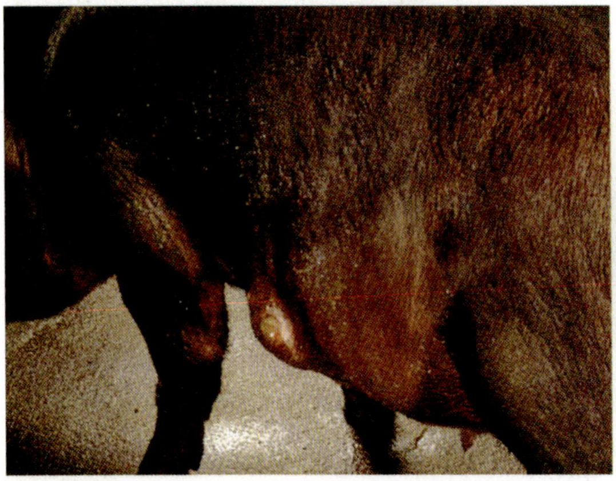

图6-2-6　病公猪体表皮肤脓肿

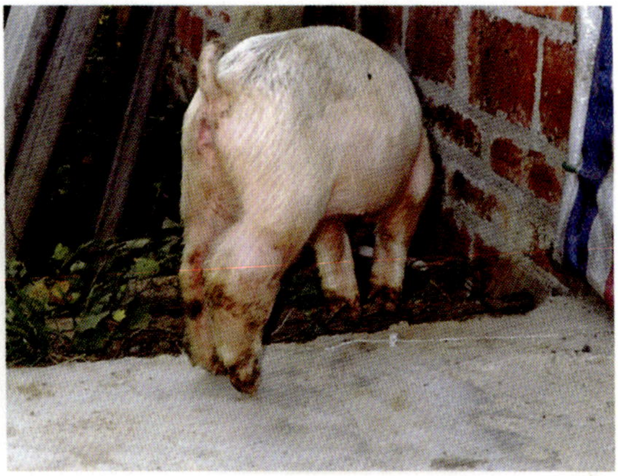

图6-2-7　病猪后肢化脓性关节炎

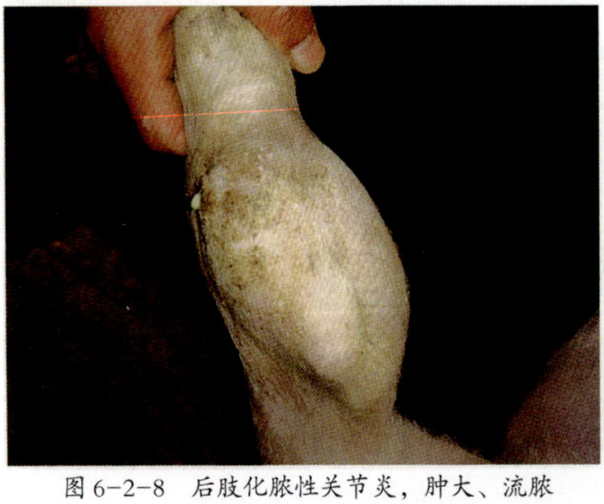

图6-2-8　后肢化脓性关节炎，肿大、流脓

图6-2-9　患猪出现神经症状，呈“划水状”

关节炎型仔猪表现为多发性关节炎，一个或多个关节肿胀，肿胀部位先变硬，后在局部发生小点状破溃，流出血性、脓性渗出物，甚至形成深入关节腔的瘘管（图6-2-7，图6-2-8）。

脑膜脑炎型多发生于哺乳仔猪，发病率和死亡率较高。病初出现体温升高，湿热性病症，继而出现神经症状，四肢不协调，划水状，角弓反张及抽搐或突然倒地（图6-2-9），口吐白沫。

（四）病理特征

败血型：主要表现为败血症变化和皮肤潮红和全身浆膜炎变化，肺水肿，心包积液，心肌柔软、色淡，心外膜与心包膜粘连，心外膜斑点状出血（图6–2–10）。胸腔和腹腔有大量的纤维素性渗出物，胸水、腹水增多（图6–2–11）。淋巴结肿大（图6–2–12，图6–2–13）。脾脏肿大明显，色暗红。肝脏肿大、质硬，呈蓝色（图6–2–14），肾脏肿大，胃肠黏膜、浆膜有散在出血点。脑膜脑炎型：病猪主要表现脑膜充血、出血（图6–2–15）。关节炎型：关节瘘管坏死，个别病猪可见到心内膜炎。镜检，脑膜血管淤血，有大量嗜中性白细胞浸润（图6–2–16）。

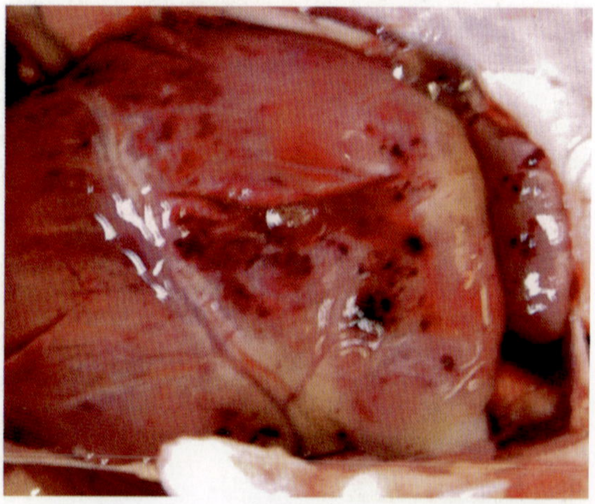
图6–2–10　病猪心外膜斑点状出血

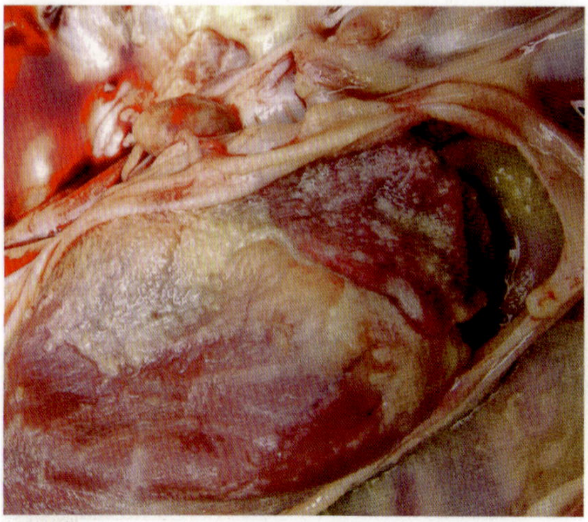
图6–2–11　病猪心外膜纤维素性渗出

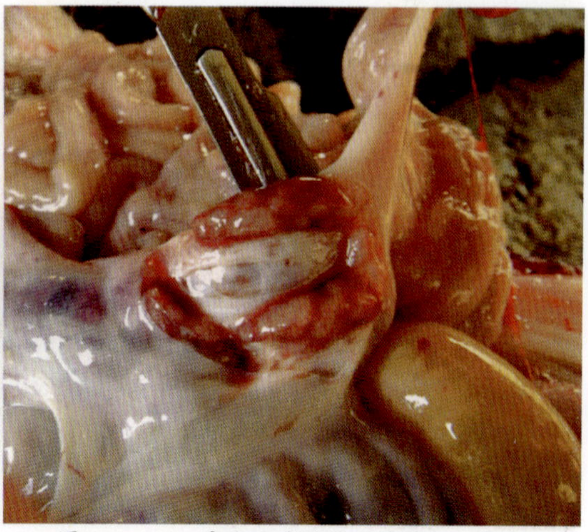
图6–2–12　病猪肠系膜淋巴结肿大、出血

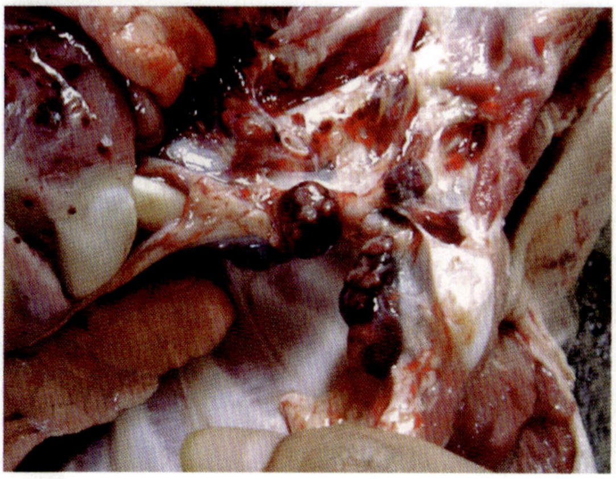
图6–2–13　病猪淋巴结呈肿大、出血

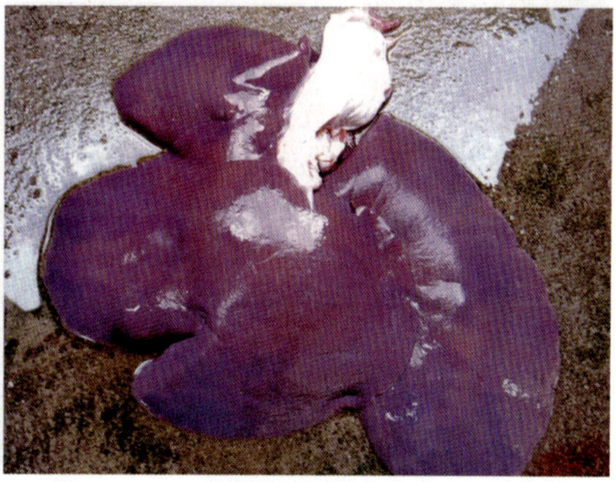
图6–2–14　病猪肝脏质脆、易碎，呈蓝紫色

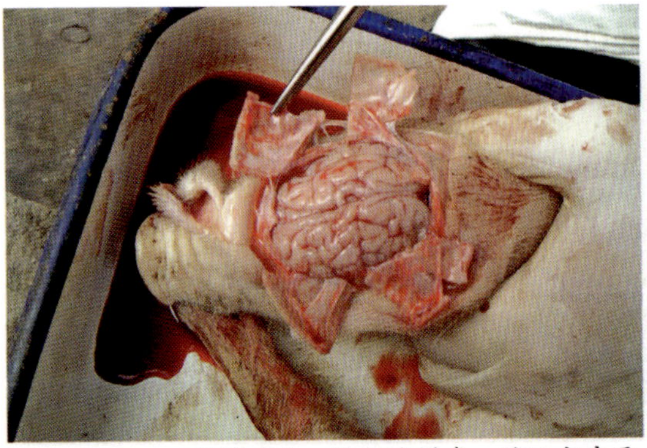

图 6–2–15　病猪脑充血，脑积液增多，脑回变扁平

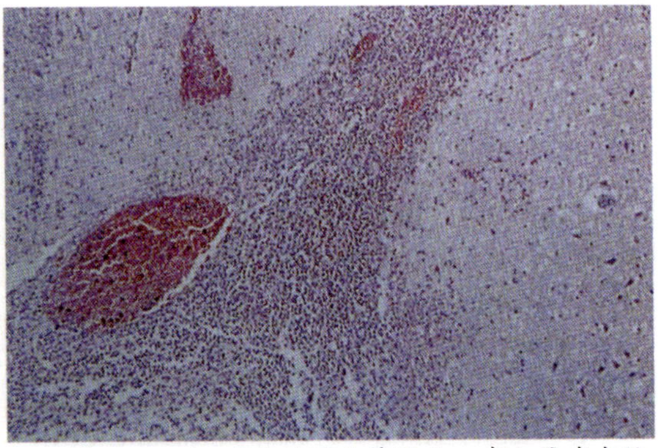

图 6–2–16　病猪脑膜血管淤血，有大量嗜中性白细胞浸润（HE60 ×）

（五）诊断要点

根据流行病学、临床症状和病理变化可初诊。确诊可通过实验室细菌学检查，分离培养和病原血清型鉴定等方法。

细菌学检查：

①将病料接种于绵羊鲜血琼脂平板，37℃培养 18 ~ 24 小时可见溶血的细小菌落（图 6–2–1），然后进行生化试验和生长特性鉴定。

②将病料或培养物涂片、染色、镜检，可见革兰氏阳性、单个、成对和链状排列的球菌（图 6–2–17，图 6–2–18）。

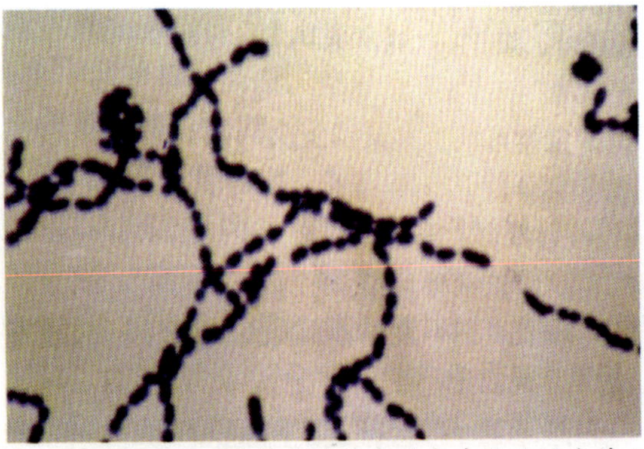

图 6–2–17　培养物涂片中呈串珠状的链球菌，革兰氏染色（HE1 000 ×）

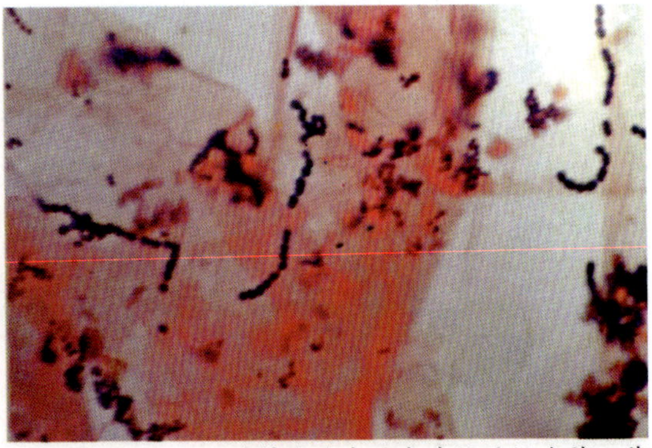

图 6–2–18　病料涂片中呈串珠状的链球菌，革兰氏染色（HE1 000 ×）

（六）类症鉴别

败血型链球菌易与急性猪丹毒、猪瘟相混淆，脑膜脑炎型易与猪李氏杆菌病相混淆，应注意鉴别。

（七）治疗方法

1. 西药治疗

如有条件可分离致病菌株，进行药敏试验选用敏感药物。在饲料中添加常用的药物和剂量，如阿莫西林 250mg/kg、复方磺胺类药 500mg/kg、复方替米先锋 1 000mg/kg、加康 500mg/kg 或环球之星 1 000mg/kg 加复合维生素 B 粉 200mg/kg，连续 5 ~ 7 天。治疗病重猪时可参考表 6–2 制定用药方案。

表 6–2　西药治疗猪链球菌病

<table>
<tr><th>药名</th><th colspan="2">功用</th><th>千克体重用量</th><th>使用方法</th></tr>
<tr><td>青霉素</td><td colspan="2" rowspan="2">抗菌消炎</td><td>1万 ~ 4万IU</td><td rowspan="3">混合后，肌内注射，每天2次，连续3 ~ 5天</td></tr>
<tr><td>链霉素</td><td>20mg</td></tr>
<tr><td>地塞米松注射液</td><td colspan="2">抗炎、抗休克</td><td>4 ~ 12mg</td></tr>
<tr><td>磺胺嘧啶钠注射液</td><td rowspan="2">抗菌消炎</td><td rowspan="2">二选一</td><td>100 ~ 200mg</td><td rowspan="2">肌注，每天1次，连续3 ~ 5天</td></tr>
<tr><td>强效阿莫西林</td><td>10mg</td></tr>
</table>

2. 中药治疗

处方一： 蒲公英 30g，紫花地丁 30g。

【作用】治疗猪链球菌病。

【用法与用量】水煎拌料喂服，每天 2 次，连续 3 天。

处方二： 野菊花 60g，忍冬藤 60g，紫花地丁 30g，白毛夏枯草 60g，七叶一枝花 15g。

【作用】治疗猪链球菌病。

【用法与用量】水煎取汁，拌料喂服。

处方三： 单方钩吻藤。

【作用】治疗败血型猪链球菌病。

【用法与用量】以去皮干藤计算，大猪 20 ~ 30g，中猪 10 ~ 20g，小猪 5 ~ 10g，加水煎 1 ~ 2 小时，候温灌服，每天 2 次，连续 3 天。此药对人畜均有毒性，宜慎用。

处方四： 金银花、麦门冬各 15g，连翘、蒲公英、紫花地丁、大黄、豆根、射干、甘草各 10g。

【作用】治疗猪链球菌病。

【用法与用量】煎汤取汁，候温灌服。供体重 30kg 的猪只服用，每天 1 ~ 2 次，连续 3 ~ 5 天。

（八）免疫预防与饲养管理

1. 免疫预防

①免疫预防：目前常用的疫苗有猪链球菌灭活苗和猪链球菌弱毒疫苗（如 ST171）。参考免疫程序：母猪产前 14 ~ 21 天，3 ~ 5mL/ 头，断奶后仔猪 3mL/ 头。另外，可用本场分离菌灭活制备成自家苗，也能起到很好的预防保护效果。

②药物预防：在多发病日龄前，在饲料或饮水中添加敏感药物。常用药物及混料剂量：阿莫西林 200mg/kg、复方替米先锋 800mg/kg、加康 400mg/kg、复方磺胺类药 500mg/kg。

2. 饲养管理

实行全进全出制，做好平时的卫生消毒工作，保持猪舍干燥、通风。做好猪舍保温工作，降低猪群饲养密度，加强营养，减少应激。

三 猪附红细胞体病

猪附红细胞体病（eperythrozoonosis）是由附红细胞体（eperythrozoon suis）寄生于红细胞或存在血浆中，引起猪及牛、羊、犬、猫共患的一种热性、溶血性传染病。因其可引起患畜发生黄疸性贫血等，又称红皮病。

（一）病原

猪附红细胞体属支原体目边虫科附红细胞体属。该虫寄生于红细胞表面，也可游离于血浆中，具有很强的宿主特异性，不同动物所感染的附红细胞体也不一样。猪的附红细胞体病是由猪附红细胞体和小附红细胞体所引起的。血液涂片经姬姆萨氏法染色后，猪附红细胞体呈淡紫红色，多在红细胞表面呈单个或成团寄生，形成链状或鳞片状，也有存在血浆中呈游离状态。该虫形状多呈环形，也有呈球形、杆状、卵圆形、哑铃形和网球拍形等，直径为0.8～2.5 μm；小附红细胞体较小，多呈环形，直径平均为0.5 μm。附红细胞体以二分裂或出芽方式进行增殖。电镜下，附红细胞体呈卵圆形的圆盘状，分凹凸两面，以凹面附着于红细胞表面。

附红细胞体对干燥和化学药品的抵抗力很弱，但耐低温；0.5%石炭酸于37℃经3小时可将其杀死；常用消毒药一般在几分钟内即可将之杀灭；但在加15%甘油的血液中，于－79℃条件下可存活80天；长期冷冻可存活数年。

（二）流行特点

不同年龄和品种的猪均有易感性，但仔猪（特别是去势后的仔猪）、保育猪发病率和病死率较高。本病多发生于夏季，可能与猪虱等吸血昆虫传播病原有关。病猪和带虫猪是主要的传染源。主要通过咬斗过程中或饮食含带虫血液的尿液感染，或通过蚊、虱、蜱、螨、针头、剪刀、手术刀等媒介间接传播，母猪还可经子宫感染胎儿。猪群密度过高，卫生较差，发生皮肤病较严重，或应激过强，都可诱导本病的发生。

图 6-3-1　病猪皮肤苍白，消瘦

（三）临床症状

体温升高，有的高达42℃，皮肤发红或苍白，毛色干枯，缺少光泽（图 6-3-1，图 6-3-2），呼吸困难，采食量减少。皮肤充血，有针尖大出血点，皮肤黏膜严重黄染（图6-

图 6-3-2　病猪皮肤充血

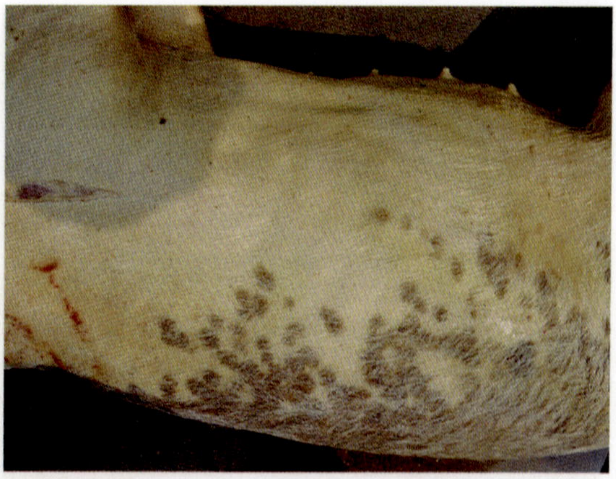

图 6-3-3　病猪全身皮肤黄染

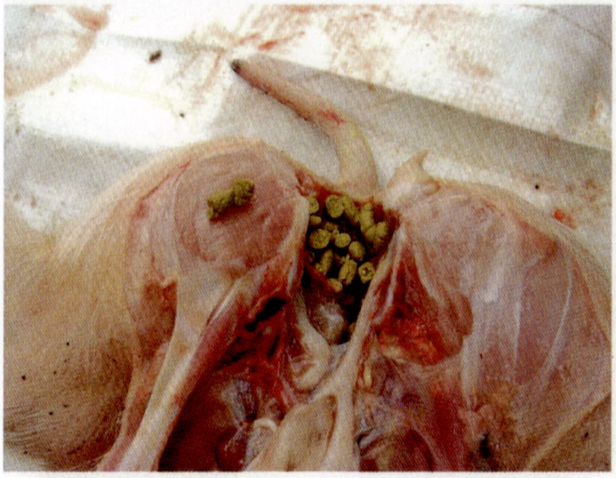

图 6-3-4　病猪排羊粪状粪便

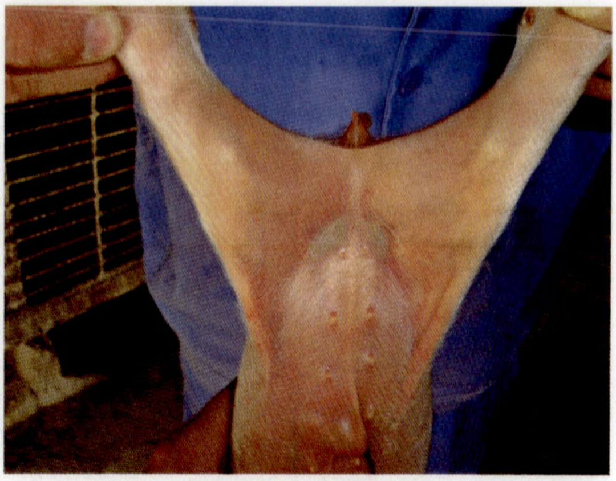

图 6-3-5　病猪腹股沟淋巴结肿大、严重出血

3-3），初起便秘，排羊粪状粪便（图6-3-4），后出现腹泻，排黄色水样稀粪。体表淋巴结肿大（图6-3-5）。怀孕母猪流产，产死胎、弱仔，哺乳母猪泌乳量下降，断奶母猪不发情，出现反复发情的比例提高。病猪常继发其他细菌感染。

（四）病理特征

病理剖检主要见血液稀薄，凝固不良，可视黏膜和皮肤苍白、弥漫性出血（图6-3-6），全身淋巴结肿大、苍白（图6-3-7），皮下网膜黄染，严重者全身黏膜、浆膜和肌肉黄染（图6-3-8，图6-3-9）。肺脏衰竭、黄染、弹性降低（图6-3-10），肝脏肿大、黄染（图6-3-11），肝脏切面呈斑驳状（图6-3-12），胆汁浓稠或呈浓茶样颜色（图6-3-13，图6-3-14），肾脏切面黄疸（图6-3-15），心肌衰竭、心包积液，肠黏膜出血。镜检，肝脏轻度淤血，肝细胞有局灶性坏死，并伴有炎性细胞浸润（图6-3-16）；脾窦中见有大量含铁血黄素细胞（图6-3-17）。

（五）诊断要点

临床疑似猪附红细胞体时，应采血涂片，瑞氏染色或革兰氏染色，镜检红细胞表面是否附着附红细胞体（图6-3-18至图6-3-20），做进一步诊断。

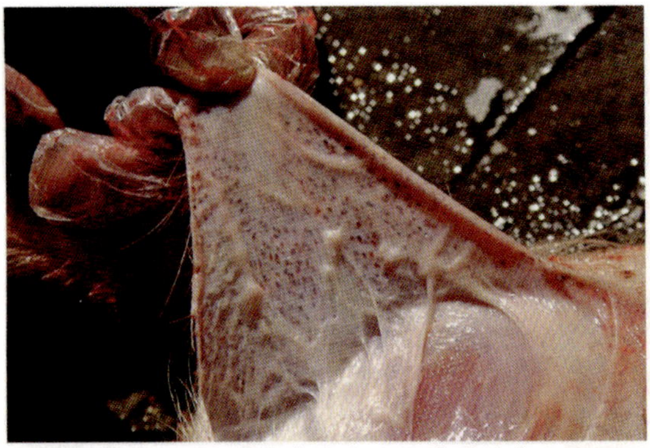
图 6-3-6　病猪皮肤毛孔处弥漫性出血

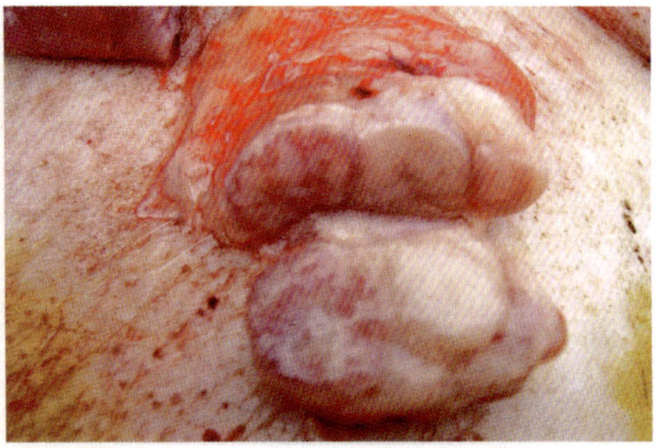
图 6-3-7　病猪淋巴结肿大、出血

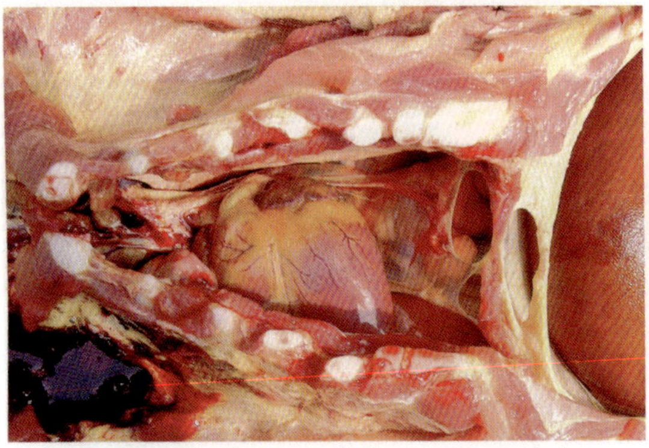
图 6-3-8　病猪肌肉黄染，心冠脂肪黄染

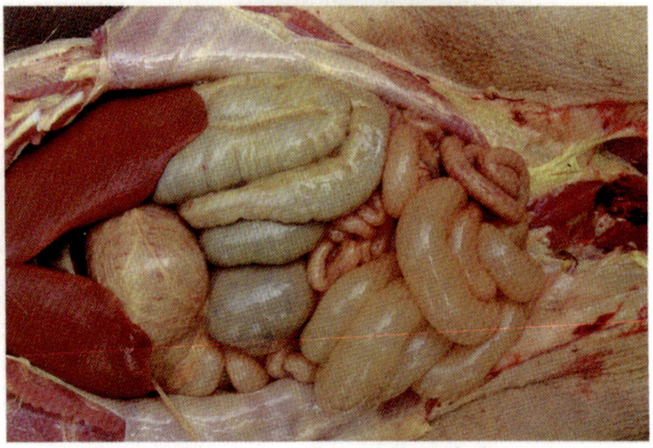
图 6-3-9　病猪肠浆膜黄染

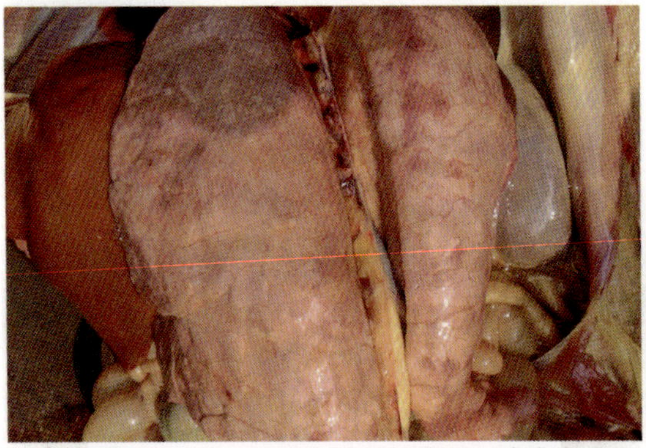
图 6-3-10　病猪肺脏弹性降低、黄染

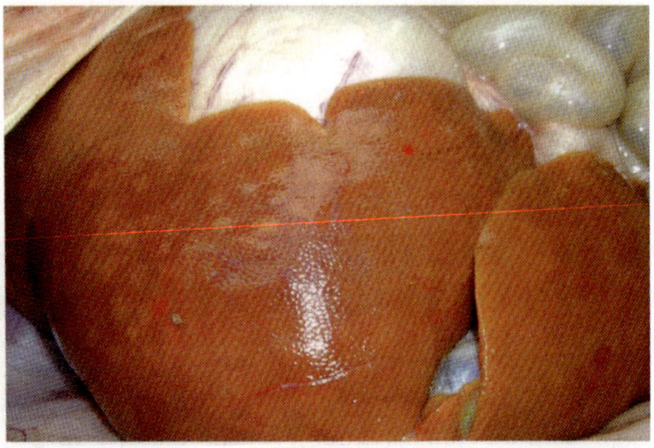
图 6-3-11　病猪肝脏肿大、黄染，质地变脆

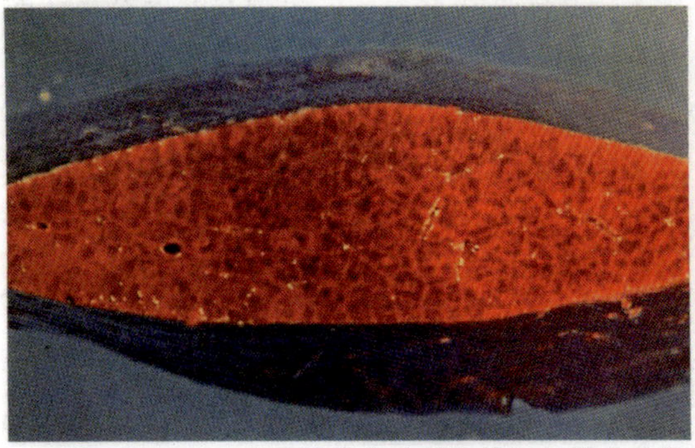
图 6-3-12　病猪肝脏小叶间结缔组织增生使肝切面呈斑驳状

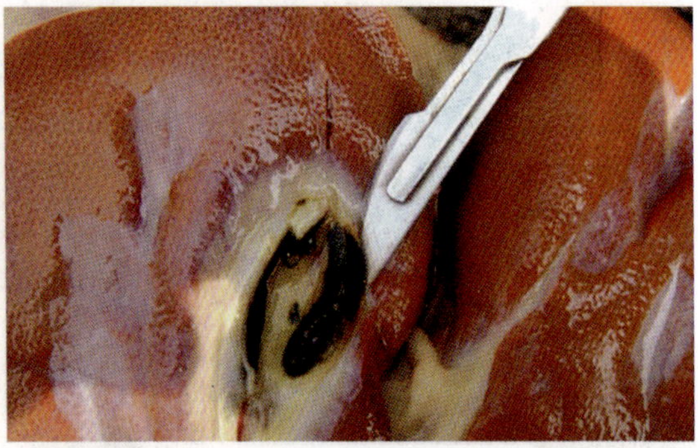
图 6-3-13　病猪胆汁浓稠

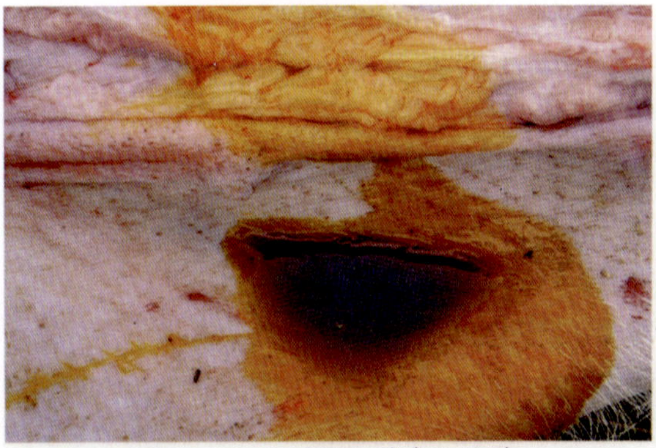

图 6-3-14　病猪胆汁色似浓茶

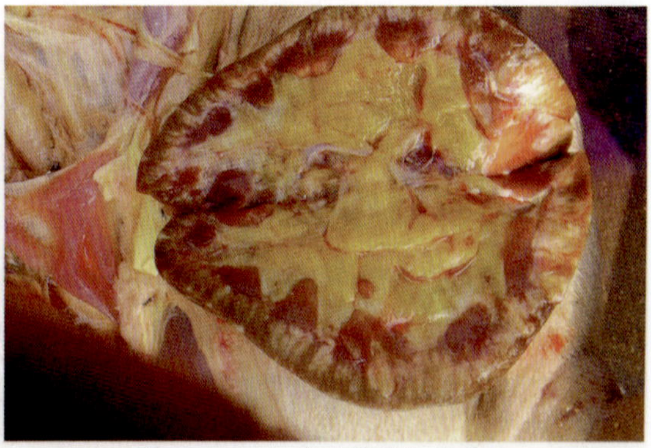

图 6-3-15　病猪肾脏切面黄疸

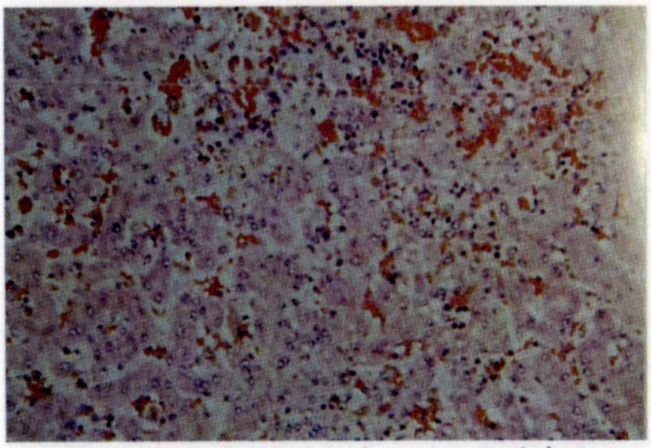

图6-3-16　病猪肝脏轻度淤血，肝细胞有局灶性坏死，并伴有炎性细胞浸润

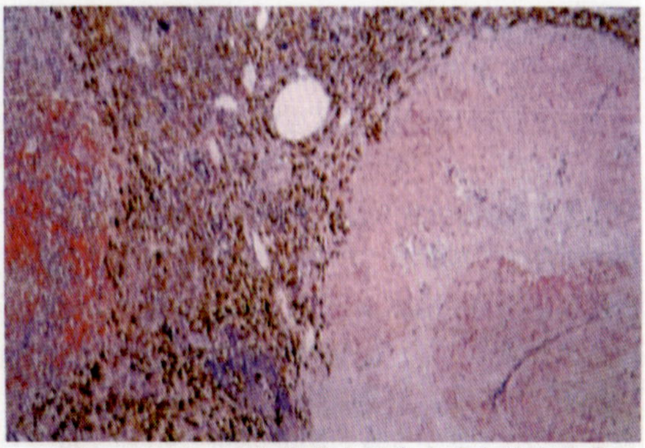

图 6-3-17　病猪脾窦中见有大量含铁血黄素细胞（HE100 ×）

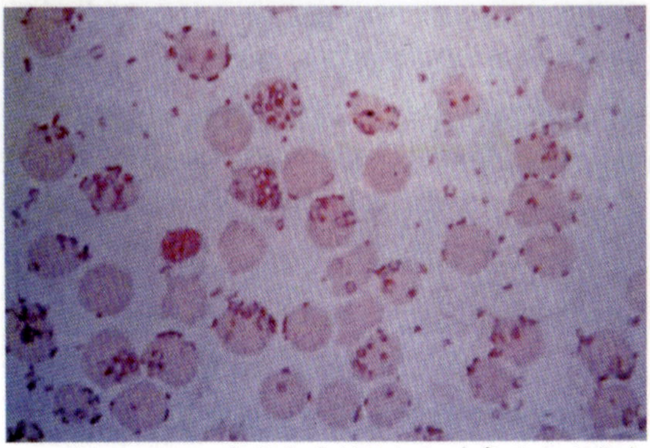

图 6-3-18　实验室病例的红细胞表面和血浆中有大量的附红细胞小体（HE600 ×）

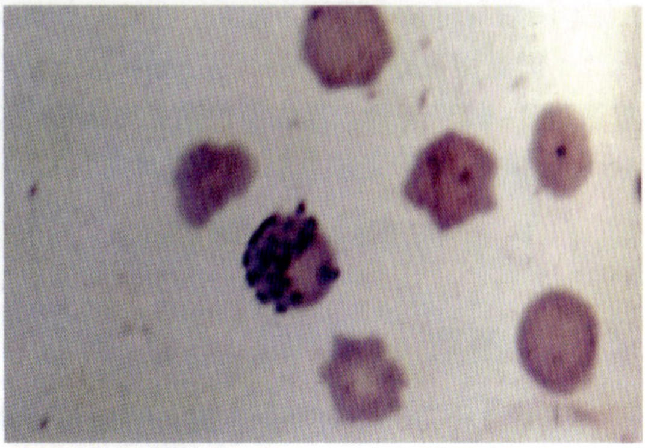

图 6-3-19　自然病例检出的附红细胞体（HE1 000 ×）

涂片镜检时应注意：

①在发热时采集的血液在血膜上会出现明显的微凝血，以血色素正常、红细胞数正常为特征性贫血是本病的特征。

②在制备血膜片时必须将血液加温至38℃，否则由于冷凝素的作用使红细胞发生凝集，这样很难推出一个好血膜，会使附红细胞体的辨认变得困难。正确方法是先将载玻片在火焰上稍稍加热，再滴血推片，或者将血

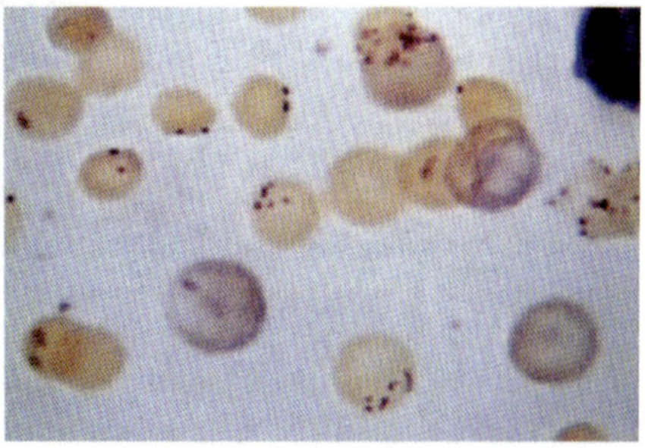

图6-3-20　自然感染病猪血液中红细胞表面的附红细胞体（HE1 000 ×）

液先放入30℃的抗凝血剂中混合后再作推片，效果较好。

（六）治疗方法

1. 西药治疗

肌内注射或在饲料中投抗菌消炎药，可参考表6-3。

表6-3　西药治疗猪附红细胞体病

<table>
<tr><th>药名</th><th>功用</th><th colspan="2">用量</th><th>使用方法</th></tr>
<tr><td>长效土霉素</td><td rowspan="2">抗菌消炎</td><td>0.1mL</td><td rowspan="3">千克体重</td><td rowspan="3">混合后，肌内注射，每天2次，连续3～5天</td></tr>
<tr><td>氨基比林</td><td>每头猪3～5mL</td></tr>
<tr><td>牲血素</td><td>补血</td><td>1mL</td></tr>
<tr><td>原虫清</td><td>杀虫</td><td>1000～1500mg</td><td rowspan="2">千克饲料</td><td rowspan="2">混料全群饲喂</td></tr>
<tr><td>泰乐菌素或四环素</td><td>抗菌消炎</td><td>2000mg</td></tr>
</table>

2. 中药治疗

清热营血，解热透邪。

处方：柴胡30g，细辛25g，桔梗15g，青蒿20g，槟榔20g，常山20g，甘草15g。

【作用】治疗猪附红细胞体病。

【用法与用量】按处方配药，常山、槟榔先用文火水煎20分钟再加入余药煎煮20分钟后取汁，候温用胃管投服。每天使用剂量为，种公母猪每头1剂，育肥猪每两头1剂，小猪视体重情况8～12头1剂。若病情严重，每天服药2剂，每剂可合并头、二煎，1次投服，连续3～4天；同时按每千克体重肌内注射青霉素G 4万IU，防继发感染，每天2次，连续3～5天。

（七）预防与饲养管理

1. 预防

①驱除动物机体内外寄生虫，特别是疥螨。加强灭蝇、灭蚊工作。做好针头、外科器械的消毒工作，做到一窝仔猪使用一套外科器械。

②做好药物预防保健工作，公猪、母猪、保育猪饲料中定期按800mg/kg添加原虫清，每天1次，连续5～7天。

2. 饲养管理

降低饲养密度，减少应激，严禁饲喂发霉变质饲料。

四　猪丹毒

猪丹毒（swine erysipelas）是猪丹毒丝菌引起猪的一种急性、败血性传染病。临床主要表现为急性败血型和亚急性疹块型，转为慢性的病猪常表现心内膜炎和关节炎。本病多发生于30日龄至6月龄的架子猪，呈散发或地方性流行。人也能感染。

（一）病原

本病的病原体为丹毒杆菌属的红斑丹毒丝菌，俗称丹毒杆菌。本菌为细长的小杆菌，革兰氏染色阳性（紫色），不形成芽孢和荚膜，不能运动。在病料内的细菌呈单在、成对或成丛状排列（图6-4-1）；在慢性病猪的心内膜疣状物上的多呈长丝状（图6-4-2）。猪丹毒杆菌所形成的菌落依其外形可分为光滑型（S）、粗糙型（R）和中间型（I）3种。其中光滑型由急性病例分离的病菌形成，菌体短小，毒力很强；粗糙型由慢性或带菌猪分离的病菌形成，菌体大，呈长丝状，毒力很低；中间型则介于以上两者之间。猪丹毒杆菌的血清型很复杂，目前已有28个之多，即1、1a、2、2a、2b、3～24及N型。猪丹毒杆菌的血清分类，主要与病菌细胞壁上特殊的可溶性肽葡聚糖有关；不同血清型猪丹毒杆菌的抗原结构、免疫原性和致病性均有不同程度的差异。

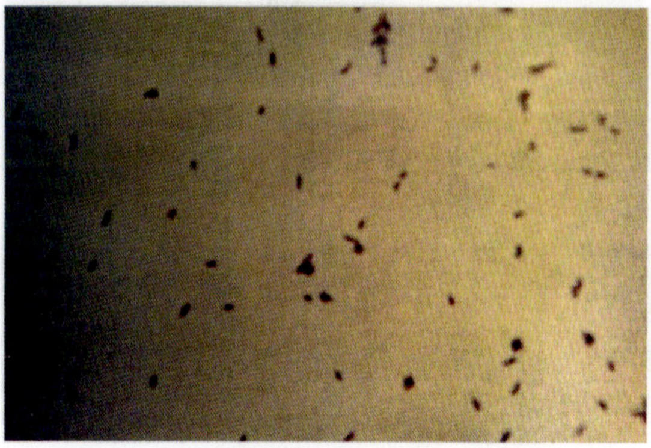

图6-4-1　病原为革兰氏阴性小杆菌，常单在、成对或成丛排列（HE1 000×）

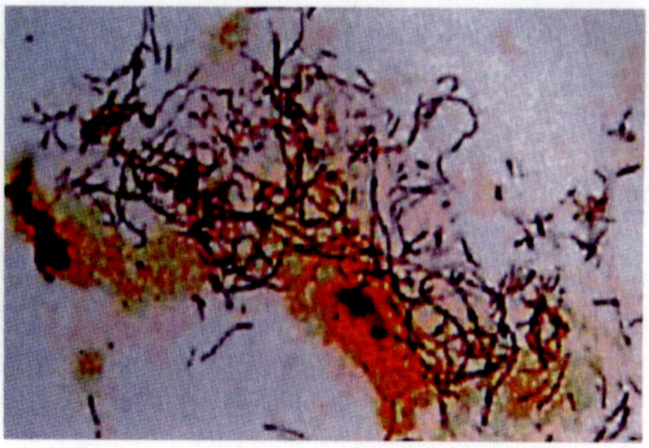

图6-4-2　用疣性心内膜炎病料涂片所获得的丹毒杆菌（HE1 000×）

猪丹毒杆菌对外界环境的抵抗力很强，在盐腌或熏制的肉内能存活3～4个月；在掩埋的尸体内能活7个多月；在土壤内能存活35天；暴露于日光下可存活10天。但对消毒药的抵抗力较低，2%福尔马林、3%来苏儿、1%烧碱、1%漂白粉都能在短时间内将其杀死。

（二）流行特点

本病一年四季都有发生，但以气候暖和的季节多发，多在架子猪中发生，呈散发或地方性流行。病猪和带菌猪、鼠是主要的传染源。通过粪便、尿液、分泌物排出细菌。经消化道、皮肤黏膜伤口或蚊虫叮咬传染给易感猪。环境应激、霉菌毒素均可诱导本病的发生。

（三）临床症状

本病自然感染的潜伏期为3～5天，有时可缩短至24小时。因为猪不同个体免疫力不同，被伤害的轻重程度不同，故表现也不一样。急性型：病猪突然出现高热不退，可达42～43℃，精神倦怠，食欲废绝，口色鲜红，脉洪数，很快死亡，死亡率高。疹块型：以在皮肤上出现疹块为主症，在全身皮肤表面出现菱形、方形、圆形疹块（图6-4-3，图6-4-4）。慢性型：表现四肢关节肿胀（图6-4-5），肢蹄步行僵硬、跛行，体瘦气弱，食欲减退，生长缓慢，严重者可发生死亡。

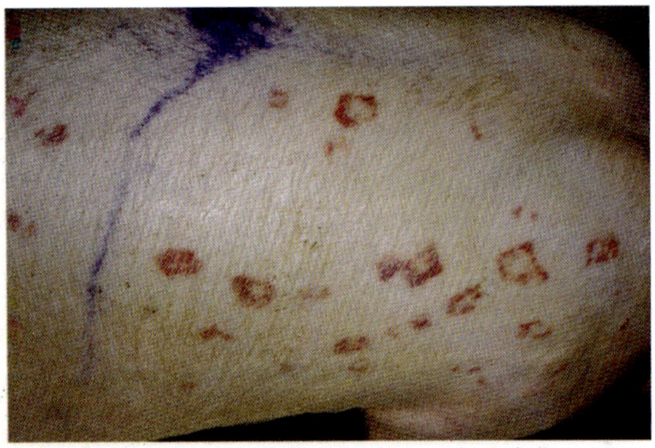
图6-4-3　病架子猪皮肤“打火印”

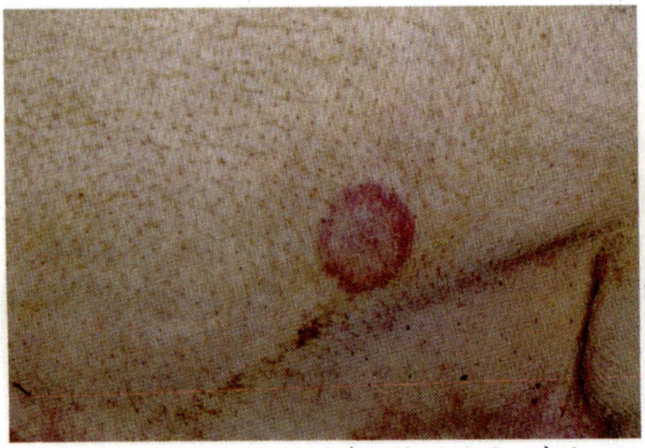
图6-4-4　病母猪皮肤表面出现的圆形疹块

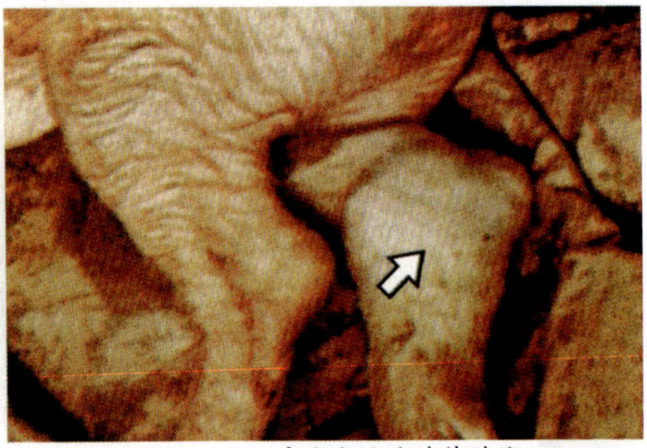
图6-4-5　病猪右后肢关节肿胀

（四）病理特征

全身皮肤充血、出血。淋巴结肿大，切面多汁，呈紫红色；纤维素性关节炎，心内膜形成菜花样赘生物（图6-4-6），胃和十二指肠充血肿大；脾脏呈急性充血肿大（图6-4-7）；肾脏淤血肿大，呈紫红色，俗称“大红肾”（图6-4-8）。镜检，脾窦淤血、出血，极度扩张，内含大量红细胞，而白髓则萎缩，被数层红细胞紧紧包裹（图6-4-9）；肾小球内有红色的透明血栓形成，肾小管上皮坏死（图6-4-10）。急性型，心肌、脾脏、小肠、肝脏、肺泡壁毛细血管发生弥漫性血管内凝血。

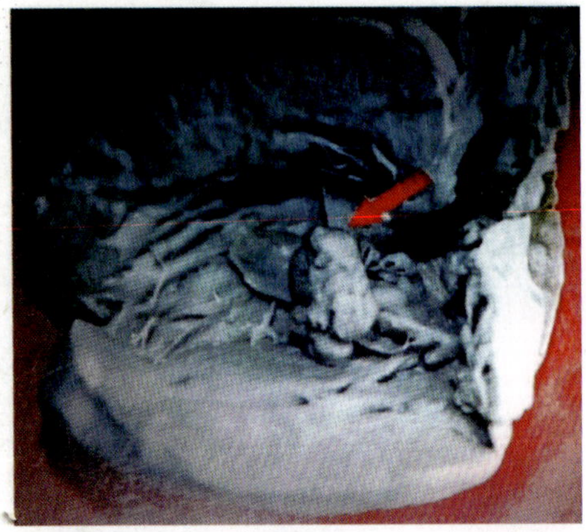
图6-4-6　病猪呈慢性型二尖瓣疣状心内膜炎

图6-4-7　病猪脾脏肿大出血

图6-4-8　病猪肾脏肿大出血呈“大红肾”

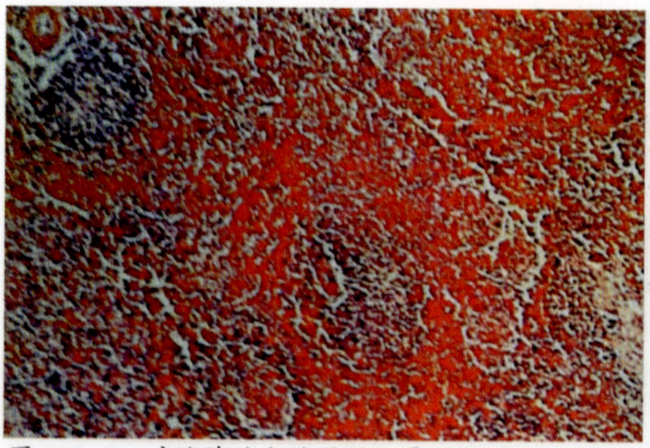

图 6-4-9　病猪脾脏白髓周围红晕形成（HE100 ×）

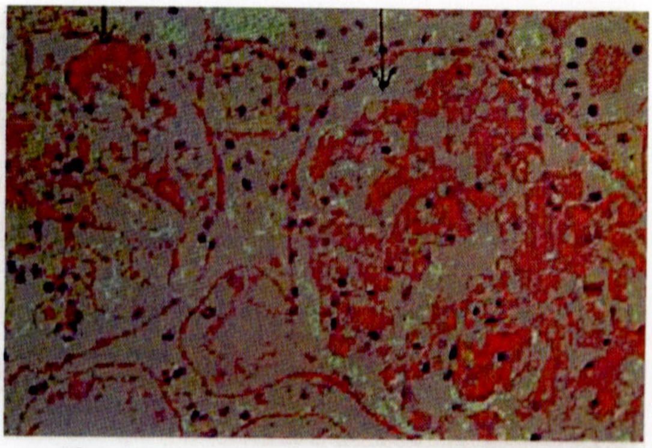

图 6-4-10　病猪肾小球内有红色的透明血栓形成（箭头），肾小管上皮坏死（HE400 ×）

（五）诊断要点

根据流行病学、临床症状、病理变化可初诊。通过细菌学检查，见到单个或成堆的特征性长丝状菌体即可初步确诊。

（六）治疗方法

1. 西药治疗

以抗菌消炎为治则。选药方案可参考表 6-4。

表 6-4　西药治疗猪丹毒

<table>
<tr><th>药名</th><th colspan="2">功用</th><th>千克体重用量</th><th>使用方法</th></tr>
<tr><td>抗血清</td><td colspan="2">抑制病原</td><td>1mL</td><td>静脉或皮下注射</td></tr>
<tr><td>青霉素</td><td rowspan="4">抗菌消炎</td><td rowspan="4">选一种使用</td><td>1万～4万IU</td><td rowspan="5">肌内注射</td></tr>
<tr><td>氨苄青霉素</td><td rowspan="2">20mg</td></tr>
<tr><td>链霉素</td></tr>
<tr><td>20%复方磺胺嘧啶钠</td><td>20～40mg</td></tr>
<tr><td>复方氨基比林</td><td colspan="2">退热止痛</td><td>0.5～1mL</td></tr>
</table>

2. 中药治疗

以清热解毒或宣毒发表、透疹外出为治则。

处方一： 荆芥 20g，防风 15g，川芎 30g，升麻 15g，薄荷 15g，金银花 15g，连翘 20g，栀子 25g，木通 20g，火麻仁 15g，酒大黄 15g，雄黄 15g，青皮 20g，贯众 15g。

【作用】治疗无疹块型猪丹毒。

【用法与用量】车前草、蜂蜜为引。煎水取汁，候温内服，每天 1 剂，分 2 次服完，连续 2～3 天。

处方二： 知母 20g，火麻仁 50g，葶苈子 30g，贯众 20g，玄参 20g，天门冬 20g，广桔梗

15g，石膏 50g，生大黄 20g，明矾 10g，麦芽 50g，甘草 20g，蜂蜜 200mL。

【作用】治疗有疹块的猪丹毒。

【用法与用量】按处方配药，上药熬水调蜂蜜，供体重 35 ~ 50kg 的猪只服用。每天 1 剂，分 3 ~ 4 次喂服，连续 3 ~ 5 天。

处方三：金银花 40g，连翘 30g，黄连 30g，栀子 25g，黄芩 35g，黄柏 35g，大黄 40g，青皮 40g，枳实 40g，天花粉 35g，木通 50g，雄黄 20g（另包），僵蚕 30g，甘草 15g。

【作用】治疗猪丹毒。

【用法与用量】水煎取汁，候温灌服。供体重 35 ~ 50kg 猪只分 2 ~ 3 次服用，每天 1 剂，连用 2 ~ 3 天。

处方四：枳实、葛根、栀子、黄芩、天花粉、木通、滑石、连翘、黄柏各 50g，薄荷、忍冬藤各 20g，川芎、麦芽各 15g，马鞭草 10g。

【作用】治疗猪丹毒。

【用法与用量】忍冬藤为引。煎水取汁，候温灌服，供大猪分 3 ~ 5 次服完，每天 1 剂，连用 3 ~ 5 天。

处方五：大黄、黄芩、黄柏、栀子各 40g，金银花、菊花、连翘、知母、天花粉、食盐各 30g，赤小豆、甘草各 10g，黄连 6g，苦参 24g，井水 2.5L。

【作用】治疗猪丹毒。

【用法与用量】加水泡 24 小时，煎成药液，浓缩至原药液的 2/3，用 4 层纱布过滤 5 次，装入瓶内，煮沸消毒，冷却备用。皮注或肌注。每天 1 次，大猪 10mL，中猪 4 ~ 8mL，小猪 4 ~ 6mL，连续 3 ~ 5 天。

（七）免疫预防与饲养管理

1. 免疫预防

加强饲养管理，增强猪的抗病力。平时做好疫苗预防注射工作。猪丹毒菌苗为冻干苗，用 20% 氢氧化铝生理盐水稀释，大小猪一律皮下注射 1mL，注苗后 7 天产生免疫力，免疫期 6 个月。口服免疫，每头 2mL，服后 9 天产生免疫力，免疫期 6 个月。

2. 饲养管理

①应早期确诊，隔离病猪，及时治疗。青霉素为首选抗生素，用量为每千克体重 1 万 ~ 4 万 IU，每天 3 ~ 5 次，肌内注射。经过治疗后，体温下降，食欲和精神好转时，仍需继续注射 3 ~ 5 次，巩固疗效，防止复发或转为慢性。

②病猪放于清静凉爽猪栏内隔离饲养，喂给易消化饲料和充足饮水。搞好清洁卫生，猪场环境及饲养管理用具应进行定期消毒；猪粪及垫草应集中堆放，发酵腐熟后作肥料用。病死猪或屠宰猪可作高温处理，血液、内脏等应深埋。屠宰和解剖人员应加强防护工作，免受猪丹毒丝菌感染，如有发病，立即就医。

五 猪痢疾

猪痢疾（swine dysentery）又称血痢，是由猪痢疾密螺旋体引起猪的一种严重的肠道传染病。病变特征是大肠黏膜发生卡他性出血性炎症，临床表现为出血性、黏液性下痢。

（一）病原

本病的原发病原为密螺旋体属猪痢疾蛇形螺旋体，而肠道内其他固有的病原微生物也参与引发本病。猪痢疾密螺旋体有4～6个弯曲，两端尖锐，呈缓慢旋转的螺旋状；革兰氏染色呈阴性反应，用苯胺染料或姬姆萨氏染色时着染良好，将组织切片用镀银染色后着染效果更好。在暗视野显微镜下新鲜病料中可见到活泼的蛇形运动或以长轴为中心旋转运动的螺旋体（图6-5-1，图6-5-2）。在透射电子显微镜下，与细菌不同，胞壁与胞膜之间有7～9条轴丝。此轴丝为密螺旋体的运动器官。用扫描电镜观察，病原体的两端较细，钝圆，呈蚯蚓状（图6-5-3）。猪痢疾密螺旋体为严格的厌氧菌，对培养基的要求十分严格，分离培养较为困难。

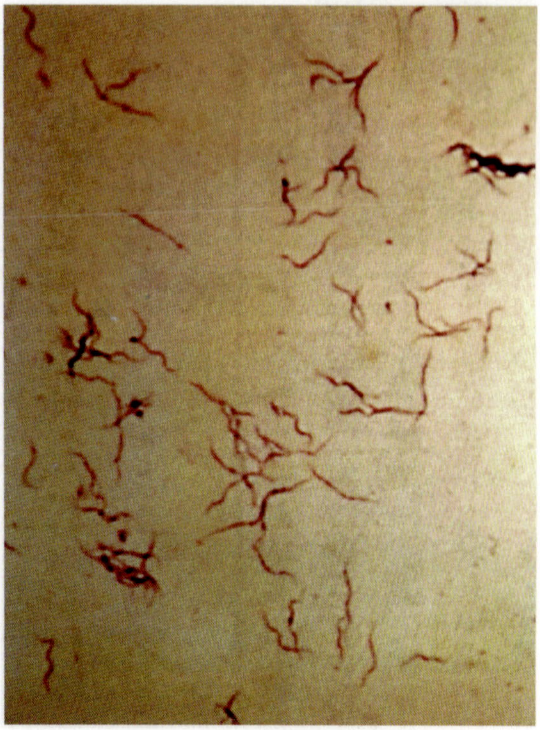
图6-5-1　双雁翼形密螺旋体

猪痢疾密螺旋体对外界环境有较强的抵抗力，在25℃粪便中能存活7天，5℃粪便中能存活61天，在4℃土壤内能存活18天；对消毒药的抵抗力不强，常用消毒药如过氧乙酸、来苏儿和氢氧化钠溶液均能迅速将其杀死。

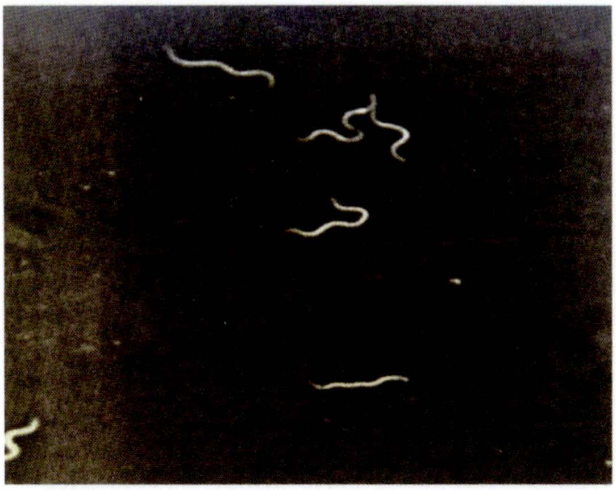
图6-5-2　在暗视野显微镜下呈蛇形运动的病原体（HE1 000×）

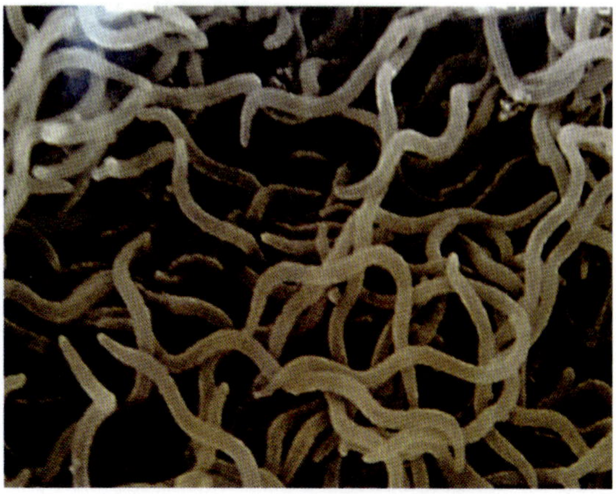
图6-5-3　扫描电镜下的密螺旋体

（二）流行特点

本病仅在猪发生，不同品种、年龄的猪均易感，常发生于7～12周龄的仔猪，且日龄小的猪比日龄大的猪发病率和死亡率高。病猪和带菌猪是主要的传染源，通过粪便排出病原体，易感猪经口感染。密度过高、寒冷、温度过高、卫生条件太差均是本病的诱发因素。

（三）临床症状

本病的潜伏期为7～14天，主要症状为下痢，排黄色、灰色糊状稀粪或带有黏液血色稀粪（图6-5-4），体温升高达40～41℃。严重者排出灰白色或血色带有坏死组织碎片的水样稀粪（图6-5-5，图6-5-6），死亡不多，但病猪生长速度缓慢。

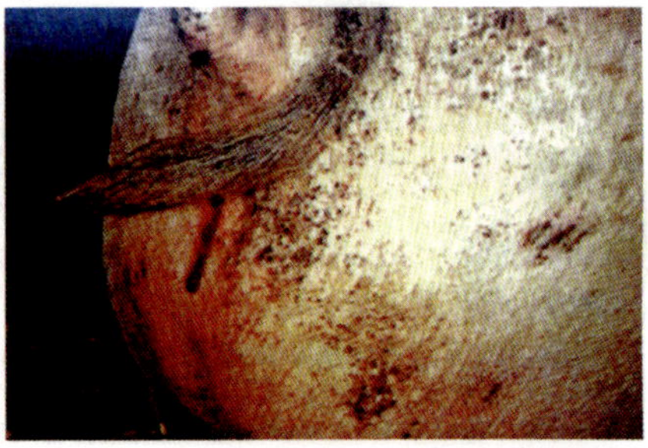

图6-5-4 病猪的后躯被稀便所污染，肛门处有红褐色的稀便流出

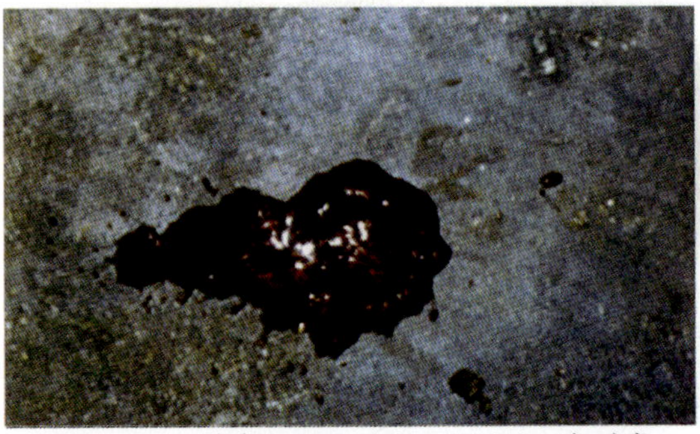

图6-5-5 带有黏液及脱落肠黏膜的血色稀粪

图6-5-6 带有脱落肠黏膜的血色稀粪（甄辑铭提供）

（四）病理特征

本病的典型病变局限于大肠（盲肠、结肠和直肠），而小肠无病变，其明显界限在回肠和盲肠交界处（图6-5-7，图6-5-8）。大肠壁充血水肿，淋巴滤泡增大呈明显的白色颗粒状。大肠黏膜上覆盖着带有血块和纤维素的黏液。随着病情进一步发展，肠壁水肿减轻，而肠黏膜病变加重，表层坏死形成麸皮状或豆腐渣样假膜；肠系膜水肿、充血。镜检，黏膜和黏膜下层显著水肿、淤血、出血、增厚，黏膜上皮坏死、脱落。

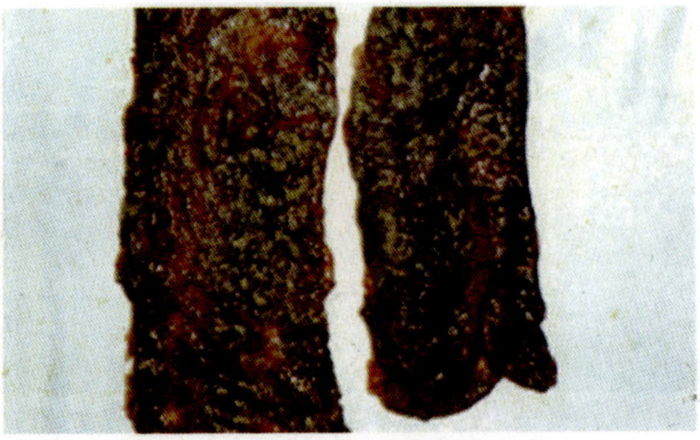

图6-5-7 病猪盲肠壁水肿、溃疡

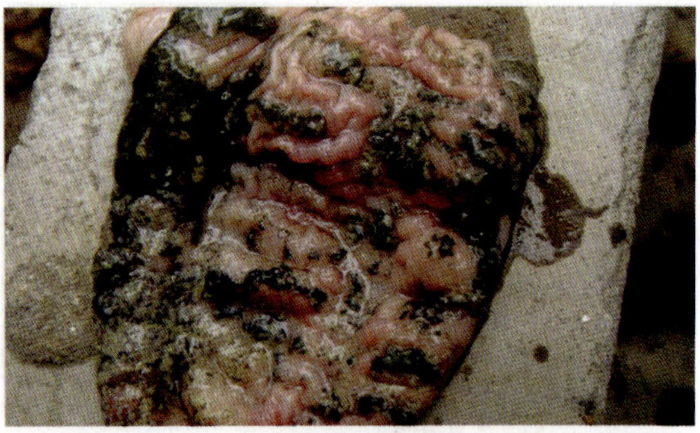

图6-5-8 病猪固膜性结肠炎（甄辑铭提供）

（五）诊断要点

根据流行病学、临床症状和病理变化可初诊。确诊可通过实验室镜检，取病猪新鲜粪便或大肠黏膜涂片，用姬姆萨、草酸铵结晶紫或复红染色液染色、镜检，高倍镜下每个视野见3个以上具有3～4个弯曲的较大螺旋体（图6–5–9，图6–5–10），即可诊断此病。

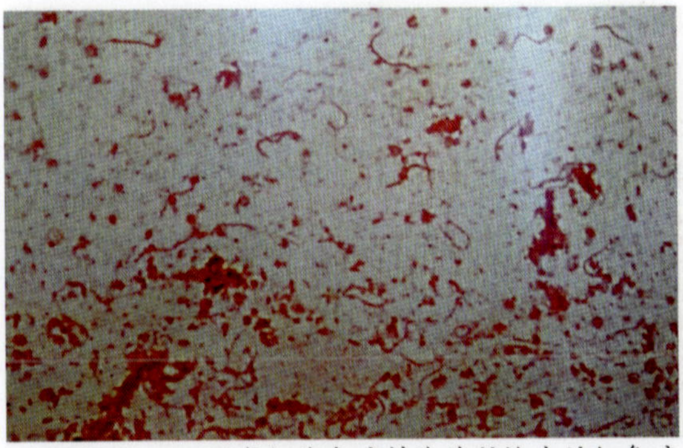

图6–5–9　用复红染色病料涂片所检出的红色病原体（HE1 000 ×）

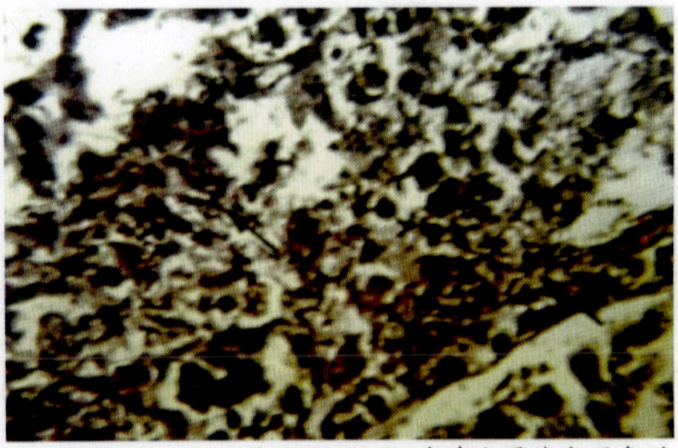

图6–5–10　病猪坏死组织中有大量染成黑色的猪痢疾密螺旋体（箭头，硝酸银染色 400 ×）

（六）类症鉴别

需与猪沙门氏菌病、猪传染性胃肠炎、猪流行性腹泻进行鉴别。

（七）治疗方法

对病猪及时治疗有一定效果。投喂痢菌净，按每千克体重5mg内服，每天2次，连续3天为1个疗程，或用0.5%痢菌净注射液，每千克体重0.5mL，肌内注射；另外用硫酸新霉素、林肯霉素、四环素族抗生素等多种抗菌药物都有一定疗效。

1. 西药治疗

治宜消炎、止泻。选药时可参考表6–5。

表6–5　西药治疗猪痢疾

药名	功用	用量		使用方法
0.5%痢菌净	抗菌消炎	0.5mL	千克体重	肌注，每天2次，连续3～5天
土霉素碱		100～150g	每1 000kg饲料用量	混料，连喂3～5天
硫酸新霉素		300g		
泰乐菌素		100g		
林可霉素		100g		混料，连喂3周
四环素		100～120g		混料，连喂3～5天
磺胺脒	抑菌 合用	150mg	千克体重	混匀内服，每天2次，连续3～5天
甲氧苄氨嘧啶		30mg		

注：抗菌消炎类药物只选其中1～2种使用。

2. 中药治疗

处方一： 当归注射液2支 × 2mL，黄芪注射液2支 × 2mL，维生素B_{12} 2支 × 1mL（0.5mg）。

【作用】治疗仔猪慢性痢疾。

【用法与用量】按处方配药，混合后一次颈静脉注射，每天2次，连续3 ~ 5天。

处方二： 木炭末30g，山楂炭30g，石榴皮（烧炭）25g。

【作用】治疗猪肠炎痢疾。

【用法与用量】共粉碎为细末，开水冲服。

处方三： 黄柏20g，黄连15g，苦参20g，白头翁15g，秦皮20g，诃子20g，乌梅20g，甘草15g。

【作用】治疗猪痢疾。

【用法与用量】煎汤胃管投服，每天1次，连续5天。

处方四： 白头翁10g，炒槐米5g，鸦胆子5g，黄连3g，黄芩5g，黄柏3g，苦参5g，罂粟壳3g，马齿苋3g，甘草2g。

【作用】治疗猪痢疾。

【用法与用量】加温水500mL，浸泡24小时，煮沸后用纱布过滤，另取大蒜10g，捣烂，加白酒30mL，猪每次口服25 ~ 50mL，每天2次，连续3 ~ 5天。

处方五： 乌梅15g，黄连10g，黄柏10g，当归9g，桂枝10g，花椒8g，党参8g，附子9g，细辛3g，干姜3g。

【作用】治疗猪痢疾。

【用法与用量】共粉碎为细末，开水冲调，候温供大猪1次服用，每天1次，连续3天。

处方六： 蟾蜍1只。

【作用】治疗猪痢疾。

【用法与用量】烧灰粉碎为末，拌料喂服，连续3 ~ 5天。

处方七： 生葛根35g，党参4g，藿香5g，木香2g，茯苓5g，炙甘草3g。

【作用】治疗猪痢疾。

【用法与用量】煎水取汁，候温喂服，供大猪1次服用，每天1次，连续3 ~ 5次。

（八）预防与饲养管理

防止从发病猪场购入带菌种猪，如果引入种猪，必须隔离观察和检疫，健康者方可混群饲养。需要注意，该病治后易复发，必须坚持一定的疗程并积极改善饲养管理，方能收到好的效果。做好猪舍、环境的清洁卫生和消毒工作，处理好粪便；病猪最好淘汰；坚持药物、管理和卫生措施相结合的净化措施，可收到较好的净化效果。

六 猪李氏杆菌病

猪李氏杆菌病（swine listeriosis）是由李氏杆菌引起多种动物和人共患的传染病。病猪主要表现为脑膜脑炎、败血症和流产。

（一）病原

本病的病原为单核细胞增多型李氏杆菌，为革兰氏阳性小杆菌，在血液涂片中常单在或呈“V”形或“Y”形排列（图6–6–1），血平板上长出露珠状菌落（图6–6–2）。该菌共有7个血清型，猪的为Ⅰ型李氏杆菌。本菌对热的耐受性强，常规巴氏消毒法不能杀灭，65℃30～40分钟才能杀灭，对酸敏感，常用消毒药都易使它灭活。

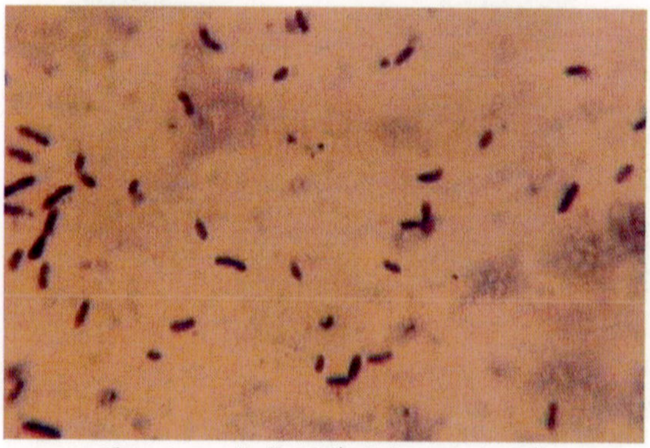

图6–6–1 “V”形革兰氏阳性病原菌

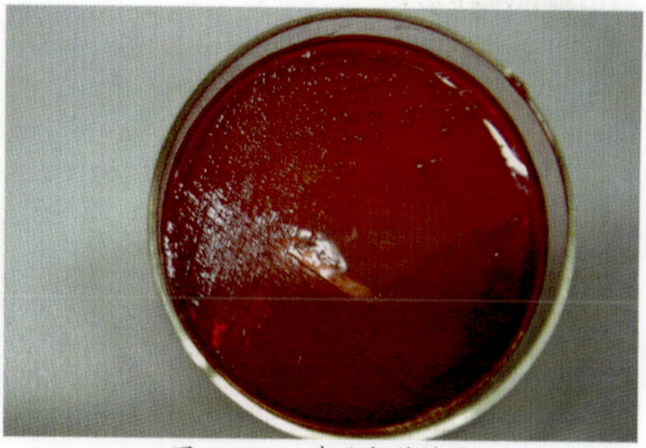

图6–6–2 李氏杆菌菌落

（二）流行特点

本病多散发，发病率低，而死亡率较高，冬、春季多发，气温剧变等因素可促进发病。不同年龄猪均可感染，仔猪和怀孕母猪最易感。病猪和带菌猪是主要的传染源。通过消化道、呼吸道、皮肤黏膜伤口受感染。

图6–6–3 病猪出现前腿跪地的神经症状

（三）临床症状

本病的典型症状是脑膜脑炎症状，表现兴奋不安，对刺激非常警惕，运动失常，做圆圈运动，颈后仰，呈“观星状”，或做划水动作，口吐白沫，前肢跪地或后肢麻痹，不能站立（图6–6–3至图6–6–5）。病程一般为1～4天，长

图6–6–4 病猪后肢麻痹，对刺激敏感

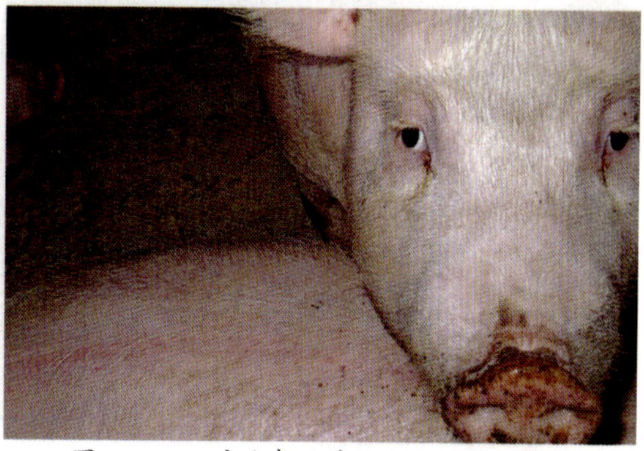

图6–6–5 病猪表现神经症状，双眼警惕

者可达7～9天，多以死亡为结局。发病仔猪多出现败血症，体温升高到39.5～40.5℃，先便秘，后腹泻，粪便带血。怀孕母猪流产，产弱仔。

（四）病理特征

出现败血症状而死亡的仔猪，特征性病变是发生局灶性坏死，在脾、淋巴、脑组织中也可出现小的坏死灶，肝有白色坏死点（图6-6-6）。有神经症状的病猪可见脑充血、水肿、出血，脑积液增多或有渗出性炎症（图6-6-7，图6-6-8）。淋巴结肿大、坏死，肠黏膜出血。

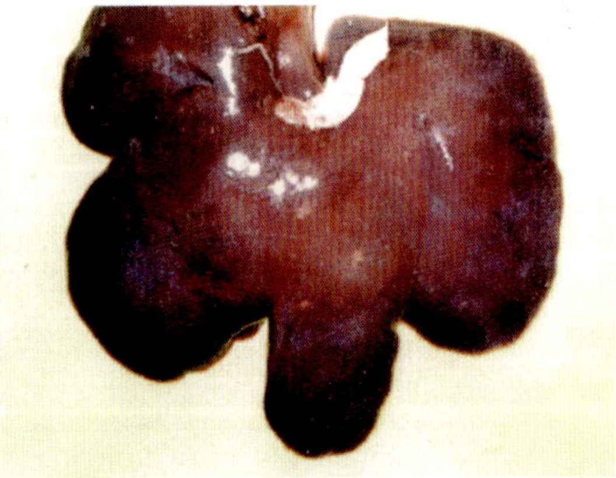

图6-6-6　病猪肝脏表面白色坏死点（甄辑铭提供）

（五）诊断要点

根据临床症状和病理变化可初诊。确诊可通过细菌学检查或细菌分离鉴定。

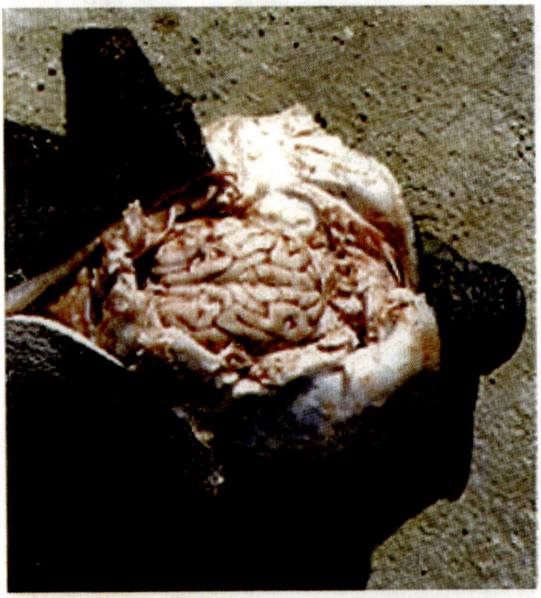

图6-6-7　病猪化脓性脑炎（甄辑铭提供）

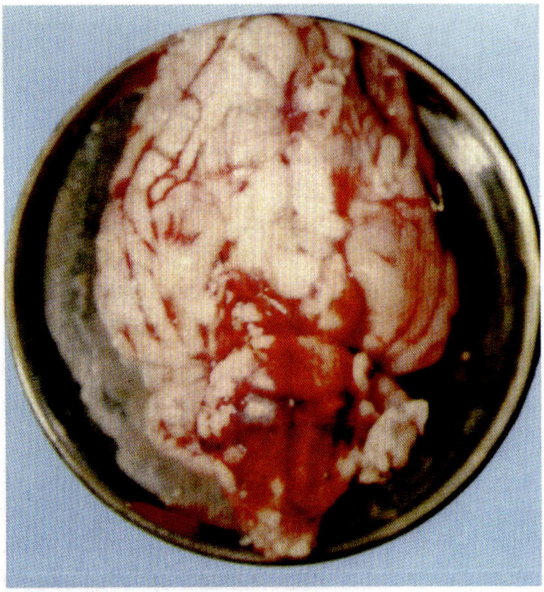

图6-6-8　病猪脑膜水肿、出血

（六）类症鉴别

应与猪伪狂犬病、猪乙型脑炎、猪瘟、猪链球菌病等鉴别。

（七）治疗方法

1. 西药治疗

抗菌消炎，对症治疗，参考表6-6选药制定用药方案。

表 6–6　西药治疗猪李氏杆菌病

<table>
<tr><th>药名</th><th colspan="2">功用</th><th>千克体重用量</th><th>使用方法</th></tr>
<tr><td>青霉素</td><td colspan="2" rowspan="2">抗菌消炎</td><td>1万～4万IU</td><td rowspan="5">混合后，肌内注射，每天2次，连续3～5天</td></tr>
<tr><td>链霉素</td><td>20mg</td></tr>
<tr><td>地塞米松注射液</td><td colspan="2">抗炎、抗休克</td><td>4～12mg</td></tr>
<tr><td>安钠咖注射液</td><td colspan="2">强心</td><td>0.05～0.1mL</td></tr>
<tr><td>水合氯醛</td><td colspan="2">镇静</td><td>1mg</td></tr>
<tr><td>磺胺嘧啶钠注射液</td><td rowspan="3">抗菌消炎</td><td rowspan="3">三选一</td><td>100～200mg</td><td rowspan="3">肌内注射，每天1次，连续3～5天</td></tr>
<tr><td>强效阿莫西林</td><td>10mg</td></tr>
<tr><td>庆大霉素</td><td>1～2mg</td></tr>
</table>

2. 中药治疗

处方一：栀子 12g，黄芩 12g，琥珀 1.5g，生地 16g，菊花 12g，木通 9g，大黄 12g，芒硝 30g，茯苓 12g，远志 12g。

【作用】治疗猪李氏杆菌病。

【用法与用量】水煎取汁，候温灌服。供体重 30kg 以上猪只服用，小猪酌减，每天 1 剂，连续 3～5 剂。

处方二：丹皮、生地黄、黄芩、栀子各 30g，蝉蜕、茯神、远志、赤小豆各 15g，天竺黄、钩藤各 10g，甘草 5g。

【作用】清热凉血、熄风安神、化痰利湿。主治猪李氏杆菌病。

【用法与用量】水煎 2 次，合并药液，体重 50kg 以上猪分 3 次灌服，可按病猪大小、体质和精神状态适当增减。加减法：对头嘴着地、眼睛红肿者加菊花、草决明各 15g；粪便燥结者加大黄 30g，芒硝 15g，木通 20g；怀孕者加杜仲 20g，艾叶 10g。

（八）预防与饲养管理

做好灭鼠工作，驱除体内外寄生虫。加强猪舍消毒卫生工作，做好粪便的消毒处理，加强饲料营养。

发病猪应隔离治疗，对病死猪要做好无害化处理。全群猪的饲料中添加药物：阿莫西林 200mg/kg 或环球之星预混剂 1 000mg/kg，连续 3～5 天，有较好效果。

七　猪增生性肠炎

猪增生性肠炎（porcine proliferative enteritis，PPE）是由劳森胞内菌引起的、以腹泻和肠黏膜增生性炎症为特征的一种肠道疾病。

（一）病原

劳森胞内菌（lawsontia intracelluaris，LI）为革兰氏染色呈阴性反应的小杆菌（图6–7–1），微需氧菌，在含10%二氧化碳的环境中生长良好，于培养基内添加血液或血清，有利于该菌的初代培养。在老龄培养物中呈螺旋状长丝或圆球形，运动活泼，对1%牛胆汁有耐受性。根据这一特点制作选择培养基用于纯菌培养。用透视电镜检查病变肠管时，在上皮细胞的胞浆中能检出圆形或椭圆形病原体片断（图6–7–2）。对外界环境的抵抗力较强，而对季铵盐类、碘类消毒剂敏感。

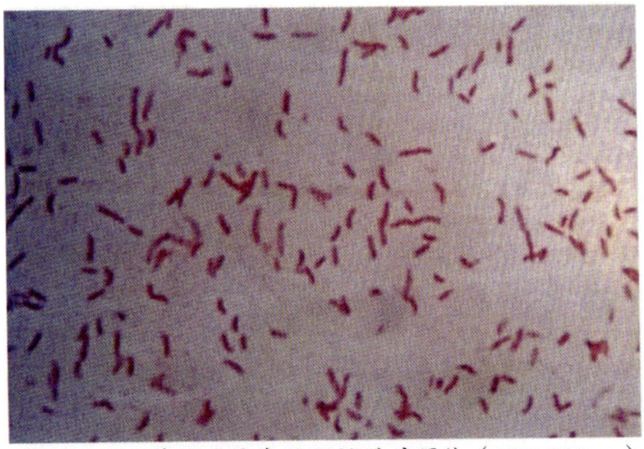

图6–7–1　革兰氏染色呈阴性的病原体（HE1 000 ×）

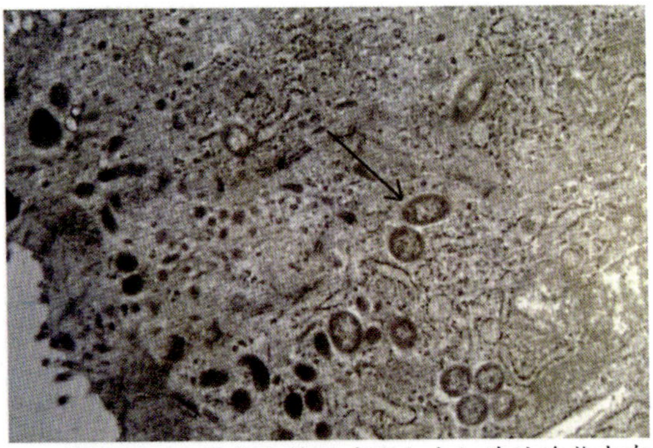

图6–7–2　透射电镜下病猪上皮细胞的胞浆中有病原体的断面（箭头所示）

（二）流行特点

病猪和带菌猪是主要的传染源。通过粪便排出病原，易感猪经口感染，白色品种的猪易感性较高。温差变化过大、湿度过高和卫生条件太差均可诱导本病的发生。

（三）临床症状

症状以腹泻为主，发病保育猪排黄色或灰色消化不良的稀粪（图6–7–3），生长缓慢，消瘦（图6–7–4）；生长猪排出黑色、酱油色稀粪或血样稀粪，带有黏液、坏死组织碎片。

图6–7–3　病猪排出的消化不良稀粪

图6–7–4　病保育猪营养不良

（四）病理特征

回肠、结肠肠壁增厚（图6-7-5，图6-7-6），结肠内有胶样渗出（图6-7-6），回肠黏膜呈脑回样皱褶（图6-7-7至图6-7-10），肠腔充满未消化的饲料。严重病例肠壁覆盖有一层假膜，形成溃疡，肠系膜水肿，肠系膜淋巴结肿大、出血（图6-7-11，图6-7-12）。肠黏膜出血，肠管变脆，肠管内容物含有血液（图6-7-13至图6-7-16）。镜检，回肠黏膜因上皮细胞和腺体细胞增生而增厚（图6-7-17）。

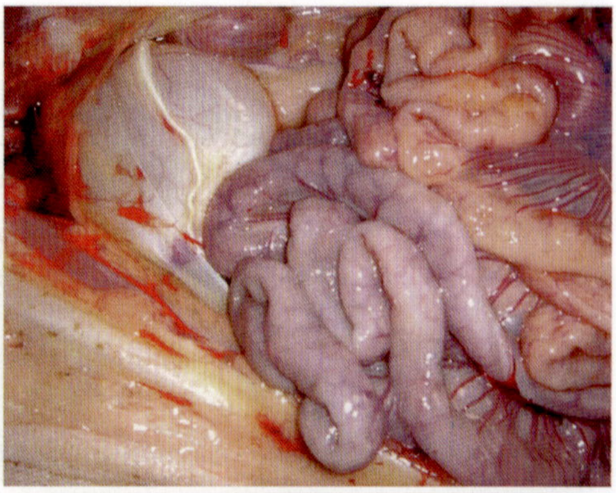
图6-7-5　病猪回肠肠管变粗，肠壁增厚

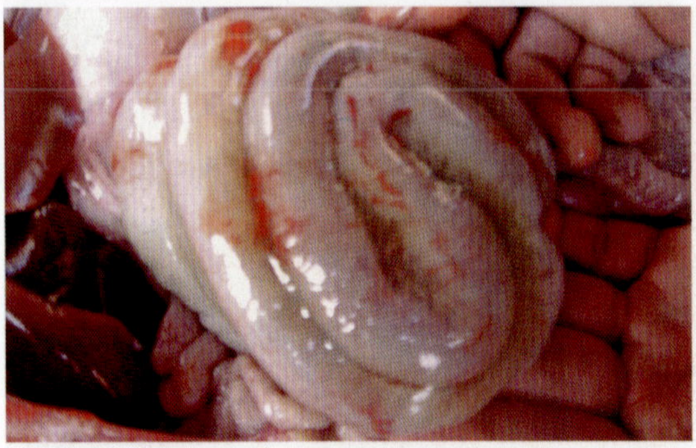
图6-7-6　病猪结肠有胶样渗出

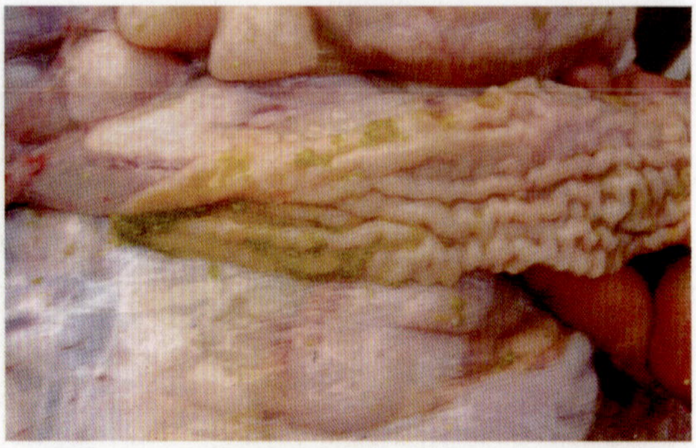
图6-7-7　病猪回肠黏膜脑回样皱褶（纵向）

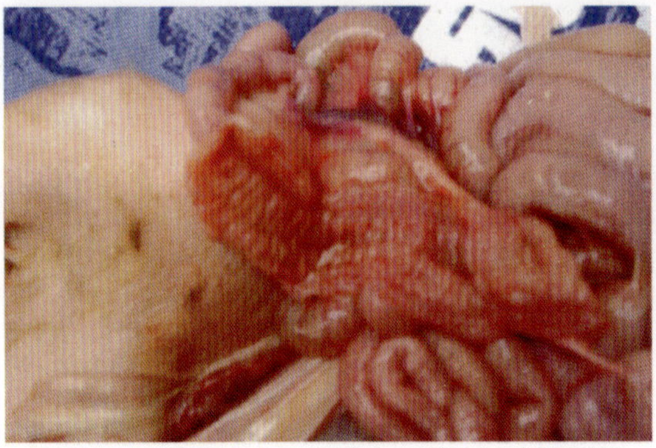
图6-7-8　病猪回肠黏膜脑回样皱褶（横向）

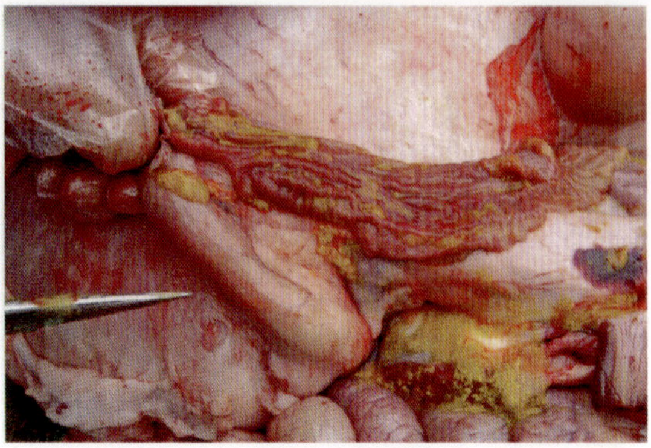
图6-7-9　病猪结肠黏膜充血、出血

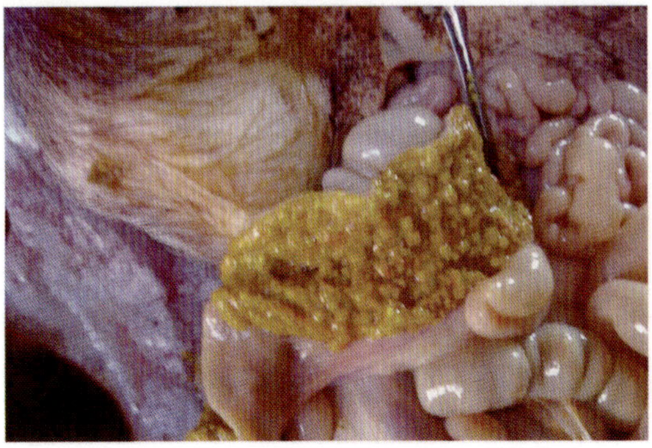
图6-7-10　病猪结肠形成假膜，肠壁增厚

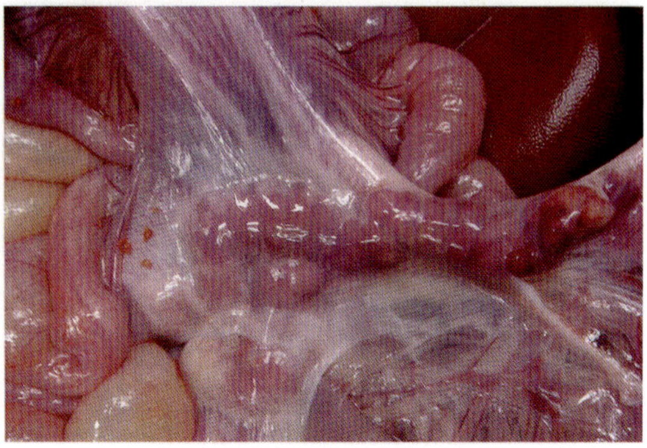
图6-7-11　病猪肠系膜淋巴结肿大、出血

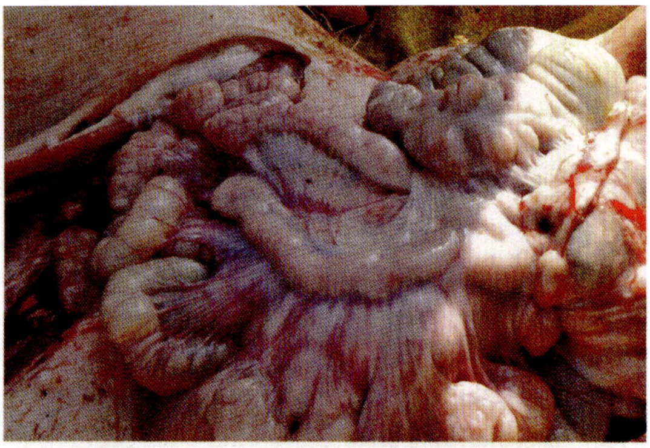
图 6-7-12　病猪肠系膜淋巴结肿大

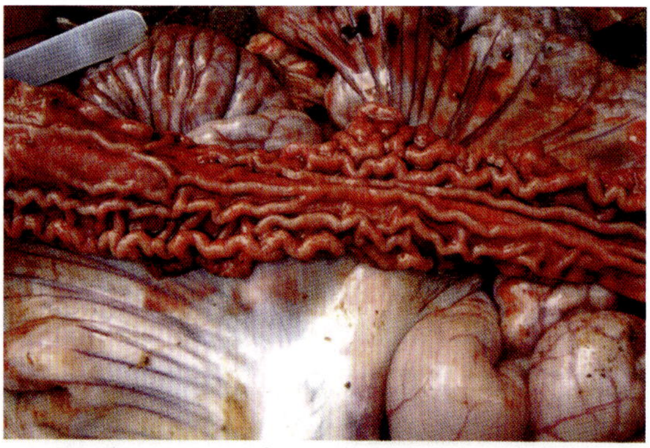
图 6-7-13　病猪回肠黏膜增生、出血

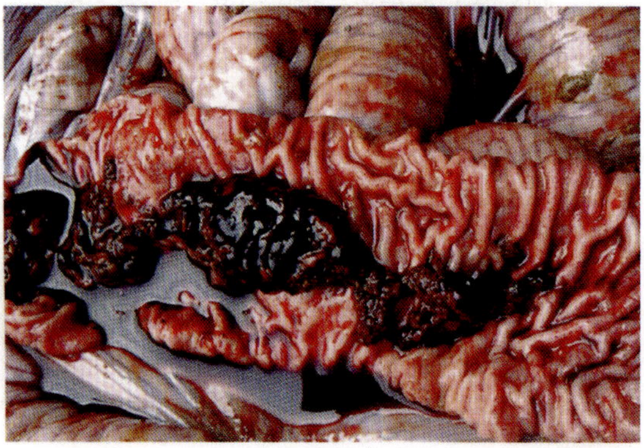
图 6-7-14　病猪肠腔内充满血性粪便

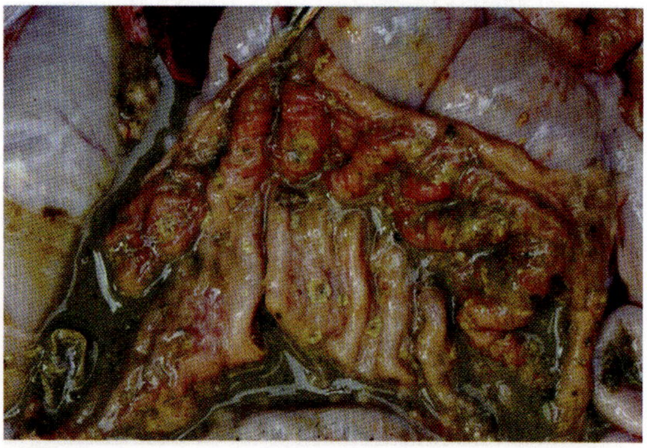
图 6-7-15　病猪结肠形成假膜，肠壁增厚

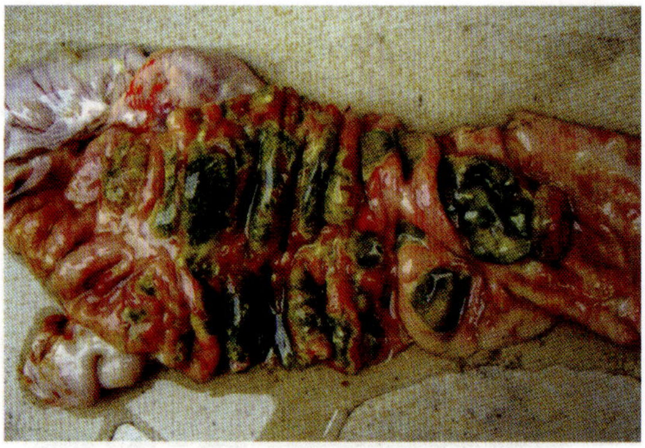
图 6-7-16　病猪肠黏膜增生、出血

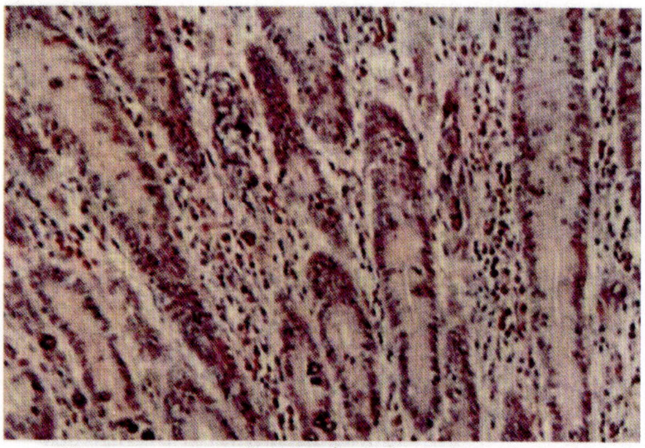
图 6-7-17　病猪固有层中肠腺呈肿瘤样增生（HE100 ×）

（五）诊断要点

本病的临床症状不典型，作出诊断有困难，因此主要通过病原的分离鉴定和病理剖检来确诊。病理学诊断时，可根据眼观的病理和组织学变化，对疾病作出病理分型；其切片经 Warthin-Starry 镀银染色观察到特异性病原体（图 6-7-18），从而确诊。

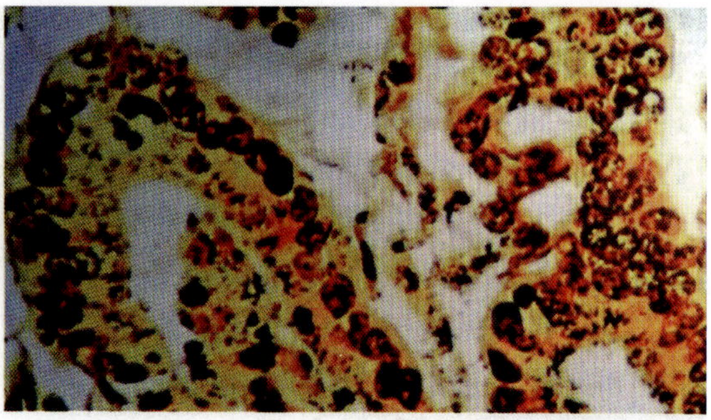
图 6-7-18　病猪回肠隐窝上皮细胞胞浆中被染成黑色的病原（镀银染色 400 ×）

（六）治疗方法

抗菌消炎，对症治疗，参考表6-7选药制定用药方案。

表6-7　西药治疗猪增生性肠炎

药名	功用	用量		使用方法
泰乐菌素	抗菌消炎、杀虫	200mg	千克饲料	患病猪群饲料中添加，连续5～7天
原虫清		800mg		
土霉素钙		500mg		
土霉素片		20～50mg	千克体重	内服，首次加倍，连续3～5天

（七）免疫预防与饲养管理

1. 免疫预防

①白种猪易感染，引进时要做好隔离观察和预防保健工作。国外已研制出PPE活苗，有条件的猪场可使用该疫苗口服免疫。

②做好药物预防保健工作，在全群公、母猪和断奶仔猪的饲料中添加泰乐菌素200mg/kg加原虫清800mg/kg，连续5～7天。

2. 饲养管理

推行全进全出的管理模式。加强环境卫生工作，保证猪舍干净、干燥，做好保温工作，减少温差应激。加强消毒，选用敏感消毒药，如复合碘、百毒杀、蓝光（ClO_2）等。

八　猪水疱病

猪水疱病（swine vesicular disease，SVD）是由肠道病毒属的猪水疱病病毒（SVDV）引起以蹄部、口部、鼻端和腹部、乳头周围皮肤和黏膜发生水疱为特征的一种急性、热性、接触性传染病，又称猪传染性水疱病。本病流行快，发病率高。

（一）病原

SVDV属于小RNA病毒科肠道病毒属单股RNA病毒，与人的肠道病毒柯萨奇B有抗原关系。病毒粒子呈球形，在超薄切片上的直径为22～23nm；而用磷钨酸负染时其直径较大，为28～30nm。病毒由裸露的20面体对称的衣壳和含有单股RNA的核心组成。病毒粒子在细胞

图6-8-1　电镜下呈晶格状排列的病毒粒子

浆内呈晶格状排列（图 6-8-1），而在有病变的细胞浆中则呈环形或串珠状排列。

该病毒对环境和消毒药有较强的抵抗力，在50℃30分钟仍不失活，在低温中可长期保存。在粪便和污染的猪舍内可存活 8 周以上；将病猪的肉、皮肤和肾脏等组织保存于－20℃条件下，11 个月后其滴度仍未见显著的下降；将病猪的肉腌渍 3 个月后仍能检出存活病毒。用 3%NaOH 溶液在 33℃经 24 小时才能将其杀死；1% 过氧乙酸 60 分钟方可将其杀死。

（二）流行特点

在自然条件下，本病只发生于猪，不同品种、年龄的猪均可感染发病，而其他动物不感染。病猪和带毒猪是主要传染源，通过粪便、尿液、水疱液、乳汁排出病毒，易感猪通过消化道或皮肤黏膜的伤口感染。

（三）临床症状

本病的潜伏期为2～4天。病初体温升高至40～42℃，精神沉郁，食欲减退或不食，早期表现为皮肤苍白肿胀。特征性的临床症状是猪蹄冠部皮肤发生水疱，水疱破裂后形成溃疡（图 6-8-2，图 6-8-3）。严重者蹄甲脱落，跛行。有时水疱也会在鼻镜、舌面、乳房皮肤上形成（图6-8-4至图6-8-6）。更严重的可造成

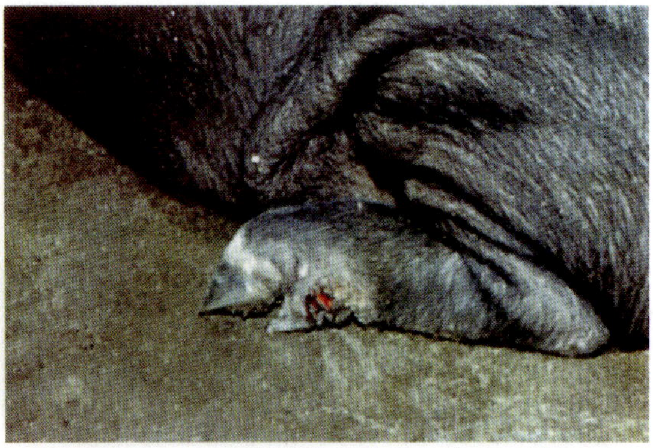

图 6-8-2　病猪蹄部皮肤形成水疱，溃疡

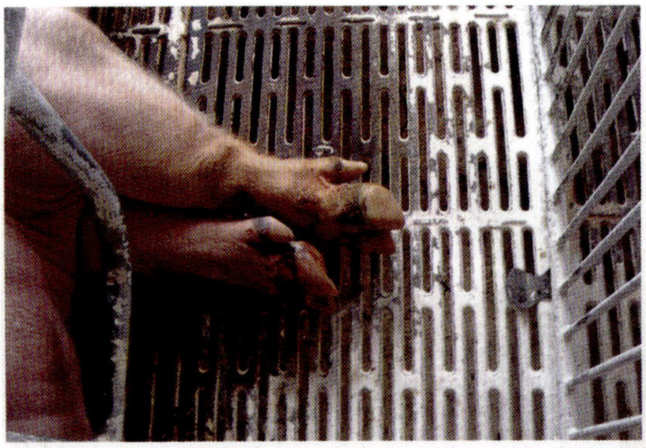

图 6-8-3　病猪蹄部皮肤水疱破裂，形成溃疡

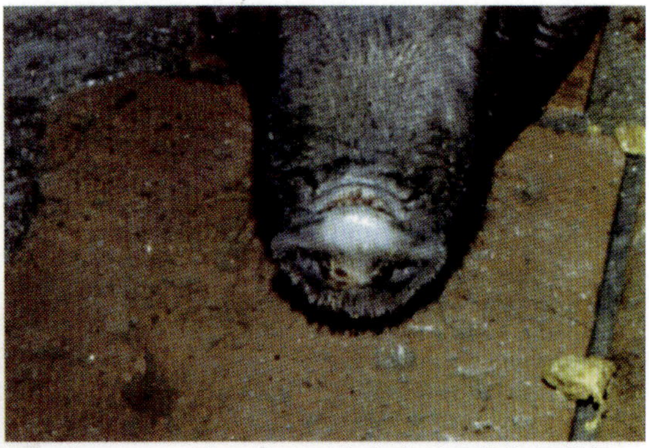

图 6-8-4　病猪鼻端形成水疱（甄辑铭提供）

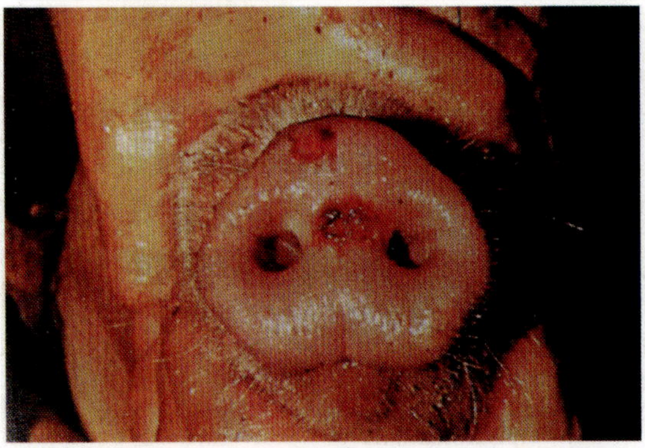

图 6-8-5　病猪鼻端水疱破裂

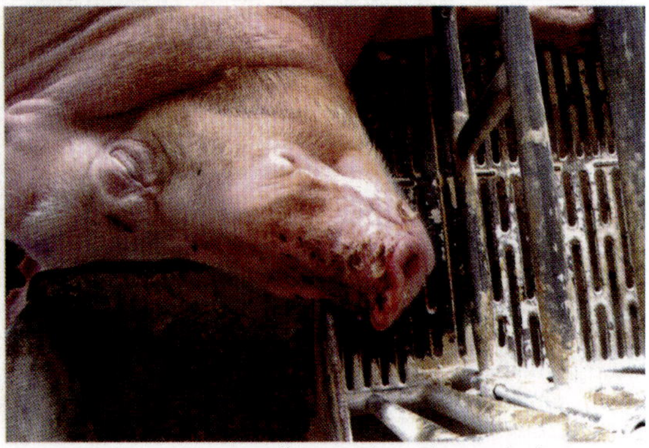

图 6-8-6　病猪鼻端水疱破裂，形成溃疡

初生仔猪死亡。

（四）病理特征

特征病变主要在蹄部，有的在鼻端、口唇、舌面和乳头部也出现水疱和溃疡。镜检可见蹄部皮肤表皮鳞状上皮发生空泡变性、坏死；真皮乳头层小血管扩张、充血、出血和水肿，血管周围有炎性细胞浸润。

（五）诊断要点

本病在临床症状上与口蹄疫、水疱性口炎及水疱疹极为相似。所不同的是，口蹄疫还能引起牛、羊、骆驼等偶蹄动物发病；水疱性口炎除传染牛、羊、猪外，尚能传染马；水疱疹和本病只传染猪。因此，该病的确诊，必须进行实验室检查。主要方法有：

①动物接种，将病料分别接种1～2日龄小鼠和7～9日龄小鼠，如果两组小鼠均发病死亡，可诊断为口蹄疫；如果1～2日龄小鼠死亡，而7～9日龄小鼠不死，则可诊断为猪水疱病。或将病料在pH值3～5缓冲液中处理30分钟，接种1～2日龄小鼠，引起小鼠死亡者为猪水疱病，反之为口蹄疫。

②病毒分离培养与鉴定。

③血清学诊断，常用的有补体结合试验、反向间接血凝试验和免疫荧光试验。

（六）治疗方法

1. 西药治疗

选用优质饲料，饲喂软食。把猪只从水泥地面移出，地面铺以松软的稻草或木屑，并喷洒消毒药水。口腔患处涂硼酸或碘甘油。肌内注射抗病毒药物，饲料中添加维生素和防继发感染药物，可参考表6–8制定用药方案。

表6–8　西药治疗猪水疱病

药名	功用	用量		使用方法
高免血清	抗病毒、消炎	0.1～0.3mL	千克体重	混合后，肌内注射，每天2次，连续3～5天
环球之星注射液		0.1mL		
黄芪多糖注射液		0.1～0.2mL		
克毒先	防继发感染，加强营养	3 000mg	千克饲料	混入饲料中投喂
复合维生素B粉		500mg		

2. 中药治疗

处方：青黛3份，黄连2份，黄柏3份，薄荷1份，桔梗2份，儿茶2份。

【作用】治疗猪水疱病。

【用法与用量】将各药粉碎为末，患部消毒清洗后撒布药粉。

（七）预防和饲养管理

1. 预防

①严禁引进病猪或带毒猪，新引进猪必须严格检疫。

②病猪及屠宰猪肉、下脚料应严格执行无害化处理。

2. 饲养管理

降低饲养密度，减少应激。加强卫生消毒工作，对环境、运输工具及粪、尿、空气要严格消毒，常用的消毒剂有复合醛、ClO_2 和过氧乙酸等。

第七章
猪的常发寄生虫病

寄生虫病是目前危害人类和动物最严重的疾病之一。其中很多寄生虫病属于人畜共患病。猪的体内外寄生虫也是危害养猪业、降低养殖效益的一个因素，必须引起重视并纳入养殖模式化操作规程中去，定期进行驱灭。

一 弓形体病

弓形体病（toxoplasmosis）是由龚地弓形虫引起的人与多种动物共患的原虫病，又称弓状体病、弓浆虫病和毒浆原虫病。猪常出现急性感染，危害严重。

（一）病原

弓形虫的全部生活史分为五期：滋养体期、包囊期、裂殖体期、配子体期和卵囊期。前两期为无性生殖期，出现于中间宿主和终末宿主体内；后三期为有性生殖期，只出现于终末宿主体内。

游离于宿主细胞外的滋养体通常呈弓形或月牙形，寄生于宿主细胞内的滋养体呈梭形。滋养体的一端尖锐，一端钝圆，核位于虫体的中央或略偏于钝圆端。滋养体主要被发现于急性病例，在腹水中，常可见到游离的（细胞外）单个虫体；在有核细胞内（单核细胞、内皮细胞和淋巴细胞等）还可见到正在繁殖的虫体，其形态不一，有柠檬状、圆形、卵圆形，还有正在出芽的不规则形状等；有时在宿主细胞的胞浆内有许多滋养体聚集在一个囊内，称此囊为假囊（pseudocyst），囊内含有数个、数十个或数百个速殖体（tachyzoites）。慢性病例，由于宿主的免疫力增强，大部分滋养体和假囊可被消灭，仅在脑、骨骼肌和眼内存留部分虫体。这些虫体可分泌一些物质形成包囊，其中圆形或椭圆形的虫体被称为慢殖体（bradyzoites）。包囊能在宿主体内存活，长达数月或数年，甚至终生。

猫是弓形虫的终末宿主，在猫小肠上皮细胞内进行类似于球虫发育的裂体生殖和配子生殖，最后形成卵囊，随猫粪排出体外。在外界环境中，卵囊经过孢子生殖，发育为含有2个孢子囊的感染性卵囊。

弓形虫各个生殖阶段对外界环境的抵抗力是不同的，在常温下卵囊可以保持感染力达1～1.5年；一般常用消毒药对卵囊没有影响；混在土壤和尘埃中的卵囊能长期地存活。包囊在冰冻和干燥条件下不易存活，但在4℃时尚能存活68天。包囊还有抵抗胃液的作用，可保护其内的虫体不被胃液杀死。滋养体的抵抗力最差，在生理盐水中几小时后便失去感染力。各种消毒药均能将其致死，1%来苏儿1分钟即可杀死滋养体。

（二）流行特点

其终末宿主是猫，中间宿主包括45种哺乳动物、70种鸟类和5种冷血动物。当人弓形虫被终末宿主猫吃后，便在肠壁细胞内开始裂殖生殖，其中有一部分虫体经肠系膜淋巴结到达全身，并发育为滋养体和包囊体；另一部分虫体在小肠内进行大量繁殖，变为大配子体和小配子体，大配子体产生雌配子，小配子体产生雄配子，雌配子和雄配子结合为合子，合子再发育为卵囊。随猫的粪便排出的卵囊数量很大。当猪或其他动物吃进感染性卵囊后，就可引起弓形虫病。人也可感染弓形虫病，是一种严重的人畜共患病。3月龄左右的猪多发生。

（三）临床症状

突然暴发、高热稽留（体温40～42℃）、呼吸困难、咳嗽、腹式呼吸（图7-1-1）；病猪精神沉郁，结膜发绀，皮肤出现紫红色淤斑，体表淋巴结特别是腹股沟淋巴结明显肿大，身体下部及耳部出现淤血斑，或出现较大面积发绀（图7-1-2，图7-1-3）；有的出现肠炎及神经症状；怀孕母猪发生早产或产出发育不全的仔猪或死胎。

（四）病理特征

弓形体病的病理剖检变化主要是肺水肿，肺小叶间质增宽，其中充满半透明胶冻样渗出物，气管和支气管内有大量黏性泡沫，有的并发肺炎（图7-1-4）；胃弥漫性出血（图7-1-5）；肝脏稍肿，呈暗灰色，有散在灰白色的小点坏死灶（图7-1-6）；脾脏肿大，呈棕红色（图7-1-7）；肾脏肿大，呈暗红色，髓质弥漫性出血（图7-1-8）；全身淋巴结肿大，切面湿润，有粟粒大灰白色或黄色坏死灶，其中，肠系膜淋巴结成束状肿胀（图7-1-9）。镜检，肺脏多以

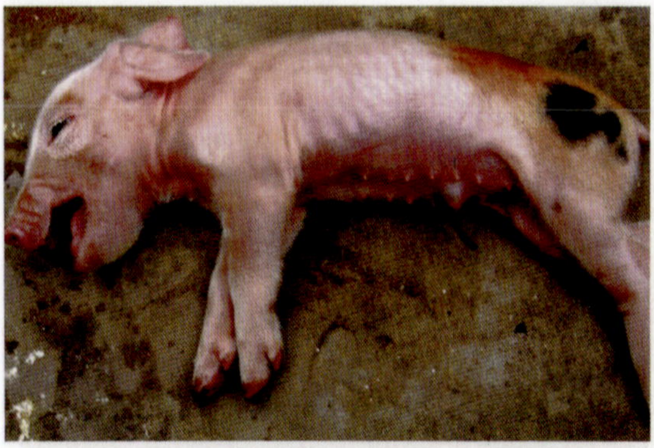

图7-1-1 病仔猪张口呼吸（呼吸困难）

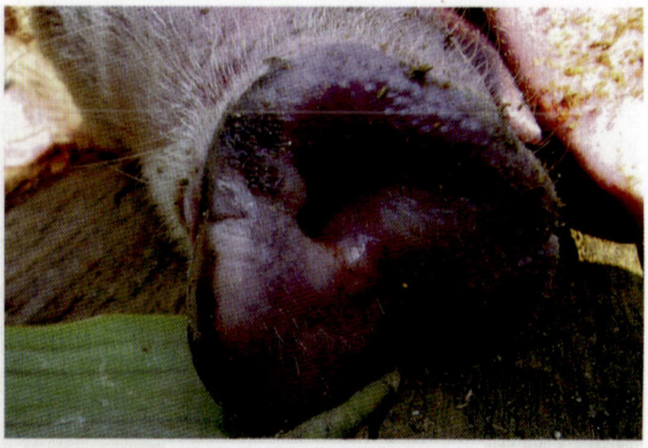

图7-1-2 病猪吻突发绀

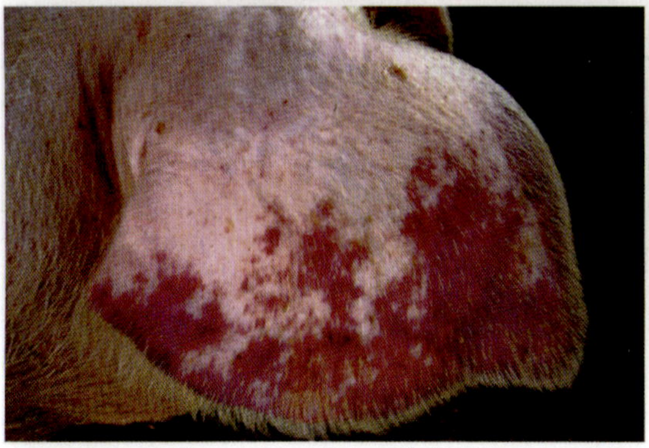

图7-1-3 病猪皮肤发绀

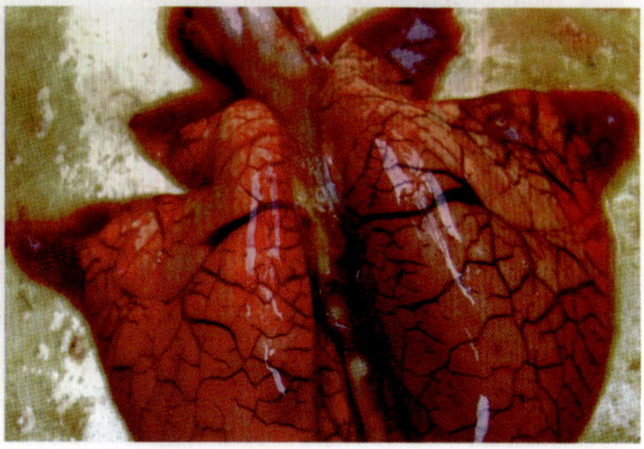

图7-1-4 病猪间质性肺炎（肺脏肿大、间质增宽）

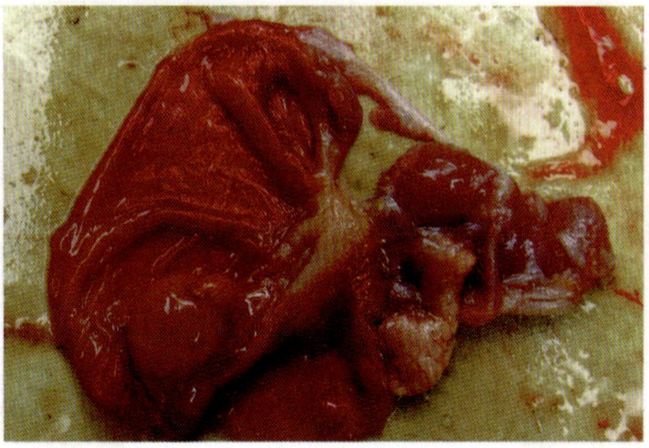

图7-1-5 病猪胃底弥漫性出血

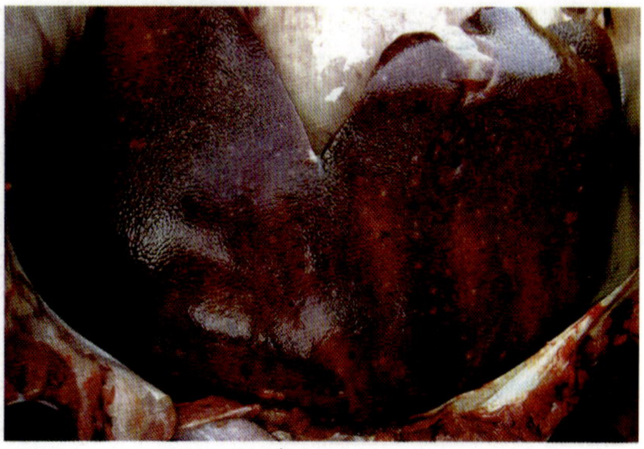

图7-1-6 病猪肝脏表面暗红，布满灰白色坏死点

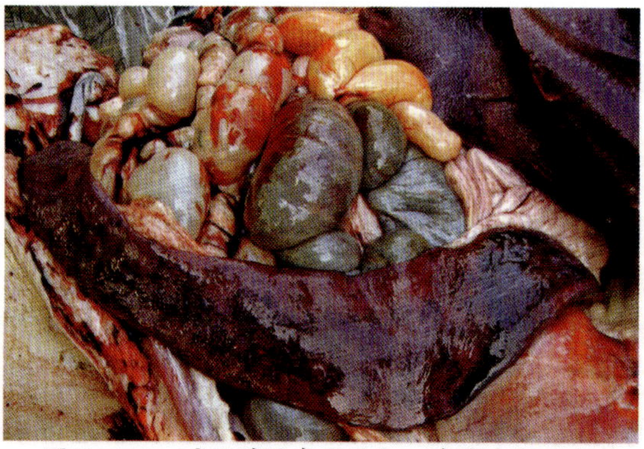

图 7-1-7 病猪脾脏表面暗红，有散在坏死灶

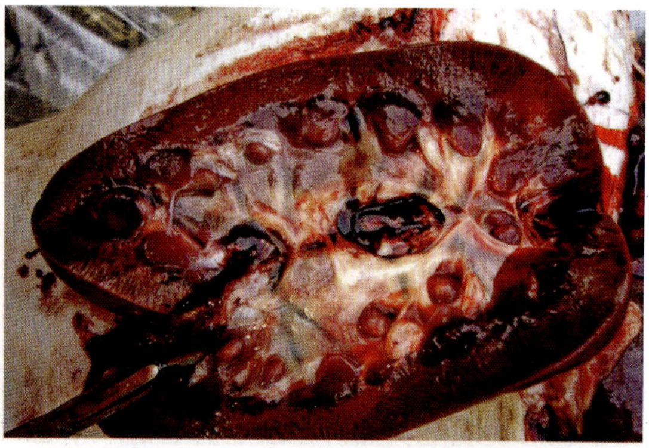

图 7-1-8 病猪肾髓质弥漫性出血

图 7-1-9 病猪肠系膜淋巴结肿大出血

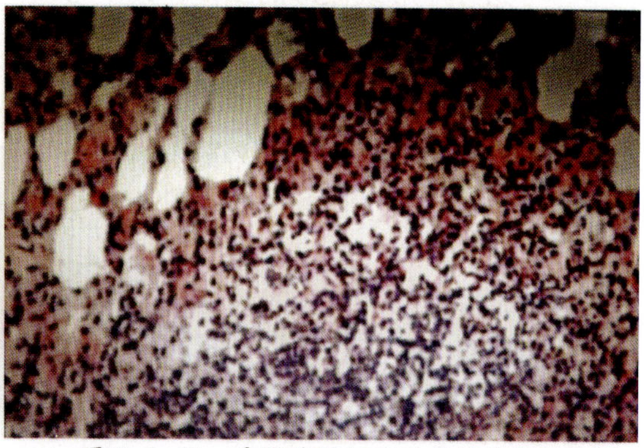

图 7-1-10 病猪肺脏坏死及炎性浸润灶

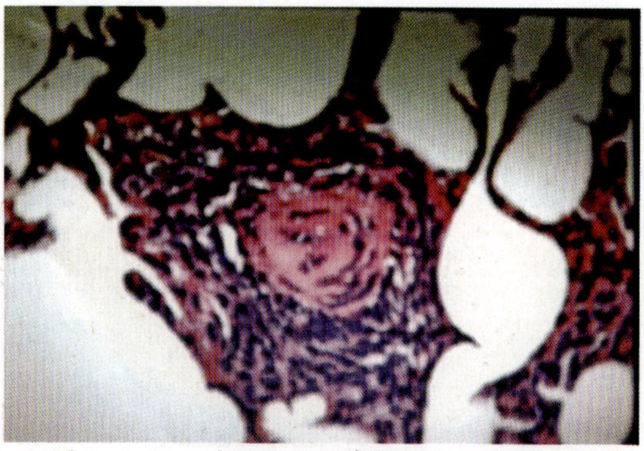

图 7-1-11 病猪肺脏血管周围炎及管腔闭合

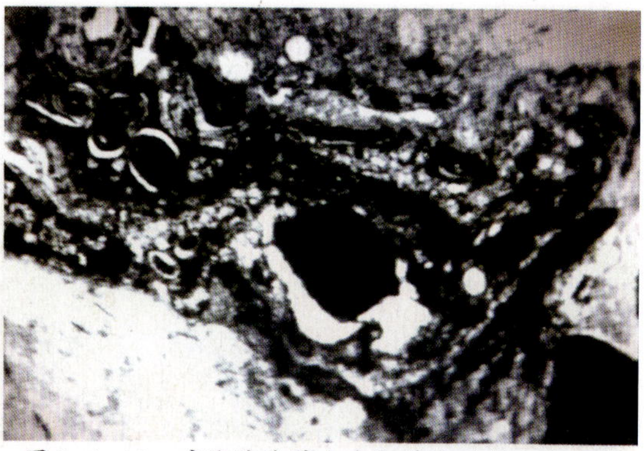

图 7-1-12 病猪肺泡壁上皮细胞内髓样小体形成

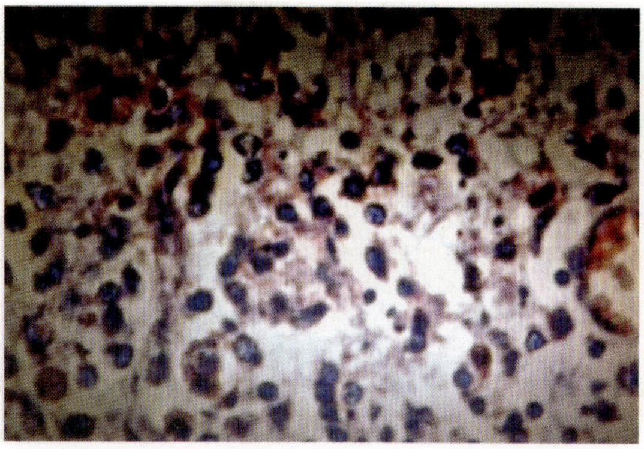

图 7-1-13 病猪淋巴结淋巴细胞坏死崩解

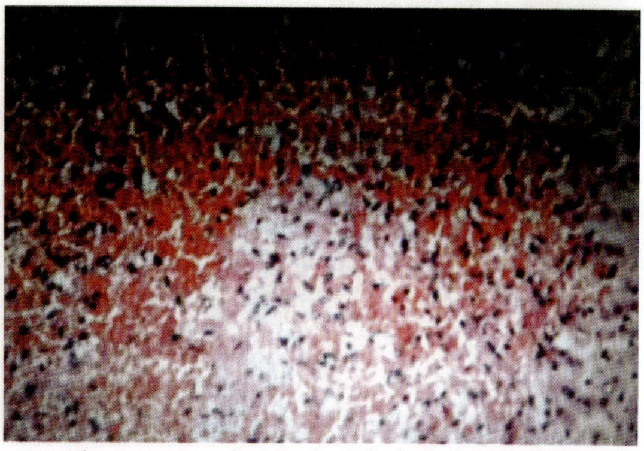

图 7-1-14 病猪肝小叶内有出血性坏死灶

增生性肺泡隔炎和间质性肺炎为主（图 7–1–10 至图 7–1–12）；淋巴结发生坏死性炎症（图 7–1–13）；肝脏有大小不一的坏死灶（图 7–1–14）；肾小球囊腔内出现红色蛋白质滴状物；胸腺皮质有大量的嗜酸性粒细胞浸润。

（五）诊断要点

可采集病猪肺脏、淋巴结或腹水等制成薄片，经瑞氏或姬姆萨染色镜检，可检出弓形体（滋养体）；同时采集病猪肺脏、淋巴结或腹水等，1∶10 稀释，接种于小白鼠腹腔，若 10～20 天发病，取小白鼠腹水抹片镜检，可发现大量滋养体；在猪只发病初期的高温期，有时在血液中也可发现滋养体。取肝、脾、肺和淋巴结等做成抹片，用姬氏或瑞氏液染色，于油镜下观察，可见月牙形或梭形的虫体，其核为红色，细胞质为蓝色，即为弓形虫（图 7–1–15 至图 7–1–18）。

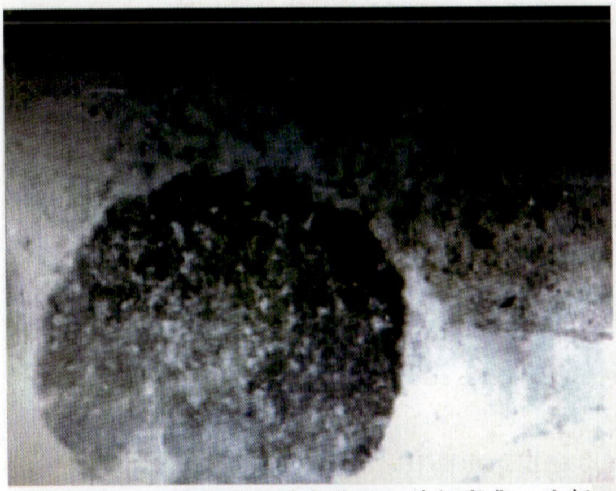
图 7–1–15　病猪淋巴结内淋巴细胞核聚集、溶解

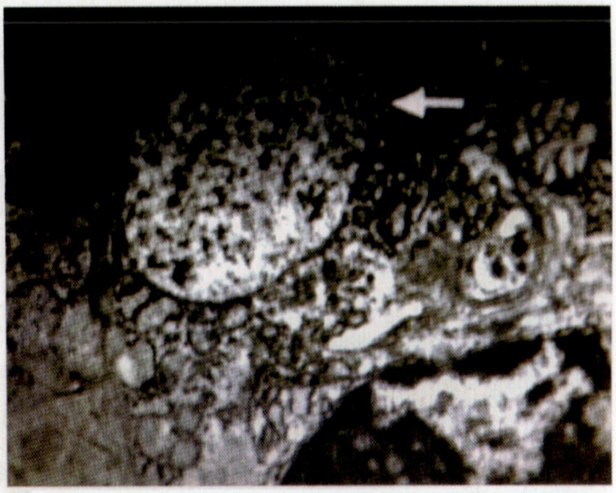
图 7–1–16　病猪肝细胞内的虫体（箭头所指）

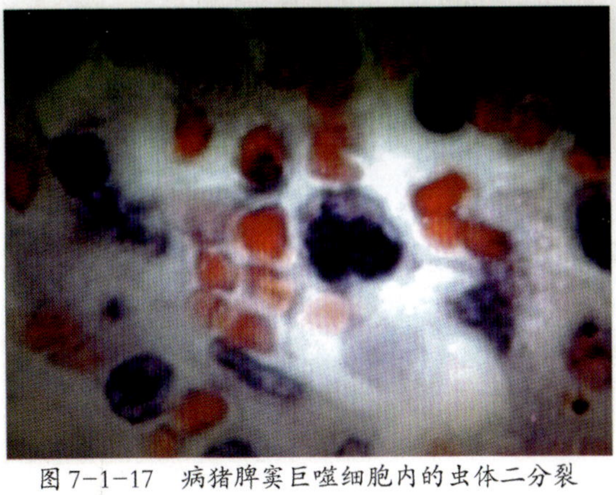
图 7–1–17　病猪脾窦巨噬细胞内的虫体二分裂

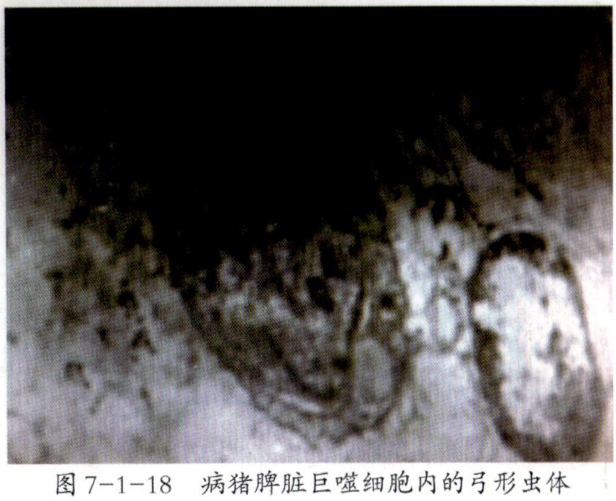
图 7–1–18　病猪脾脏巨噬细胞内的弓形虫体

（六）治疗方法

1. 西药治疗

抗菌消炎、补充维生素，可参考表 7–1 制定用药方案。

表 7-1　西药治疗猪弓形体病

药名	功用	千克体重用量	使用方法
磺胺-6-甲氧嘧啶钠	抑菌杀虫	60～80mg	肌内注射，每天1次，连续3～5次
硫胺甲基异恶唑（SMZ）		100mg	
卡那霉素	抑菌消炎	10～15mg	肌内注射，每天2次，连续3～5天
增效磺胺-5-甲氧嘧啶	抑菌杀虫	0.2mg	
维生素C	补充维生素	5～10mg	灌服
乙胺嘧啶片	杀虫	25mg	

注：选1～2种药物使用。另外用绿豆、大米各500g，水浸泡，鱼腥草500g，鲜韭菜1kg，切碎与绿豆、大米共捣烂，再加食盐、葡萄糖各200g，供10头仔猪1次服用，加开水约3 000mL冲服，每天2次，连续3天。

2. 中药治疗

处方一： 活蟾蜍3～5只（大者2只，小者3只，鲜品、干品均可），苦参、大青叶、连翘各20g，蒲公英、金银花各40g，甘草15g。

【作用】治疗猪弓形体病。

【用法与用量】按处方配药，水煎取汁，供体重50kg猪只1次服用。

处方二：槟榔12g，黄常山20g，柴胡、桔梗、麻黄、甘草各8g。

【作用】治疗猪弓形体病。

【用法与用量】按处方配药，供体重35～45kg猪只1次服用。先用文火煎煮槟榔、黄常山20分钟，然后将柴胡、桔梗、甘草加入同煎15分钟，最后加入麻黄煎5分钟，过滤去渣，灌服。每天2剂，连续3天。

（七）预防与饲养管理

1. 预防

在疫区应对猪群加强检疫，发现病猪应及早隔离治疗或有计划地淘汰，以消除感染来源。猪场一旦发生本病，各种器具用开水消毒；猪舍、场地用3%烧碱液，或20%石灰乳，或火焰等进行消毒。发病猪场或受威胁的猪，可用SMM＋TMP，连续用7天进行药物预防。

2. 饲养管理

猪场严禁养猫，禁止猫接近猪舍，饲养人员也应避免与猫接触。加强饲料和饮水管理。严禁用未经煮熟的屠宰废弃物喂猪，消灭老鼠等啃齿类动物。

二 蛔虫病

猪蛔虫病(ascarissuum)是猪蛔虫寄生于猪小肠引起的一种线虫病。不同生长阶段的猪均可感染猪蛔虫，但主要危害仔猪，使仔猪发育不良，甚至成僵猪或死亡。

(一)病原

本病病原体为蛔科的猪蛔虫。该虫为黄白色或淡红色的大型线虫。虫体呈中间较粗、两端较细的圆柱状(图7-2-1，图7-2-2)；体表有横纹，体两侧纵线明显。口位于顶端，有3个唇瓣，内缘具细齿，还有感觉乳突和头感受器。虫卵多为椭圆形，呈棕黄色，卵壳表面凹凸不平(图7-2-3，图7-2-4)；受精卵大小为(45～75)μm×(35～50)μm，内含1个圆形卵细胞；未受精卵较狭长，大小为(88～94)μm×(39～44)μm，内为大小不等的卵黄颗粒和空泡。

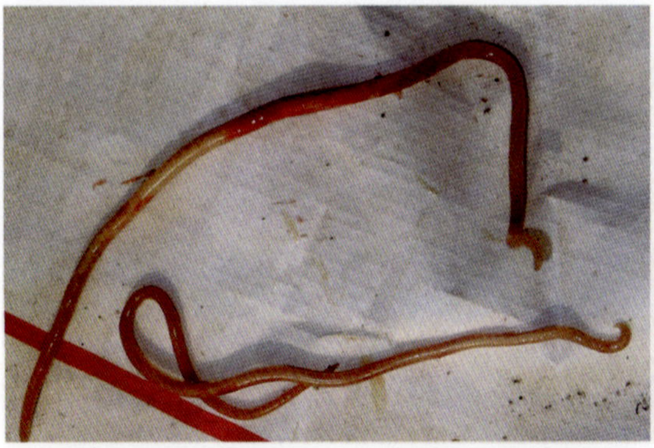
图7-2-1　寄生于猪十二指肠的两条蛔虫

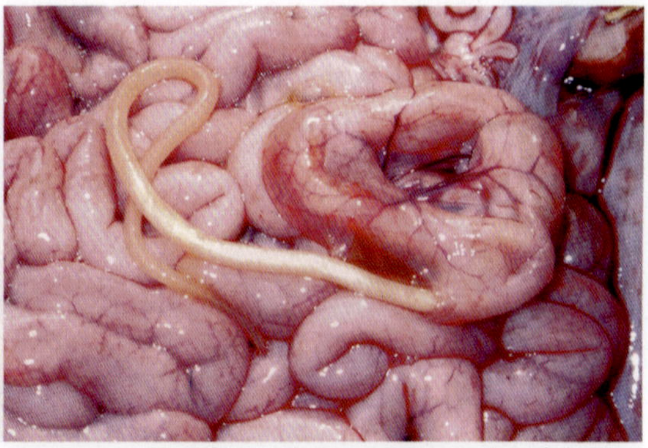
图7-2-2　蛔虫寄生于猪十二指肠使肠壁变薄，透明

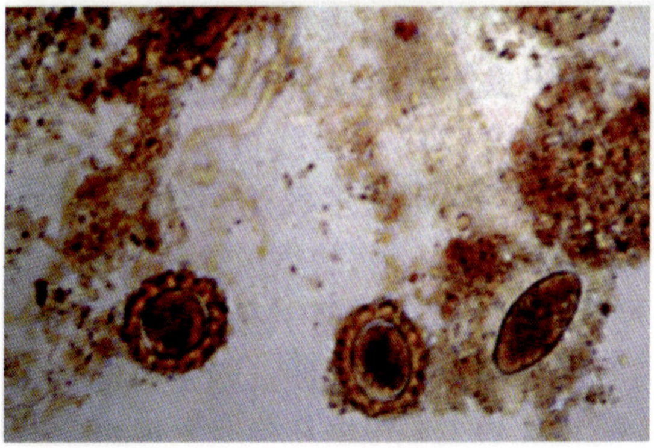
图7-2-3　猪蛔虫卵

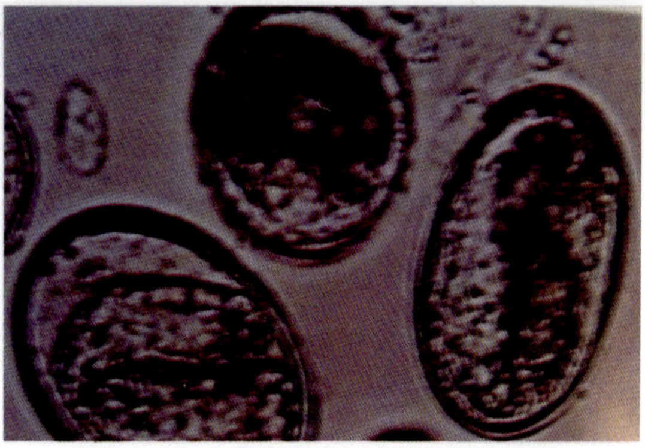
图7-2-4　直接涂片检出的猪蛔虫虫卵

猪蛔虫卵对不利的外界环境和化学药品的抵抗力非常强，这可能与卵膜较厚有直接的关系。例如，卵在55℃时，可存活15分钟；在60～65℃时，能存活5分钟；在-20～-70℃，感染性虫卵仍能存活3周；在疏松湿润的耕地或园土中可以生存2～5年。常用的消毒药不能将猪蛔虫卵杀死，例如，在2%福尔马林液中，卵不仅可以生存，而且还能正常发育；10%漂白粉溶液、3%克辽林溶液、15%硫酸、15%硝酸溶液和2%苛性钠溶液均不能将卵杀死。在

5%～10%高锰酸钾溶液和3%来苏儿溶液中经10小时到7天，也仅有一部分卵死亡。要杀死猪蛔虫卵，必须用60℃以上的3%～5%热碱水、20%～30%热草木灰水或新鲜石灰乳才有效。

（二）流行特点

本病一年四季均可发生，全世界广泛流行。主要为害3～6月龄仔猪。猪蛔虫卵随粪便排至体外后，在适宜的温度、湿度和充足氧气的环境中发育为含幼虫的感染性虫卵，猪吞食后被感染。在小肠内幼虫逸出，钻入肠壁毛细血管；先经门静脉到达肝脏后，通过血液循环再经后腔静脉回流到左心，并通过肺动脉毛细血管进入肺泡。幼虫在肺脏中停留发育，蜕皮生长后，随黏液一起到达咽喉，进入口腔，再次被咽下，在小肠内发育为成虫。自感染性卵被猪吞食起到发育为成虫，需2～2.5个月；猪蛔虫在宿主体内的寄生期限为7～10个月。当环境卫生条件差，猪只拥挤，饲料不足，饲料品质差或缺乏微量元素或维生素时，猪的感染尤为严重。

（三）临床症状

仔猪感染蛔虫病症状明显，主要表现为咳嗽，呼吸和心跳加快，食欲减少，营养不良，消瘦，贫血，被毛粗糙，磨牙，异嗜，有些变为“僵猪”，少数出现全身性黄疸。蛔虫数量多时可引起肠阻塞及肠穿孔，或进入胆管时表现为疝痛。有的猪出现阵发性、强直性痉挛和表现兴奋等神经症状。成年猪一般无明显症状。

（四）病理特征

剖检病猪，可见幼虫在猪体内移行时引起损伤的路径。有的肠或胆管中可见数量不等的猪蛔虫（图7-2-2，图7-2-5）；肝组织出血、变性和坏死，发生致密变化，肝表面有幼虫移行的痕迹、出血点、坏死灶（图7-2-6）；蛔虫性肺炎（图7-2-7）。镜检，侵入肝组织内的幼虫，引起侵入部位周围有大量嗜酸性白细胞浸润，肝细胞变性、坏死（图7-2-8）。

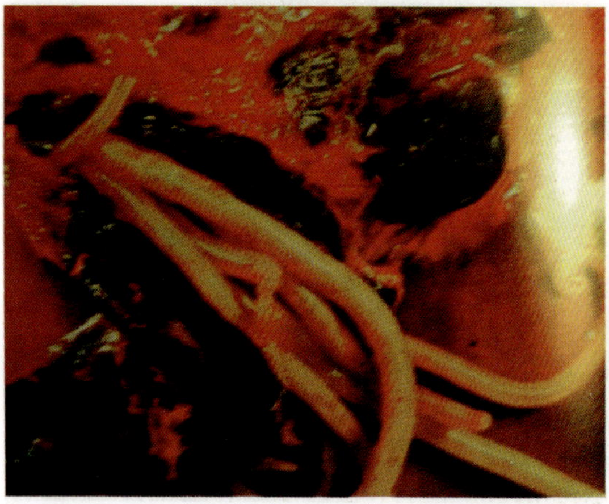

图7-2-5　猪蛔虫进入猪胆管，引起胆管阻塞

图7-2-6　猪蛔虫幼虫引起猪多发性间质性肝炎，俗称“乳斑肝”

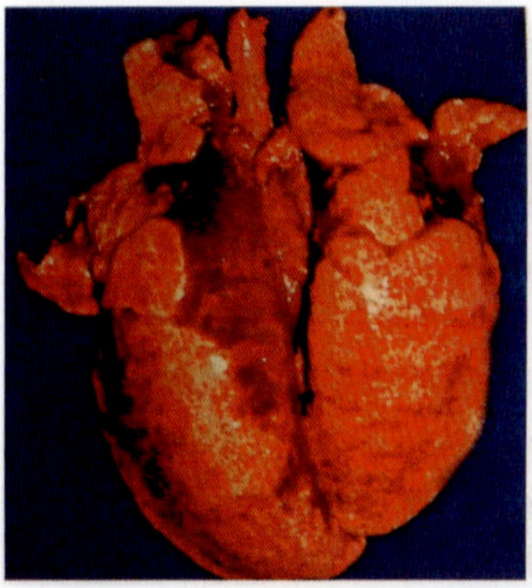

图7-2-7 病猪肺脏充血，膨胀不全和点状出血

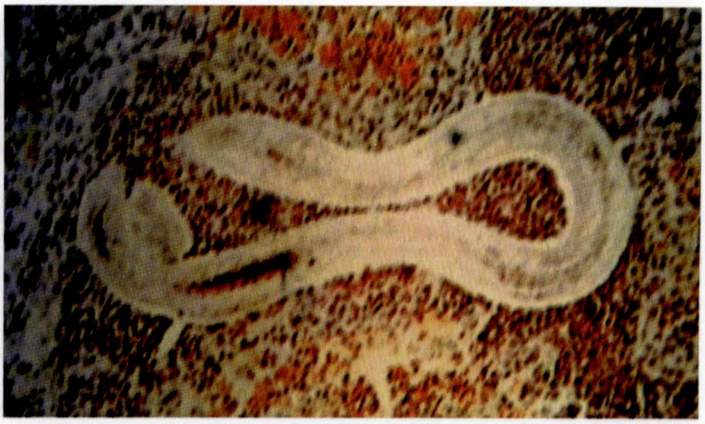

图7-2-8 侵入肝组织内的猪蛔虫幼虫，周围有大量嗜酸性白细胞浸润，肝细胞变性、坏死

（五）治疗方法

1. 西药治疗

选择驱杀蛔虫的药物，可参考表7–2选药。

表7–2 西药治疗猪蛔虫病

药名	功用	千克体重用量	使用方法
盐酸左旋咪唑	驱杀猪蛔虫	10mg	肌内或皮下注射
丙硫咪唑		10～20mg	拌料内服
枸橼酸哌嗪片		10mg	内服，患肝肾病猪慎用
磷酸哌嗪片		5～10mg	

注：选择其中1种药物使用。

2. 中药治疗

处方一：使君子、槟榔、当归、麦芽各200g，百部、苍术、甘草各100g，大黄50g。

【作用】治疗猪蛔虫病。

【用法与用量】按处方配药，共研细末，过100目筛2次，分装备用。按千克体重1次内服0.5g，每天3次，连续2天。

处方二：甘松500g，大黄250g，槟榔90g，贯众250g。

【作用】杀虫消积，行气通便，主治猪蛔虫病。

【用法与用量】按处方配药，粉碎为细末，小猪5～6g，加水灌服，每天服1次，连续3次。

处方三：百部10g，苦楝树二层皮10g。

【作用】治疗猪蛔虫病。

【用法与用量】按处方配药，煎汤，供体重约50kg的猪只服用，候温灌服。

处方四：石榴皮、使君子各15g，乌梅3个，槟榔13g。

【作用】治疗猪蛔虫病。

【用法与用量】按处方配药，煎汤，供体重25kg猪只用，空腹1次灌服。

（六）预防与饲养管理

1. 预防

在仔猪断奶后驱虫1次，每年春秋两季分别对猪群作预防性驱虫1次。规模化养猪场应对公猪和母猪作全群驱虫。

2. 饲养管理

猪舍应经常清扫，保持栏舍和饮水的清洁卫生。猪粪集中处理，堆积发酵，利用发酵产热杀死虫卵。

三 猪球虫病

猪球虫病（coccidiosis of swine）是由猪等孢球虫或艾美耳球虫引起哺乳期及断奶仔猪的一种肠道寄生原虫病。主要危害7～21日龄仔猪，其特征是腹泻，呈急性或慢性肠炎症状，多呈良性经过；成年猪感染后不出现任何临床症状，成为隐性带虫者。

（一）病原

本病的病原体为孢子虫纲真球虫目艾美耳科等孢属或艾美耳属猪球虫等。据文献记载，猪艾美耳球虫有不下10种，常见的有6种，都寄生于猪小肠，均系细胞内寄生虫，其中以蒂氏艾美耳球虫和粗糙艾美耳球虫的致病力最强。猪艾美耳球虫的特点是卵囊内形成4个孢子囊，每个孢子囊内包含2个子孢子。猪艾美耳球虫主要经过裂体生殖、配子生殖和孢子生殖三个阶段。裂体生殖和配子生殖是在动物体内进行的，称为内生性发育；孢子生殖是在外界进行的，则称为外生性发育。如果卵囊不发生再感染，会自行死亡。

猪球虫的卵囊因种类不同而有圆形、椭圆形、卵圆形等不同的形状，色泽由黄褐色、淡黄色到无色。囊壁有两层膜，外膜为保护膜，结实，有较大的弹性，化学成分类似角蛋白；内膜是由大配子在发育过程中形成的小颗粒构成的，化学成分属类脂质，原生质呈颗粒状。某些种的卵囊有卵膜孔，有的卵囊内膜突出于卵膜孔外而形成极帽。

（二）流行特点

本病在高密度饲养的条件下比较容易发生，病死率不高，但仔猪治疗不当时多因生长不良而成僵猪。成年猪一般不呈现临床症状而成为带虫者。本病一年四季均可发生，以8～10月多发，卫生条件差、拥挤、突然改变饲料等因素易诱发此病。

（三）临床症状

常见的临床症状为食欲不振、消瘦、下痢，一般持续4～6天。下痢，粪便液状或糊状，呈黄白色，偶尔见血便。重病猪可能因严重脱水而死亡。

（四）病理特征

剖检病猪可见肠道水肿、充血，卡他性或出血性肠炎（图7-3-1，图7-3-2），有的表现为坏死性肠炎，以空肠和回肠病变明显，肠壁增厚，小肠绒毛萎缩。镜检，肠黏膜上皮细胞坏死、脱落，多数肠腔上皮细胞含有不同发育期的球虫（图7-3-3至图7-3-8）。

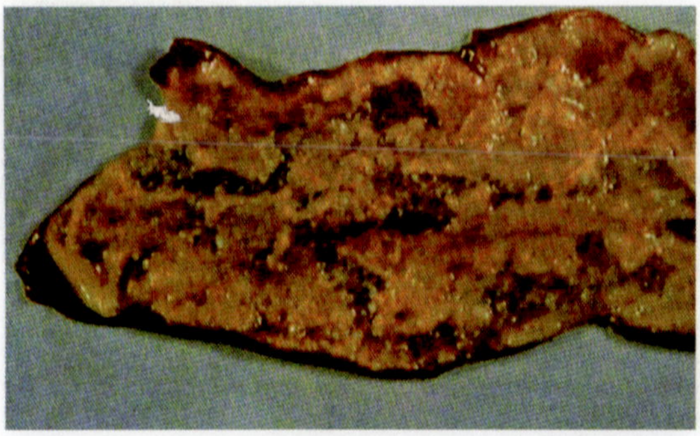

图7-3-1 病猪小肠黏膜出血坏死，被覆厚层假膜

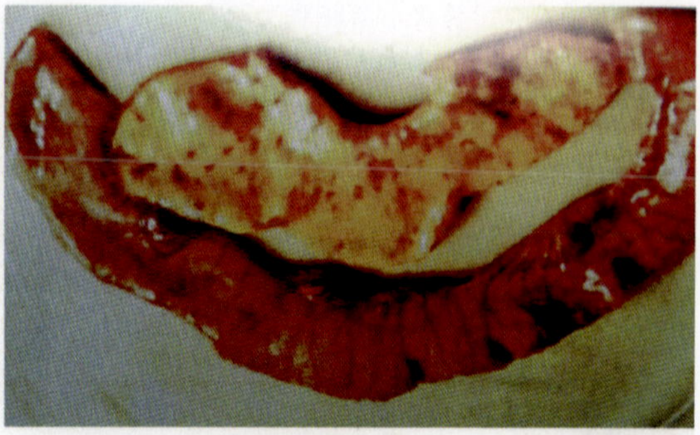

图7-3-2 病猪肠壁肥厚，充血而呈红褐色，肠黏膜面上有大量出血斑点

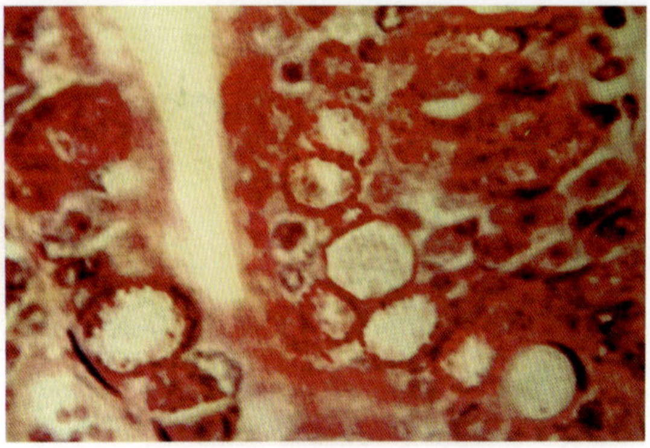

图7-3-3 病猪小肠黏膜上皮细胞内处于不同发育阶段的球虫（HE400×）

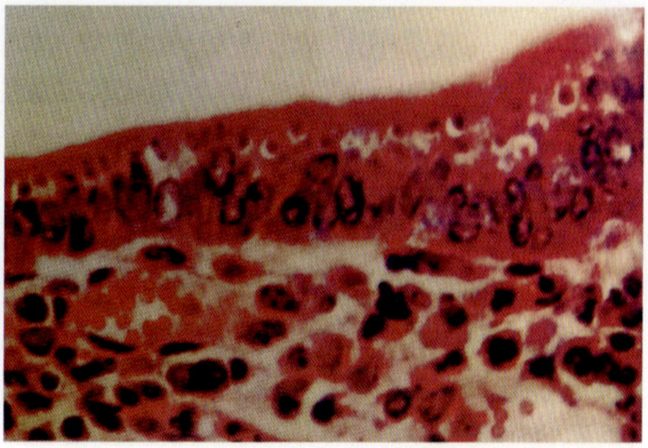

图7-3-4 病猪小肠黏膜上皮细胞内见不同发育阶段的球虫：裂殖子、裂殖体和滋养体（HE800×）

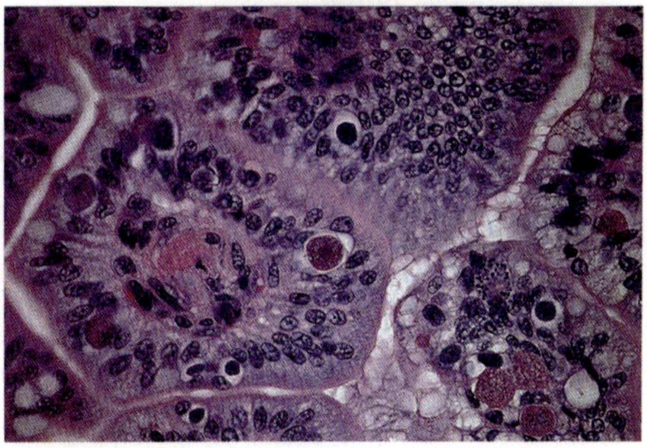

图7-3-5 病猪小肠上皮细胞内的等孢球虫

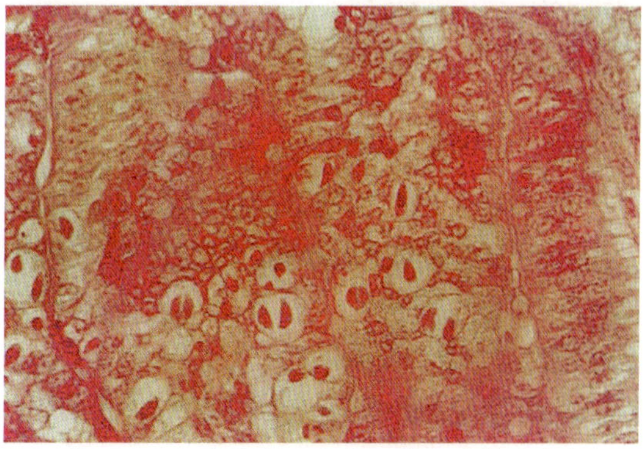

图7-3-6 病猪小肠上皮细胞内的等孢球虫

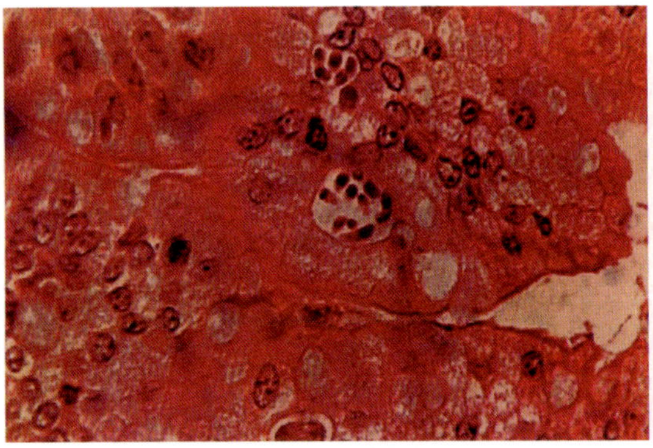

图 7-3-7 病猪小肠肠腺上皮细胞内的裂殖体（HE200 × ）

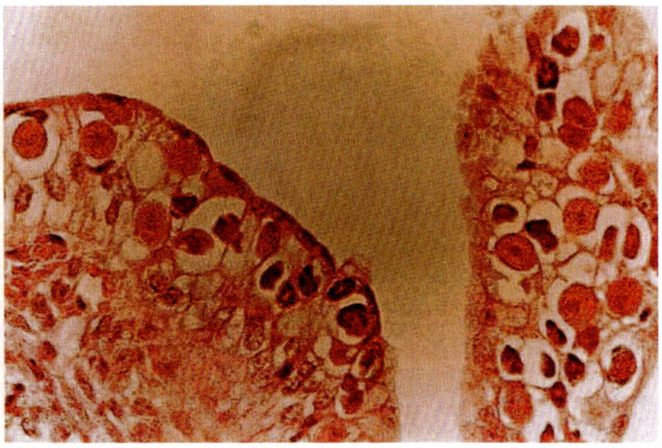

图 7-3-8 病猪小肠绒毛上皮细胞内的裂殖体（HE200 × ）

（五）治疗方法

1. 西药治疗

选择抗球虫药治疗球虫病，可参考表 7-3 选药。

表 7-3 西药治疗猪球虫病

药名	功用		千克体重用量	使用方法
妥曲珠利	驱杀猪球虫	四选一	20mg	1次口服
氨丙啉			25 ~ 65mg	拌料服，每天1次，连续3 ~ 5天
磺胺脒			20mg	
氯苯胍			20mg	拌料服，每天1次，连续3 ~ 5天。但会使猪肉带异味，慎用

2. 中药治疗

处方：鸭跖草、地锦草、败酱草、旱莲草、翻白草各等份。

【作用】治疗猪球虫病。

【用法与用量】按处方配药，每头猪每次 50 ~ 100g，水煎灌服，每天 1 剂，连续 3 ~ 5 剂。

（六）预防与饲养管理

1. 预防

消除环境中的卵囊和避免卵囊污染猪舍是防制本病的有效措施。应创造良好的卫生环境，防止母猪带虫而排出球虫卵囊。可在母猪分娩前 1 周和产后的哺乳期给予氨丙啉预防球虫感染。

2. 饲养管理

加强环境卫生管理，保持猪舍清洁干燥，并经常用5%的氨水进行喷洒（不可带猪喷洒）。因一般消毒药不能杀死卵囊，可用蒸汽杀灭卵囊。粪便及时清扫并堆积发酵处理。

四　猪疥癣

猪疥癣（sarcoptosis）俗称猪癞，是由疥螨寄生在猪皮肤内引起以瘙痒、脱毛、皮肤粗糙增厚为主要症状的一种慢性皮肤病。疥癣病分布很广，几乎所有猪场都有发生，引起猪剧痒及皮炎，使猪生长缓慢和饲料转化率降低。

（一）病原

本病的病原体为疥螨属猪疥螨，又称穿孔疥虫。虫体较小，肉眼不易看见，大小为0.2～0.5mm，淡黄色，呈龟状，背面隆起，腹面扁平。躯体可分为两部：前面称为背胸部，有第1对足和第2对足（这2对足较大，超出虫体的边缘，每个足的末端有2个爪和1个吸盘）。后面叫做背腹部，有第3对足和第4对足（这2对足较小，雌虫除有爪外，末端只有刚毛；雄虫的第3对足为刚毛，第4对足为吸盘）。体背面有细横纹、锥突、圆锥形鳞片和刚毛。假头呈圆形，后方有1对粗短的垂直刚毛。口器位于虫体的前端，为咀嚼型，由1对有齿的螯肢和1对圆锥形的须肢组成。背胸上有1块长方形的胸甲。肛门位于背腹部后端的边缘上（图7–4–1）。疥螨的卵为椭圆形，平均为150 μm × 100 μm（图7–4–2）。

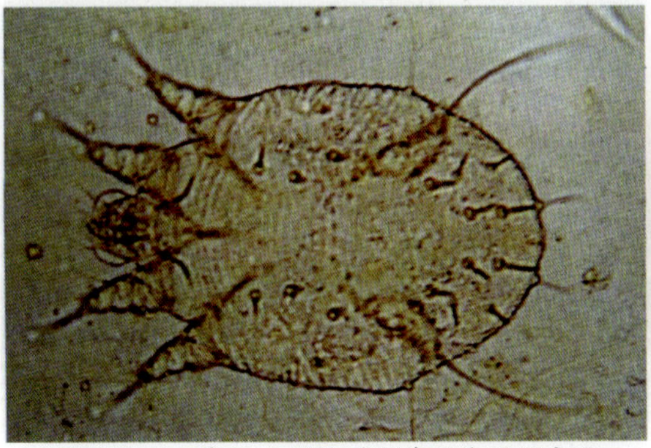

图7–4–1　第1、2对足前端有吸盘的猪疥螨

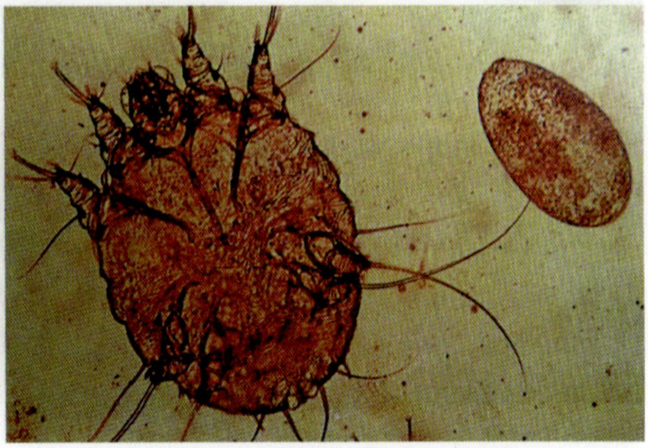

图7–4–2　雌性猪疥螨及其虫卵

猪疥螨为不全变态的节肢动物，其全部发育过程都在宿主体内，包括卵、幼虫、若虫、成虫4个阶段。当虫体附着于动物皮肤后，利用其口器切开表皮钻入皮肤，挖凿隧道，其深度可达皮肤的乳头层，长可达5～15mm。虫体以宿主表皮深层的上皮细胞和组织液为营养。成虫在隧道内生长繁殖，雌虫在其中产卵和孵育幼虫。从卵孵育出幼虫后，经蜕皮变为若虫直至发育到性成熟成虫的整个周期需2～3周，1头雌虫可繁殖150万个后代。一般正在产卵的雌虫寄生于皮肤深层，而幼虫和雄虫寄生于皮肤表层。虫体离开宿主体，一般仅能存活3周左右。

（二）流行特点

本病多发生于仔猪，病情也较成年猪严重。猪疥螨在仔猪的皮肤内繁殖较在成年猪的快。健康猪与病猪直接接触、共用饲具，以及猪舍阴湿、栏圈不洁、猪体脏污都有利于猪疥螨繁殖寄生，从而引起发病。本病多发生于阴湿寒冷的冬季，尤其是在饲养密度大、拥挤和卫生条件不良的猪场发病特别严重。猪疥螨多寄生在猪的耳、眼睑、背和体侧的皮肤内，以上皮细胞和淋巴液为营养，破坏上皮细胞并排出排泄物。

（三）临床症状

猪疥癣发生通常始于头部、颊及耳部，以后蔓延到背部、躯干两侧及后肢内侧。病猪局部发痒，常见以肢搔痒或就墙角、柱栏等处磨擦（图 7-4-3，图 7-4-4）。数日后，患部皮肤上出现针头大小的结节，随后形成水疱或脓疮。当水疱及脓疮破溃后，结成痂皮（图 7-4-5 至图 7-4-8）。病情严重时全身皮肤均有病变（图 7-4-9）。皮肤的角质化程度增强，干枯，出现皱纹或龟裂，食欲减退，生长停滞，逐渐消瘦，甚至死亡，对养猪生产有一定危害。幼猪因皮肤较嫩，适合猪疥螨寄生，多发而较严重，有的变成僵猪。镜检，表皮角化增厚，真皮增生肥厚，其中有较多的嗜酸性白细胞浸润（图 7-4-10）。

图 7-4-3　病猪擦痒

图 7-4-4　病猪瘙痒难忍，在门栏和饲槽上磨擦

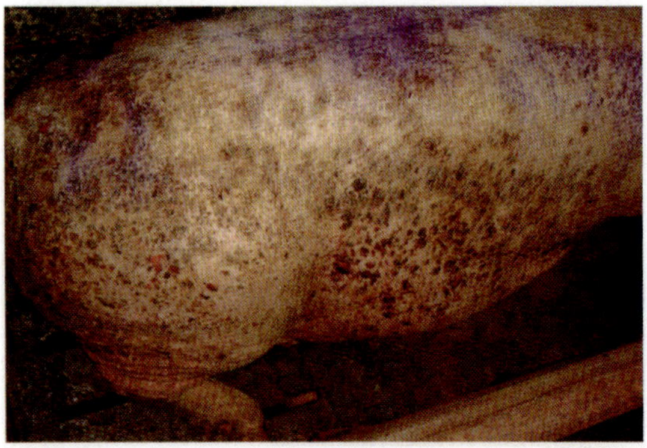

图 7-4-5　病母猪皮肤粗糙、结痂

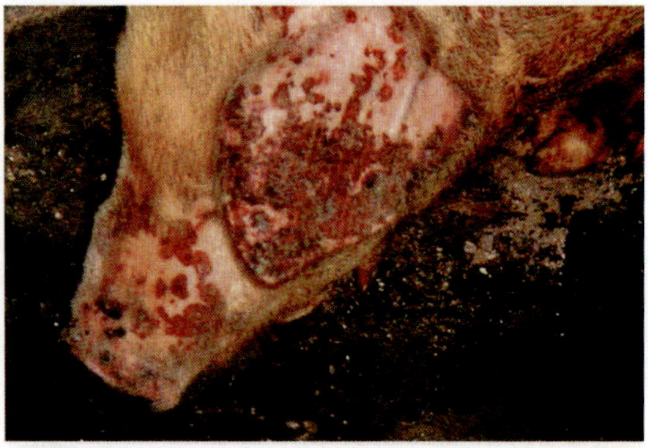

图 7-4-6　病猪耳部皮肤出现大片结痂

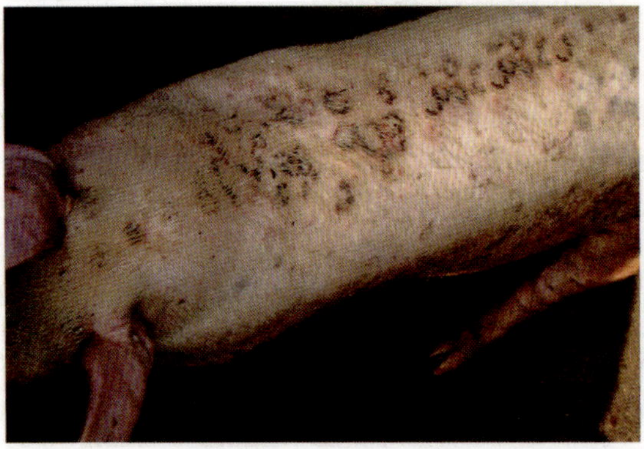

图 7-4-7　病猪背部皮肤水疱破裂后形成的结痂

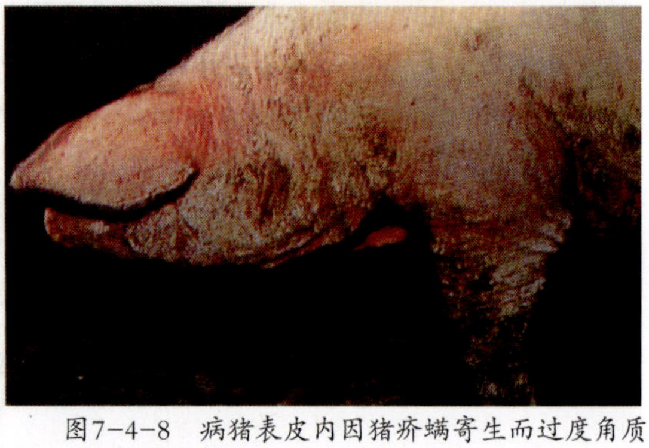

图 7-4-8　病猪表皮内因猪疥螨寄生而过度角质化、粗糙并形成痂皮

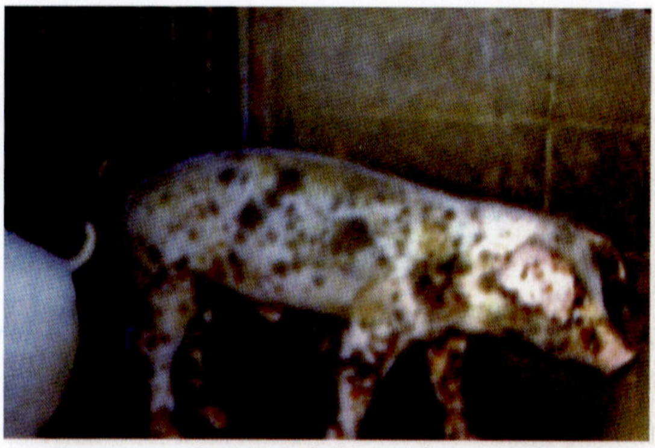

图 7-4-9　病猪严重感染时全身皮肤均有病变

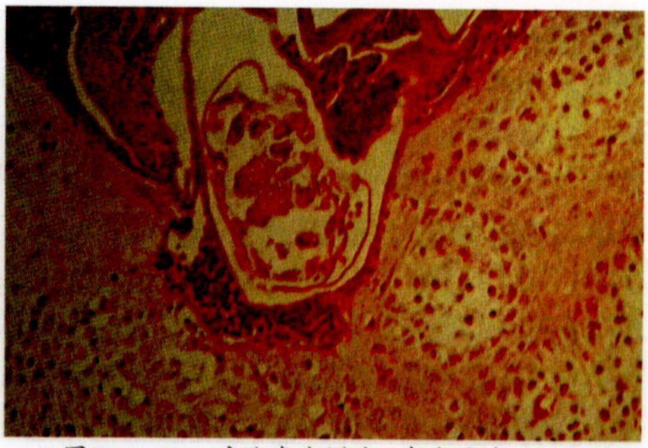

图7-4-10　病猪真皮增生，有多量嗜酸性细胞浸润（HE100 ×）

（四）诊断要点

可在病变区的边缘刮取皮屑（要刮得深，直到见血为止），放在载玻片上，滴加少量的甘油与水的等量混合液或液体石蜡，用低倍镜检查，可发现活动的猪疥螨。也可将刮取的皮屑放入试管中，加入 5% ~ 10% 的氢氧化钠（或氢氧化钾）溶液，浸泡 2 小时，或煮沸数分钟，然后离心沉淀，取沉渣镜检是否有虫体。也可将这些沉渣加饱和盐水进行漂浮法检查。最简单的方法是刮取耳道里的虫体进行镜检，此法虫体检出率高。

（五）治疗方法

用药局部涂抹或喷洒治疗时，为使药物充分接触虫体，宜先用肥皂水或清洁水洗刷患部，清除结痂和污物。

1. 西药治疗

可参考表 7-4 选择杀螨除癣药。

表 7-4　西药治疗猪疥癣病

<table>
<tr><th>药名</th><th colspan="2">功用</th><th>千克体重用量</th><th>使用方法</th></tr>
<tr><td>阿维菌素</td><td rowspan="2">杀螨
除癣</td><td rowspan="2">二
选
一</td><td>0.3mg</td><td rowspan="2">颈部皮下注射</td></tr>
<tr><td>伊维菌素</td><td>0.3mL</td></tr>
</table>

2. 中药治疗

处方一：蛇床子、白鲜皮、当归、百部各 15g，地肤子、紫草、荆芥、狼毒各 12g。

【作用】治疗仔猪疥癣。

【用法与用量】按处方配药，共为细末，另用硫黄 20g，冰片 12g，棉油或猪油 500mL，先将前八味药放油内炸 3 分钟，候温再将硫黄、冰片加入拌匀即可。用时先用温肥皂水洗净患处，待干后分次将药涂擦患处，每次面积不可过大，以免中毒。

处方二：棉油 500g，巴豆、红娘子、斑蝥各 10g，硫黄末 120g。

【作用】治疗猪顽固性疥癣病。

【用法与用量】按处方配药，棉油微火烧开，放入预先打碎的巴豆、红娘子、斑蝥，微火煎3～5分钟，将巴豆等炸枯，停火20分钟，待温时再放入硫黄末，搅匀，装瓶备用，将猪患部皮肤用温肥皂水洗净晾干，用上述药油涂抹体表1/4，隔2天后再涂1/4，全身体表分4次涂完。

注意事项：方中各药均为剧毒药，因此调成的药油不能内服，外涂也应慎用。

处方三： 硫黄30g，大枫子9g，蛇床子12g，木鳖子9g，花椒子25g，五倍子15g，麻油200mL。

【作用】治疗猪疥癣病。

【用法与用量】按处方配药，粉碎为细末，用麻油调匀涂于患部，直至痊愈。

处方四： 硫黄30g，雄黄15g，枯矾45g，花椒25g，蛇床子25g。

【作用】杀虫灭疥，主治猪疥癣。

【用法与用量】按处方配药，粉碎为细末，油调涂患处。使用时注意防止猪互相舔食，以免中毒。

（六）预防与饲养管理

1. 预防

加强清洁卫生，建立检疫制度，发现病猪及时隔离并加以治疗，将治疗后的病猪安置到已消过毒的猪舍内饲养。在治疗病猪的同时，应用杀螨消毒药彻底消毒猪舍和用具，圈舍可用2%～3%热烧碱液进行消毒。定期对全群猪用阿维菌素等药物进行驱虫。

2. 饲养管理

用新鲜辣蓼草或新鲜樟树叶垫栏，可预防或减少本病发生。购买猪只时要仔细检查，或隔离饲养，确认无感染后再混入健康群。

五 虱病

虱病（haematopinosis）是由猪血虱寄生于猪的体表引起的一种体外寄生虫侵袭病。猪血虱多寄生于猪的耳基部周围、颈部、腹下、四肢内侧。其机械性的运动和毒素的刺激作用，常使病猪瘙痒不安，影响采食、正常活动和休息，导致病猪渐进性消瘦和发育不良。本病普遍存在于各地猪场，对养猪业危害较大。

（一）病原

本病的病原体为昆虫纲虱目血虱科血虱属的猪血虱（简称猪虱）。猪虱的个体较大，体长4~5mm，背腹扁平，表皮为革状，呈灰白色或灰黑色。虫体分头、胸、腹三部分，头部较胸部窄，呈圆锥形，有1对短触角，1对高度退化的复眼。口器为刺吸式，有1个短小的吸柱，尖端为口，四周有15~16个口前齿，吸血

图7-5-1 雄性猪虱比雌性猪虱小

时用于固着在猪的皮肤上；胸部3节融合，生有3对粗短的足，足的末端有发达的爪，成为握毛的有力工具；腹部由9节组成，雄虱末端圆形，雌虱末端分叉（图7–5–1）。

猪虱发育为不完全变态，整个发育过程包括卵、若虫和成虫3个阶段，终生不离开猪体，若虫和成虫都以吸食血液为生。雌雄交配后，雄虱死亡，雌虱经2~3天后开始产卵，每昼夜可产1~4个卵，每个虱一生能产50~80个卵。雌虱产卵时，可分泌一种胶状物，使虫卵黏着于猪体毛或鬃上（图7–5–2），产完卵后死亡。卵呈长椭圆形，黄白色，大小为（0.8~1.0 × 0.3）mm，有卵盖，上有颗粒状的小突起（图7–5–3）。卵经9~20天孵出若虫；若虫分3龄，4~6天蜕化1次，经3次蜕化后变为成虫。自卵发育到成虫需30~40天，每年能繁殖6~15个世代。猪虱离开猪体后，在1~10天死亡。猪虱对低温的抵抗力较强，在0~6℃可存活10天；而对高温和湿热的抵抗力则较弱，在35~38℃时经一昼夜即死亡。

图7–5–2 在病猪的被毛上有大量灰白色猪虱卵附着

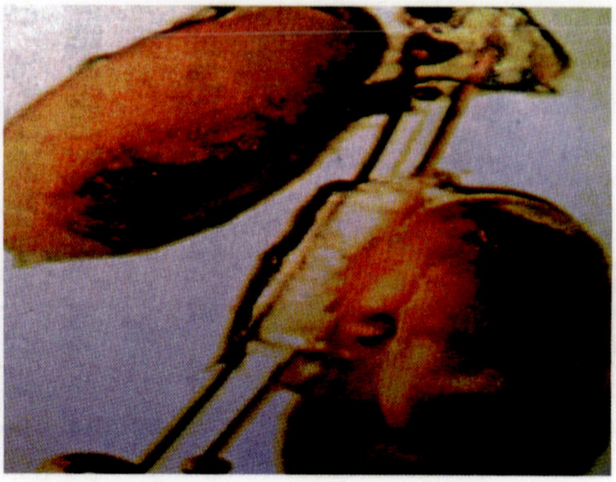

图7–5–3 猪虱卵的放大图像

（二）流行特点

猪虱整个生长发育过程均在猪体表完成，除吸血外还传播疾病。通过健康猪与带虱病猪接触直接感染，也可通过褥草和用具等间接感染。因猪虱繁殖快，又善爬行，一旦有猪感染，可迅速波及全群。

（三）临床症状

猪虱常寄生于猪的腹部、四肢内侧、颈部和耳廓后方。猪虱在吸食血液的同时分泌唾液，分泌物中含有的毒素能刺激神经末梢引起痒感。故见病猪到处擦痒，导致皮肤粗糙、被毛脱落或皮肤皲裂（图7–5–4至图7–5–6）。严重感染猪消瘦、贫血、食欲减退，仔猪发育不良、生长缓慢。

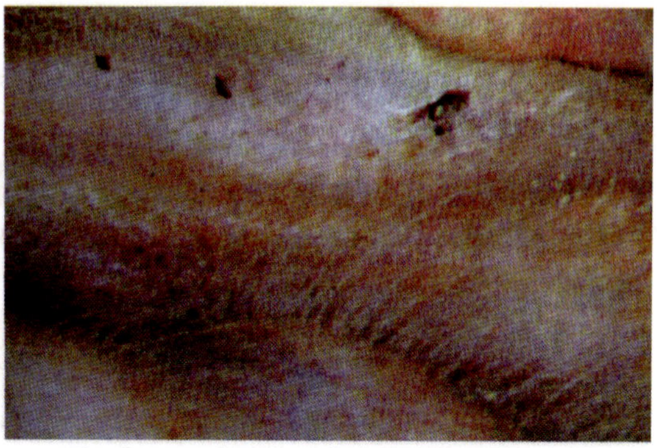

图7–5–4 病猪内耳壳有较多猪虱寄生，被毛上附着大量灰白色虱卵

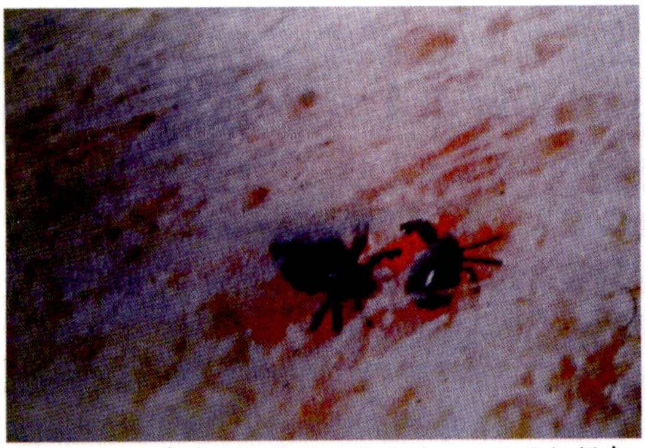

图 7-5-5 寄生于猪皮肤上的猪虱吮血而呈红褐色

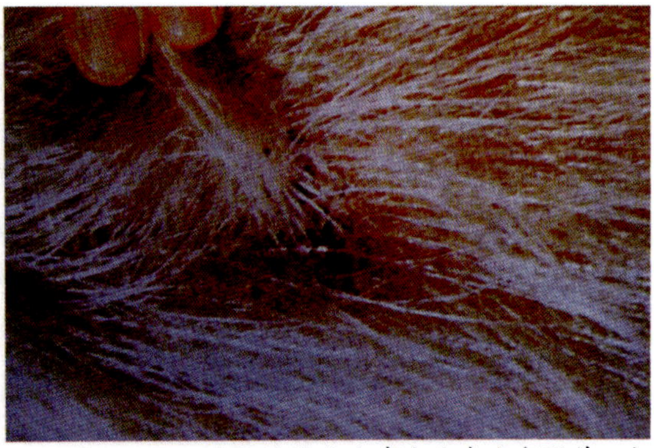

图 7-5-6 病猪的被毛上有灰白色虫卵附着，皮肤上有暗褐色猪虱寄生

（四）治疗方法

1. 西药治疗

可参考表 7-5 选药治疗猪虱病。

表 7-5 西药治疗猪虱病

<table>
<tr><th>药名</th><th colspan="2">功用</th><th>千克体重用量</th><th>使用方法</th></tr>
<tr><td>伊维菌素</td><td rowspan="2">杀虫灭虱</td><td rowspan="2">二选一</td><td>0.3mL</td><td>颈部皮下注射</td></tr>
<tr><td>阿维菌素</td><td>0.3 ~ 0.5g</td><td>全身喷洒或涂擦</td></tr>
</table>

2. 中药治疗

处方一： 烟叶 50g，煤油 50mL。

【作用】治疗猪虱病。

【用法与用量】按处方配药，先将烟叶加水 1 000mL 熬成 500mL 汁，再加入煤油，涂擦猪体，每天 1 次，连续 3 ~ 5 天。

处方二： 单方百部。

【作用】治疗猪虱病。

【用法与用量】用水 500mL 煎煮 30 分钟，取汁涂擦患部。

处方三： 百部 250g，苍术 125g，雄黄 60g，清油 250g。

【作用】杀虫止痒，主治猪虱病。

【用法与用量】百部加水 2 000mL，煮沸 1 小时，过滤，加入粉碎细的苍术、雄黄，再加清油调匀，每次用适量涂患部。

（五）预防与饲养管理

1. 预防

引进猪只应先隔离灭虱后再合群。对所有用具要用沸水浇烫灭虱，烧毁被污染的垫草，环境喷洒灭虱药，以杀死可能存在的虫体和虫卵。

2. 饲养管理

注意环境卫生，猪舍宜清洁、干燥，保持猪舍和猪体卫生；经常检查猪群，发现病原及时对全群猪只用药物治疗。

第八章
猪的中毒病

某些物质通过消化道、呼吸道、皮肤等途径进入猪体内被机体吸收，引起猪的生理机能紊乱甚至死亡，称为中毒。引起中毒的物质称为毒物。中毒引起的生理机能紊乱可导致猪的生长发育受阻甚至死亡，造成很大的经济损失。了解猪中毒病的诊断和防治原则，有利于减少猪中毒病的发生及由此引起的损失。

一 食盐中毒

食盐中毒（sodium chloride poisoning）的实质是钠离子中毒，与钠离子和体液紊乱有关。

（一）病因

食盐是机体维持正常生理活动不可缺少的成分。但如果喂量过大，反而引起中毒，有时食入食盐并不过量，但因饮水不足也可引起中毒。猪的食盐摄入量超过每千克体重2.2g，就有引起中毒的危险。如饲喂酱油渣、臭咸鱼或鱼粉等含盐较多的饲料，或直接食入大量食盐，或配合饲料中的食盐比例过高，或盐块混合不均匀等均可引起。猪食盐中毒的致死量为100~250g/头。

（二）临床症状

食盐从胃肠被吸收进入血液，经血流运行至五脏、六腑及周身。过量食入尤以肝脏受损更甚，正常功能受到影响，肝藏血不足，济心无力，心气不足，“心藏神”功能紊乱；病猪口吐白沫，运动失调，步态不稳，旋转，两腿软弱无力，全身颤抖，作游泳状；呼吸急促或困难（图8-1-1，图8-1-2）。精神沉郁或亢奋（图8-1-3，图8-1-4）。严重者呈昏睡状态，最后死亡。肝血不足，视力减退。肝气横逆，不能藏血，又可引起腹泻血便和多器官组织出血。

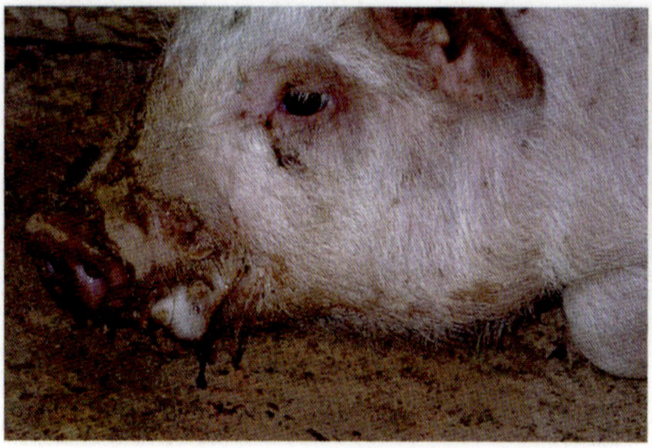

图8-1-1　病猪流涎

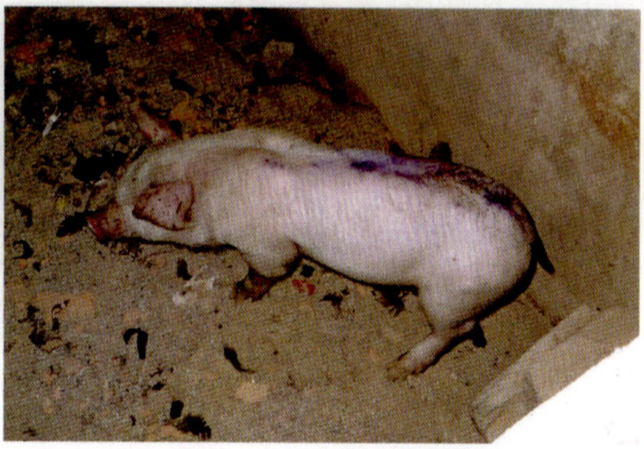

图8-1-2　病猪呼吸困难

图8-1-3　病猪精神沉郁，呕吐，呕吐物带泡沫

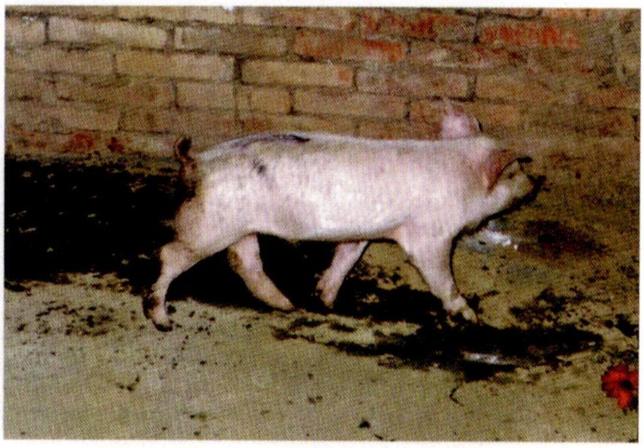

图8-1-4　病猪精神亢奋，不停地转圈

（三）病理特征

剖检可见胃部黏膜充血、出血，以胃底部更严重；肠系膜淋巴结充血、出血；肝肿大，质脆；脑充血、水肿。

（四）治疗方法

1. 西药治疗

猪出现食盐中毒症状后应立即停止饲喂原饲料，多次给予限量的新鲜饮水（不可无限制地一次大量饮水，也不可强迫喂水），根据症状轻重、缓急参考表8–1和结合中草药方剂制定用药方案。

表8–1　西药治疗猪食盐中毒

<table>
<tr><th>药名</th><th>功用</th><th colspan="2">每头用量</th><th>使用方法</th></tr>
<tr><td>10%樟脑磺酸钠</td><td>强心</td><td colspan="2">5～10mL</td><td rowspan="3">混合后，1次肌内注射</td></tr>
<tr><td>维生素C</td><td rowspan="3">补液</td><td colspan="2">5mL</td></tr>
<tr><td>维生素B_1</td><td colspan="2">3～4mL</td></tr>
<tr><td>10%葡萄糖</td><td colspan="2">250mL</td><td rowspan="2">混合后静脉注射，每天2次，连续3～5次，见大量尿液排出时停用</td></tr>
<tr><td>速尿</td><td>促进排尿</td><td colspan="2">40mL</td></tr>
<tr><td>2.5%盐酸氯丙嗪</td><td>镇静</td><td colspan="2">2mL</td><td>天门穴注射，每天1次</td></tr>
<tr><td>0.5%普鲁卡因</td><td>局部麻醉</td><td colspan="2">10mL</td><td>两侧牙关、锁口穴封闭注射</td></tr>
<tr><td>20%甘露醇</td><td rowspan="2">缓解水肿导泻</td><td>5mL</td><td rowspan="2">千克体重</td><td rowspan="2">混合后1次静脉注射</td></tr>
<tr><td>25%硫酸镁</td><td>0.5mL</td></tr>
<tr><td>1%硫酸铜</td><td>催吐</td><td colspan="2">50～100mL</td><td rowspan="5">白糖、硫酸铜内服，山梨醇或50%高渗葡萄糖静脉注射。氯丙嗪静脉或肌内注射，安钠咖皮下或肌内注射</td></tr>
<tr><td>25%山梨醇</td><td>缓解脑水肿</td><td colspan="2">50～100mL</td></tr>
<tr><td>2.5%盐酸氯丙嗪</td><td>镇静</td><td colspan="2">3～5mL</td></tr>
<tr><td>20%安钠咖</td><td>强心</td><td colspan="2">2.5～10mL</td></tr>
<tr><td>白糖</td><td>保护肠胃黏膜</td><td colspan="2">150～200g</td></tr>
</table>

2. 中药治疗

处方一：5%葡萄糖液100～300mL，甘草50～100g，绿豆250～300g，黄豆750～1 000g。

【作用】治疗猪食盐中毒。

【用法与用量】5%葡萄糖液，静脉或腹腔注射；甘草加绿豆煎汤服，或食醋200mL加水适量灌服；黄豆浸泡后磨浆给猪灌服，供体重100kg左右的猪用，仔猪酌减用量。

处方二：单方食醋300～500mL。

【作用】治疗猪食盐中毒。

【用法与用量】1 次灌服。

处方三：绿豆面 60g，白糖 60g，鸡蛋 4 枚，食醋 100mL。

【作用】治疗猪食盐中毒。

【用法与用量】按处方配药，供体重30kg猪只1次服用，用量需依病猪实际体重酌情加减。首先将鲜鸡蛋去壳置容器内，然后加处方中其他“药食”和适量的凉水（使“合剂”能通过胃管为宜），再充分搅拌均匀即可。症轻尚有食欲者，将“合剂”置食具内让其自由采食，症重者可使用食管灌服，每隔 12 小时 1 次，一般服用 2 次即愈。

处方四：生葛根 30g，天花粉 30g，鲜芦根 50g，绿豆 50g。

【作用】治疗猪食盐中毒。

【用法与用量】按处方配药，煎汤取汁，候温灌服。供体重 15kg 的猪只服用。

处方五：生石膏 25g，天花粉 25g，鲜芦根 35g，绿豆 40g。

【作用】治疗猪食盐中毒。

【用法与用量】按处方配药，煎汤取汁，候温灌服。供体重 15kg 左右猪只服用。

（五）预防与饲养管理

1. 预防

不可长期或大量喂给含盐量高的饲料；严格执行配合饲料添加食盐的合理比例或用量规定，食盐量需两人复核，掌握日食含盐量不超过0.5%。一般每天每头大猪15g，育肥猪或青年猪 8 ~ 10g，小猪 5 ~ 6g。

2. 饲养管理

用含食盐较多的酱渣、咸菜作饲料时，日喂量不可过多，并应配合其他饲料，还必须喂几天停几天。发生食盐中毒时，立即停止饲喂含盐高的饲料，并保证及时饮用新鲜饮水，以补充体内水分，帮助食盐排出，但每次饮水量必须严格控制，不能过多。

二　有机磷制剂中毒

（一）病因

有机磷制剂中毒（poisoning caused by ganophosphatic pesticide）是由于猪误食或偷食含有机磷农药的青绿植物或作物种子，或饮用了被有机磷农药污染的水以及人为破坏性投毒，或用有机磷制剂喷洒圈舍、猪体表以杀灭蚊蝇和体外寄生虫时剂量过大引起的。毒物进入机体，与体内胆碱酯酶结合，形成磷酰化胆碱酯酶，失去分解乙酰胆碱的能力，致使体内乙酰胆碱蓄积。

（二）临床症状

猪食入被有机磷制剂污染物后，数分钟至数小时即可出现中毒症状，严重的可在数分钟内死亡。中毒较轻者体温正常，表现为全身无力，流泪，吐清水，精神沉郁，肌肉颤抖，食欲减退，卧地不起（图8-2-1，图8-2-2），部分病例经3～5天可自愈。中毒重者表现为呕吐、流涎、磨牙、腹痛、拉稀、眼结膜充血、瞳孔缩小、肌肉颤抖；继而呼吸困难，出现神经症状，倒地不起（图8-2-3，图8-2-4），最后因呼吸麻痹而死亡。

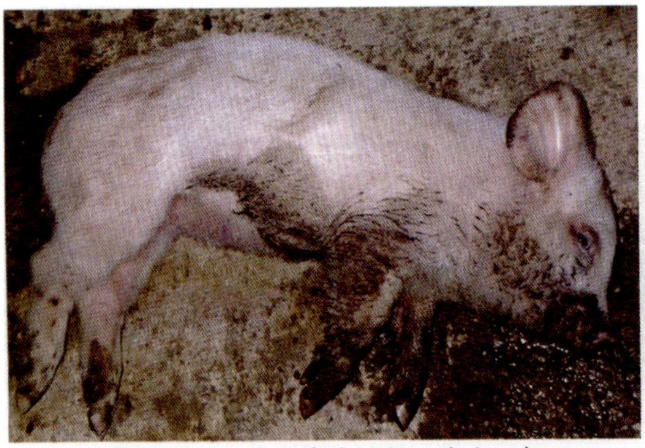
图8-2-1　病猪精神沉郁，卧地不起

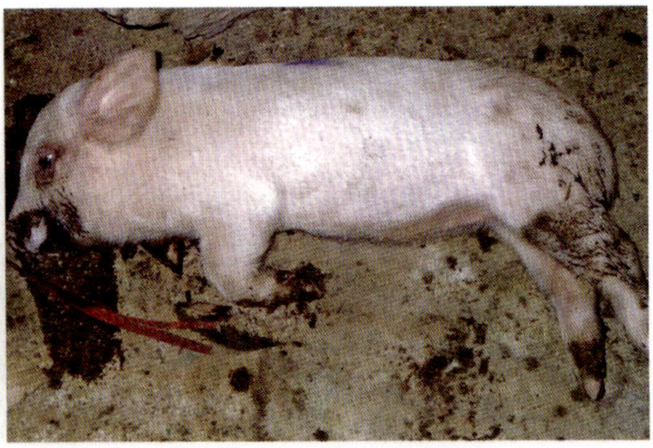
图8-2-2　病猪口流清涎

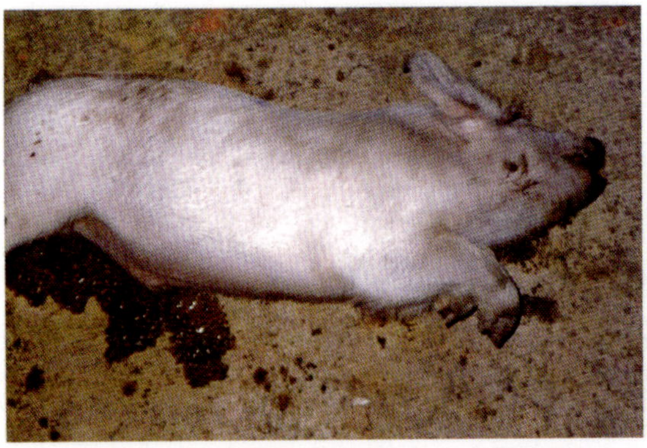
图8-2-3　病猪出现神经症状，似游水状

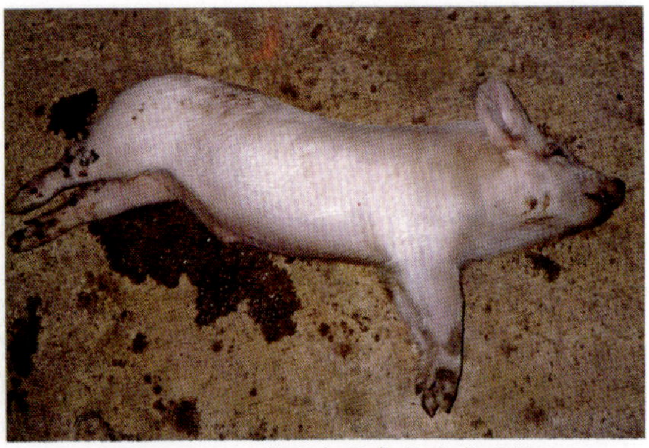
图8-2-4　病猪出现角弓反张症状

（三）病理变化

剖检可见肺脏水肿，肝脏、肾脏肿大，胃黏膜出血，胃内容物有蒜臭味。

（四）诊断要点

如果用阿托品、碘解磷定试验性治疗有效，便可确诊。

（五）治疗方法

1. 西药治疗

经皮肤吸入中毒者（如用药物涂擦皮肤驱虫），治疗时先用清水洗涤皮肤；经口中毒者可用1%硫酸铜50～100mL灌服催吐，并用清水或生理盐水洗胃，然后立即使用解毒药（表8-2）。

表8-2 西药治疗猪有机磷制剂中毒

药名	功用		千克体重用量	使用方法
12.5%双复磷	三选一	特效解毒	40～60mg	生理盐水溶解后皮下或肌内注射
4%碘解磷定注射液			20～40mg	缓慢静脉注射，隔3～5小时再注1次，剂量减半
1%硫酸阿托品			3～4mg	静脉注射

注：可配合其他对症疗法，但忌用肾上腺素、毛地黄类药物，慎用樟脑类药物。

2. 中药治疗

处方一：甘草50g，绿豆250g，滑石粉50g。

【作用】治疗猪有机磷制剂中毒。

【用法与用量】按处方配药，绿豆去壳，与甘草和滑石共粉碎为细末，开水冲调，候温1次灌服。

处方二：绿豆120g，茶叶60g，芒硝30～50g。

【作用】治疗猪有机磷制剂中毒。

【用法与用量】按处方配药，绿豆、茶叶煎水待用，先给猪灌服芒硝，以导泻（禁用油类泻剂），帮助毒物排出；再将药液灌服。每天2次，连续2天。

（六）预防与饲养管理

1. 预防

保管好有机磷农药，防止污染饲料和饮水。

2. 饲养管理

喷洒过有机磷农药的青绿饲料在6周内禁止用来喂猪。发生中毒时立即除去致病因素，皮肤接触中毒，应用肥皂水或淡的碳酸氢钠溶液洗涤皮肤（敌百虫中毒不宜用碳酸氢钠等碱性药物）；轻度中毒，皮下注射阿托品；重度中毒，阿托品用葡萄糖液稀释。治疗有机磷中毒时阿托品的剂量应比常规用量大3～4倍，但必须注意预防阿托品中毒。

三 酒糟中毒

（一）病因

酒糟中毒（brewery grain poisoning）是由于猪食入含有毒物质、酒精、霉菌的酒糟发生的中毒。由于酒糟贮存不当或放置过久，发生酸败而产生大量醋酸、乳酸等有机酸，猪吃食了没有其他饲料搭配的这种酒糟，易引起酸中毒；另外，酒糟中还含有一定量的有毒物质、酒精、霉菌等，可刺激胃肠道，侵害肠胃，进而经循环系统转运至全身，使猪只发生中毒。

（二）临床症状

酒糟中毒轻者出现消化系统紊乱症状，食欲减退甚至废绝，先便秘后腹泻。严重者表现腹痛，口吐白沫或吐出带泡沫的分泌物（图 8-3-1 至图 8-3-3），气喘，心跳加快，行走摇摆不定，逐渐失去知觉，卧地不起，常有皮疹，最后体温下降，四肢麻痹，昏迷而死（图 8-3-1 至图 8-3-4）。慢性中毒猪表现为消化不良、黄疸，有时出现血尿、皮炎、腹泻。怀孕母猪往往发生流产。

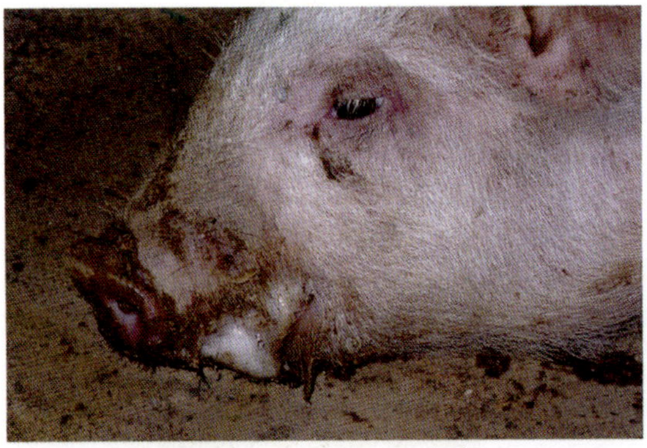
图 8-3-1 病猪口吐白沫

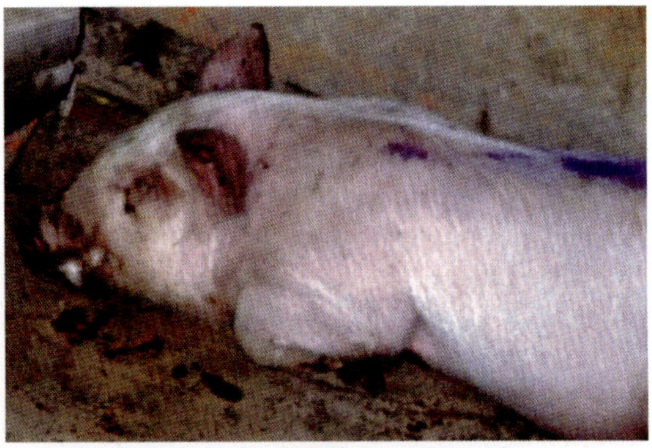
图 8-3-2 病猪昏迷，卧地不起

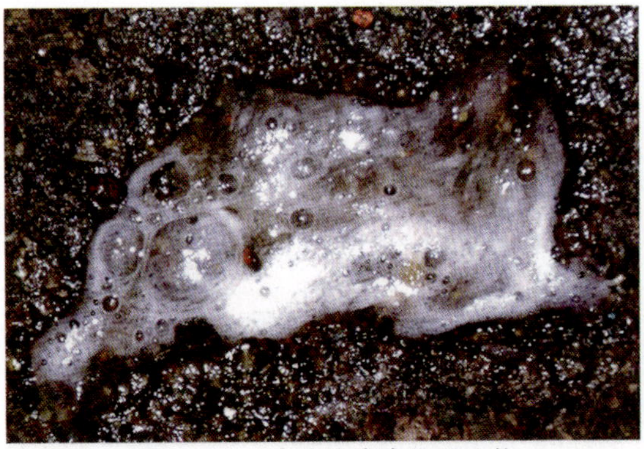
图 8-3-3 病猪的泡沫状呕吐物

图 8-3-4 病猪后肢麻痹

（三）病理变化

肺脏充血、水肿（图 8-3-5）；肝脏、肾脏肿胀（图 8-3-6）；心外膜有出血斑；胃黏膜充血或出血（图 8-3-7）；小肠水肿，肠壁变薄（图 8-3-8），肠系膜淋巴结肿大、充血。

（四）治疗方法

1. 西药治疗

发生中毒后，立即停喂酒糟或含酒糟的饲料，选用青饲料和配合饲料喂猪，并根据症状进行对症治疗。可参考表 8-3 结合中草药方剂制定用药方案。

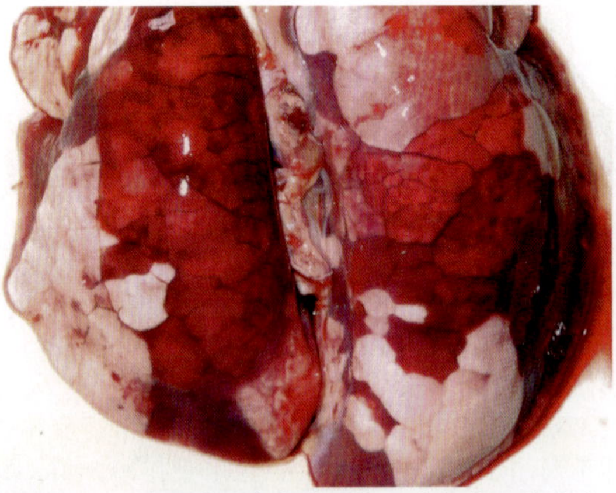

图 8-3-5　病猪肺脏有大片淤血，点状或斑状出血

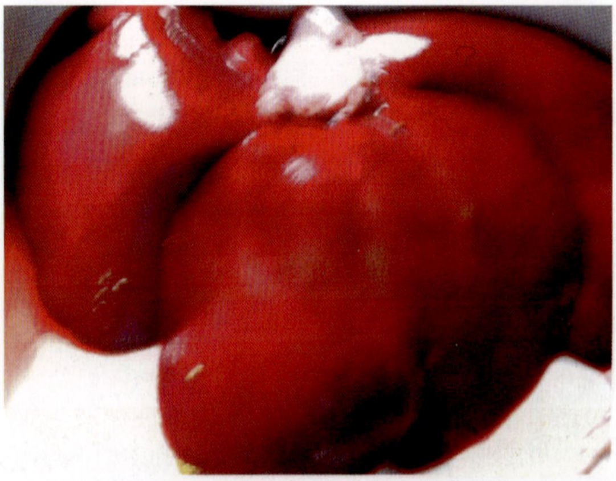

图 8-3-6　病猪肝脏肿胀，颜色深红

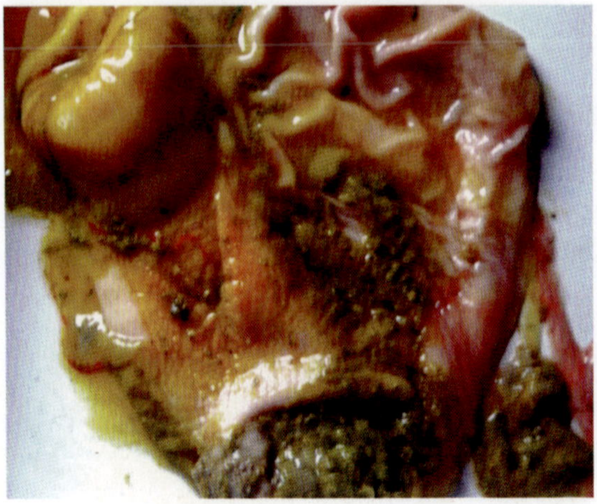

图 8-3-7　病猪胃充血，形成假膜，内容物中混有出血丝

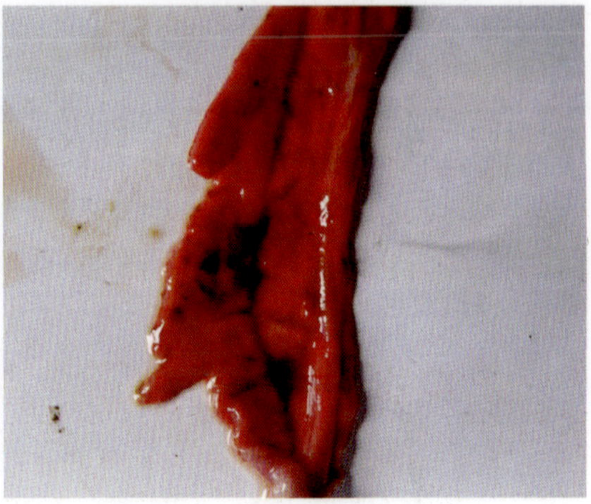

图 8-3-8　病猪肠黏膜充血、出血

表 8-3　西药治疗猪酒糟中毒

<table>
<tr><th>药名</th><th>功用</th><th>千克体重用量</th><th>使用方法</th></tr>
<tr><td>1%碳酸氢钠</td><td>平衡电解质</td><td>1 000～2 000mL</td><td rowspan="5">1%碳酸氢钠内服或灌肠；葡萄糖生理盐水、安钠咖和5%碳酸钠静脉注射；豆浆口服</td></tr>
<tr><td>5%葡萄糖生理盐水</td><td>补液</td><td>500mL</td></tr>
<tr><td>20%安钠咖</td><td>强心</td><td>5mL</td></tr>
<tr><td>5%碳酸钠溶液</td><td>平衡电解质</td><td>100～500mL</td></tr>
<tr><td>豆浆</td><td>保护肠胃黏膜</td><td>适量</td></tr>
</table>

2. 中西药结合治疗

处方一： 氯丙嗪 3mL，维生素 C 0.5g，维生素 B_6 100mg，维生素 B_1 100mg，1% 碳酸氢钠 150～200mL，绿豆 1 000g，甘草 500g。

【作用】治疗猪酒糟中毒。

【用法与用量】按处方配药，氯丙嗪肌注；维生素 C、维生素 B_6、维生素 B_1 混合后肌注，1% 碳酸氢钠灌肠 30 分钟；绿豆、甘草水煎取汁，候温灌服，每天 2 次，连续 3～5 天。

处方二：苏打粉5g，白糖100g，葛花500g（或葛根100g），10%安钠咖10mL，10%氯化钙液30～50mL，10%葡萄糖液500mL，5%碳酸氢钠液250～500mL。

【作用】治疗猪急性酒糟中毒。

【用法与用量】按处方配药，葛花煎水，加苏打粉5g，白糖100g，调匀灌服；同时用10%安钠咖、10%氯化钙液、10%葡萄糖液和5%碳酸氢钠液分别静脉注射。

（五）预防与饲养管理

1. 预防

严禁喂给发霉变质酒糟，酒糟最好不要长期堆放，防止发酵霉败；不宜单喂酒糟饲料，新鲜酒糟也不能喂量过多。

2. 饲养管理

①应合理搭配调制饲料，酒糟在日粮中的含量不要超过30%；对轻度酸败的酒糟，可加入1%~3%的石灰水或小苏打浸泡20～30分钟以中和酸类、降低毒性，并搭配其他饲料使用；喂前要加热，还必须掌握喂量，猪每天不要超过1.5kg。

②猪发生中毒时立即停喂1天，内服碳酸氢钠和泻剂，给予镇静剂和静注葡萄糖液等对症治疗，多给饮水，水中可加少量食醋。

四 苦楝中毒

（一）病因

苦楝中毒（chinaberry poisoning）为发病急、死亡快、病期短的急性中毒。苦楝果和苦楝皮中带有苦楝毒碱和鞣酸，种子中还含有油质。苦楝毒碱对猪的造血、呼吸系统的组织器官均有明显的损害作用，可使猪的肺脏、胃、肝脏、脾脏的生理功能严重失调，最后呈呼吸极度困难而缺氧死亡。猪采食成熟落地的苦楝树果，或用苦楝树根、皮给猪驱虫用量过大，使苦楝中的有毒成分刺激肠胃或被吸收后内传脏腑组织而引起发病。

（二）临床症状

轻度中毒表现为食欲减少或停止，步态不稳，精神不振，有轻微的呻吟声；重度中毒表现为全身震颤、痉挛以致麻痹，腹痛剧烈，可视黏膜及皮肤发绀，呼吸困难，心跳加快，口吐白沫或呕吐，卧地不起，强迫行走则四肢发抖，随即卧倒，体温降至常温以下（图8-4-1至图8-4-6）。从开始出现中毒症状到死亡，时间大约30分钟。

（三）病理变化

剖检见喉头气管充满白色泡沫，肺气肿；胃黏膜充血，出血性肠炎，肝脏坏死；血液凝固不良，呈紫色。

图 8-4-1 病猪精神沉郁

图 8-4-2 病猪口吐白沫

图 8-4-3 病猪腹痛，不停地呻吟

图 8-4-4 病猪四肢发抖，行走困难

图 8-4-5 病猪的呕吐物

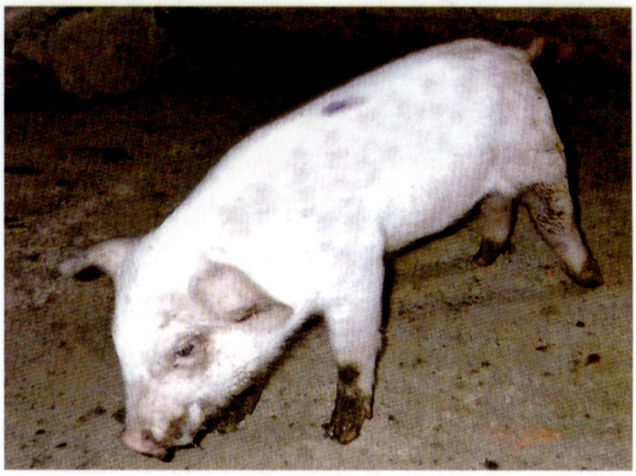
图 8-4-6 病猪呼吸困难

（四）治疗方法

1. 西药治疗

本病无特效疗法，应对症进行急救，保护胃肠黏膜，解除胃肠痉挛，解毒润肠泻下。已出现中毒症状的猪不宜行洗胃、催吐疗法。可参考表 8-4 结合中草药方剂制定用药方案。

表 8–4　西药治疗猪苦楝中毒

<table>
<tr><th>药名</th><th colspan="2">功用</th><th>每头用量</th><th>使用方法</th></tr>
<tr><td>0.1%高锰酸钾</td><td colspan="2">洗胃</td><td>200 ~ 600mL</td><td>灌服</td></tr>
<tr><td>25%葡萄糖</td><td colspan="2" rowspan="2">补液</td><td>20 ~ 100mL</td><td rowspan="4">加温后混合，1次耳静脉注射，重者1次用药4小时后复查，如体温已恢复正常仍无食欲者，去山莨菪碱，加维生素B_1 0.1 ~ 1g，10%安钠咖，耳静脉注射；如体温未恢复正常，再按原方用药1 ~ 2次</td></tr>
<tr><td>维生素C</td><td>0.2 ~ 0.5g</td></tr>
<tr><td>氢化可的松</td><td colspan="2">抗炎、抗休克</td><td>50 ~ 100mg</td></tr>
<tr><td>山莨菪碱</td><td rowspan="2">解毒</td><td rowspan="2">二选一</td><td>20 ~ 50mg</td></tr>
<tr><td>1%硫酸阿托品</td><td>1 ~ 5mL</td><td>肌内注射</td></tr>
<tr><td>尼可刹米</td><td colspan="2">兴奋呼吸</td><td>250 ~ 1 000mg</td><td>静脉注射</td></tr>
<tr><td>0.1%盐酸肾上腺素</td><td rowspan="2">强心</td><td rowspan="2">二选一</td><td>0.5 ~ 2mL</td><td>皮下注射</td></tr>
<tr><td>10%安钠咖</td><td>10 ~ 20mL</td><td>肌内注射</td></tr>
</table>

2. 中西药结合治疗

处方一：甘草 200g，绿豆 400g。

【作用】治疗猪苦楝子中毒。

【用法与用量】按处方配药，加水 1 500mL，煎煮 1 ~ 2 小时取汁，候温内服。同时用西药：5% 阿托品 30mL，安定 30mg 肌内注射；小苏打 30mL 灌服，或按每千克体重 1 ~ 2mg 盐酸山莨菪碱肌内注射。中药、西药结合治疗，每天 1 次，连续 3 ~ 5 天。

处方二：绿豆 30g，甘草 20g，茶叶 10g，10% 安钠咖 10 ~ 20mL，50% 葡萄糖 60 ~ 100mL，10% 维生素 C 10mL。

【作用】治疗猪苦楝中毒。

【用法与用量】按处方配药，中药煎汤，加白糖 40g，给猪饮服或灌服；10% 安钠咖肌内注射；50% 葡萄糖和 10% 维生素 C 混合后静脉注射。

处方三：绿豆 400g（中猪量），甘草 200g，5% 阿托品 30mL，安定 30mL，碳酸氢钠 30g。

【作用】治疗猪苦楝中毒。

【用法与用量】甘草和绿豆加水 1 500mL，煎 1 ~ 2 小时去渣，1 次内服；5% 阿托品和安定肌内注射；灌服碳酸氢钠，或肌内注射盐酸山莨菪碱 20~30mL（15kg 重猪）。上方连续 1 ~ 3 次。

处方四：淡豆豉 500g，朴硝 100g。

【作用】治疗猪苦楝中毒。

【用法与用量】淡豆豉煎汤，加入朴硝，候温灌服。

（五）预防与饲养管理

1. 预防

猪圈四周忌栽苦楝树，防止苦楝子掉入猪圈。

2. 饲养管理

在利用苦楝子或苦楝树皮驱虫时，剂量必须准确，以免引起中毒。不要在有苦楝树的地方放牧，以免猪只自由采食苦楝子造成中毒。

五 亚硝酸盐中毒

亚硝酸盐中毒（sodium nitrite poisoning）是由于猪吃食了含有亚硝酸盐的饲料，亚硝酸盐进入猪体内被胃肠黏膜吸收到血液中，使血液中的氧基血红蛋白变成不能携带氧的高铁血红蛋白，使血液失去携氧能力，从而使猪只因全身缺氧，导致呼吸中枢麻痹，最终窒息死亡，俗称“猪饱潲瘟”、“猪烂菜叶中毒”。

（一）病因

许多饲料作物、蔬菜叶及一些野生植物中含有大量硝酸盐，当存放不当（大堆堆放）、调制不当（如这些饲料蒸煮不透或闷在锅里；蒸煮时不搅拌、不揭盖），或温度在40～60℃放置过久时，硝酸盐在广泛存在于自然界中的硝化菌的作用下可转化为对动物有毒的亚硝酸盐。猪食后可引起中毒，致使窒息死亡。

（二）临床症状

最急性发作常在饲喂15～30分钟突然不安，立即狂跳而死。急性型病猪腹痛、呼吸急促、脉搏快速细弱、全身发绀、张口伸舌、口吐白沫、频频呕吐、流涎（图8-5-1）；耳及四肢皮肤发凉，口唇初显白灰色，后变乌紫色；体温正常或偏低；四肢无力，时起时卧，走路摇晃，挣扎鸣叫，乱撞，跳跃，转圈，四肢不断划动；尾端或耳尖放血可流出紫黑色血液，似酱油色，往往来不及治疗就死亡。轻度中毒的猪，呕吐后即慢慢好转。

图8-5-1 病猪口吐白沫，频频呕吐

（三）病理变化

皮肤、耳、肢端和可视黏膜呈蓝紫色。肠系膜淋巴结肿大（图8-5-2）；胃膨胀，胃底黏膜出血，易脱落（图8-5-3）；小肠黏膜出血；肺脏膨满，肺气肿明显，伴有肺脏淤血、肿大，呈黑紫色，切面淤血明显（图8-5-4）；气管、支气管充血、出血，管腔内有红色泡沫样液体；心外膜、心肌有出血点；肝脏肿胀、质脆（图

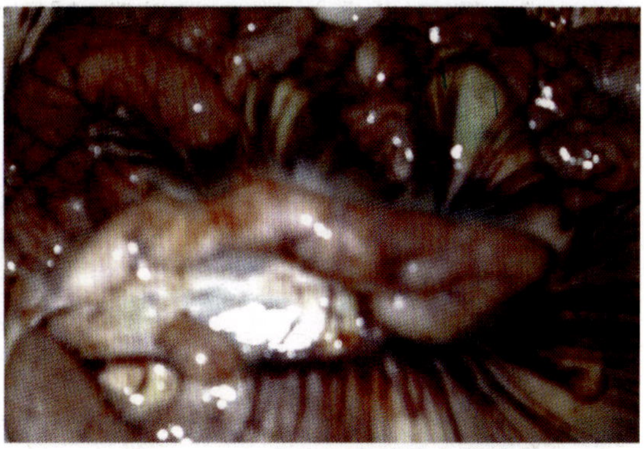

图8-5-2 病猪肠系膜淋巴结肿大

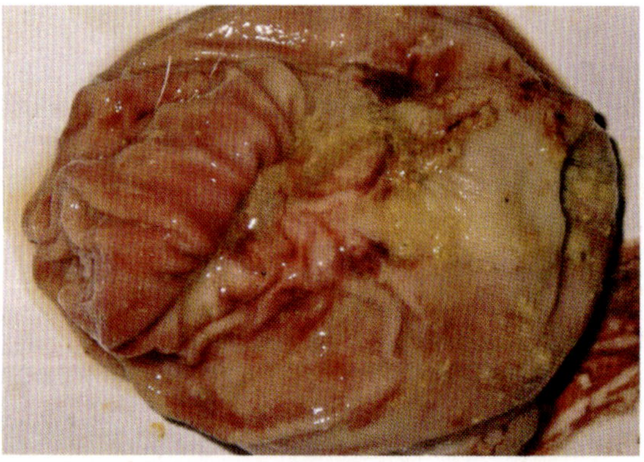

图 8-5-3　病猪胃充血、出血

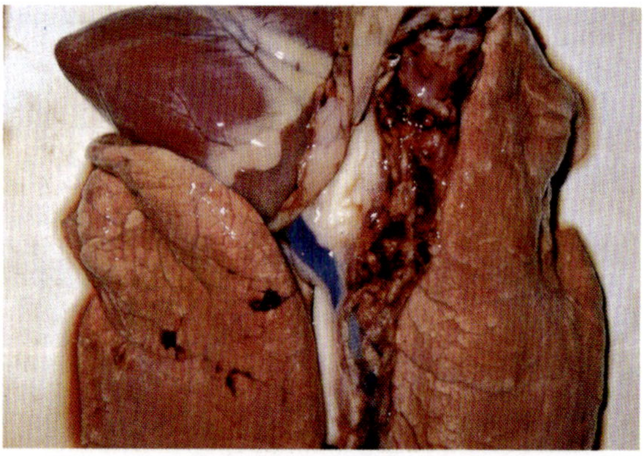

图 8-5-4　病猪肺脏呈黑紫色，表面有出血斑

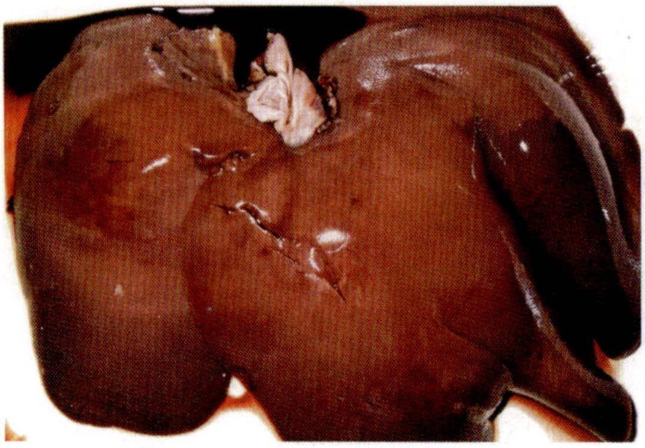

图 8-5-5　病猪肝脏肿胀、质脆

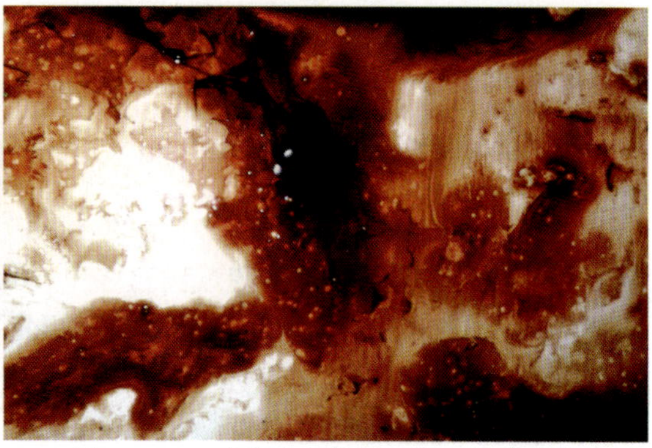

图 8-5-6　病猪血液凝固不良，似酱油色

8-5-5)；血液凝固不良，似酱油色（图 8-5-6）。确诊需做硝酸盐和亚硝酸盐毒物化验。

（四）治疗方法

发生中毒后，健壮肥猪因食量大、发病重，往往来不及治疗就死亡。发病轻的猪先剪耳断尾放血，以争取抢救时间，然后再选用下列措施之一救治。

1. 西药治疗

表 8-5　西药治疗猪亚硝酸盐中毒

<table>
<tr><th colspan="2">药名</th><th>功用</th><th colspan="2">用量</th><th>使用方法</th></tr>
<tr><td colspan="2">0.02%高锰酸钾溶液</td><td>洗胃</td><td colspan="2">适量</td><td rowspan="2">高锰酸钾溶液洗胃，鸡蛋清灌服</td></tr>
<tr><td colspan="2">鸡蛋清</td><td>保护胃肠黏膜</td><td>3～5个</td><td rowspan="3">每头</td></tr>
<tr><td colspan="2">10%～25%葡萄糖</td><td rowspan="2">补液</td><td>300～500mL</td><td>静脉注射</td></tr>
<tr><td colspan="2">维生素C</td><td>200～250mg</td><td>皮下注射</td></tr>
<tr><td>硫酸阿托品</td><td rowspan="2">二选一</td><td rowspan="2">解毒</td><td>0.14～0.16mg</td><td rowspan="2">千克体重</td><td>静脉注射</td></tr>
<tr><td>1%美蓝</td><td>1mL</td><td>静脉或肌内注射</td></tr>
<tr><td colspan="2">10%安钠咖</td><td>强心</td><td>3～5mL</td><td>每头</td><td>肌内注射</td></tr>
</table>

2. 中药或中西药治疗

处方一： 强力解毒敏注射液 12mL（每支 2mL，含甘草酸铵 4mg，氨基乙酸 40mg，L-半胱氨基酸盐 3mg）。

【作用】治疗猪亚硝酸盐中毒。

【用法与用量】每头猪肌内注射强力解毒敏注射液，两耳及尾尖放血。

处方二： 绿豆 200g，小苏打 100g，食盐 60g，木炭末 100g。

【作用】治疗猪亚硝酸盐中毒。

【用法与用量】按处方配药，共粉碎为末，加少量水，调匀后 1 次灌服，每天 1 剂，连续 2 天。

处方三： 十滴水 1 支（10mL）。

【作用】治疗猪亚硝酸盐中毒。

【用法与用量】按处方配药，供体重 25kg 的猪只 1 次加常水 200mL 服用。也可同时肌内注射 10% 安钠咖 10mL。病猪服药后，大约 15 分钟临床症状消失，能自行走动，30 分钟后能采食而愈。

（五）预防与饲养管理

青饲料应鲜喂，这样可保持其原有大量维生素不受损失。不要饲喂长期堆积发热腐烂的青贮料。如要煮料，应迅速煮透揭开锅盖放凉，使其有毒物质蒸发出去，冷却后分放于料缸内，当天喂完。不能将煮后的饲料放在锅内盖锅盖过夜，待饲料冷却后放在缸或桶内，当天喂完。堆积发热腐烂的蔬菜、瓜藤不能作猪饲料。

六　霉菌毒素中毒

（一）病因

霉菌毒素中毒（mycotoxin intoxication）就是通常所谓猪的“发霉饲料中毒”，霉菌毒素（mycotoxin）是霉菌在谷物上生长，在谷物的贮存、运输过程中产生有毒的毒素，这些毒素能引起组织坏死，使肺脏产生病变，并损害肝脏，甚至发生肝硬化和诱发肝癌。曲霉菌孢子的抵抗力很强，煮沸 5 分钟才能杀死。在一般消毒液中经 1～3 小时才能灭活。产生的毒素在环境中也相对稳定，如黄曲霉毒素对温热有很强的抵抗力，一般的蒸煮不易被破坏，只有加热至 268～269℃才能被破坏；将发霉的玉米放在自然条件下 8 年，其中的毒素仍不被破坏。畜禽食入被毒素污染的饲料（图 8-6-1，图 8-6-2）后可导致急性或慢性中毒。目前已知的霉菌毒素超过 350 种。对猪为害最大的是玉米赤霉烯酮（F-2 毒素）和呕吐毒素（DON）。

（二）临床症状

急性中毒表现为大量猪发病，食欲下降甚至废绝。种猪、生长猪发病严重，数天内死亡，病死率高，妊娠母猪大量流产、产死胎，公猪死精、无精。病猪一般都表现体温正常。慢性中毒（最常见），主要表现为生长猪外阴红肿、脱肛（图8-6-3至图8-6-6），共济失调，皮肤黄染，被毛粗乱。母猪发情不正常、假发情、返发情，脱肛甚至阴道脱出（图8-6-7，图8-6-8），产死胎和弱仔（图8-6-9）的比例增加；母猪产仔数明显降低，泌乳量减少。猪群采食量减少，生长速度缓慢。新生仔猪外阴红肿、虚弱，后腿向外翻，呈“八字脚”状（图8-6-10）。公猪性欲减退，乳腺肿大，包皮水肿，睾丸萎缩。嘴、耳、四肢内侧和腹侧皮肤出现红斑，严重病例皮肤溃烂、结痂（图8-6-11，图8-6-12）。个别猪呕吐明显。机体免疫功能下降，继发感染明显。

图8-6-1 霉变的饲料

图8-6-2 霉变的玉米

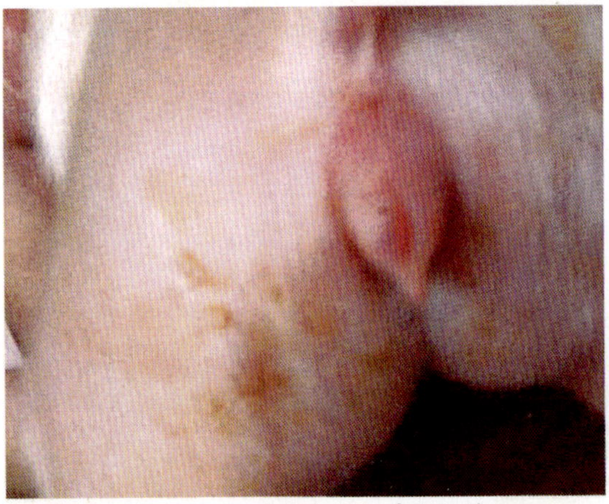

图8-6-3 病新生仔猪外阴红肿

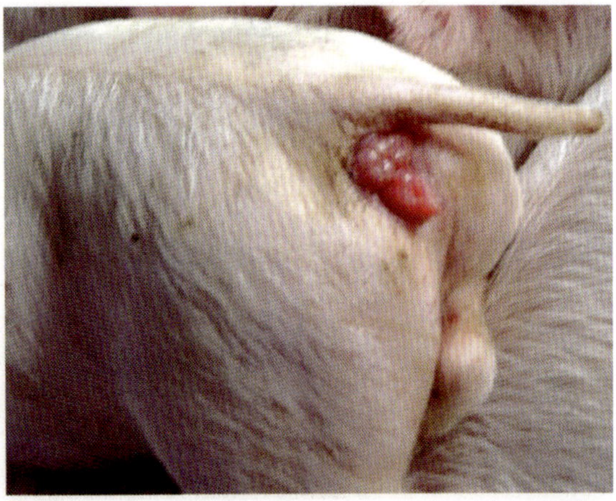

图8-6-4 病保育猪外阴红肿，肛门脱出、水肿

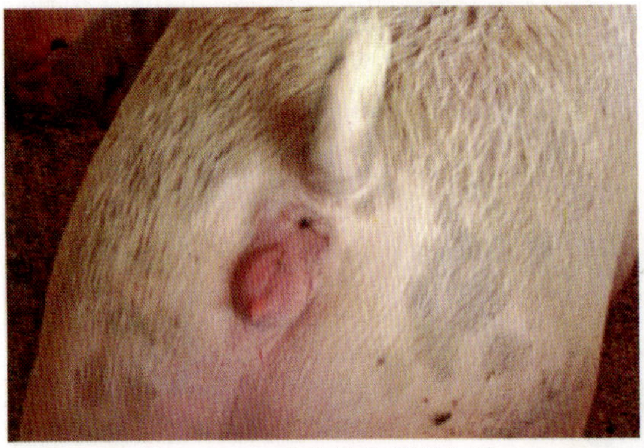

图8-6-5 病生长猪外阴红肿

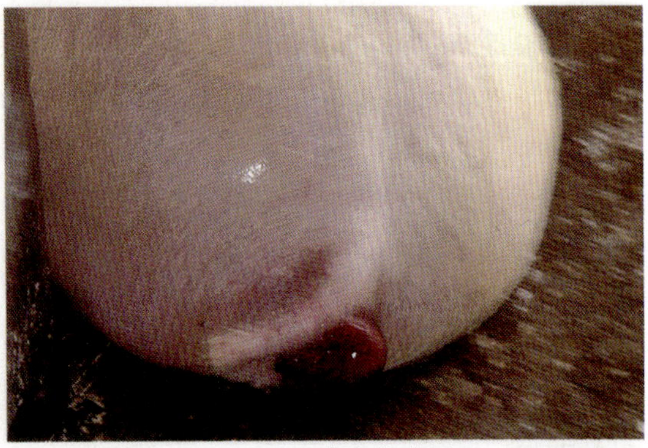

图8-6-6 病生长猪脱肛

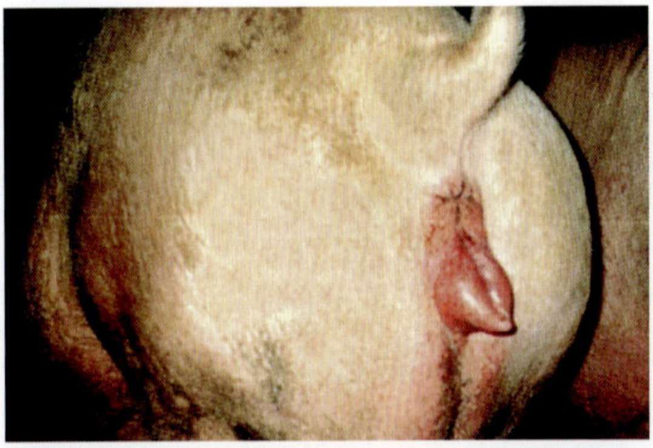

图 8-6-7　病母猪外阴红肿、假发情

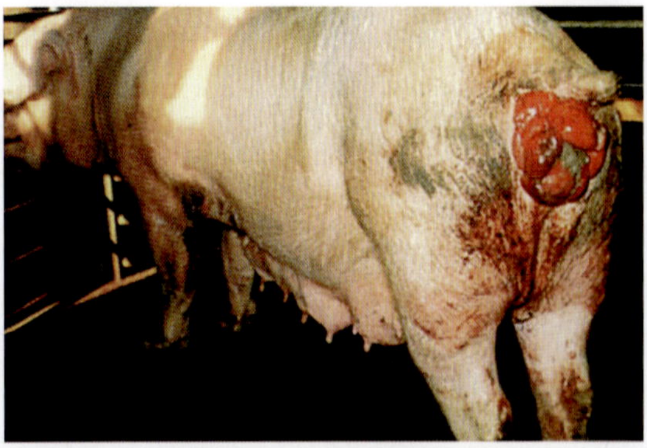

图 8-6-8　病母猪阴道脱出

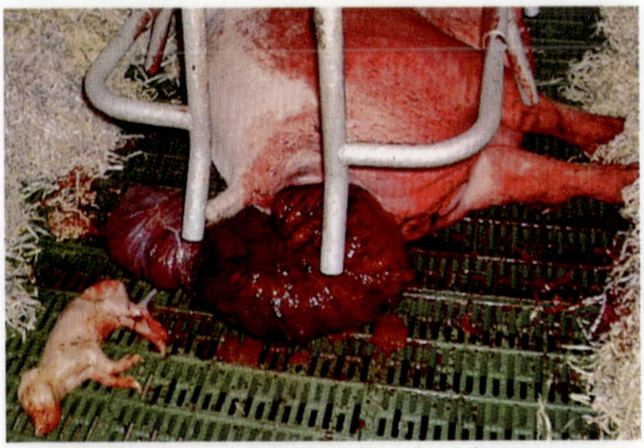

图 8-6-9　病母猪子宫脱出、产死胎

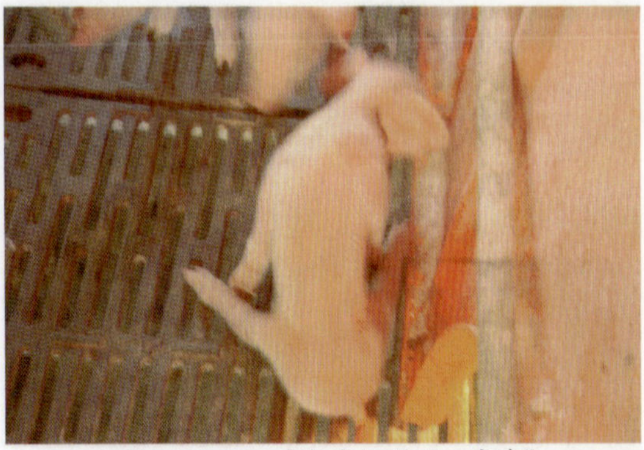

图 8-6-10　病新生仔猪"八字脚"

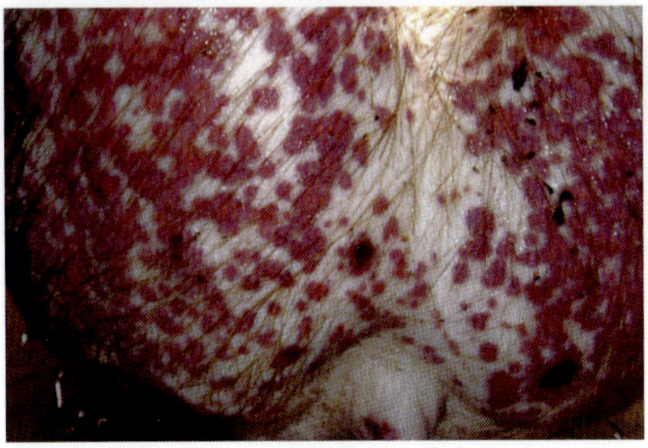

图 8-6-11　病猪臀部皮肤出血斑

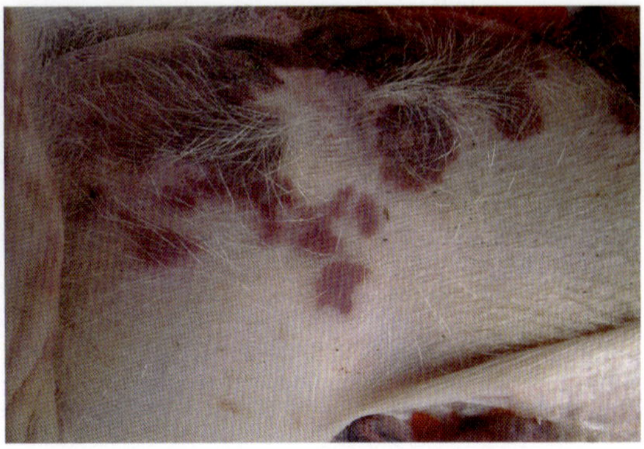

图 8-6-12　病猪臀部皮肤出血斑

（三）病理变化

肝脏坏死、肿大、黄染、质脆（图 8-6-13），全身黏膜、浆膜及皮下出血。肺脏可见坏死性霉菌结节、出血斑（图 8-6-14，图 8-6-15）。肾脏苍白，皮质变性、出血、黄染；胃黏膜出血、溃疡；淋巴结肿大，可见霉菌结节（图 8-6-16）。肠道卡他性出血性炎症（图 8-6-17），胸腹腔积液，大脑出血、水肿。镜检，可见支气管发生淋巴增生性周围炎（图 8-6-18）。

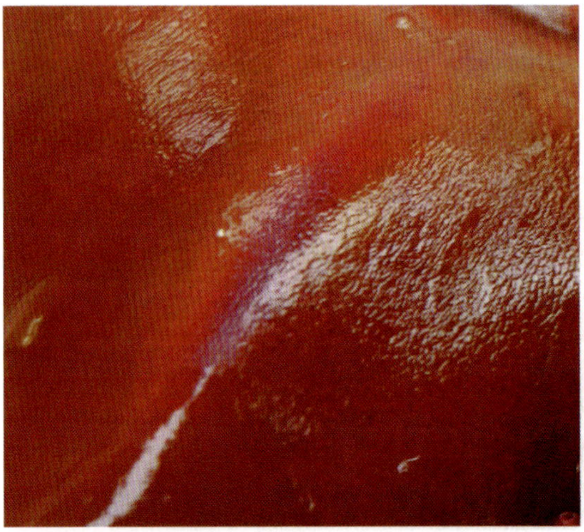

图 8-6-13　病猪肝脏黄染、肿大

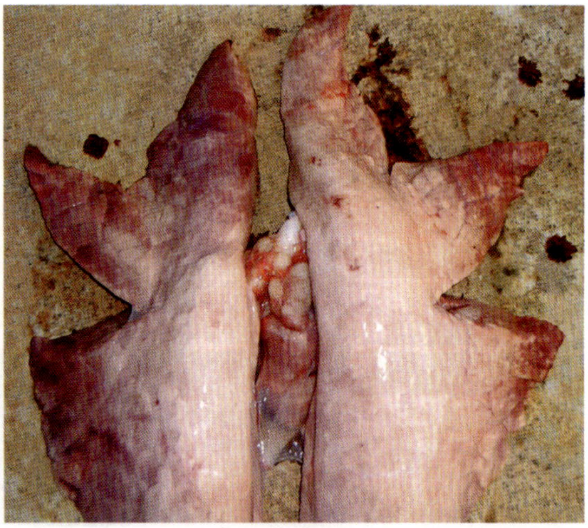

图 8-6-14　病猪肺脏霉菌性坏死结节，有出血斑

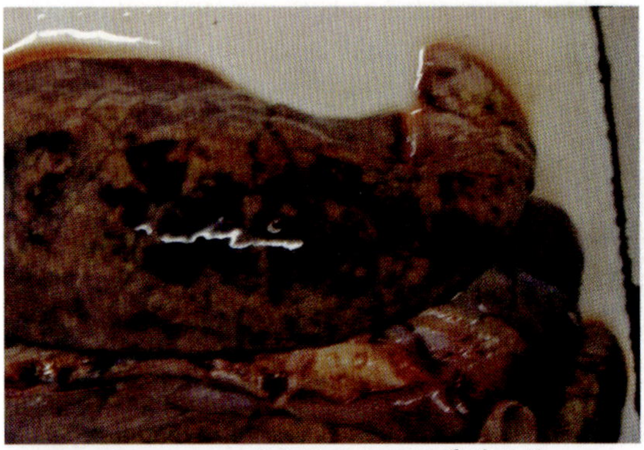

图 8-6-15　病猪肺脏坏死性霉菌结节

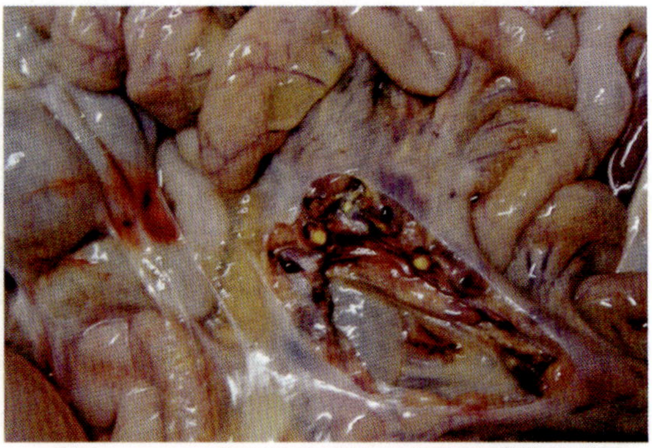

图 8-6-16　病猪肠系膜淋巴结上的霉菌结节

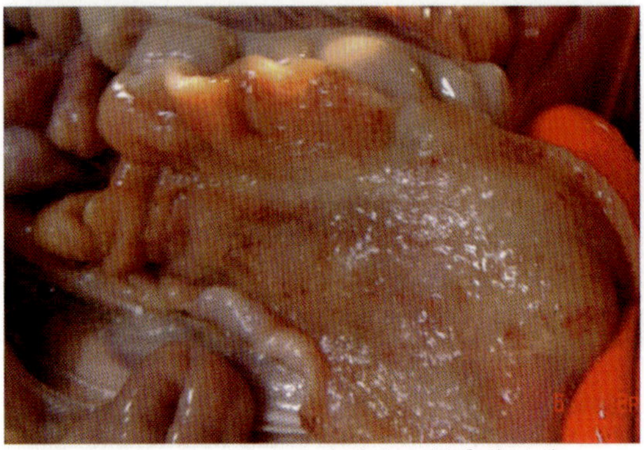

图 8-6-17　病猪肠系膜出血样霉菌结节

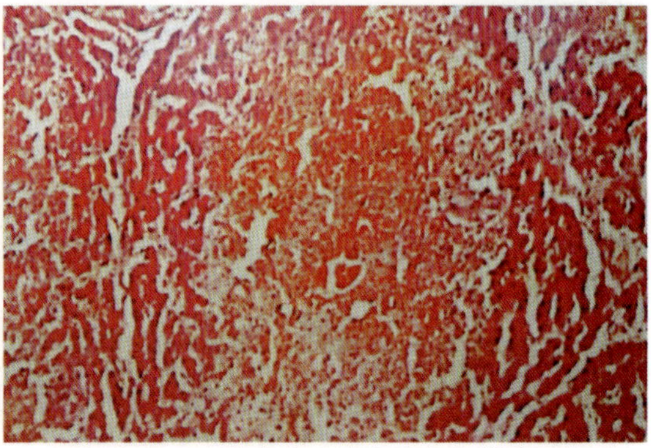

图 8-6-18　病猪淋巴增生性支气管周围炎

（四）治疗方法

目前无有效的解毒药。怀疑猪只中毒时，要停喂发霉变质饲料，更换新鲜饲料，适当提高饲料中维生素类的含量。选用具有保肝、洗胃、轻泻作用的药物对症治疗：

①饮水中添加大量葡萄糖和适量的维生素 C；

②用 0.1% 高锰酸钾和 30mg/kg 的硫酸钠饮水；

③饲料中添加敏感抗生素，防止继发感染。

第九章
猪的常见普通病

由于饲养管理粗放，而致猪只所处环境过于恶劣、饲料营养不足或不平衡，使猪的生理机能受到影响，从而影响生产性能和正常的生理活动。如饲料质劣、冷热不匀、时饥时饱、饲喂失时、饲料突变、天气骤变、精料过度、肠道寄生虫病及一些慢性消耗性疾病均可引起或继发以胃肠道黏膜表层卡他性炎症和胃肠消化机能障碍为特征的消化不良症。过食难以消化的饲料、时饥时饱；或采食冰冻饲料，或饮冷水；暑月炎天饲喂霉变饲料、渴饮污浊脏水等均可导致泻泄，影响生长发育甚至死亡。上述疫病的发生特点告诉我们，在集约化、工厂化养猪生产中，应该特别注重猪的福利，给猪群提供良好的生存环境，实行各生长阶段的保健，提高猪的体质，提高免疫力，增强抗病力，才能根本上解决问题。

一 便秘

便秘（astriction）是由于粪便燥结，变干变硬，停而不动，排出困难，蓄积于肠腔内，粪、屁不排，障碍气机，腑气不通，使肠腔完全堵塞的一种肠道病。各种年龄的猪均会发生，但以小猪多发，便秘部位多见于结肠。

（一）病因

主要是空肠急食饲料，食后又饮冷水，水冲谷料积聚于结肠或直肠，而成结症；或长期饲喂粗硬坚韧不易消化或含粗纤维过多的饲料，如红薯藤、花生藤、豆秸等劣质饲料，不易腐熟运化，停滞肠内而成结症；或饲喂精料过多、突然变换饲料、饮水不足和缺乏适当的运动；亦见于妊娠后期或分娩不久伴有肠道弛缓的母猪；或继发于某些热性病、慢性胃肠炎及肠道传染病和寄生虫病。

（二）临床症状

发生便秘时，病猪精神沉郁，采食减少，饮水增加，腹围逐渐增大，呼吸增数。腹痛呻吟，起卧不安，回头观腹。弓腰努责，摇头摆尾，起而复卧，卧而又起，起后疾走，肚腹胀大，常后肢张开，呈排粪姿势，但不见粪便排出，排粪困难，病初只排出少量干硬附有黏液的小粪球（图 9–1–1）。腹部听诊肠音减弱或消失。小猪或瘦弱的病猪腹壁容易触诊到便秘的肠管或坚硬的粪球，按压时，病猪表现疼痛不安。严重便秘时直肠可充满大量粪球（图 9–1–2），压迫膀胱颈导致膀胱麻痹、尿潴留或尿闭。若无并发症体温一般正常。继发于热性病的常伴有原发病的症状。

图 9–1–1 病猪排出少量干硬附着黏液的粪球

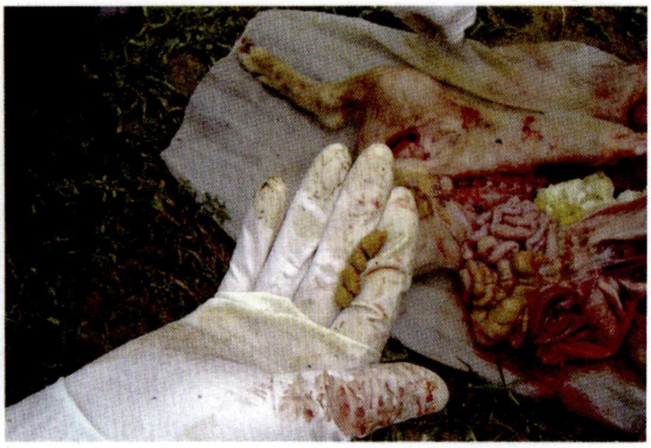

图 9–1–2 病猪直肠充满大量粪球

（三）治疗方法

1. 西药治疗

西药治疗猪便秘可参考表 9–1 制定用药方案。

表 9-1　西药治疗猪便秘

药名	功用	每头用量	使用方法
硫酸镁	通肠导滞	30 ~ 80g	口服
石蜡油		50 ~ 200mL	
甲基硫酸新斯的明	促进肠蠕动	3 ~ 5mg	皮下注射
20%安乃近	止痛	3 ~ 5mL	肌内注射
10%安钠咖	强心	3 ~ 10mL	皮下或肌内注射
10%氯化钾注射液	调节电解质代谢	5 ~ 10mL	交巢穴注射，每天1次，连续2天

2. 中药治疗

治疗时应区别寒热虚实，多以通肠导滞为治则。

处方一：熟地 18g，天门冬 20g，天花粉 15g，玄参 15g，麻仁 30g，滑石 18g，蜂蜜 50g。

【作用】补血滋阴，润肠通便，治疗猪便秘。

【用法与用量】按处方配药，水煎取汁，候温内服，每天 1 剂，连续 3 ~ 5 剂。

处方二：柴胡 35g，党参 35g，大枣 35g，黄芩 25g，生姜 25g，半夏 100g，甘草 15g。

【作用】治疗母猪产后大便难。

【用法与用量】按处方配药，水煎，候温服，每天 3 次，连续 2 剂。

处方三：虎杖 25g，芒硝 25g，大黄 20g，枳实 20g，厚朴 15g，贯众 10g。

【作用】治疗猪便秘不食。

【用法与用量】按处方配药，研末，沸水冲，灌服。

处方四：虎杖 150g，乌柏根 50g。

【作用】治疗猪便秘。

【用法与用量】按处方配药，水煎服。

处方五：白术 90 ~ 150g，生地 30 ~ 60g，升麻 3 ~ 9g。

【作用】治疗猪泻后便秘。

【用法与用量】按处方配药，水煎取汁灌服，每天 1 剂。

处方六：石膏 30g，芒硝 24g，当归 12g，大黄 12g，黄芩 9g，金银花 9g，枳壳 9g，连翘 9g，炒麻仁 18g，木通 6g。

【作用】清热通便，治疗猪大便燥结。

【用法与用量】按处方配药，水煎取汁，缓慢灌服。

（四）预防与饲养管理

日常喂养中要注意合理搭配青、粗、精饲料，定时定量，每天保证足够的清洁饮水和适当的圈外运动，给予适当的食盐，多给多汁青绿饲料。病猪停喂干饲料，只喂多汁饲料，多给饮水。治愈后，不要急于饲喂，可适当饮以温水，逐渐喂以流质食物，慢慢过渡到正常的饲喂方法。

二 垂脱症

垂脱症（rectum prolapse）即直肠脱，又叫脱肛，是直肠末端甚至直肠前部连同部分直肠脱出肛门之外而不能自行缩回的一种病症。

（一）病因

多发生于仔猪或瘦弱的成年猪。脾胃是“后天之本”，脾胃健运，则脏腑安和而无疾；若饲养管理不善，皆能损伤脾气，导致中气下陷而垂脱；气血化生不足导致长时间下痢、便秘，气虚不能上升，或病后瘦弱、病理性分娩、刺激药灌肠后强力努责、腹压增高、维生素缺乏以及突然改变饲料等因素可诱导发生。

（二）临床症状

严重时并发肠套叠或直肠疝。在某些因素的诱发下可发生直肠韧带松弛，直肠下层组织和肛门括约肌松弛和机能不全。直肠全层肠壁脱垂是由于直肠发育不全、萎缩或神经营养不良、肌肉松弛无力、不能保持直肠的正常位置而脱出至肛门外，不能自行缩回（图 9-2-1）。

图 9-2-1　患猪直肠脱出肛门之外

（三）治疗方法

1. 西药治疗

可用654-2治疗。654-2又名盐酸山莨菪碱注射液，有明显的解除平滑肌痉挛、止痛、消肿等作用，类似于阿托品，但毒副作用较小。治疗时将病猪站立保定，用温水洗净脱出的直肠和肛门，然后用自制口径与直肠大小相近的薄塑料袋套在直肠上，另用1条细胶管（如自行车气门芯胶管）伸入袋中注入654-2，用量为10～20mL（5mg/mL），并轻柔直肠，待脱肠开始收缩时轻送回腹腔内。整个治疗过程 15 分钟左右。

2. 中草药治疗

处方一：黄芪 8g，白术 8g，党参 6g，生地 8g，柴胡 8g，升麻 6g，陈皮 8g，当归 8g，甘草 3g。

【作用】补中益气，治疗猪垂脱症。

【用法与用量】按处方配药，共为细末，每天 2 次，连喂 2 剂。

处方二：麻仁 30g，郁李仁 30g，生地 30g，陈皮 30g，黄芩 30g，木通 30g，黄芪 25g，枳实 25g，厚朴 20g，芒硝 20g，当归 20g，升麻 20g，通草 20g，白芍 20g，川芎 15g，柴胡 40g，甘草 10g。

【作用】攻补兼施，治疗猪垂脱症。

【用法与用量】按处方配药，水煎服。

处方三： 升麻30g，党参、黄芪各25g，当归、陈皮、柴胡、白术各20g，香附15g，红花、乳香、没药各10g，甘草5g。

【作用】治疗猪垂脱症。

【用法与用量】按处方配药，水煎服，隔天1剂。

处方四： 甲鱼头1份，枯矾3份。

【作用】治疗猪垂脱症。

【用法与用量】按处方配药，将甲鱼头瓦上焙黄研末，与枯矾按3∶1比例混匀研末，装瓶备用。直肠整复时撒布适量药末后送入肛门。

处方五： 田螺5～7个。

【作用】偏方，治疗猪垂脱症。

【用法与用量】按处方配药，洗净，放入热水中去壳取肉，加冰片20g拌成肉泥，涂抹在脱出的直肠上，每天3～5次，2天可愈，随取随用。

（四）预防与饲养管理

加强护理，改善饲养管理，痊愈后不宜做剧烈运动，冷天饲养于温暖栏舍中。平时加强饲养管理，及时治疗胃肠病和寄生虫病。体弱猪要加强饲养，促其复壮。

三　疝气

疝气（hernia）是腹腔内的器官通过腹壁的天然孔或病理性裂口漏至皮下或邻近腔道。疝可分为可复性疝（疝内容物可通过疝孔还纳入腹腔）和不可复性疝（疝内容物被疝孔嵌闭或疝囊粘连而不能还纳入腹腔）。根据疝发生的部位，还可分为脐疝、阴囊疝和腹股沟疝等。

（一）病因

由于近亲繁殖等先天因素，或外伤、手术处理不当等后天因素引起腹腔内的器官（主要为肠管），经腹壁天然或意外发生的孔口，漏至皮下或邻近腔道。

（二）临床症状

患猪主要表现为患部膨隆突起，触诊内容物柔软（图9-3-1至图9-3-4）。没有粘连时，

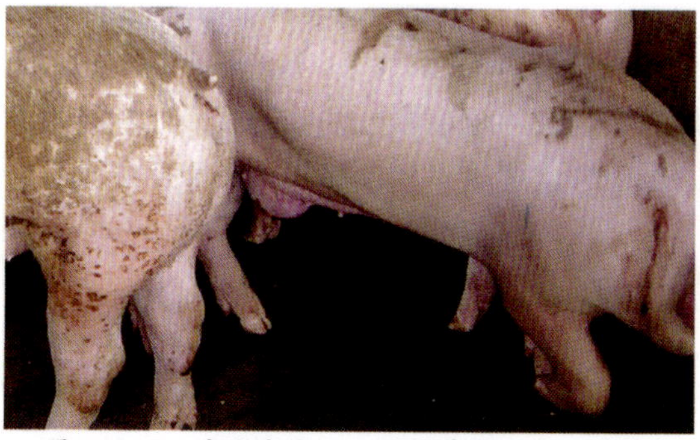

图9-3-1　病猪脐疝，一段肠管脱出在疝囊外

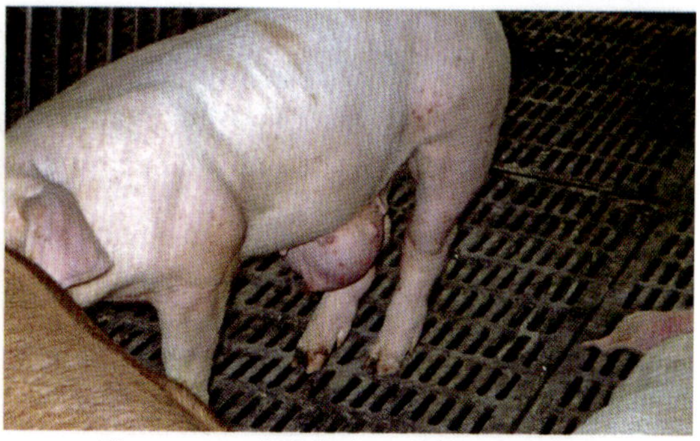

图9-3-2　病猪脐疝，疝囊肿大似球状

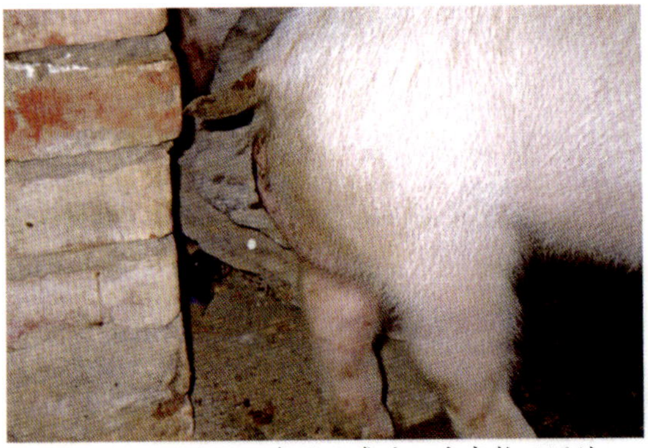
图 9-3-3 病猪可复性阴囊疝，内容物可还纳

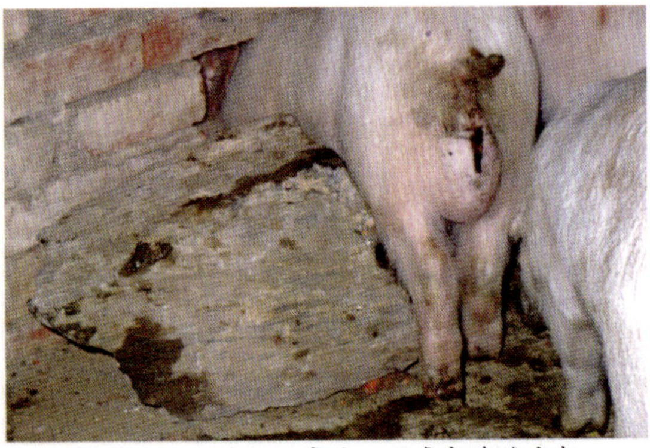
图 9-3-4 病猪阴囊疝，阴囊部膨隆突起

使猪保持适当体位，疝囊中的肠管可缩回腹腔。如果肠管与囊壁粘连，则不能缩回腹腔。如果疝囊内肠管阻塞或坏死，则病猪不安，厌气，呕吐，排粪较少，并继发肠鼓气，常可导致死亡。

（三）治疗方法

处方：吴茱萸15g，小茴香10g，川楝子10g，海藻10g，木瓜10g，三棱8g，莪术8g，荔枝（去壳）7个，甘草6g。

【作用】治疗猪疝气。

【用法与用量】按处方配药，煎水服用。

（四）预防与饲养管理

加强护理，改善饲养管理，痊愈后不宜做剧烈运动，冷天饲喂于温暖栏舍中。平时加强饲养管理，及时治疗胃肠病和寄生虫病。体弱猪只要加强饲养，补中益气，升阳举陷，促其复壮。

四 肠套叠

肠套叠（intussusception）是肠管的一部分或附着肠系膜的部分套入或嵌入到邻近一段肠管内。多发生于小肠。在腹部可触摸到较正常肠管粗而坚实、有弹性的香肠样的套叠肠段或因肠管阻塞而引起鼓胀。

（一）病因

主要是由于过度活动或肠管的痉挛性蠕动所致，饮食不当、剧烈呕吐等刺激局部肠道而产生剧烈蠕动也可引起近端肠管套入远端肠管。肠壁肿瘤和肠管局部异常均可能是肠套叠的病因。

（二）临床症状

病猪精神不佳，不食，但饮水，部分病猪有呕吐症状，排粪少，甚至不排粪，腹部逐渐膨隆。有的表现呻吟、拱腰，触诊腹部敏感，腹肌紧张。在腹部可触摸到较正常肠管粗而坚实、有弹性的套叠肠段。由于套叠肠段阻塞，有的腹部胀大数倍以上，最终以死亡告终。

（三）病理变化

由于发生套叠段阻塞，胃极度膨隆，塞满 2/3 的腹腔，比平常大 8 倍以上（图 9–4–1，图 9–4–2）。阻塞部分肠管似香肠样（图 9–4–3），里面充满黄色胶冻样物质（图 9–4–4）。

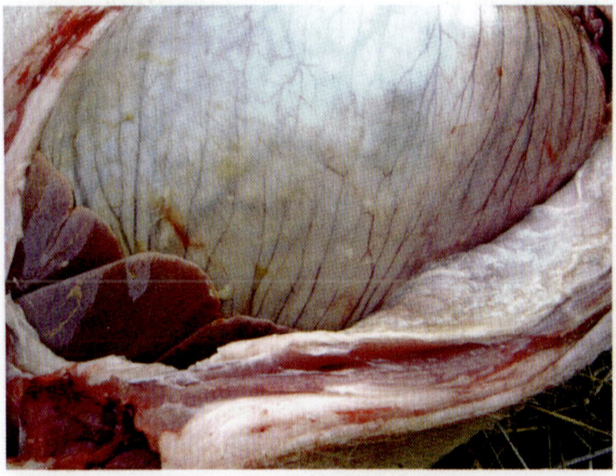

图 9–4–1　病猪胃极度膨隆

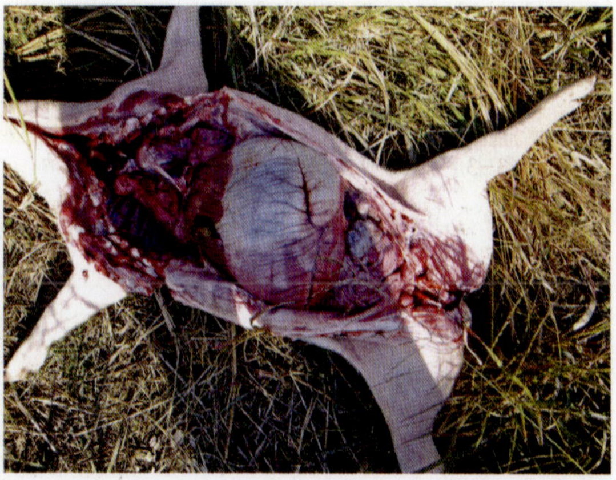

图 9–4–2　病猪胃塞满 2/3 腹腔

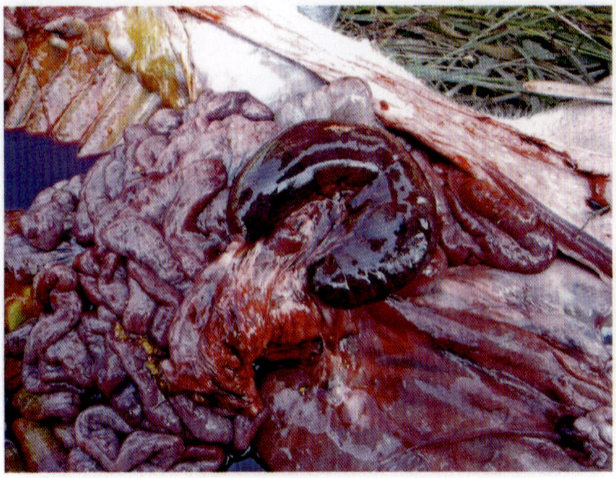

图 9–4–3　病猪发生套叠的肠管似“香肠”

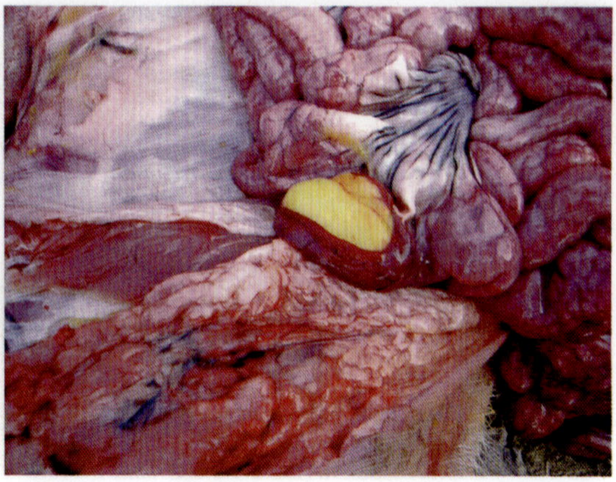

图 9–4–4　病猪套叠肠管内充满黄色胶冻样物质

（四）治疗方法

肠套叠发生时间短，还不严重的，可采用全身麻醉，通过腹壁将肠管整复，也可用温肥皂水深部灌肠整复。病程长、症状明显的应实施手术整复。肠管坏死的应切除，进行肠管吻合术。

（五）预防与饲养管理

有原发病的应积极治疗原发病，脱水症状明显者应及时输液。术后应用抗生素，防继发感染。并在术后 5～6 天喂以软质流质食物。

五 泄泻

泄泻（diarrhoea）就是腹泻病，是指排粪次数增多、粪便稀薄，甚至粪泻如水样的一种病症。《古今医鉴·泄泻》："夫泄泻者，注下之症也，盖大肠为传送之宫，脾胃为水谷之海，或为饮食生冷之所伤，或为暑湿风寒所感，脾胃停滞，以致阑门清浊不分，发注而成泄泻也。"《奇效良方》："泄者泄漏之义，时时溏薄，或作或愈；泻者一时水去如注。"《丹台玉案》："泄者，如水之泄也，势犹舒缓；泻者，势似直下，微有不同，而其病则一，故总名之泄泻。"

（一）病因

泄泻一年四季均可发生，尤以冬末春初多发。多因感受寒湿、胃肠积热、伤食、脾胃虚弱等所致脾胃机能障碍而发病。饲养管理不良，过食难以消化的饲料；时饥时饱，过食或偷食精料；或采食冰冻饲料，或饮冷水；暑月炎天饲喂霉变饲料，渴饮污浊脏水等均可导致泻泄，影响生长发育甚至死亡。

（二）临床症状

大便稀薄（图9-5-1），排粪次数增加，在尾部和肛门周围粘有稀粪为主要症状。伤食泄泻为饮食积于胃肠，运化失职，升降失调所致。症见泻粪酸臭，不时放屁，或屁、粪同出，食呆腹满，时有呕吐，腹痛则泻，泻后病减，舌苔厚浊，脉滑数，类似于消化不良性腹泻。兼

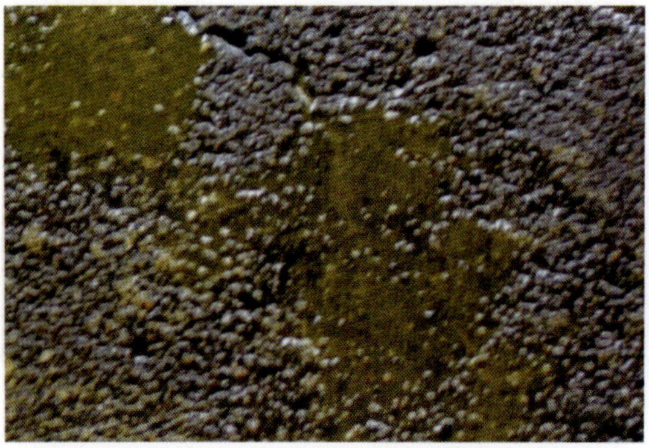

图9-5-1　病猪排稀薄的粪便

图9-5-2　病猪排黏稠的粪便

图9-5-3　病猪排消化不良稀粪

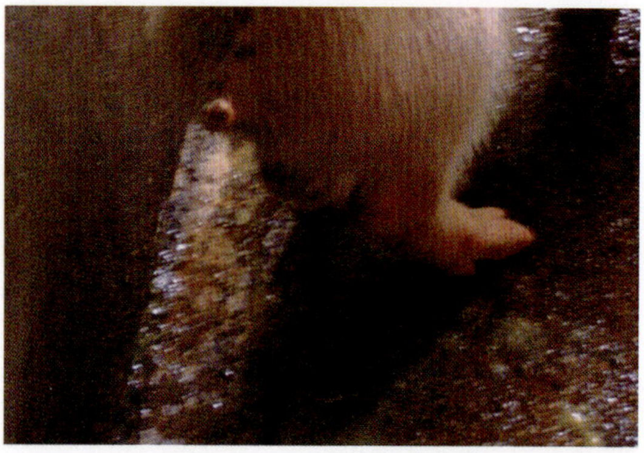

图9-5-4　病猪体瘦毛焦

见腹胀少食，舌苔厚腻，粪稀黏稠（图 9-5-2），含有未消化的谷物（图 9-5-3），间有轻微腹痛；寒湿泻发病较急，肠鸣腹痛，泄粪稀薄如水，遇冷泻甚，遇暖则轻，肢寒耳冷，恶寒颤抖；胃肠积热泄粪如浆或黏腻，赤浊腥臭，鼻盘干燥，口渴喜饮，有时腹痛不安；脾胃虚弱则精神不振，形体消瘦（图 9-5-4），口色淡白，粪稀而无腥臭，能饮能食。

（三）治疗方法

应先查明病因，可使用西药或中药治疗，或中药、西药同时使用。伤食泄、湿热泄不重者，可暂停喂饲，或喂少量易消化的饲料，参考消化不良、湿热症方法治疗。因中毒、寄生虫和传染病引起的泄泻，参考有关病症对因、对症治疗。

1. 西药治疗

西药治疗猪泄泻可参考表 9-2 制定用药方案。

表 9-2 西药治疗猪泄泻

<table>
<tr><th>药名</th><th>功用</th><th>每头用量</th><th>使用方法</th></tr>
<tr><td>食盐</td><td rowspan="3">健胃消食
补充微量元素</td><td>5g</td><td rowspan="4">食盐、白糖、氯化钾、碳酸氢钠片混合后，加温开水100mL，溶化后再加10%黄连素，充分混匀，供10头5kg左右猪只1天用，分2次（间隔3小时）用注射器灌服</td></tr>
<tr><td>白糖</td><td>10g</td></tr>
<tr><td>氯化钾、碳酸氢钠片</td><td>各3g</td></tr>
<tr><td>10%黄连素</td><td rowspan="2">抗菌消炎</td><td>20mL</td></tr>
<tr><td>庆大霉素</td><td>4万～8万IU</td><td rowspan="3">庆大霉素肌内注射，维生素C和盐酸山莨菪碱混合后交巢穴注射</td></tr>
<tr><td>维生素C</td><td rowspan="2">止泻</td><td>50mg</td></tr>
<tr><td>盐酸山莨菪碱</td><td>10mg</td></tr>
<tr><td>氯化钠（食盐）</td><td rowspan="3">补液</td><td>3.5g</td><td rowspan="3">混合后加温开水1 000mL。添加适量敏感抗生素效果更好。轻度脱水者60mL/kg，中度脱水者90mL/kg，重度脱水者每120mL/kg，每天2次口服</td></tr>
<tr><td>碳酸氢钠</td><td>2.5g</td></tr>
<tr><td>氯化钾</td><td>1.5g</td></tr>
</table>

2. 中药治疗

处方一：大蒜头（捣烂）50～100g，车前草（或车前子）30～50g。

【作用】治疗猪热泻。

【用法与用量】按处方配药，车前草水煎取汁与大蒜泥混匀，候温供体重25～50kg的猪只1次服用，每天1次，连续2～3天。

处方二：鲜马齿苋 120g，鲜铁苋 120g，鲜地锦草 60g，鲜鬼针草 60g，百草霜 15g。

【作用】治疗猪热泻。

【用法与用量】按处方配药，四味鲜草水煎取汁，混入百草霜混匀，供体重25kg的猪只分3次服用。

处方三：藿香、扁豆、黄芩、金银花、鱼腥草各 200g，神曲、甘草各 100g，苏梗、乌梅各 50g。

【作用】治疗仔猪腹泻。

【用法与用量】按处方配药，加清水6 000mL，文火水煎取汁2 000mL浓药液，过滤2次，经沉淀，取上清液，经高压灭菌后，按每1 000mL药液加入95%乙醇100mL，混匀，装瓶备用。用时按每千克体重1次灌服2mL，每天3次，连续1～2天。

处方四：伏龙肝（灶心土）3份，木炭2份，大蒜头1份。

【作用】治疗猪寒泻。

【用法与用量】按处方配药，三药捣碎拌匀，每天3次，拌入少量饲料，让其自食。25kg以下的猪每次服10～20g；25～50kg的猪每次服20～30g；50kg以上的猪每次服30～40g。

处方五：单方鲜番石榴嫩叶50～150g。

【作用】治疗猪腹泻。

【用法与用量】加水煮沸，候温取汤，1次灌服，每天1～2次，连续2～3天。

处方六：石榴皮150g，茴香、生姜各120g，红糖60g。

【作用】治疗猪水泻（寒泻）。

【用法与用量】按处方配药，加水3 000mL煎汁，分4次灌服或让猪自饮。此方剂量用于体重约50kg的猪只。

处方七：白头翁、苦参、蒲公英、连翘、龙胆草、苍术、柴胡、白芷、陈皮各1份，黄芪、淫羊藿各1.5份。

【作用】治疗猪重症腹泻。

【用法与用量】按处方配药，粉碎为极细末备用。服用时按每千克体重1～2g，重症者每千克体重可用3g，预防量减半。将上药散剂加5～10倍量水，煎后连同药渣喂服或灌服。一般每天1次，重症者每天2次。对某些重症腹泻者，可加用碳酸氢钠调整机体酸碱平衡，提高疗效。

处方八：生姜60g，乌梅30g，茯苓30g，制半夏30g，鲜杉木炭80g，黄连20g，甘草20g。

【作用】治疗仔猪冬春腹泻。

【用法与用量】按处方配药，混合研末，按每千克体重0.6～0.8g拌料喂，每天2次。

处方九：藿香100g，紫苏100g，茯苓80g，白芷60g，木香50g，厚朴50g，半夏30g，甘草30g，生姜80g，桂枝80g，苍术80g，乌梅80g，黄芩80g，丁香20g。

【作用】治疗猪冬季拉稀。

【用法与用量】按处方配药，加水2 000mL煎取汁500mL，加95%乙醇50mL混匀备用。乳猪按1mL/kg体重，每天2次，大猪按100mL/100kg体重，1次灌服，连续2～3天。

处方十：藿香20g，紫苏12g，白芷12g，桔梗12g，白术15g，厚朴15g，半夏15g，大腹皮12g，茯苓12g，陈皮15g，甘草10g，大枣15g。

【作用】治疗幼猪寒泻。

【用法与用量】按处方配药，水煎取汁，候温内服。同时交巢穴注射5%痢菌净3mL，每天1次，连续3天。

（四）预防与饲养管理

平时加强饲养管理，喂给易消化的饲料，给清洁饮水，多铺垫草，粪便要勤打扫，冬季防寒保暖；保持栏舍清洁干爽，防止过冷过热，做好驱虫和防疫工作；改变饲料必须逐渐进行，不喂霉变饲料，定时定量饲喂；病猪应隔离单独饲养，细心护理。